沉浸式元宇宙商业应用指南

[美] 伊雷娜·克罗宁　[美] 罗伯特·斯科布尔　著
王立军　李争平　译

北京航空航天大学出版社

内 容 简 介

本书旨在揭示商业领袖元宇宙的无限可能。全书分为4个部分，第1部分深入探讨了AR/MR元宇宙的现状，其中第1章介绍元宇宙的起源、概念和意义，第2章回顾增强现实现状，第3章讨论虚拟现实将何去何从，第4章探讨使用3D视觉效果进行交互的价值。进入第2部分，书中将焦点转向介绍元宇宙的关键技术，第5章带领读者了解感知技术，第6章介绍不同类型的计算技术，第7章讨论哪里需要API，第8章介绍3D模型的制作和使用以及2D内容集成，第9章了解用户体验设计和用户界面设计。第3部分主要介绍了消费者和企业元宇宙应用案例，其中第10章就全新的社交互动方式进行探讨，第11章展示虚拟工作与现场工作，第12章讨论3D和2D内容的形式与创作，第13章解释在元宇宙中的购物体验。在第4部分，本书围绕元宇宙进行了深入的反思和展望，其中第14章探讨重构的好处与可能的危险，第15章探讨未来展望。

本书致力于帮助商业领袖理解和掌握元宇宙核心技术，并能成功投资、构建和推广元宇宙产品和服务，成为前沿及前瞻性的科技领导者。

图书在版编目（CIP）数据

沉浸式元宇宙商业应用指南 / （美）伊雷娜·克罗宁（Irena Cronin），（美）罗伯特·斯科布尔（Robert Scoble）著；王立军，李争平译. -- 北京：北京航空航天大学出版社，2024.12. -- ISBN 978-7-5124-4565-9

Ⅰ. F49-62

中国国家版本馆CIP数据核字第2025Q5A975号

沉浸式元宇宙商业应用指南

［美］伊雷娜·克罗宁 ［美］罗伯特·斯科布尔 著

王立军 李争平 译

策划编辑 杨晓方 责任编辑 杨晓方

*

北京航空航天大学出版社出版发行

北京市海淀区学院路37号（邮编100191） http://www.buaapress.com.cn

发行部电话：（010）82317024 传真：（010）82328026

读者信箱：copyrights@buaacm.com.cn 邮购电话：（010）82316936

三河市天利华印刷装订有限公司印装 各地书店经销

*

开本：710×1 000 1/16 印张：31.25 字数：432千字

2025年3月第1版 2025年3月第1次印刷

ISBN 978-7-5124-4565-9 定价：138.00元

版权说明

北京市版权局著作权合同登记号　图字 01-2024-0292 号

关于沉浸式元宇宙商业推荐

元宇宙发展日新月异，当你认为已经了解元宇宙时，它就会有新的进展。事实也是如此。值得庆幸的是，克罗宁和斯科布尔在本书中为您提供了元宇宙更替的最新的信息。这两位专家打破了当前元宇宙趋势和炒作现状，以帮助领导者展望和设计元宇宙混合体验未来发展的下一步，这些体验会让人更有身临其境、新鲜和令人难忘的感觉。

——布瑞恩·索利斯，ServiceNow 全球创新主管

作为一家企业，考虑炒作的氛围、各种可能的方法以及与社交群体互动的复杂性，要决定是否以及如何整合元宇宙体验是一项极其困难的任务。伊雷娜和罗伯特是非常有能力的向导，他们提供了在元宇宙这个领域生存所需的详细资料和宏观战略。

——菲利普·罗斯戴尔，Second Life 创始人

元宇宙充满活力且兴旺！元宇宙与空间计算是未来几十年重大的业务转型形势。这本书非常有价值——我强烈推荐本书作为商业信息参考用书！

——桑迪·卡特，Unstoppable Domains 首席运营官

克罗宁和斯科布尔带来了他们在探索广阔的沉浸式元宇宙时得出的实用见解。他们了解 AR、VR 和 AI 等在不同技术领域如何实现交叉和相互利用，如何为企业和社会带来利益，并且分享了如何利用我们与信息和其他人的关系所发生的这种转变。通过研究这些发展的时机，他们清楚地解释了什么是现在可能发生的，什么是即将到来的，什么仍然是科幻小说。

——马特·米斯尼克斯，LivingCities 为首席执行官

伊雷娜·克罗宁和罗伯特·斯科布尔在空间计算和元宇宙领域努力探索。本书详细介绍了元宇宙相关领域的趋势，并提供了有关我们正在经历的范式转变方面的见解。我们都需要了解即将发生的事情。

——肯·加德纳，DADOS 技术和 SOASTA 创始人，
成功创业 7 次的企业家

概 述

目前，“元宇宙”成了一个广为人知的术语。本书明确解释了元宇宙的真正含义，并展示了如何使用元宇宙绘制您的商业路线图。

本书可以帮助您理解元宇宙的概念，以及生成式人工智能在元宇宙中的实现方法。通过阅读本书，您不仅可以掌握元宇宙的基本概念，还将更深入地了解元宇宙的关键核心技术，从而使您能够更好地规划商业路线图。书中一些章节包含了社交互动、工作、娱乐、艺术和购物方面的元宇宙应用场景示例，以帮助您在元宇宙产品和服务开发方面做出更好的决策。同时，您还可以了解整个社会的隐私侵犯、技术沉迷和萧条等问题中存在的益处与风险。书中最后的章节总结了未来 AR 和 VR 在元宇宙中的作用以及在元宇宙中如何助力您制定长期商业计划。

阅读本书后，您将能够成功投资、构建和推广元宇宙产品和服务，成为一个具有前瞻性的科技性商业领导者。

您将学到什么？

» 1. 掌握元宇宙的概念、起源和现状。

» 2. 了解 AR 和 VR 如何战略性地融入元宇宙。

» 3. 深入研究为元宇宙提供动力的核心技术。

» 4. 深入研究可实现更精细战略决策的应用场景示例。

» 5. 了解元宇宙的好处和可能存在的风险。

» 6. 理解元宇宙的发展趋势，提前规划未来。

以此书纪念我的丈夫丹尼和他对科技的热爱。

——伊雷娜·克罗宁

尽管写书并不是一件容易的事，仍有许多人支持我，尤其是我的儿子帕特里克、米兰和瑞安。为此，我将永远感激他们。

——罗伯特·斯科布尔

前　言

未来，元宇宙将我们的数字生活和物质生活相融合，反映了从计算机互联网到移动互联网再到即将到来的空间互联网的转变。元宇宙不仅存在于虚拟现实（VR）、增强现实（AR）、混合现实（MR）中，还可以从2D设备中体验。目前已有些大型科技公司正在大力投资，为元宇宙必将扩展的未来做好准备。从基础技术到商业机会都试图要应用元宇宙可能会让人感到无从下手。Infinite Retina的伊雷娜·克罗宁和罗伯特·斯科布尔所著的这本元宇宙之书可以为您提供帮助。

这项开创性的工作弥合了技术与商业之间、当下早期产品与未来互联数字现实之间的差距。伊雷娜和罗伯特在本书中解读了元宇宙在我们世界中所起的作用。

我见证了元宇宙在过去十年中慢慢形成的过程，尽管还没有完全实现其愿景，但各个行业领域都已经受到了影响，其发展速度也越来越快。在我担任 Qualcomm 扩展现实（XR）业务的副总裁兼总经理——该领域技术平台的市场经理时，这个概念突然融入我的个人生活和职业生涯中。

从该领域企业高管的立场来看，这本手册为其他人入门提供了理想的参考。不可否认，这本书对于试图为数十亿人绘制技术路线的高管来说具有极高的价值，同时它也适合投资者、刚刚崭露头角的企业家和热衷于在这个虚拟世界中寻找无限机会的专业人士。

VR、AR 和 MR 作为元宇宙基础技术的前景是广泛而无限的。要确定投资、开发和推广哪些产品和平台，需要深入地了解这些技术的相关性和应用范畴。本书恰恰提供了相关内容，以通俗易懂的方式提供了全面的分析，并有强大且相关的应用场景示例支持。

这本书将改变你的观点。在数字复兴的风口浪尖上，伊雷娜和罗伯特在本书中对元宇宙的巧妙探讨既是指南针又是“地图”，吸引着读者带着知识和清晰的思路勇敢前行，进入新世界，这是我们曾经只能想象的未来，如今已成为现实。

司宏国

Qualcomm XR 业务副总裁兼总经理

贡献者

关于作者

伊雷娜·克罗宁是 DADOS 技术产品的高级副总裁，参与了为 Apple Vision Pro 制作一款提供数据分析和可视化的应用程序。她还是 Infinite Retina 的首席执行官，该公司提供科技技术研究支持，帮助企业开发和实施人工智能、增强现实和其他新技术。在此之前，她曾多年担任股票研究分析师，在评估上市公司和私营公司方面积累了丰富的经验。

克罗宁同时获得南加州大学联合工商管理硕士学位以及纽约大学管理和系统专业硕士学位。之前她以优异的成绩于宾夕法尼亚大学经济学专业毕业且获得学士学位。

» 我要感谢我最好的朋友卡罗尔·考克斯，她在很多事情上都是我的参谋。

罗伯特·斯科布尔已经与人合著了4本关于技术创新的书籍，每本书都是在所谈技术完全成为主流的10年之前出版的。他采访了科技行业的数千名企业家，长期通过社交媒体让他的观众了解科技领域的最新动态以及随之而来的诸多创新。罗伯特目前关注着人工智能行业。是新视频节目*Unaligned*的主持人，作为Infinite Retina的战略主管，他在节目中采访了数千家人工智能公司的企业家。

» 我要感谢我在X.com（前身为Twitter）上关注的7万名人工智能从业者。他们每天都会告诉我即将发生的事情以及如何最好地利用它。

关于审稿人

莫吉塔巴·塔巴塔巴伊是增强现实和虚拟现实方面的专家。过去10年来他一直从事该领域的工作，担任Alpha Reality和PendAR公司的首席执行官兼首席技术官。他在公司中致力于尖端技术解决方案方面的研究，如虚拟定位系统（VPS），并利用人工智能为金融科技公司提供KYC（Knew Your

Customer）解决方案。此外，他在上述领域拥有多项专利。作为 AllThingsXR.com 播客的主持人，他采访过 AR/VR/AI 领域的国际顶尖专家。

借此机会向我的母亲、父亲和妻子赛义德表示衷心的感谢，感谢他们在我创业的过程中坚定不移地支持着我。

译者序言

在人工智能和数字技术日新月异的今天，“元宇宙”已从一个科幻概念迅速演变为全球科技与商业领域的核心议题。作为虚拟现实（VR）、混合与增强现实（MR/AR）、人工智能（AI）、云计算、区块链等前沿技术的集大成者，元宇宙正在重新定义人类与数字世界的交互方式，并为各行各业带来颠覆性变革。特别是人工智能技术的发展为元宇宙注入了新的动能和商业活力，两者相互促进，相得益彰，将共同构建未来数字产业全新的商业版图。

《沉浸式元宇宙商业应用指南》一书，正是这一背景下应运而生的权威指南。本书由伊雷娜·克罗宁（Irena Cronin）与罗伯特·斯科布尔（Robert Scoble）联合撰写，系统解析了元宇宙的发展历史、技术架构、商业逻辑及未来应用场景。作为译者，我们深感荣幸能将这部著作呈现给中文读者，并希望借此助力中国企业在元宇宙浪潮中把握先机。

本书结构与核心内容

全书分为四大部分，层层递进地为读者构建了从元宇宙概念、发展历程、关键技术到商业实践的完整认知框架：

1. AR/MR 与元宇宙现状

本书开篇追溯了元宇宙的起源，厘清了其概念内核与技术演进脉络。

作者指出，元宇宙并非横空出世，而是计算机、图形界面、移动互联网、空间计算四次技术范式迭代的必然产物。通过回顾 AR 与 VR 的发展历程（如 Hololens、Magic Leap 等设备的迭代），揭示了元宇宙如何以“空间计算”为核心，将物理与数字世界无缝融合。这一部分重点强调 3D 视觉交互的价值——从专业设计工具到生成式 AI 驱动的用户创作，3D 内容正成为元宇宙的通用语言。

2. 元宇宙关键技术

第二部分的焦点转向支撑元宇宙的底层技术。书中深入剖析了感知技术（如计算机视觉与动作捕捉）、计算架构（云计算、边缘计算、去中心化计算）以及 API 的协同作用。值得注意的是，作者并未停留于技术原理的阐述，而是结合用户体验设计（UX/UI）的革新，探讨如何构建“以人为本”的沉浸式环境，例如，化身创作的演进（从卡通化到超写实）与 2D/3D 内容的融合，彰显了技术与人性的深度耦合。

3. 消费者与企业应用案例

第三部分通过丰富的场景化案例，展现了元宇宙的落地潜力。无论是社交互动（如虚拟亲友聚会）、远程办公（如 AR 辅助工业维修），还是游戏娱乐与零售体验（如虚拟试衣、家具空间模拟），元宇宙都正在重塑人类生活的方方面面。书中特别强调，元宇宙并非对现实的替代，而是通过“超互动性”来增强现实世界的效率与体验，例如医疗培训中的虚拟手术模拟、教育领域的沉浸式历史重现。

4. 元宇宙的反思与未来

最后一部分以批判性视角审视元宇宙的机遇与风险。作者既肯定了其推动经济增长（如虚拟地产、数字商品交易）、促进社会协作（如跨地域知识共享）的潜力，也警示了隐私侵犯、技术成瘾、数字鸿沟等隐忧。在展望未来时，本书预言了“无处不在的 3D 合成现实”与“知识即时获取”等趋势，并呼吁建立技术伦理框架，确保元宇宙的可持续发展。

元宇宙对新质产业的深远影响

本书的价值不仅在于技术解析，更在于其对产业变革的前瞻洞察。元宇宙作为下一代 3D 互联网形态，正在催生“新质生产力”，具体体现在以下维度：

1. 零售与消费升级

元宇宙打破了物理空间的限制，消费者可通过虚拟化身在全球商城中“身临其境”地试穿商品、定制家居，甚至与 AI 导购互动。这种体验式消费不仅提升转化率，更催生了“数字孪生商品”与 NFT（非同质化货币）等新业态，例如，书中提到的宜家 AR 应用，已让数百万用户实现“家居场景化购物”，大幅降低退货率。

2. 制造业与工业 4.0

AR/VR 技术正深度融入智能制造产业。通过元宇宙平台，工程师可远程协作调试设备，工人可佩戴 AR 眼镜获取实时操作指引，企业还能通过数字孪生技术模拟生产线优化。本书以波音、西门子等企业为例，揭示了元宇宙如何将“虚拟调试”效率提升 40% 以上，同时降低培训成本。

3. 教育与医疗普惠

在欠发达地区，元宇宙为优质资源分配提供了新路径。医学生可通过 VR 进入“虚拟手术室”反复练习高难度操作；偏远地区学生可“穿越”到古罗马课堂，与历史人物对话。这种沉浸式学习不仅提升知识留存率，更打破了地域与资源的壁垒。

4. 文化创意与 IP 衍生

元宇宙为艺术创作开辟了无限可能。艺术家可利用生成式 AI 快速构建 3D 数字藏品，音乐人可在虚拟场馆举办全球直播演唱会，甚至粉丝经济也因“虚拟偶像”与“数字身份”的兴起而焕发新生。书中预测，未来十年，3D 内容创作和 AI3D 内容生成将成为一个万亿美元级市场。

翻译初衷与挑战

翻译本书的过程，既是对元宇宙技术体系系统性梳理，也是对未来商业图景深度思考的过程。我们始终秉持两大原则：一是忠实于原著的科学严谨性，尤其在AR/VR硬件参数、AI算法原理等技术细节上，力求术语准确、逻辑清晰；二是注重可读性与本土化，通过案例分析与中国企业实践的结合，帮助读者理解抽象概念的落地路径。

翻译中最大的挑战在于平衡专业性与普及性。元宇宙涉及跨学科知识，从神经辐射场渲染（NeRF）到分布式计算架构，从区块链API到用户体验设计，术语体系庞杂且迭代迅速。为此，我们建立了术语对照表，并邀请行业专家审校，确保技术表述的准确性。同时，通过增设译者注、补充中国政策与市场动态（如《“十四五”数字经济发展规划》），帮助读者建立全球视野与本土洞察。

致谢与展望

本书的顺利出版，离不开北京航空航天大学出版社编辑团队的鼎力支持以及多位元宇宙科技领域学者的专业指导。在此，我们要特别感谢本书的策划经理邱晓蕾女士；北京航空航天大学出版社的编辑，感谢中国虚拟现实技术与产业创新平台秘书长于文江老师等专家学者的指导和鼓励。

王立军

2025年3月17日

目　录

第3部分 消费者和企业使用案例

绪　论

本书为读者了解元宇宙及 AR、VR 等元宇宙底层技术提供了全方面指导，书中首先介绍了元宇宙的概念及其重要性，阐述其演变过程以及如何在先前先进技术的基础上进行改进。随后，本书剖析了 AR 的现状，研究 AR 的历史、技术发展及 AR 与元宇宙的相关性。

本书随之对 VR 的发展轨迹展开了深入分析，重点关注 VR 最初在游戏中的应用及 VR 向培训、医疗保健和通信等领域的多元化发展。本书着重突出介绍 VR 将如何重新定义人类与技术以及人类在元宇宙中的互动。

本书涵盖的另一关键方面是 3D 视觉效果在元宇宙中所起到的作用，从而引出了人工智能和计算机视觉等感知技术方面的研究，这些技术为 AR、VR 和元宇宙功能发挥提供了动力支撑。

本书还探讨了云计算、边缘计算、分布式计算等主题，以及每个主题在构建可扩展、高效和安全的元宇宙方面的重要性，解决了对于强大计算层面技术的需求。此外，本书还阐述了应用程序编程接口（API）在确保元宇宙软件互操作性方面的重要性，并讨论了创建 3D 模型和集成 2D 内容所需的工具。

本书研究了用户体验（UX）设计和用户界面（UI）设计的复杂领域，揭示了如何使其适应元宇宙在 AR 和 VR 环境中的独特需求。书中同时介绍了各种相关应用场景示例，强调元宇宙对不同工作环境的变革性影响，深入剖析其实际应用，本书随后详细探讨了 AR 和 VR 是如何彻底改变零售体验的。

最后，本书论及了元宇宙的社会影响，讨论了其众多好处和潜在风险，如隐私问题和技术成瘾等。此外，本书描绘了元宇宙未来的前景，思考它将如何极大程度地改变人们生活的各个方面，以及从我们的工作和社交方式到城市的结构以及人工智能和机器人发挥的作用。

总体而言，本书首先为企业领导者以及希望了解元宇宙的复杂性及元宇宙相关技术的专业人士提供了全面的研究和应用路线图，同时还提供了与商业需求相关的全面见解，涵盖从基础技术到社会影响和未来可能性的内容。

本书的目标读者

如果您是首席级别的技术和业务主管，这本书非常适合您。投资者、企业家和其他科技专业人士也将从中受益。阅读本书后，高级管理人员可以对他们应该生产和进行市场推广的产品有更好的理解，商业经理可以了解他们被要求实施的技术广度和局限性如何，技术专业人员可以对该领域有更为深入的、自上而下的理解。

本书涵盖的内容

第 1 章“元宇宙的起源、概念和意义”探讨有关元宇宙的基本内容。元宇宙一词在很短的时间内便广为人知，但它到底指的是什么、为什么有人会对它感兴趣呢？部分答案在于解释元宇宙之前出现了哪些相关技术以及元宇宙是如何改进它们的。此章将讨论这个问题，并更全面地解释元宇宙是什么以及我们为什么应该关注它。

第 2 章“增强现实现状”回顾增强现实（AR）的现状，提供了关于企业 AR 头戴式显示器（头显）首次迭代的细节以及用智能手机创建 AR 体验的内容。

第 3 章“虚拟现实将何去何从”探讨有关虚拟现实（VR）的内容，它经历了一些曲折的发展历程，最初被视为 3D 游戏未来发展的方向，然后扩展到企业应用，如培训和教育、健康和通信方面。此章将回顾 VR 的起源、用途和发展方向，最重要的是，将展示 VR 和元宇宙将如何显著地改变我们与技术以及人们彼此之间互动的方式。

第 4 章“使用 3D 视觉效果进行交互的价值”深入探讨有关 3D 视觉效果的内容。在元宇宙中使用的 AR 和 VR 技术提供了用于观察和制作方面的重要的新方式。现有的专业制作的 3D 图像和视频，以及现今由消费者通过生成式人工智能轻松制作的 3D 图像和视频，都可供您在元宇宙中展示和使用。在元宇宙中能够找到的所有 3D 视觉效果都将为您提供一系列信息和娱乐，并且您还可以使用人工智能（AI）搜索对象和视频中使用的特定语言。应用程序和数字助手实现的交互性将极大地改善您做事的方式，此外，还将引入新的方式。

第 5 章“了解感知技术”介绍对于实现 AR、VR 和元宇宙至关重要的感知技术。本书将在此章介绍主要技术的工作原理，帮助您了解元宇宙的功能以及企业将如何从元宇宙中受益。此章涵盖的领域包括人工智能、计算机视觉以及跟踪和捕捉技术。

第 6 章“不同类型的计算技术”探讨发挥重要作用的元宇宙的各种类型的计算能力。最全面的元宇宙形式所需要计算能力将比我们迄今为止所见过的任何东西所具备的计算能力都要强大。本书将从云计算开始，详细介绍它如何作为形成元宇宙存储和处理能力的关键结构。此章随后讨论了边缘计算在减少延迟、增强用户体验和促进实时参与方面的重要性。随之，此章将回顾分布式计算在跨多个系统有效分散工作负载以获得最大性能和可扩展性方面的作用。最后，此章还将深入探讨去中心化计算的价值，强调其在促进构建安全、用户驱动和民主的元宇宙方面所起到的重要作用。

第 7 章“哪里需要 API”就应用程序编程接口（API）进行探讨。使用旧版本软件以及当前不兼容的软件创建的应用程序需要构建 API，以允许这些应用程序与新应用程序进行交互。此外，元宇宙中目前已经存在并且还会出现更多的新应用程序都需要 API，以便使这些应用程序能够互连以发挥作用。由于所需 API 数量过多，构建 API 的成本可能会很高，因此了解哪里需要 API 非常重要。此章即讨论了需要构建 API 的领域。

第 8 章“3D 模型制作和使用以及 2D 内容集成”就用于 3D 成像、化身创建以及元宇宙 2D 视觉效果集成的软件工具进行探讨，这一探讨至关重要。这些软件工具结合 AI 软件使元宇宙有了内容，尤其在化身创作方面，正在经历从最初的卡通化到更真实的渲染这种快速变化。此章内容将回顾每个软件领域有哪些软件功能，并解释主要公司是谁。

第 9 章“了解用户体验设计和用户界面设计”深入探讨用户体验（UX）设计和用户界面（UI）设计的重要性，特别是与 VR 和 AR 相关的独特用户问题，强调了它们是 UX 和 UI 产生差异的根本原因。在元宇宙的领域里，VR 和 AR 的 UX 和 UI 设计在复杂性上呈现出明显的不同。随着我们进一步进行研究，此章还详细解释 UX 设计和 UI 设计的总体原则，它们在广阔的元宇宙生态系统中无缝融合，共同创造出流畅的用户体验之旅。

第 10 章“全新的社交互动方式”深入探讨了元宇宙是如何改变办公室和虚拟工作、零售和外勤等流动工作，以及工厂相关任务（如培训和诊断）的模式的。随着技术的不断发展，元宇宙将作为一项颠覆性创新，彻底改变多个行业的工作方式。该章展示了多个借助于增强现实（AR）和虚拟现实（VR）的应用场景，展现了这些工作环境中的动态变化，并提供了优化效率和效果的最佳实践。无论您是想要利用元宇宙能力的组织领导者，还是希望为未来工作做充分准备的个人，这一章所提供的实用见解和技能都将成为您适应未来工作形态的重要工具。

第 11 章“虚拟工作和现场工作”探讨了元宇宙作为一项创新技术是如何从根本上改变各行业的工作方式的。该章深入分析了元宇宙对办公室及远程工作、零售和现场操作等流动型工作，以及工厂内的培训和诊断等任务的深远影响。本章展示了多个借助于增强现实（AR）和虚拟现实（VR）技术的用例，阐述了这些工作环境的变化趋势，并总结了提升效率和效果的最佳实践。无论您是希望了解如何充分利用元宇宙的企业领导者，还是想为未来工作提升技能的个人，这一章提供的宝贵见解和实际操作建议都将帮助您应对未来的工作挑战。

第 12 章“3D 和 2D 内容的形式与创作”探讨游戏、流媒体娱乐和艺术等多个领域在元宇宙中的融合。随着 3D 游戏、沉浸式流媒体的内容和创意表达成为焦点，本书将深入研究 AR 和 VR 在不同应用场景中的差异。从 3D 和 2D 内容的融合到生成式 AI 的广泛影响，本书将揭示数字领域的可访问性和贡献是如何扩展惠及每个人的。通过一系列案例和现实世界中的实例，本书将分享提升业务效率和效益的最佳实践，帮助您掌握、驾驭在这个充满活力的虚拟前沿所需的宝贵技能。

第 13 章“购物体验”详细探讨 AR 和 VR 在元宇宙购物中的应用，这是消费者最为期待的功能。元宇宙将提供从客户查询到配送完成的在线按需零售体验，包括通过 AI 数字助理的数据获得个性化匹配和主动（但可选择的）推荐，以及衣物、鞋类等商品的数字试穿功能。此外，消费者还可以在元宇宙中体验化妆品试用、查看家具和家居用品在房间中的摆放效果，甚至能够在选择餐厅和座位时查看菜肴的 3D 图像和视频。这些功能在戴眼镜的人外出散步或开车时也能得到很好的应用。此章通过一系列使用 AR 和 VR 进行零售活动的场景案例，展示了元宇宙在零售领域的巨大潜力。

第 14 章“重构的好处和可能的危险”审视元宇宙带来的无数好处以及

存在的一些潜在的风险。这些好处包括前面几章讨论的内容，如社交、网络、创作、办公和虚拟工作、娱乐和购物等方面的应用场景示例。此章还将探讨元宇宙的总体社会效益。同时，本书也将关注我们的隐私侵犯、技术过度和导致懒惰等潜在的风险问题。

第 15 章“未来愿景”探讨 AR 和 VR 在元宇宙中的角色、对元宇宙的影响以及元宇宙的整体发展趋势。在元宇宙中，3D 图像、模型和视频将成为人们所预期的常态。由于元宇宙中个性化 AI 数字助理的存在，信息传递和知识获取似乎变得即时化，使元宇宙成为比智能手机更强大的思维延伸工具。虚拟工作将变得更加轻松、高效，从而让人们有更多的时间陪伴家人和朋友。随着远程办公的普及，城市的面貌将发生变化，会变得更加分散，市中心将不再是人们争相前往的热门地点。此外，自动驾驶汽车将被视为机器人的一种形式，而未来的机器人则将与元宇宙进行交互，通过接收信息和指令来完成各种任务。总的来说，元宇宙将极大地改变我们看待事物和做事的方式，为我们开启一个全新的未来世界。

联系方式

随时欢迎读者反馈宝贵意见。

一般性反馈：如果您对本书的任何方面有疑问，请发送电子邮件至 customercare@packtpub.com，并在邮件主题中提及书名。

勘误表：尽管我们已尽一切努力以确保内容的准确性，但难免还会出现错误。如果您发现本书中内容有误，请告知我们，我们将不胜感激。请访问 https：//www.packtpub.com/support/errata 并填写表格。

盗版：如果您在互联网上发现本书任何形式的非法复制品，请向我们提供相关信息或网站名称，我们将不胜感激。请通过 copyright@packt.com

联系我们并提供材料链接。

如果您有兴趣成为一名作家：如果您具备某个主题的专业知识并且有兴趣撰写文章或书籍，请访问 https：//authors.packtpub.com。

第 1 部分 AR/MR 元宇宙的现状

第 1 部分深入探讨正在迅速获得认可的元宇宙的概念，其中包含增强现实（AR）和虚拟现实（VR）等先进技术。从早期的智能手机应用到即将推出的 AR、VR 眼镜，AR 的演变都在塑造元宇宙及在游戏、培训、医疗保健等方面的体验发挥着关键作用。

在这个数字领域中，用户可以接触到丰富的 3D 内容，这些内容既有专业生成的，也有用户创建的，通常是在生成式人工智能的帮助下完成的。得益于人工智能驱动的搜索功能，这些视觉资产不仅可以作为信息和娱乐的来源，还可以作为视频中可搜索对象和特定语言的存储库。

此外，应用程序和数字助理的集成增强了元宇宙内的交互，呈现出任务执行方式的范式转变，并为日常活动引入了创新方法。

本部分包含以下章节：

第 1 章　元宇宙的起源、概念和意义

“元宇宙”一词在很短的时间内便广为人知。但它究竟指的是什么呢？为什么有人会对它感兴趣？要找出问题的答案，首先要解释是哪些出现在元宇宙之前的相关技术，以及元宇宙又是如何改进这些技术的。本章将就这个问题展开讨论，并更全面地解释什么是元宇宙以及我们为什么应该关注元宇宙。

在本章中，我们将讨论以下主要主题：

» 1. 元宇宙的起源；

» 2. 什么是元宇宙；

» 3. 元宇宙的重要性何在。

1.1　元宇宙的起源

突然间，有一个被称为“元宇宙”的东西出现在媒体上，似乎每个人都在谈论它。几乎所有人都达成了共识——这将对商业和社会产生革命性的影响。然而，由于元宇宙今天并不真实存在，在谈论元宇宙时的主要话题就是试图确定它到底是什么。在开始解释元宇宙是什么之前，我们首先要明白它的起源，然后了解它是什么以及其产生背后的原因。

人类希望能够面对面与他人交流，在无法面对面交流时，仍希望以一

种方式传达他们的想法，在许多情况下还包括他们的情感。无论是在动物骨头、石头、黏土、纸莎草或纸上书写，还是通过电话交谈，人类总能找到某种交流方式。想要交流的原因很多，包括个人层面的原因，如与亲密或不太亲密的家人和朋友联络；也包括非个人和专业层面的原因，如向合作公寓委员会投诉、评估艺术品、协商购买房屋或建筑物、购买衣服和食物、赞扬或贬低某位政客、向员工下达指示等。交流的动机是多种多样的。

从几千年前到今天，除了交流方式发生改变以外，还有几个方面产生了重大变化，包括交流的速度、便捷性、精准性和信息触达受众的范围。

最明显的变化是通信速度的提升，甚至连面对面交流的速度也有所提高。从步行、骑马或乘坐马车，到乘汽车、飞机或直升机，人们能够聚集在一起面对面交流的机会成倍增加，随之而来的便是通信速度的提升。而这仅仅是面对面的交流。在非面对面的交流中——从信使和邮递员通过步行或跑步递送物品，到骑马、使用汽车和运输机，进而发展到发送电报、打电话、收发电子邮件、手机和视频会议——通信速度也明显加快。

随着速度的提高，通信变得更加容易。这种轻松感促使更多的人更频繁地交流。交流次数的增加使得传达信息的意图更加精确。假设写信是非面对面交流的主要方式，如果收信人误解了信件作者的意图，收信人可能会决定不再与作者交流，或者如果他们选择继续交流，必须回信等。快速交流的便利性可以纠正任何被误解的传递消息。交流信息能够通过数字方式传达给尽可能多的人，这一点非常重要。

更精确、更轻松、更快速的通信，以及覆盖大量受众的能力，就是我们今天所取得的成就。社交媒体可以算作一种交流渠道，但当前的模式无法满足过于灵活和个性化的要求。在社交媒体之外，当前通信在速度、便捷性、精确性和受众范围方面的提高使人们在个人和职业生活中更加高效和富有成效。尽管人们普遍认为元宇宙产生背后的主要原始动机是提升不同计算机游戏之间的互操作性，但想象中的元宇宙起源于对进一步改善和提升通信能力的需求。而这种被改进和强化的通信有利于带来加倍的商机，本书的第 3 部分就此举例说明了在元宇宙中可以实现的应用案例。

为了更好地理解元宇宙是如何产生的以及它在技术中的地位，将元宇宙视为范式转变的一部分会有所帮助。在这种情况下，本书将其归为第四个范式转变——空间计算。

1.1.1　元宇宙——第四范式的一部分

技术范式转变是指塑造社会技术开发和使用的基本原则发生了变化。典型的技术范式转变是从马车到汽车的转变。计算领域已认识到 4 个阶段的技术范式转变。

1. 第一范式——个人计算机的到来

从大型计算机到个人计算机（PC）的转变被认为是第一个技术范式转变。大型计算机是大型、昂贵且复杂的机器，主要由企业、政府机构和其他组织使用。它们通常安装在专用计算机房中，并由经过培训的技术人员操作。

IAS 机器（也被称为高等研究院计算机）是 1946—1951 年间在新泽西州普林斯顿高等研究院（IAS）建造的早期计算机，是最早制造的电子计算机，直到 1960 年一直被持续有效地用于各种研究项目中，包括开发第一种高级编程语言 FORTRAN。

20 世纪 70 年代的计算机房通常是大型专用空间，可容纳大型计算机及其相关设备，如 IBM 的超大型访问客户端解决方案（ACS）芯片阵列，如图 1.1 所示。这些计算机比 20 世纪 80 年代流行的个人计算机更大、更昂贵，并且需要具有专门的冷却和电气系统的专用空间才能运行。计算机机房通常是一个安全区域，只有授权人员才能进入，并且通常由负责维护计算机设备的技术人员进行监控。

图 1.1　IBM 1968 年的大型 ACS 电路板的一部分，带有 10 × 10 芯片封装阵列，用于为一台计算机供电（来源：罗伯特·斯科布尔）

Apple Ⅰ是苹果计算机公司于 1976 年发布的 PC，是一种小型、相对便宜的个人计算机，可供个人或小团体使用，被设计成可由用户自行组装的机型，适用于家庭或小型场所。它是市场上第一批个人计算机，旨在成为用户可以自行组装的套件。Apple Ⅰ采用 MOS Technology 6502 微处理器，具有 4 KB RAM，可扩展至 8 KB 或 48 KB，使用盒式磁带来存储数据和程序，并且有一个简单的命令行界面供用户输入命令。苹果计算机公司创始人之一与早期产品合影如图 1.2 所示。

图 1.2　苹果计算机公司联合创始人斯蒂夫·沃兹尼亚克与他帮助开发的 Apple Ⅱ站在一起，现在该展品位于计算机历史博物馆（来源：罗伯特·斯科布尔）

个人计算机的发展和广泛使用代表了人们使用计算机方式的范式转变。在个人计算机发展之前，计算机是大型且昂贵的机器，主要由企业、大学和政府机构等大型组织使用，以支持数百或数千用户的计算需求。这些计算机由专业人员操作，通常通过终端或其他设备远程访问。

相比之下，个人计算机比大型计算机体积更小、价格更低、更易于使用。它们可供个人和小型企业使用，无须专门培训即可操作。微处理器和个人计算机的发展彻底改变了人们与计算机交互的方式，使人们能够使用计算机执行从文字处理和电子表格创建到互联网浏览和游戏的各种任务。个人计算机的发展是数字经济增长的关键因素。

2. 第二范式——图形用户界面

图形用户界面（GUI）是一种UI，允许用户通过图形图标和视觉指示器与电子设备进行交互，而不是基于文本的命令进行交互。GUI旨在让用户能够更轻松、更直观地访问和使用计算机程序和其他电子设备。GUI使用图标、菜单和按钮等视觉元素来表示不同的选项和功能，用户可以使用鼠标或触摸板等定点设备访问这些选项和功能。

GUI的概念最早于20世纪70年代被提出，但直到20世纪80年代GUI才被广泛采用。第一个GUI是在20世纪70年代由施乐公司的帕洛阿尔托研究中心（PARC）开发的，并用在第一批PC的施乐阿尔托（Xerox Alto）上。施乐阿尔托是第一台使用基于鼠标的输入系统的计算机，这使得使用GUI进行导航和与计算机交互成为可能。

第一台广泛使用GUI的个人计算机是Apple Macintosh，该计算机于1984年推出，有助于普及GUI在个人计算机中的使用。在接下来的几年里，微软等其他公司推出了自家基于GUI的操作系统，GUI的使用在个人计算机市场上变得普遍。如今，GUI已成为大多数个人计算机的标准界面，并被广泛应用于各种电子设备中。

GUI代表了人们与计算机交互方式的范式转变，因为GUI使用户访问和使用计算机程序变得更加容易和直观。在 GUI 开发之前，计算机使用命令行界面，需要用户使用键盘输入命令。这是一个耗时且容易出错的过程，对于不熟悉计算机的人来说是很难学会如何使用的。

GUI 的采用对人们使用计算机的方式产生了重大影响，并促进了个人计算机的广泛采用。GUI 使得计算机使用经验少，甚至没有计算机使用经验的人能够轻松使用计算机，这对包括教育、商业和通信在内的社会的许多方面都产生了深远的影响。

3. 第三范式——移动电话

第一批移动电话是在 20 世纪 40 年代末和 20 世纪 50 年代开发的，但它们体积大、价格昂贵，并且只有少数人使用，如富有的个人和企业。第一款商用手机是 1983 年发布的摩托罗拉 DynaTAC 8000X。随着时间的推移，移动电话变得越来越小、越来越便宜、越来越普及，其用途也越来越广泛。

LG Prada（也被称为 LG KE850）是 LG 电子于 2007 年 5 月发布的一款手机，是首批配备触摸屏的手机，被广泛认为是一款时尚的高端设备。

另一方面，第一代 iPhone 于 2007 年 6 月由苹果公司发布。这是一款革命性的设备，引入了基于多点触控屏幕的新型 UI，并将智能手机确立为新的设备类别。iPhone 还拥有许多与当时其他手机不同的功能，例如具有高分辨率显示屏、数码相机以及访问互联网和运行各种应用程序的能力。

总体而言，LG Prada 是一款重要的早期触摸屏手机，但 iPhone 是一款更重要、更有影响力的设备，后者为现代智能手机市场奠定了基础，其中第一代 iPhone 和诺基亚手机如图 1.3 所示。

苹果公司因在手机领域击败诺基亚而广为人知。在 iPhone 问世之前，诺基亚被认为是手机领域的领导者。然而，由于诺基亚低估了 iPhone 创新的重要性，以至于错误地认为无须采取太多措施便可以保持领先地位，从而导致其在该领域的不断衰落。

图 1.3　第一代 iPhone 与诺基亚 N97；第一代 iPhone 于 2007 年 6 月发布，诺基亚 N97 于 2008 年 12 月发布（来源：罗伯特 · 斯科布尔）

移动电话已成为一种技术范式，因为它从根本上改变了人们交流和获取信息的方式。在移动电话被广泛使用之前，人们必须亲自出现在特定位置才能拨打电话或访问信息。随着移动电话的出现，人们可以随时随地进行交流和获取信息。这对社会产生了深远的影响，并带动了新产业和商业模式的发展。移动电话还对人与人之间以及人们与周围世界的互动方式产生了重大影响，已成为许多人日常生活的重要组成部分。

4. 第四范式——空间计算

空间计算是指利用技术创建与物理世界交互的沉浸式 3D 数字环境。这是一个多学科领域，结合了计算机科学、工程、设计和其他领域，可以创造出超越传统 2D 屏幕的交互体验。空间计算包括用于在虚拟或增强 3D 世界中创造移动体验的任何技术，包括虚拟现实（VR）、增强现实（AR）、混合现实（MR）、人工智能（AI）、计算机视觉（CV）和传感器技术等。

空间计算被认为是第四范式，因为它代表了一种超越传统 2D 屏幕和输入方法的技术交互新方式。空间计算的应用包括游戏、教育、设计和工业培训，并且在医疗保健、零售和娱乐等许多其他行业中也有新兴用途。

1987年，杰伦·拉尼尔创造了VR一词。拉尼尔是VPL Research的创始人，该公司生产早期的商用VR头显和有线手套。早期曾有人尝试过制造头显，但要么是完全处于实验阶段，要么则在商业上失败了，如莫顿·海利希发明的Telesphere Mask，其结构如图1.4所示。

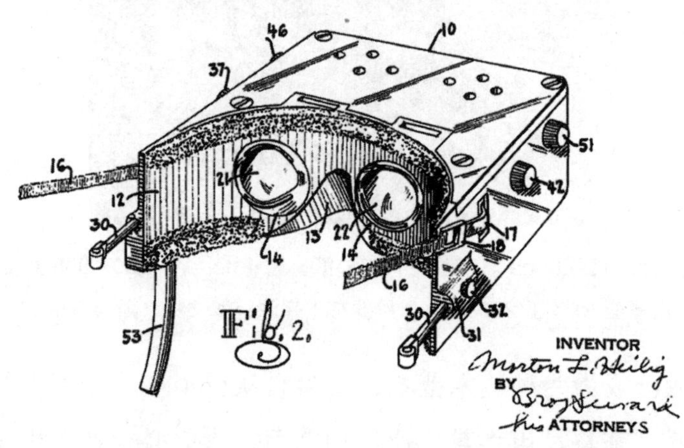

图1.4　莫顿·海利希发明的Telesphere Mask，这款头戴式显示设备于1960年获得了专利，但在商业上失败了（来源：美国专利商标局（USPTO））

其他专利，如苹果公司于2008年所申请的一项关于VR头显和遥控器的专利描述了一种从未生产过的产品，产品设计如图1.5所示。2012年，Oculus VR公司成立，VR头显Oculus Rift于2016年投入商用。在此之前的2014年，Facebook收购了Oculus VR，并开始了创造更多VR头显型号的旅程。HTC和其他几家厂商也加入了Oculus的行列，共同打造具有竞争力的VR头显。

第一款功能性AR头显由史蒂夫·曼恩于1980年制作，名为EyeTap，是一种可以在佩戴者眼前显示虚拟信息的头盔。早期的AR头显由于技术限制和成本高昂的原因而没有被广泛采用。2010年，智能手机的发展和显示屏的改进等技术进步使得人们对AR的兴趣重新燃起，同时有更先进、更实惠的AR头显被推出，如微软HoloLens和Magic Leap。

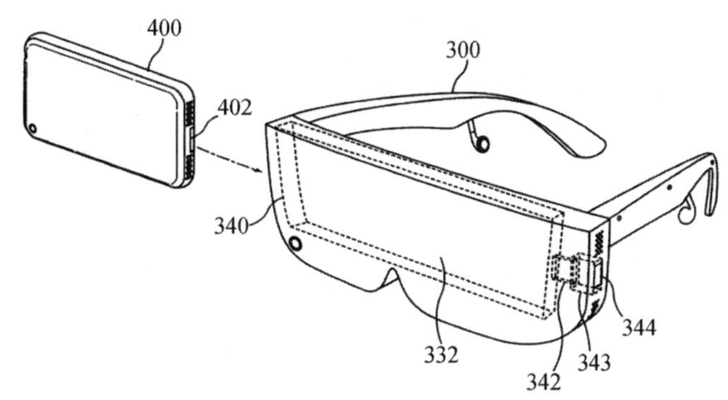

图 1.5　苹果公司于 2008 年申请了一项关于 VR 头显和遥控器的专利，该遥控器将使用 iPhone 的屏幕作为头显的主显示屏；该头显从未被投入商业化生产过（来源：USPTO）

空间计算有许多潜在的好处，其中包括以下几个方面。

（1）沉浸式体验：空间计算为用户带来更加身临其境和引人入胜的体验，因为它创建了一个与物理世界交互的 3D 数字环境。这允许用户以更自然和直观的方式与信息和技术交互。

（2）提高生产力：空间计算可用于创建更高效、更有效的工作方式，如用于工业培训、设计和教育的 VR 和 AR 工具。它还可以通过创建共享虚拟空间来改善远程协作。

（3）提高可访问性：空间计算可用于为残障用户，如视力受损或在精细运动技能方面有困难的用户，创建更易于访问的体验。

（4）各行业的新机遇：空间计算在医疗保健、零售和娱乐等各个行业都有潜在的用例，如在医疗保健领域可用于培训和手术，在零售领域可用于虚拟购物，在娱乐领域可用于游戏和电影。

（5）提高便利性：空间计算可以使用户更方便地访问信息并与之交互，如将虚拟指令叠加在现实世界的对象上以进行修复或组装。

（6）数据可视化：空间计算可用于创建复杂数据的 3D 可视化效果，使其更易于理解和分析。

空间计算是元宇宙的关键推动因素，它提供的技术允许创建可用于社交、娱乐、工作和许多其他用例的沉浸式3D数字环境。我们已经回顾了元宇宙的技术历史，接下来了解元宇宙到底是什么。

1.2 什么是元宇宙?

元宇宙将给通信带来速度、便捷性、精确性和受众范围方面的改进。那么，元宇宙究竟是什么?

以下是作家马修·鲍尔对于元宇宙的定义，该定义获得了公众的一定程度上关注：

» “元宇宙是一个由实时渲染的3D虚拟世界和环境组成的大规模、可互操作的网络，可以由无限数量的用户同步、持续地体验，具有个人存在感和数据连续性，例如身份、历史、权利、对象、通信和支付付款。”

这是否可以解释为什么元宇宙是其他通信方式的改进形式?从鲍尔的定义中我们可以看出：

1. 大规模、可交互操作的网络

这意味着元宇宙可以同时处理大量人员及其活动，并且人们可以轻松地在不同环境和应用程序之间漫游和操作。

2. 实时渲染的3D虚拟世界和环境

这里的“实时渲染”意味着图像是近乎实时地动态生成和更新的，从而使人们可以在虚拟环境中交互或移动而没有延迟。

3. 同步、持续地体验

“同步”意味着人们在元宇宙中的互动是同时发生的；“持续”意味着，无论环境处于哪种状态，即使更新其中的内容，除非该环境主动发生变化，否则就会保持该状态。

4. 用户数量实际上不受限制，具有个人存在感和数据连续性，例如身份、历史、权利、对象、通信和支付。

“个人存在感”意味着元宇宙中的人在心理层面上感觉自己身临其境一般。

1.2.1　关于“我的定义”

元宇宙允许许多人同时聚集在一起，在实时 3D 虚拟环境或世界中进行交互，并能够保留个人独特且持久的数字身份，包括每个人的活动轨迹。

根据我的定义，元宇宙如何改善通信方式就更加清晰了。通信方式在速度、便捷性、精确度和受众范围方面都明显提升。

以下是具体分析。

1. 速度：用户同时聚集在一起并实时交互，这是不言而喻的。

2. 便捷性：实时并保留独特且持久的数字身份——实时通信的便捷性是直观、易懂的。保留独特且持久的数字身份可以让一个人每次返回元宇宙都能轻松地进行交互，因为该人的数据会持续存储以供其使用。

3. 精确度：实时 3D 虚拟环境或世界，并保留独特且持久的数字身份——实时 3D 虚拟环境或世界通过提供实时功能并且由于处于 3D 状态，从而允许人们在查看对象时体验到更强的真实感，从而满足精确度。这在业务场景中非常有帮助，例如在元宇宙中以 3D 方式演示或展示产品的情况。

4. 受众范围：允许多数人自由表达。

元宇宙的定义与其虚构版本不同。“元宇宙”一词是由作家尼尔·斯蒂芬森在其 1992 年的小说《雪崩》中创造的。在该小说中只有一个元宇宙，人们会使用 VR 头显上网并进入元宇宙来逃避反乌托邦的现实。最近，考虑业务限制、利润动机和反垄断问题，定义中固有的“将有许多可用的元宇宙表现形式或平台”的想法受到了关注，并被视为最可行的部分。此外，元宇宙预计可以通过 AR 头显和眼镜以及 VR 头显进行访问。

除了本章所介绍的内容之外，本节以及第四范式——空间计算子标题下有关AR和VR的深入、详细的信息也可以在第2章和第3章中找到，包括相关公司及其产品方面的信息。第2部分“元宇宙关键技术”中介绍了元宇宙的支持技术。作为对元宇宙的介绍，本章接下来是对创建、管理和/或体验元宇宙通常所需的技术的简短概述，包括区块链和其他去中心化系统技术（更多有关这些技术的详细信息，请参阅第6章“不同类型的计算技术”）。

1.2.2 基本技术需求

本小节总结了以下技术：游戏引擎、其他设计软件、人工智能、计算机视觉、支付处理系统、UI、云计算、应用程序编程接口、跟踪和捕捉技术、VR和MR头显、AR头显和眼镜。

1. 游戏引擎

游戏引擎是为开发人员提供更有效的视频游戏构建工具的软件框架。这些工具通常包括图形渲染引擎、模拟真实运动的物理引擎以及对输入、音频和网络的支持等。一些游戏引擎还提供附加功能，例如关卡编辑器和动画工具。游戏引擎被设计为灵活且可重用的，以便开发人员可以利用其构建各种不同类型的游戏。

除视频游戏外，游戏引擎还被用于其他类型的交互式应用程序中，如：

（1）VR和AR体验；

（2）模拟和培训软件；

（3）交互式建筑和产品可视化；

（4）教育软件；

（5）GUI应用程序。

游戏引擎非常适合这些类型的应用程序，因为游戏引擎提供了用于渲染3D图形和处理用户交互的高性能环境。

以下列出了一些知名的游戏引擎公司。

（1）Unity技术：Unity是一种跨平台游戏引擎，被广泛用于构建2D和

3D 游戏以及其他交互式内容。Unity 以其易用性和灵活性而闻名，并且拥有为其开发做出贡献的大量开发人员的社区。

（2）Epic Games：Epic Games 是虚幻引擎（Unreal Engine）背后的公司，虚幻引擎是一个用于构建高质量 3D 游戏的强大游戏引擎。虚幻引擎以其先进的图形功能而闻名，被许多 AAA 游戏工作室所使用。

（3）Crytek：Crytek 开发了 CryEngine，这是一种用于构建 3D 游戏的游戏引擎。CryEngine 以其先进的图形和对 VR 的支持而闻名。

（4）开放 3D 引擎（O3DE）：O3DE 是由 Linux 基金会的子公司开放 3D 基金会开发的免费开源 3D 游戏引擎。该引擎的初始版本来自 Amazon Lumberyard 引擎的更新版本，由 Amazon Games 开发和贡献。

2. 其他设计软件——生产中的 3D 软件和角色创建

3D 建模软件是一种允许用户创建对象或环境的三维数字模型的软件。这些模型可用于多种目的，如创建 3D 艺术、可视化建筑平面图和设计产品。3D 建模软件的常见功能包括创建和操作 3D 形状、添加纹理和材质以及添加照明和其他效果。有许多不同的 3D 建模软件程序可用，从艺术家和设计师使用的专业工具到业余爱好者和学生可以使用的更适合初学者的软件可选择。以下罗列了 3D 建模软件的一些示例。

（1）Autodesk 3ds Max：3ds Max 是一款专业的 3D 建模、动画和渲染软件，被广泛应用于电影、电视和游戏行业。

（2）Autodesk Maya：Maya 是一款专业的 3D 建模、动画和渲染软件，可用于多种行业，包括电影、电视和游戏行业。

（3）Houdini：Houdini 是一款 3D 动画和视觉效果软件，用于电影和电视行业创建复杂的效果和模拟场景。

（4）Blender：Blender 是一款免费、开源的 3D 建模和动画软件，可用于多种行业，包括电影、电视和游戏行业。

（5）Cinema 4D：Cinema 4D 是一款专业的 3D 建模、动画和渲染软件，用于电影、电视和游戏行业。

角色创建软件是一种允许用户创建可在元宇宙中使用的自定义角色或数字化自身形象的软件。一些角色创建软件允许用户通过从发型、面部特征和服装等一系列预定义选项中进行选择来创建角色。还有一些软件允许用户通过导入和操作 3D 模型或使用工具来雕刻和塑造角色外观来创建更详细的角色。一些角色创建软件允许用户创建自己脸部或身体的逼真 3D 模型，还有一些软件则提供更加风格化或卡通化的样式。

3. 人工智能

人工智能有被用于元宇宙内各种应用程序的潜力。就元宇宙而言，最有前途的人工智能类型是生成式人工智能（GenAI）。

GenAI 是指能够根据一组输入数据或规则生成新内容或想法的一种人工智能，可以通过机器学习（ML）、神经网络（NN）和进化算法等技术实现。

GenAI 模型的示例有 GPT-3（包括 ChatGPT，GPT-4 即将推出）、DALL-E 2、Stable Diffusion、Midjourney、Meta 的 Make-A-Video 和 Google DreamFusion（文本转 3D 图像生成器，处于研究阶段）。

在元宇宙的背景下，GenAI 可以通过多种方式使用，以下罗列了一些应用示例。

（1）生成虚拟对象：GenAI 可用于创建在元宇宙中使用的各种虚拟对象和资产，例如建筑物、家具、车辆或服装。

（2）设计虚拟环境：GenAI 可用于设计和生成元宇宙的虚拟环境和景观，例如城市、森林或行星。

（3）生成虚拟事件：GenAI 可用于在元宇宙中创建和安排虚拟事件和体验，例如音乐会、节日或体育比赛。

（4）创建虚拟角色：GenAI 可用于设计和生成用于元宇宙的虚拟角色或化身，例如非玩家角色（NPC）或可以自然地与用户交谈的虚拟助手。

（5）生成虚拟内容：GenAI 可用于为元宇宙创建各种虚拟内容，例如音乐、视频或游戏。

（6）个性化：GenAI 可用于在元宇宙中创建个性化体验。如人工智能系统可以分析用户的偏好并生成符合用户兴趣的定制虚拟空间或活动。

（7）自动化：GenAI 可用于使元宇宙内的任务和流程自动化，如管理虚拟资产或处理交易。

4. 计算机视觉

计算机视觉（CV）是一个专注于使计算机能够解释和理解来自世界中的视觉信息（如图像和视频）的研究领域。该领域将计算机科学、电气工程和人工智能结合，开发能够识别和解释视觉数据并根据该数据做出决策的算法、模型和系统。

CV 中使用了多种技术，包括以下几种。

（1）图像处理：即提高图像质量的技术，例如降噪和图像增强，从而使 CV 算法更容易解释图像。

（2）特征提取：即从图像中识别和提取关键特征，如边缘、角点和纹理的算法，用于识别对象和理解场景。

（3）深度学习（DL）：使用神经网络，特别是卷积神经网络（CNN），可以学习识别图像和视频中的模式。

（4）机器学习（ML）：即训练模型识别数据模式的技术，例如监督学习（SL）、无监督学习（UL）和强化学习（RL）。

（5）对象检测：即检测图像或视频中特定类别对象的算法。

（6）语义分割：即为图像中的每个像素分配类标签的算法。

（7）运动分析和对象跟踪：即可以跟踪场景中对象随时间的移动的算法。

（8）3D CV：即由 2D 图像创建场景和对象的 3D 模型的技术，例如创建运动和立体视觉的结构。

具体来说，对于元宇宙而言，CV 可以有多种用途，以下列举其中几种。

（1）用户识别和跟踪：CV 算法可用于识别和跟踪元宇宙内的用户，并识别和响应他们的手势和动作。这可以用来创造更加让人身临其境和更具互动性的体验，并实现新型的社交互动。

（2）环境和物体识别：CV 算法可用于识别和理解元宇宙中的环境和物体，并以真实可信的方式对其做出响应。这可以用来创建更真实的虚拟世界，并实现与虚拟对象的新型交互。

（3）空间映射和导航：CV 可用于映射和理解元宇宙的空间布局，并使用户能够在其中使用导航。这可以用来创建更为直观和用户友好的元宇宙体验，并实现新型虚拟旅行。

（4）人机交互（HCI）：CV 可用于实现用户与虚拟世界之间更自然、直观的交互形式，例如手部和身体跟踪、面部识别和语音识别。

（5）AR：AR 技术可以与 CV 相结合，将虚拟元素叠加到现实世界中，提供更加令人身临其境的交互体验。

总体而言，计算机视觉具有很大的潜力，可以让计算机理解和解释视觉信息并实时做出响应，从而在元宇宙中实现新的、令人兴奋的体验。

5. 支付处理系统

传统支付系统可以通过几种不同的方式在元宇宙中使用。以下列举几个具体例子。

（1）游戏内货币和微交易：许多元宇宙平台允许用户购买可在虚拟世界中使用的虚拟货币或物品。这类交易可以通过使用信用卡、借记卡和数字钱包等传统支付系统进行处理。

（2）虚拟房地产：一些元宇宙平台允许用户购买虚拟房地产或其他虚拟资产，这可以被视为一种投资形式。这类交易可以通过使用传统支付系统来处理，在某些情况下，虚拟资产可能会在二级市场上交易。

（3）订阅：访问元宇宙内的某些区域或服务可能需要订阅。传统的支付系统可用于定期处理订阅支付。

（4）虚拟商品和服务：虚拟商品，如衣服、皮肤和其他化身配件可以出售赚取真实货币。同样，对于虚拟世界中的辅导或指导等虚拟服务也可以通过传统的支付系统来实现销售。

图 1.6 展示了传统支付处理系统的工作流程。当客户使用信用卡或借记卡在网站上订购商品时，付款信息会经过网关和验证过程，然后经由发卡银行发送到商家。

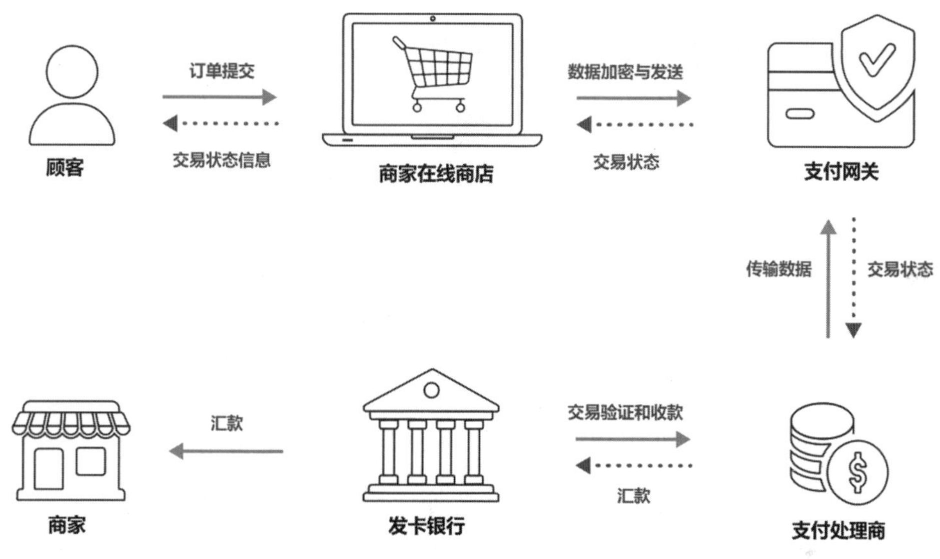

图 1.6　传统支付处理系统

虽然传统的支付系统可用于推动元宇宙中的交易，但元宇宙本身也可能引入新的创新式的支付形式。比如，虚拟货币和区块链技术在元宇宙经济中可能变得越来越重要。

图 1.7 显示了在区块链上完成的交易通常是如何完成的。有人发起一笔交易，然后该交易被广播至网络中被称为“节点”的计算机。下一步是验证；传递允许交易形成的数据块。然后，该数据块又被添加到其他数据块的链中，即“区块链”。随后，该区块链被广播至节点，最后该交易被输入去中心化的数字分类账中。

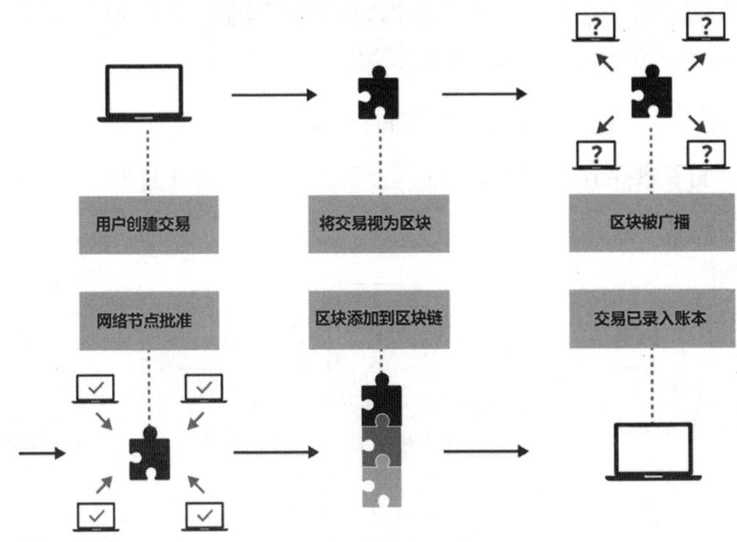

图 1.7　区块链支付流程

6. UI

UI 是用户与计算机或其他设备之间的交互点，是指用户与设备交互和控制设备的方式，包括视觉元素（如按钮、图标）和非视觉元素（如音频、触觉反馈）。UI 的目标是通过为用户与设备的交互提供清晰一致的方式，并向用户提供清晰有用的反馈，以使设备易于使用和理解。

与元宇宙相关的 UI 的问题包括以下几个方面。

（1）导航：在虚拟世界中，用户必须能够轻松移动并探索环境。以直观和自然的方式实现这一点可能具有挑战性。

（2）交互：用户必须能够以熟悉且易于理解的方式与虚拟对象和其他用户进行交互。

（3）身份：用户必须能够在虚拟世界中以独特且有意义的方式表达自己的身份，同时保护自己的隐私。

（4）性能：元宇宙应能够在各种设备和网络上表现良好，同时提供流畅且响应迅速的体验。

（5）规模：元宇宙必须能够应对大量用户和广泛的活动，同时保持稳定性和安全性。

（6）可访问性：元宇宙的用户界面应可方便残疾人、老年人和非技术用户访问。

（7）安全：虚拟世界应该具有安全功能，以保护用户免受骚扰、欺凌或其他形式的虐待。

（8）可用性：界面应该易于使用和理解，只需最少的培训即可。

7. 云计算

云计算在元宇宙开发和部署中发挥着重要作用，主要体现在以下几个方面。

（1）托管：元宇宙依靠服务器来托管虚拟世界及其所有组件，例如 3D 模型、纹理和动画。Amazon Web Services（AWS）、Azure 和 Google Cloud Platform（GCP）等云计算服务提供商提供了各种可用于托管元宇宙的服务器资源。

（2）可扩展性：元宇宙预计将在用户数量和创建的内容量方面快速增长。云计算允许元宇宙根据需要而扩展或缩小，根据需要分配更多或更少的资源。

（3）安全性：云计算服务商提供广泛的安全功能，例如加密、身份验证和访问控制，可用于保护元宇宙及其用户。

（4）分析和智能：云计算服务可以提供高级分析和人工智能功能，可用于了解用户行为、优化性能并改善整体用户体验。

（5）基础设施即服务（IaaS）：开发人员和公司无须构建和管理元宇宙的硬件和软件基础设施，而是可以通过使用云服务提供商（CSP）的基础设施来构建和部署自己的元宇宙体验。

（6）平台即服务（PaaS）：一些公司提供现成的可构建元宇宙体验的平台。开发人员可以在这类平台上构建和运行他们的元宇宙体验。

总体而言，云计算是元宇宙开发和部署的重要推动技术。云计算使开发人员和公司能够专注于创造最佳的用户体验，而不必担心底层基础设施和扩展方面的问题。

8. 应用程序编程接口（API）

API是一组用于构建和集成软件应用程序的工具、协议和标准。API允许不同的软件应用程序相互通信和交换数据。API为不同的软件相互通信以及不同的系统共享数据和功能提供了一种方式。

API是元宇宙中使用的关键技术，原因如下。

（1）互操作性：元宇宙体验由不同的创作者和公司构建，API使这些创作者和公司能够无缝地进行通信和交互。这使得用户能够不间断地在元宇宙的不同部分之间移动，并以有意义的方式相互交互以获得不同的体验。

（2）数据共享：API可用于使元宇宙的不同组件之间共享数据，例如用户信息、库存和交易方面的数据。这使得元宇宙中的用户体验更具凝聚力和集成性。

（3）第三方集成：API可用于将支付、身份管理和分析等外部服务集成到元宇宙中。这使得元宇宙开发人员能够利用这些服务的功能来提升他们的体验。

（4）开发和自动化：API可用于自动执行某些功能和任务，例如创建新资产或管理库存，以及为开发人员创建工具以提高工作效率。

（5）扩展功能：API可以让开发人员访问和扩展元宇宙不同组件的功能，例如化身、物理引擎或脚本引擎等组件。

（6）分析和监控：API可用于收集有关元宇宙使用情况、行为和性能的数据，这些数据可用于监控和改进在元宇宙中的体验。

API是一项强大的技术，可用于连接元宇宙的不同部分，从而实现更加无缝和集成化的用户体验，并为创新和发展创造机会。

9. 跟踪和捕捉技术

跟踪和捕捉技术是一组用于测量和记录物理世界和人类行为各个方面的工具和方法。这些技术用于捕捉和跟踪不同类型的数据，例如运动、位置和表情方面的数据，以提供更加真实、令人身临其境的体验。

以下列举了一些元宇宙中使用的跟踪和捕获技术的示例。

（1）头戴式显示器（HMD）、AR 眼镜和手持控制器：这些设备用于跟踪用户头部和手部在虚拟世界中的位置和运动，从而提供更自然、直观的体验。

（2）动作捕捉：该技术用于使用传感器或摄像头跟踪用户身体的运动和姿势。之后，该数据被用于控制虚拟世界中化身的移动，从而提供更真实的用户虚拟形象。

（3）面部跟踪：该技术用于跟踪用户面部的动作，并使用该数据来控制虚拟世界中化身的表情。

（4）语音识别：该技术用于捕获和解释用户的语音，从而允许用户在虚拟世界中自然地进行基于语音的交互。

（5）眼球追踪：该技术用于追踪用户的视线，从而使用户与虚拟对象和其他用户进行更真实的交互。

（6）触觉反馈：该技术用于向用户提供触觉反馈，让用户感觉自己正在与虚拟世界中的对象进行物理交互。

这些技术有助于为元宇宙中的用户创造更真实、更令人身临其境的体验，使用户能够以自然、直观的方式与虚拟对象和其他用户进行交互。此外，捕捉的数据可用于提高性能、分析用户行为，甚至将用户体验个性化。这里没有涉及利用脑机接口（BCI）或捕捉神经运动脉冲以达到跟踪和捕捉的目的，这些技术的实现至少需要几十年的时间，因此超出了本书的范围，本书旨在未来 10 年里对人们有所帮助。

10. VR 和 MR 头显

VR 和 MR（VR 和 AR 的组合）头显是元宇宙中使用的关键技术，其应用场景广泛，在学校的应用场景如图 1.8 所示。

VR 和 MR 头显可以提供了以下内容。

（1）沉浸式体验：VR 和 MR 头显通过屏蔽现实世界并在虚拟世界中营

造临场感，为用户提供完全身临其境的体验。

图 1.8　孩子在学校使用流行的 Oculus Quest VR 头显（来源：罗伯特·斯科布尔）

（2）交互：VR 和 MR 头显可以与手持控制器结合使用，甚至可以与手部和手指跟踪结合使用，以允许用户以自然和直观的方式与虚拟对象和其他用户进行交互。

（3）探索：VR 和 MR 头显允许用户以更为自然和直观的方式探索虚拟世界，使用户在虚拟空间中获得自由感和存在感。

（4）社交互动：VR 和 MR 头显可用于用户在元宇宙中进行社交互动，允许用户与他人实时交流。

（5）培训和教育：VR 和 MR 头显可用于提供安全且令人身临其境的培训和教育环境。

（6）远程协作：VR 和 MR 头显可用于促进建筑、设计和工程等领域的远程协作。

（7）治疗：VR 和 MR 头显已被用于治疗心理障碍，如创伤后应激障碍（PTSD）和恐惧症，以及物理治疗和疼痛管理。

总体而言，VR 和 MR 头显是实现在元宇宙中感受沉浸式交互体验的重要技术，为用户提供身处虚拟世界时的临场感和真实感。

11. Apple Reality Pro

2023 年 6 月 5 日，苹果公司发布了一款备受期待的 MR 头显，其面世历时 7 年多，据称耗资 400 亿美元。这款 MR 头显名为 Apple Reality Pro，它的出现非常重要，证明了沉浸式行业是一个可行性极高的行业，并且可以长期存在。推而广之，它也验证了元宇宙的可行性。

有关 Apple Reality Pro 以及其他 VR 和 MR 头显的更多信息，请参阅第 3 章“虚拟现实将何去何从”。

12. AR 头显和眼镜

AR 头显和眼镜是可以在元宇宙中使用的技术，提供以下功能。

（1）增强现实：AR 头显和眼镜将虚拟对象和信息叠加到现实世界中，而不是完全遮挡，从而提供更丰富的现实世界版本，可用于增强各种活动效果。

（2）导航和信息：AR 头显和眼镜可用于在元宇宙中提供导航和信息，如向用户显示要前往的位置、提供有关附近虚拟对象的信息以及显示通知或消息。

（3）交互：AR 头显和眼镜可以与手持控制器或其他输入设备配对，允许用户以自然、直观的方式与虚拟对象和其他用户交互。

（4）远程协作：AR 头显和眼镜可用于远程连接用户并允许其在不同的任务和项目上进行协作，即使他们位于不同的物理位置，也可以在同一虚拟空间中一起工作。

（5）培训和教育：AR 头显和眼镜可用于创建交互式和沉浸式的培训模拟场景，从而提升学习体验并提高用户对材料的记忆能力。

（6）工业和商业用途：AR 头显和眼镜可用于各种工业和商业环境，如提供维护和维修方面的说明和指导，或帮助客户进行服务和销售活动。

（7）维护和维修：AR 头显和眼镜可用于协助维护和维修任务，通过在现实世界中叠加虚拟指令、信息甚至指导来帮助技术人员、机械师和工程师。

（8）游戏：AR 头显和眼镜可以通过将虚拟角色、物体和信息叠加到现实世界中来提升游戏体验，创造更加令人身临其境和更具互动性的游戏体验。

最初的 Magic Leap AR 头显如图 1.9 所示。

图 1.9 最初的 Magic Leap AR 头显（来源：罗伯特·斯科布尔）

总体而言，AR 头显和眼镜是可以提升元宇宙体验的技术，为用户提供可以与现实世界交互的虚拟物体和信息，为交互、导航、信息传递、协作等带来新的可能性。

有关 AR 头显和眼镜的更多信息，请参阅第 2 章“增强现实现状”。

1.3 元宇宙的重要性

本章开头讨论了元宇宙对人类交流的重要性，接下来的部分将提供更多详细信息，并解释元宇宙为何对企业和经济的重要性。

1.3.1 对人类而言

元宇宙能够同时将许多人聚集在一起，让人们在 3D 虚拟现实或想象空间中快速、轻松和精确地进行交互。这有什么意义呢？这一点为什么如此重要？

元宇宙使交流次数增加，这是它最大的好处。之所以如此看重这种好处，是因为人类是社会性生物，社会的持续存在依赖于生活在其中的人类的高效交流和互动。

根据 2022 年 4 月一项对美国开发者展开的调查，55% 的人认为，5 年内，元宇宙很可能会取代现实生活中的交互，如图 1-10 所示。这种观点证明元宇宙是一种理想的社交互动技术。

元宇宙将家人和朋友聚集在一起，使发展新的友谊成为可能，并允许用户与拥有相同兴趣的人建立联系。有人可能会说，Zoom 视频通话和其他提供视频通话的公司也可以做到同样的事情。毕竟很多人都可以通过视频通话会面，而且视频通话比起电话通话来说就是一种进步。

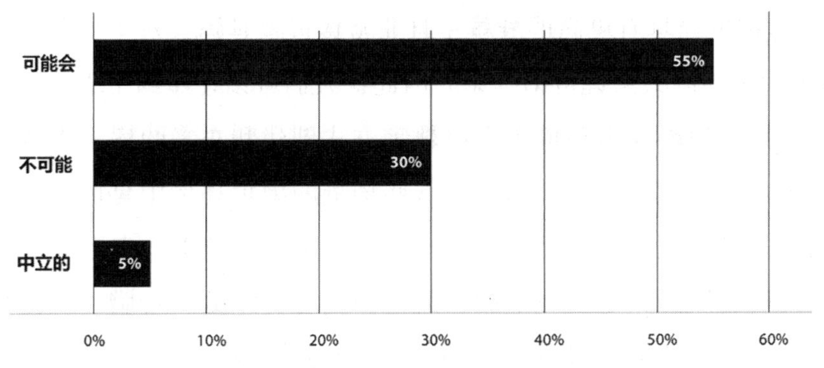

图 1.10　2022 年 4 月对 300 名美国开发者展开调查的结果（来源：Agora 数据）

在典型的商务环境之外进行的电话通话，只有有限的人可以参与通话，而且他们看不到对方的表情和身体，因此在电话通话时很难与任何人建立起亲近感。

然而，视频通话较之电话通话仅仅是略有改进。一个人在视频通话时拿着笔记本电脑或智能手机四处走动是很难的，这确实也很麻烦，而且除了交谈和查看文档之外，视频通话中人可以做的事情也很有限。

借助元宇宙，一个人可以使用化身进入 3D 虚拟位置，该化身很快就会变得非常逼真，看起来与本人很像，并且还能够以看似自然的人类方式移动。或者，如果一个人希望自己的化身看起来像自己以外的任何东西，也可以表现为任何一种动物或神秘生物——只有人想象不到的，没有化身做不到的。

玩家可以借助其在元宇宙中的化身，在非常逼真的环境或极具想象力的环境中四处走动，并立即从一个环境跳转到另一个环境，与玩家提前设定的人见面，或者与他们不认识的人分享相同的兴趣。设置隐私选项将是设置元宇宙偏好中极其重要的部分，包括限制谁可以看到玩家在线以及阻止他人看到，但从积极的方面来看，偏好可以用来提炼兴趣，以便玩家与不认识但志同道合的人偶然接触。家庭和朋友圈也是一个非常有用的功能。

元宇宙中的环境可能类似于过去在《第二人生》中看到的情况，这个在线虚拟世界在 2013 年达到了约 100 万用户的峰值，但元宇宙要比其好得多。3D 虚拟世界具有更高的分辨率且非常接近零延迟，对于那些曾经体验过 2D 虚拟世界的人来说可谓天堂。因此，人们可以在纽约中央公园、巴黎埃菲尔铁塔的顶部、由环境主人以数字方式创建和布置的房子里或者在火星北部平原（以现有照片为模型）这些场景的虚拟环境中见面。此外，奇幻之旅将非常受欢迎——无论是在有两个卫星的星球上，有巨大温顺的兔子在场，沿着黄砖路走到奥兹国，还是回到历史中的古希腊、在巴黎参加法国大革命，或者在 20 世纪 20 年代与欧内斯特 · 海明威会面等。

在元宇宙这个诱人的环境中，可以进行哪些类型的活动和行动？第 3 部分“消费者和企业使用案例”详细阐述了其中的许多内容，包括游戏、社交、体育、零售、工作等。想象一下，能够打一场非常精彩的棒球比赛，然后根据您身体的实际尺寸进行虚拟试穿后购买衣服，接着与朋友见面，与他们交谈并分享逼真的虚拟葡萄酒——这只是休息日的一部分。在元宇宙的 3D 空间中可以进行非常多的活动。企业也将从元宇宙市场和其他零售模式以及元宇宙拥有的大型虚拟工作空间和其他虚拟工作功能方面受益匪浅。

商业是本书关注的重点，它将在元宇宙中占据很大的立足点。下面将继续介绍元宇宙接下来可以为业务提供什么，并使用第 3 部分中的说明性用例提供更多详细信息。

1.3.2　对企业而言

元宇宙为商业带来了巨大的进步，就像互联网的出现所带来的巨大进步一样。这是继互联网之后的下一个进化步骤。

元宇宙有潜力为企业提供许多好处，包括以下几个方面。

1. 新的收入来源：元宇宙可以为企业创造新的机会，可以通过销售如虚拟房地产和广告虚拟商品和服务等来创收。

2. 提高客户参与度：元宇宙可以为企业提供与客户互动和吸引客户的新方式，例如通过虚拟店面和互动体验的方式。

3. 提高协作能力和生产力：元宇宙可以使企业以新的方式与其他公司和个人联系和协作，例如借助于虚拟工作空间和远程通信工具。

4. 增强客户洞察力：元宇宙可以为企业提供收集客户数据的新方法，例如通过分析虚拟环境中的用户行为来收集数据。

5. 扩大影响范围：元宇宙可以帮助企业扩大影响范围，超越其地理位置的物理限制。

6. 节省成本：元宇宙还可以帮助企业节省实际开支，例如房地产、交通和员工福利方面的开支。

根据 2022 年所做的一项调查，超过 50% 的受访者认为自己是在元宇宙中工作。毫不奇怪，这些人来自 Z 世代，即 20 世纪 90 年代末至 21 世纪 10 年代初出生的人。这表明元宇宙与商业概念之间联系的紧密程度，以及新一代如何预见它在商业领域的重要性。

1.3.3 对经济而言

元宇宙有可能以多种方式为各国经济带来好处。元宇宙的发展和成长可以为一个国家内的企业和企业家创造新的机会，从而增加经济活动和创造就业机会。

元宇宙还可以为一个国家吸引到外国投资和人才，因为公司和个人都希望参与到元宇宙的市场增长中并从中受益。根据 Grand View Research 的数据，到 2030 年，按照平均扩张速度来计算，元宇宙的市场总额将达到 10 万亿美元。

此外，随着一个国家内的企业和企业家开发虚拟商品和服务并向其他国家的用户销售，元宇宙可以为国家开辟新的出口机会。

再者，元宇宙可以成为新的娱乐和休闲形式的平台，这也可以推动经济增长。

最后，元宇宙还可以成为创新平台，推动元宇宙发展的国家或许能够利用这种创新在其他经济领域获得竞争优势。

1.4 总 结

阅读完本章内容后，您应该清楚元宇宙的核心定义是什么、元宇宙的真正起源、在元宇宙之前出现了哪些相关技术，以及为什么元宇宙对我们人类、企业和经济体是如此重要。

重要的是要利用好从本章学习到的知识，并将其作为跳板，以进一步理解元宇宙在未来的重要性，无论是在实际用例还是在巨大的社会影响方面。

下一章将介绍 AR 这一快速发展领域的现状。如今人们认为 AR 对于元宇宙的重要性与 VR 的重要性不相上下，甚至更甚。

第 2 章　增强现实现状

在本章中，我们将回顾增强现实（AR）的当前状态，提供企业 AR 头显首次迭代的详细信息以及用智能手机创建 AR 体验的相关内容。接下来，我们将就 AR 眼镜展开讨论，包括苹果公司即将推出的产品。最后，我们将解释 AR 对元宇宙的意义。

在本章中，我们将讨论以下主要主题：

1. AR 的现状；

2. 是什么导致 AR 发展至此，有哪些相关的 AR 头显和眼镜以及哪些行业正在使用这些设备；

3. 备受期待的 AR 眼镜；

4. 了解 AR 对于元宇宙的意义。

阅读完本章后，您将能够更好地了解 AR 硬件可以为您做什么。

2.1　智能手机、头显和眼镜的研发历程

AR 的发展已历经几十年的时间，其硬件也经历了许多实验阶段。在本节中，我们将回顾智能手机 AR 以及 AR 头显和眼镜的技术发展，让您了解 AR 的现状。通过学习，您将能够明确 AR 可以为您的业务做哪些明智的决策。

AR的概念可以追溯到20世纪60年代和20世纪70年代，当时计算机图形研究人员开发了第一款头戴式显示器（HMD），它可以覆盖现实世界中计算机生成的图像。然而，直到20世纪90年代，AR才开始作为一种独特的技术出现。

20世纪90年代，计算机图形和视频处理技术得到改进，使得更复杂的AR系统得以开发。最早的商业AR应用之一是一款名为Virtual Fixtures的玩具，由路易斯·罗森博格在美国空军阿姆斯特朗实验室开发。Virtual Fixtures使用HMD将计算机生成的图像叠加到用户的现实世界视图上，使用户能够操纵物理空间中的虚拟对象。

1992年，两位波音研究人员汤姆·考德尔和戴维·米泽尔创造了“增强现实”一词来描述他们开发的用于在头戴式显示器上显示飞机接线图的系统。这是将计算机图形与现实世界对象相结合的AR系统较早的示例。

AR的另一个早期示例是ARToolKit，这是一个用于创建AR应用程序的开源软件库，于1999年首次发布。

随着计算机处理能力的不断提高，AR系统变得更加先进，其应用也更为广泛。21世纪00年代初，多家公司开始开发用于工业和军事用途的AR系统，包括供战斗机飞行员使用的头盔式显示器和平视显示器。宝马使用AR对车辆进行组装和质量控制，并于2003年创建AR应用程序，允许客户以3D方式配置和可视化他们的汽车。

2004年，波音开始使用AR技术来协助飞机组装，让工人可以查看覆盖在他们正在处理的物理部件上的数字指令和图表。这使得工人们能够准确地看到每个组件应该放置的位置，并确保所有组件都得以正确组装。21世纪00年代末，配备内置摄像头、先进传感器和强大处理器的智能手机和平板电脑的推出，为AR应用在消费者间的普及铺平了道路。

接下来，我们将回顾智能手机AR的历史，包括一些相关应用程序以及AR头显和眼镜的现状和重要型号。

2.1.1　手机 AR

ARToolKit 是智能手机 AR 早先的例子，是一个用于创建 AR 体验的开源软件库，于 1999 年首次发布，并于 2001 年开源。ARToolKit 允许开发人员使用标记创建交互式 AR 应用程序，这些标记是打印的图像，可以被相机识别并用于将数字内容覆盖在现实世界之上。

2005 年，诺基亚为诺基亚 6600 和 6630 型号手机开发了 AR 网球游戏，因为这两款手机具有优质的显示屏、处理能力和摄像头。两名玩家通过手机的蓝牙同步进行网球运动，玩家可以通过联网击打虚拟球并相互比赛。

AR 应用程序 Wikitude 于 2008 年发布，是 AR 历史上的一个里程碑，随后几年内又有许多其他 AR 应用程序和游戏相继发布。Wikitude 应用程序将基于位置的 AR 引入智能手机，让用户可以通过实时摄像头查看周围环境以及显示的信息和兴趣点。

第一款具有原生 AR 功能的智能手机是苹果公司于 2009 年发布的 iPhone 3GS。该设备内置指南针和加速计，可以实时跟踪用户的动作和方向。此外，iPhone 3GS 有一个后置摄像头，可用于捕捉视频和图像，这使得将数字内容覆盖到物理世界上成为可能。在接下来的几年里，包括三星和 LG 在内的其他制造商也发布了具有 AR 功能的智能手机。

以下是自 2009 年 iPhone 推出后出现的几个具有历史意义的智能手机 AR 应用。

1. Layar：Layar 是最早的知名智能手机 AR 应用程序，于 2009 年针对 iPhone 推出，于 2010 年针对三星 Galaxy S 型号智能手机推出。Layar 允许用户将手机摄像头对准现实世界的物体并查看叠加在相机视图之上的附近企业、地标和其他兴趣点相关信息。

2. Yelp Monocle：2009 年，专为 iPhone 3GS 型号开发的首款 iPhone AR 应用程序 Yelp Monocle 发布，用户可以通过该应用程序查看叠加在周围环境实时视频上的餐厅评级和用户评论。

3. Nearest Tube：同样在2009年，crossair开发了Nearest Tube。该应用程序使用iPhone 3GS的GPS和指南针来实时显示附近伦敦地铁站的位置，将这些信息叠加到手机的实时摄像图像上，用户就可以看到叠加在物理世界上的车站位置和距离。

4. Google Goggles：2010年，谷歌发布了基于Android的Nexus One智能手机，该款手机配备了一组与iPhone 3GS中类似的传感器，并且能够运行AR应用程序。随后，谷歌于2011年发布了一款名为Google Goggles的AR应用程序，该应用程序使用户可以通过拍摄物体的照片来进行互联网搜索。该应用程序后来被集成到谷歌翻译应用程序中，使用户可以通过将手机摄像头对准外文文本而获得翻译结果。

5. Vuforia：2013年，高通发布了Vuforia AR平台，该平台允许开发人员使用图像识别和跟踪技术创建AR体验。Vuforia用于创建多个流行的AR应用程序，包括LEGO AR Playgrounds应用程序，该应用程序使用户可以构建虚拟乐高套装并在现实世界中玩耍。

6. Pokémon GO：2016年，Niantic制作的手机游戏*Pokémon GO*开始发行，该游戏利用基于位置的AR将虚拟生物放置在现实世界中，使该技术引起了更多受众的关注。该游戏大受欢迎，世界各地有数百万人下载。

7. ARKit和ARCore：苹果公司于2017年发布的ARKit和谷歌于2018年发布的ARCore进一步加快了智能手机AR应用的发展。这些软件开发套件（SDK）为开发人员提供了构建AR应用程序的工具，而这些应用程序可以应用现代智能手机的先进传感器和处理能力。

自ARKit和ARCore发布以来，智能手机AR已经得到了显著的发展，更先进的传感器、更强大的处理器和更好的软件得以开发。此外，机器学习和计算机视觉的进步使得更复杂的AR应用，如对象识别和跟踪，成为可能。

如今，智能手机 AR 已是无处不在，数百万人在自己的设备上使用 AR 应用程序，AR 应用程序被广泛应用于游戏、娱乐、零售、制造、物流、教育和医疗保健等领域。例如，物流公司使用 AR 帮助仓库工人更快、更准确地挑选和包装订单货物，医疗保健提供商则使用 AR 帮助医学生和医生将复杂的医疗程序可视化。

微软 HoloLens 和 Magic Leap One 等 AR 设备的发展开始为 AR 带来新的可能性，使用户能够以更自然、更身临其境的方式与虚拟对象进行交互。2.1.2 小节将介绍一些当前著名的 AR 头显和眼镜，同时还将解析 AR 头显和 AR 眼镜的不同之处以及两者的理想规格。

2.1.2　AR 设备

在本小节中，我们将介绍 AR 头显与 AR 眼镜的不同之处、每种产品的理想规格、著名的 AR 头显和眼镜型号，以及苹果公司、Meta 和谷歌预计推出 AR 眼镜产品的相关信息。

1. AR 头显与 AR 眼镜

AR 头显和 AR 眼镜都属于 AR 设备的类型，可以在用户的现实世界视图中显示数字信息。然而，两者之间仍存在一些差异。

（1）AR 头显

① AR 头显比 AR 眼镜更具沉浸感，因为 AR 头显通常覆盖用户的整个视野（FOV）。

② AR 头显通常具备空间音频和手势追踪等附加功能，以增强用户体验。

③ AR 头显往往比 AR 眼镜体积更大、更重，这会导致用户在长时间佩戴后感到不太舒适。

（2）AR 眼镜

① AR 眼镜比 AR 头显更轻便、更不显眼，更适合日常使用。

② AR 眼镜可以设计得像普通眼镜或太阳镜一样，在公共场合佩戴更

为时尚、更有吸引力。

③ AR 眼镜的视场通常比 AR 头显要小，这会限制可显示的信息量。

最终，对于 AR 头显和 AR 眼镜之间的选择将取决于用户的具体用途和个人喜好。AR 头显可能更适合游戏或训练模拟等沉浸式体验，而 AR 眼镜可能更适合导航、消息传递或社交媒体等日常使用场景。

2. 所需规格

由于 AR 头显和 AR 眼镜的技术规格不同，这里我们将在相关类别中提供这两种设备所需的规格，以方便您做出购买决策。

（1）AR 头显主要规格

近年来，AR 技术取得了显著进步，现在市场上有一系列 AR 头显。

在选择 AR 头显时，需要着重考虑以下各项规格。

①显示器：寻找能够呈现清晰、生动视觉效果的高分辨率显示器。建议每眼最低分辨率为 1 080p，但在大多数未来的头显中，2K 或 4K 的分辨率会更高。

②视野（FOV）：FOV 是通过头显能够观察到的世界范围。视场越宽，越能够提供更让人身临其境的体验。一款好的消费级 AR 头显应具有至少 40~50° 的 FOV。就企业 AR 头显而言，由于其与专业功能结合，可接受的程度较低。

③跟踪：寻找一款能够通过传感器和摄像头的组合实现准确可靠跟踪的头显，包括跟踪头显在 3D 空间中位置的位置跟踪，以及跟踪手和手指运动的手部跟踪。

④舒适度：对于任何一种可穿戴设备来说，舒适度都是重要因素。尽可能寻找一款重量轻、平衡性好、眼睛和鼻子部位周围有舒适衬垫的头显。

⑤电池寿命：AR 体验对电池寿命的要求相当高，因此寻找电池寿命良好的头显非常重要，目标是至少连续使用 2~3 小时，但最好接近 5~6 小时。

⑥连接性：寻找与您的设备（如 iOS 或 Android）兼容并具有可靠连接选项（如蓝牙或 Wi-Fi）的头显。

⑦价格：AR 头显的价格差异很大，因此，在选择头显时，请考虑您的预算。更昂贵的头显通常规格更好，但也有一些价格实惠又可以提供不错 AR 体验的选择。

最适合您的 AR 头显将取决于您的个人需求和偏好。在做决定时请考虑这些规格，经过研究以找到最能满足您需求的头显。

（2）AR 眼镜主要规格

在选择 AR 眼镜时，需要考虑几项重要的规格。以下是一些需要记住的关键因素。

①显示质量：AR 眼镜的 FOV 应至少为 40~50°。

② FOV：FOV 更大，则可以提供更让人身临其境的体验。某些 AR 眼镜的视场有限，这可能会导致体验 AR 内容变得困难。

③舒适度：AR 眼镜的舒适度至关重要。选择重量轻且可调节的眼镜，同时考虑使用的材料和符合人体工程学的设计也很重要。

④电池寿命：AR 眼镜需要电源才能运行，因此，电池寿命是一个重要的考虑因素。选择电池续航时间至少为 5 小时或能够轻松更换电池的眼镜。

⑤连接性：AR 眼镜可能需要连接到智能手机、平板电脑或计算机。确保眼镜与您计划使用的设备兼容并且连接稳定、可靠是非常重要的。

⑥价格：AR 眼镜的价格从几百到几千美元不等。选择 AR 眼镜时请考虑您的预算，并务必比较同等价格范围内不同型号的功能和规格。

总的来说，在选择 AR 眼镜时，仔细考虑这些因素是非常重要的，只有这样才能确保您获得最佳的体验。

3. 著名的 AR 头显和眼镜

AR 头显和眼镜的品牌和型号有很多，但能够满足消费者和 / 或企业用户需求的相对较少。以下是符合这些标准的重要信息。

（1）HoloLens 2

① HoloLens 2 是微软开发的 AR 头显，于 2019 年 11 月发布，作为

2016 年发布的原始 HoloLens 的更新产品。HoloLens 2 是一款独立设备，不需要任何外部传感器或计算设备。

② HoloLens 2 被设计用于多种行业，包括制造业、建筑业、医疗保健行业和零售业，旨在通过为员工提供上下文信息和虚拟帮助来协助他们更有效地完成工作。HoloLens 2 已实现多种设置，包括远程协助、3D 可视化和训练模拟。

③与原始 HoloLens 相比，HoloLens 2 具有多项改进。HoloLens 2 具有更宽的对角线 52° 视场，使用户能够看到环境中更多的虚拟物体；具有每眼 2 048 × 1 080 的更高的分辨率显示屏，佩戴更舒适，更易于长时间佩戴；同时具有空间声音和 1.25 磅（1 磅 ≈ 0.45 千克）的重量。

④ HoloLens 2 是首批配备 6 自由度（6DoF）跟踪系统的 AR 头显，其中包括手部跟踪技术，允许用户使用自然手势与虚拟对象进行交互；还具有眼球追踪技术，可用于选择对象和滚动内容。

⑤ HoloLens 2 在名为 Windows Holographic 平台的 Windows 10 自定义版本上运行，该版本专为混合现实应用程序而设计。

⑥ HoloLens 2 具有多个传感器，包括 4 个可见光摄像头、2 个红外摄像头和 1 个深度摄像头，使其能够准确绘制和跟踪环境。

如图 2.1 所示，2 个人佩戴并测试 HoloLens 2 头显，其中 1 人使用手势来选择和操作图像。

HoloLens 2 推出时似乎表明未来还会继续推出新的型号。然而，微软很可能不会像之前预期的那样生产更新型号 HoloLens 3 或任何其他型号。2023 年初，与 HoloLens 相关的领域出现了大规模裁员，让人质疑未来是否会继续裁员。

（2）Magic Leap 2

① Magic Leap 2 是继美国公司 Magic Leap 于 2018 年发布第一代 Magic Leap One 后，于 2022 年推出的第二代设备。

图 2.1　两人在展会的萨博汽车展台测试微软 HoloLens 2 AR 头显

② Magic Leap 2 旨在通过将计算机生成的图像和信息与现实世界相结合，提供更加令人身临其境、更加真实的 AR 体验。该设备结合使用传感器、相机和投影仪来创建虚拟对象并放置这些对象。Magic Leap 2 配备对角 70° 的 FOV、6DoF 控制器和语音识别技术。

③ Magic Leap 2 的设计轻巧舒适，重 0.57 磅，外形纤薄，设计时尚现代。它配备每眼 1 536 × 1 856 的高分辨率显示屏、升级的处理器和改进的跟踪功能，从而可以与虚拟对象进行更流畅、更灵敏的交互。

④ Magic Leap 2 可以支持同一物理空间中的多个用户，从而实现共享体验和协作交互。这是通过使用空间计算来实现的，空间计算使设备能够了解用户的环境并以与现实世界一致的方式放置虚拟对象。

⑤ Magic Leap 2 主要针对企业客户，重点关注远程协作、培训和教育以及产品可视化等方面的应用。

如图 2.2 所示，一个人在会议上测试 Magic Leap One 时受到周围观会人员的注视。

虽然 Magic Leap 最初关注的是消费者，但在产品产生收入之前他们就耗尽了现金，所以现在它关注的是企业。在过去的几年里，该公司经历了大规模的裁员以及重大的管理和投资变化。接下来的几年对他们来说非常重要，将证明他们能否存活下来。

图 2.2　一个人在会议上测试 Magic Leap One AR 头显

（3）Epson Moverio BT-45CS

① Epson Moverio BT-45CS 是由日本 Epson 公司制造的，专为工业和商业应用而设计。这款眼镜是 Epson Moverio BT-35E 的更新版本，在特性和功能方面做了改进。

② Epson Moverio BT-45CS 重 1.2 磅，配有灵活的头带和可调节的鼻托。眼镜显示屏的分辨率为 1 920 × 1 080，FOV 为 34°。

③ Epson Moverio BT-45CS 具有头部跟踪传感器和可捕获图像和视频的内置 5 MP 的摄像头，以及用于导航的麦克风和触摸板。

④ Epson Moverio BT-45CS 由 Android 操作系统提供支持，允许用户下载和运行各种 AR 应用程序；具有内置 Wi-Fi 和蓝牙模块，可以轻松连接其他设备和网络。

⑤ Epson Moverio BT-45CS 可用于远程协助、培训和教育、现场服务以及物流和仓库操作；在娱乐行业也很受欢迎，用于主题公园景点的沉浸式体验项目。

总体而言，Epson Moverio BT-45CS 是一款强大且多功能的 AR 应用工具，具有先进的特性和功能，非常适合在各种工业和商业环境中使用。

（4）联想 ThinkReality A3

①联想 ThinkReality A3 专为企业使用而设计，重量为 0.29 磅，具有 47° 视场，由中国公司联想于 2021 年年初首次推出。

② ThinkReality A3 有两种版本，即个人计算机联机版本和独立版本。个人计算机联机版本通过 USB-C 电缆连接到笔记本电脑或个人计算机，设计用于制造、物流和医疗保健等行业，这些行业的工作人员需要在无须动手的同时访问信息。

③ ThinkReality A3 独立版本在 Android 操作系统上运行，专为现场服务、零售和其他极为看重移动性的行业而设计。

④ ThinkReality A3 具有单眼分辨率为 1 920 × 1 080 的显示屏，可同时投影多达 5 个虚拟监视器。该款眼镜配备了各种传感器，包括惯性测量单元（IMU）、磁力计和环境光传感器；还包括一个 8 MP 的 RGB 摄像头和一个 5 MP 的深度摄像头，用于捕捉图像和视频。

⑤ ThinkReality A3 采用可调节鼻托和轻巧设计，用户可长时间舒适佩戴；具有内置麦克风和扬声器，用于语音控制和音频反馈。

总体而言，联想 ThinkReality A3 是一款适合企业使用的强大工具，可让您无须动手便能访问各行业的数字信息和应用程序。

（5）RealWear Navigator 500

① Navigator 500 专为工业和现场服务环境而设计，由美国公司 RealWear 制造，是一款坚固耐用的设备，可以像安全眼镜或安全帽一样戴在头上，让员工在访问关键信息和通信工具时无须动手。

② Navigator 500 具有一个微型显示器，其对角线视野为 20°，每眼的分辨率为 854 × 480，位于用户视线正下方，使用户无须将视线从工作任务上移开即可查看数字内容。显示屏还可调节，可以上下移动或倾斜，从而

能适应不同的用户偏好和工作环境。

③ Navigator 500 由高通的骁龙处理器为其提供支持，并在 Android 操作系统上运行。Navigator 500 具备语音识别技术和降噪麦克风，使用户能够在嘈杂或繁忙的环境中控制设备并与其他人进行通信。

④ Navigator 500 的主要特点是其坚固的设计，包括拥有防尘、防水和防震的耐用外壳。这使得它非常适合在具有挑战性的环境中使用，如建筑工地、制造设施和石油钻井平台。其重量为 0.6 磅。

⑤ Navigator 500 包含一系列旨在提高工业环境中的生产力和协作能力的软件和应用程序，其中包括远程专家协助、培训和指导以及数字工作说明。

⑥ Navigator 500 可以使用 RealWear 基于云的管理平台进行远程管理和配置，从而使 IT 团队能够根据需要快速部署和更新设备。此外，Navigator 500 配备了多层安全措施，包括生物识别身份验证和数据加密，以保护敏感信息。

总体而言，RealWear Navigator 500 是一款工业和现场服务的有力工具，使他们能够访问关键信息和通信工具，同时解放服务人员双手并维持安全的工作环境。

（6）Nreal Air

① Nreal Air 是一款轻量级 AR 头显，重 0.17 磅，类似于一副眼镜，由中国公司 Nreal 设计和制造。该眼镜旨在为用户提供价格实惠且便携的体验。

② Nreal Air 采取与可兼容的智能手机或个人计算机有线连接的方式来显示增强现实和虚拟现实内容，并配有一个小型处理单元，安装在用户的腰带或口袋上，有助于减轻智能手机的部分计算负载。

③ Nreal Air 每眼的分辨率为 1 920 × 1 080，对角线视野为 46°，配备 6DoF 跟踪系统，可以更精确地跟踪用户的运动以及与虚拟对象的交互。

④ Nreal Air 与多种设备兼容，包括运行 Android、Windows 和 iOS 系统的智能手机和个人计算机。

⑤ Nreal Air 主要针对消费者，重点在游戏、娱乐和社交体验方面投资。

不过，该设备在教育、医疗保健和远程协作等领域也有潜在的应用。

⑥ Nreal Air 目前已在美国和韩国等部分市场推出，预计未来将于更多市场推出。

Nreal Air 在整体性能方面还有很多需要验证的地方，因为它的视觉效果可能会参差不齐。尽管该款眼镜很轻，其设计目前却并不是最舒适的。

（7）Vuzix Blade 2

① Vuzix Blade 2 于 2021 年发布，作为原始 Vuzix Blade AR 眼镜的更新版本，具有多项改进和新功能。该款设备采用更时尚、更轻便的设计，重量仅为 0.2 磅，系数更小，并提高了长时间使用的舒适度。不过，其分辨率相对较低，为每眼 480 × 480，并且对角线视场角相对较小，为 20°。

② Vuzix Blade 2 支持 Wi-Fi 和蓝牙连接，并使用各种传感器，提供手势识别、语音控制和使用 8 MP 的摄像头进行视频录制的功能。

③ Vuzix Blade 2 的用例包括维护和维修、物流和仓储以及现场服务操作等工业应用，但该设备更多的是适合游戏、娱乐和导航的消费设备。

由于分辨率和视场相对较低，Vuzix 在被视为消费者或企业的全能设备之前还有很多路要走。然而，Vuzix 所生产的每个新版本的设备都显示出有所改进。

总而言之，目前市场上有多种 AR 头显和眼镜，每种都有其独特的功能和用例。从 HoloLens 2、Magic Leap 2、Epson Moverio BT-45CS、ThinkReality A3 和 RealWear Navigator 500 等以企业为中心的设备，到 Nreal Air 和 Vuzix Blade 2 等以消费者为中心的设备，都有 AR 设备来满足广泛的需求和偏好。然而，更好的 AR 设备将在未来几年内出现。

2.2　未来的 AR 眼镜

几年来，苹果公司、Meta 和谷歌一直致力于开发 AR 眼镜。不过，这三者中最受期待的是苹果公司预计将提供的产品。在讨论苹果公司未来 AR 眼镜可能的产品规格和时间安排（我们将在产品信息和时间安排部分中讨论）之前，首先了解未来产品在苹果公司业务类型中的特殊情况会很有帮助。

2.2.1 苹果公司

在生产和推出新产品，包括未来的 AR 眼镜方面，苹果公司相较于其他公司是具有显著优势的。我们将在本小节中讨论主要优势，以及这些优势可能涉及的 AR 眼镜的规格。我们还将根据当前技术对苹果公司 AR 眼镜的规格和发布时间做出合理的估计。

1. iPhone 连接

苹果公司 iPhone 的成功是移动技术史上的一个决定性时刻。iPhone 是一款革命性的设备，改变了我们沟通、获取信息以及与技术交互的方式。iPhone 的成功可归因于多种因素，例如时尚的设计、用户友好的界面以及硬件和软件的无缝集成。iPhone 的成功也为苹果探索其他创新技术铺平了道路，比如 AR 眼镜。

苹果公司多年来一直在 AR 技术方面进行投资，并在这一领域取得了重大进展。AR 眼镜是 iPhone 的自然延伸，因为 AR 眼镜使用户能够以更加身临其境的方式与数字世界互动。

苹果公司还一直致力于打造 iPhone 和 AR 眼镜之间的无缝集成。如，用户有可能通过使用 iPhone 控制 AR 眼镜，或者有可能在 iPhone 上查看 AR 内容，再无缝过渡到在 AR 眼镜上查看。这种集成将使用户更容易采用 AR 眼镜，并有助于确保 AR 眼镜成为主流技术。

苹果公司 iPhone 的成功和苹果公司 AR 眼镜的潜在成功在以下几个方面是相互关联的。

（1）iPhone 的成功使苹果公司成为科技行业的领导者，特别是在消费电子领域。苹果公司在质量和创新方面的声誉使其建立起忠实的客户群和强大的品牌形象，这种品牌形象很可能会扩展到苹果公司发布的任何新产品上，包括 AR 眼镜。过去对苹果公司产品有过良好体验的客户可能更愿意尝试苹果公司的新产品，如 AR 眼镜。

（2）iPhone 在创建基于 iOS 设备上提供的应用程序和服务生态系统方面发挥了重要作用。这个生态系统是 iPhone 成功的关键因素，因为它为用户提供了与其需求匹配的大量工具和服务。当苹果公司发布 AR 眼镜时，它也将开始开发针对眼镜独特功能而定制的应用程序和服务生态系统。这个生态系统可能是眼镜成功的关键因素，因为它将为用户提供令其信服的理由来购买苹果公司的眼镜，而不是选择竞争产品。

（3）iPhone 展示了苹果公司创造技术先进且用户友好产品的能力。iPhone 的用户界面被普遍认为是市场上直观、易于使用的界面。苹果公司将优先为眼镜创建一个用户友好的界面，使用户可以轻松地与眼镜进行交互。对用户体验的注重可能是这款眼镜成功的关键因素，因为这将使苹果公司的 AR 眼镜与市场上其他技术更先进但更难使用的 AR 眼镜区分开来。

（4）iPhone 创造了强大的网络效应。随着越来越多的人使用 iPhone，iPhone 生态系统的价值也会随之提升，因为有更多的人可以参与互动，也可以使用更多的应用程序和服务。这种网络效应也将在 AR 眼镜的成功中发挥作用。苹果公司将发布与 iPhone 生态系统兼容的 AR 眼镜，这将使生态系统的价值不断提升，因为将有更多与生态系统交互的方式以及更多可以与眼镜配套使用的服务。

苹果公司 iPhone 的成功和苹果公司 AR 眼镜的潜在成功紧密相连。苹果公司在质量和创新方面的声誉、围绕 iPhone 创建的应用程序和服务生态系统、iPhone 的用户友好界面以及 iPhone 所创造的强大网络效应，所有这些都有可能对 AR 眼镜的成功产生非常积极的影响。利用这些因素打造一款引人瞩目的 AR 眼镜产品可能会成为苹果公司新收入的一个主要来源，也是未来发展的关键驱动力。

2. 所需规格

当苹果公司计划进军 AR 领域时，针对人为因素方面进行了大量的研究——可能比之前在任何产品上所做的研究总和还要多。

苹果公司学到了什么？

（1）眼镜必须非常轻。目前的视力矫正眼镜重量为 25~30 克。相比之下，苹果公司的 AirPods Max 耳罩式头显重 386 克，如果全天佩戴则太重了。

（2）眼镜在佩戴者的头上不会产生太多热量。面部皮肤对热非常敏感。VR 直通式头显的耗电量为 5 瓦。就眼镜而言，情况并非如此，眼镜应该配备非常小的电池，消耗的电量要少得多（1 瓦或更少），否则，它们会产生过多的热量。苹果公司通过将大部分计算放在手机和边缘计算中来解决这些问题，好让眼镜在你的视野内做很少的计算。

（3）与手机、平板电脑或笔记本电脑相比，眼镜的可用性必须超出日常任务。如果用户在戴着眼镜玩游戏或观看音乐会时接到电话，他们必须能够轻松接听电话。

（4）超短延迟是关键，尤其是在多人视频游戏中。即使在音乐会中，跳舞时，任何延迟都会被注意到，这会破坏体验。由于一些用户会使用头显，因此延迟是关键，尤其因为音频有助于使 AR 中的物体和生物“说话”并提供沉浸感。

（5）需要新的智能网络。智能网络将在眼镜、手机和家庭中的其他设备之间分配计算，并确定何时需要云计算（例如，在进行多方视频游戏时）。在网络上拥有人工智能计算机将使网络本身能够接管计算密集型任务。该网络还将使苹果公司能够在不将数据发送到云端的情况下实现非常先进的人工智能推理，相对于需要将数据发送到云端的竞争对手，这使苹果公司加强了隐私保护。

（6）出色的音频效果将使其脱颖而出。这就是苹果公司在其音乐、电视和电影服务中大量投资到空间音频 / 杜比全景声上的原因。出色的音频会营造出让 AR 中的生物和物体看起来更为“真实”的错觉，并将使其设备从其他配备无法播放音乐会级别音频的头显设备中脱颖而出。

（7）需要新的搜索功能。8 年前，苹果公司认识到 Siri 需要从头开始重建，以与谷歌的搜索竞争（谷歌建立了一个系统来观察每家公司的人工智能学习速度，并且得知 Siri 的学习速度比谷歌慢）。预计 Apple Vision Pro 于 2024 年春季发售时，将会与 Apple Vision Pro 相关联的新版本的 Siri（下一章将详细介绍这款头显，该章节涉及 VR）。苹果公司专家马克 · 古尔曼还透露，苹果公司正在开发自己的大语言模型“Apple GPT”，可以使用它来搜寻增强功能。一旦你让人们佩戴起摄像头和麦克风，一种新的搜索方式就成为可能——一种可以看到您拿着、触摸或看着的东西的搜索方式。这些搜索功能可能更像是与助手交谈，而不是在窗口顶部的框中输入内容。或许要创造一个新词来描述这种新型搜索方式，它会给您语义结果，您可以用您的声音、眼睛或手来选择。

（8）需要大屏幕。仅仅匹配电脑屏幕是不够的。眼镜上的屏幕必须能够出色地将虚拟信息、物体、场景和生物与现实世界融合在一起。到目前为止，AR 屏幕一直很暗，缺乏 4K 电视的视觉质量，尤其是在户外，并且视野很小，因此 AR 投影只能存在于您眼前的小盒子里。

如果苹果公司或其竞争对手做得对，那么这些 AR 眼镜将变得像现实世界的浏览器，与我们现有的任何浏览器都不同。

当您四处走动时，您会看到轻量级信息在您需要时不断出现。因此，当有电话打入时，您会看到一张显示来电者的照片，并且您可以选择仅通过说出“请接听”便能接听电话。

有关特定场景和其他用例的更多信息，请参阅第 3 部分“消费者和企业用例”。

3. 产品信息和时间

尽管苹果公司 AR 眼镜的规格尚未公布，但我们可以根据现有技术做出合理的估计，如 FOV 和分辨率可能会比 HoloLens 2 的（每眼分别为 52° 和 2 048 × 1 080）高很多。

苹果公司的重点是为用户提供令其身临其境的体验，这种体验要远远超出 Google Glass 上的基本 2D 通知和地图显示。为了实现这一目标，预计苹果公司即将推出的 AR 眼镜将通过 Wi-Fi 连接 iPhone，这将使 iPhone 能够处理眼镜摄像头所捕获的所有视频片段，并以高帧速率将高质量 3D 图像传输回眼镜。蓝牙带宽不足以实现此目的。

至于电池续航时间，预计平均可持续至少 5 小时以保持竞争力（但接近 8 小时）。无线充电眼镜盒（如 Apple AirPods 的充电盒）可能会使眼镜的使用时间延长至全天。

苹果公司 AR 眼镜的一个基本功能是让用户能够直接通过他们的视野访问与手机相关的信息。具体来说，该眼镜预计将与佩戴者的 iPhone 同步，直接在用户的视野内显示各种类型的内容，例如文本、电子邮件、地图和游戏。

除了这一功能之外，苹果公司预计还将为第三方 AR 眼镜应用程序开发专门的应用程序商店，类似于 Apple TV 和 Apple Watch 的应用程序商店。

苹果公司的 AR 眼镜可能有希望通过苹果公司获得专利的智能戒指来提高手指和手部跟踪的准确性。这一进步可以免除对外部传感器的需求并提高系统的准确性。苹果公司最近获得的专利表明，他们将把可穿戴设备集成到各种功能中，包括手指手势支持。

图 2.3 显示了专利申请中戒指的佩戴方式。

智能戒指可以识别用户手中握着的物体，让苹果公司的 AR 眼镜做出相应的反应。比如，当用户拿着 Apple Pencil 时，眼镜可以跟踪动作并将其转换为手写文本。

总体而言，由于 AR 眼镜对重量、体积和美观的要求更严格，而且预期使用时间更长，因此 AR 眼镜比 AR 头显面临着更大的技术挑战。可能需要单独携带一块笨重的电池才能实现即便是 2 小时的续航时间，这远远低于智能手机的续航时间。此外，当前与处理器、软件和制造相关的那些未解决的问题仍然存在。

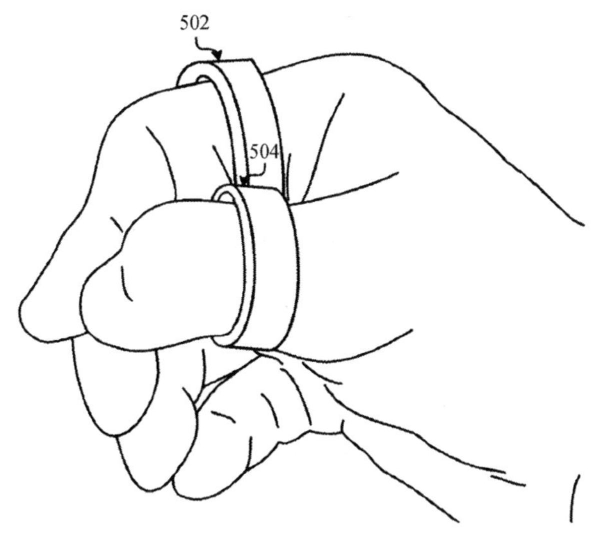

图 2.3　Apple 智能戒指设计示意图（资料来源：美国专利商标局）

由于存在这些问题，2023 年 1 月，有关苹果公司 AR 眼镜发布时间的泄密表明，此前预计在 2024 年推出并不现实。然而，苹果确实在 2023 年 6 月发布了 MR 头显（下一章将详细介绍 Apple Vision Pro）。泄密事件并未提供 AR 眼镜发布的新日期；然而，还有其他迹象表明，该计划将于 2025—2026 年推出。

2.2.2　Meta

2021 年，Meta 宣布推出 Project Nazare，这是 Meta 的首款 AR 眼镜。2022 年，有报道称这款眼镜将于 2024 年推出，其重量为 0.22 磅（约为普通眼镜的四倍），类似于克拉克 · 肯特的厚镜框。迹象表明，Nazare 将由一个小型无线装置供电，其电池寿命仅为 4 小时，目标视场角为 70°。至少第一代版本主要用于室内。尽管 Meta 最初打算在 2024 年交付第一代 AR 眼镜，进而在 2026 年和 2028 年推出更轻便、更先进的设计，但由于公司削减成本措施，首次交付已推迟到 2025 年。Meta 在头显创新上花费的数十亿美元大部分都投入在了 AR 而非 VR 上。尽管投资了数十亿美元，但 Meta 对第一代版本的销售预期较低，仅为数万美元，该版本的目标受众是早期采用者和开发人员。

马克·扎克伯格表示，元宇宙的一个“杀手级用例”是在与现实生活中的人互动时佩戴 AR 眼镜，这样佩戴者就可以在现实生活中的人没有注意到的情况下继续向他人发送短信了。该眼镜将具有全息通信功能，Meta 认为这将提供比视频通话更令人身临其境的体验。

然而，AR 眼镜存在隐私方面的问题，因为眼镜侵犯公共场所中的隐私，也可以被用作人们家中的摄像头和麦克风，有可能将私人信息暴露给 Meta 等公司。Meta 在隐私相关问题上长久以来出过各式各样的问题，因此在其 AR 眼镜取得成功之前，Meta 需要获得潜在用户的信任。

2.2.3 谷歌

2022 年，谷歌宣布将开始公开测试配备摄像头的 AR 眼镜。自从谷歌眼镜引起争议以后，谷歌在处理与隐私相关的问题时一直十分谨慎。

谷歌眼镜是谷歌开发的一款类似于眼镜的可穿戴智能设备的原型，于 2013 年首次推出，作为个人使用和提高工作效率的设备来销售。该设备配备了一个安装在眼镜框上的小显示屏，用户可以使用语音命令和手势查看信息并与设备进行交互。

谷歌眼镜结合了多种技术，包括高分辨率显示屏、摄像头、麦克风、触摸板和无线连接，提供多种功能，如语音激活搜索、逐向导航以及无须使用双手便可拍摄照片和视频。该设备还提供多个第三方应用程序，包括社交媒体、工作效率和健身应用程序。

虽然谷歌眼镜最初让众多人兴奋不已、跃跃欲试，但它也面临着一些挑战，其中包括其可能侵犯人们隐私和安全的问题。佩戴该设备的人被称为“Glassholes”（眼镜痴），这个词语是因早期采用该技术的人的一些行为而创造的，他们在使用该设备时的行为被认为是粗鲁的、有侵犯性并且不考虑他人感受。

有些人在佩戴眼镜时感到不舒服，因为他们认为会在未经同意的情况下不断被录像和拍照。还有一些人批评该技术有可能侵犯人们的隐私，而且佩戴者可以在他人不知情的情况下轻松获取其信息。

2015 年，谷歌宣布将停止向消费者销售谷歌眼镜，但继续提供企业版谷歌眼镜，直到 2023 年 3 月宣布不再提供企业版。

这一遗留问题给谷歌以及其他 AR 设备开发商留下了隐私方面的巨大障碍，谷歌再有 AR 设备上市之前必须先清除这一障碍。

自发布有关公开测试的公告以来，谷歌新款 AR 眼镜的状态没有其他更新。

2.2.4　其他企业

有传言称三星正在开发一款 AR 头显，不过有关型号 SM-I120 这款特定头显的一些最新传言表明这是一款混合现实头显。

索尼也一直在开发 AR 头显，这是一个公开的秘密，但在过去几年中，该头显已被多次停止开发并重新启动，能否全面量产还不得而知。众所周知，索尼在项目上投入巨资，却没有推出适销对路的产品。

其他几家美国和亚洲公司也一直在研究 AR 头显和眼镜。比如，中国知名公司小米于 2023 年 2 月发布了小米无线 AR 智能眼镜探索版。但科技界人士的共识是，一旦苹果公司推出 AR 眼镜，它将占据主导地位，而诸如 Meta 和谷歌将奋起直追，不会为其他公司留下太多市场。

2.3 AR和元宇宙

想象一个只有AR存在而没有VR的世界——以VR为中心的元宇宙旧概念消失了，元宇宙呈现出一种新的形式。元宇宙的核心是一个虚拟空间，通过共享的互动体验将世界各地的人们联系起来。在AR世界中，元宇宙将采取叠加在物理世界之上的数字层的形式，可通过移动设备、智能眼镜和其他支持AR的技术进行访问。该层旨在提升和增强现实世界体验，提供新的信息和交互层，无缝融入我们的日常生活。

想象一下，走在一条繁忙的街道上，看到一层数字信息覆盖在物理环境之上。借助实时面部识别技术，您可以看到附近餐馆的名称和评价，利用虚拟箭头和路径点导航到目的地，甚至可以看到过路人的姓名和面孔。这个增强层将提供丰富的信息和交互机会，使现实世界比以往任何时候都更加充满活力和吸引力。

但元宇宙的潜力远远超出了简单的信息和导航功能。在只有AR的世界中，沉浸式和交互式体验的可能性几乎是无限的。借助AR，您可以参观博物馆并观看古代文物的数字重建版本，与公园中的虚拟生物互动，甚至可以参加虚拟音乐会，表演者将被投影到您面前的舞台上。

在AR世界中，元宇宙的主要功能是可以定制和个性化您的体验。用户可以创建自己的虚拟空间，私人房间或是公共空间皆可，并与元宇宙中的其他人共享。这些空间可以是任何场所，从虚拟艺术画廊到著名城市的全尺寸复制品，允许用户以新的、令人兴奋的方式进行探索和互动。

AR世界中的元宇宙也可以投入各种实际应用。想象一下，建筑工人使用AR技术来查看叠加在真实建筑工地上的数字蓝图，或者医生在手术过程中使用AR眼镜实时查看医疗信息。AR在工作场所中的可能性是巨大的，它提供了提高生产力和效率的新方法。

当然，需要考虑任何新技术都存在潜在的缺点和挑战。AR技术存在的最重要的问题是隐私和安全问题。人们在使用面部识别技术时可能会在不知情或未经同意的情况下被识别和跟踪。必须实施强有力的隐私保护和安全措施，以确保用户的个人信息和数据受到保护。

AR 技术面临的另一个挑战是感官超载的可能性。元宇宙中有如此之多的信息和互动，很容易让人不知所措、迷失方向。设计直观、易于导航且不会将注意力从现实世界中抽离的 AR 体验至关重要。

AR 世界有潜力成为一个变革性的、令人兴奋的新领域，这个世界的元宇宙将提供大量探索、互动和定制的机会，会改善我们的生活、工作和娱乐方式。

现在，让我们结束有关上述问题的探讨，将 VR 作为元宇宙的一部分，与 AR 综合起来考虑，AR 在元宇宙中扮演什么角色?

苹果公司一直直言不讳地表示，任何时候都不会在其任何技术中使用“元宇宙”一词。苹果公司的终极游戏更像是“Appleverse”。苹果公司在对 Apple Vision Pro 的演示中明确表示，他们将使用“空间计算”来代替“元宇宙”这一官方术语。

凭借 AR 眼镜，苹果公司将能够俘获大多数人的心，完成称霸虚拟世界的使命。

说明 AR 在元宇宙中所处地位的特定用例可以在第 3 部分“消费者和企业使用案例”中参阅。

目前，AR 还存在一些限制，需要克服这些限制才能充分发挥其潜力。

2.3.1　AR 目前的局限性

AR 是一项快速发展的技术，有可能彻底改变我们与周围世界互动的方式。AR 设备是这场革命中的重要工具，因为这些设备使我们能够将数字信息叠加到我们的物理环境中。然而，尽管 AR 设备具有振奋人心的潜力，但它们仍然面临着巨大的限制，阻碍其成为应用广泛的主流技术。

以下详细介绍了目前 AR 头显和眼镜存在的一些局限性。

1. 视野：当前 AR 头显和眼镜存在的最重要的限制是其狭窄的视野。FOV 是通过头显显示屏看到的可见世界的角度。就大多数 AR 头显而言，这仅限于用户视野的一小部分，通常在 50~60° 之间，而 AR 眼镜的 FOV 则更小，这不足以创造真正的沉浸式体验。造成这一限制的原因在于，开发具有大视场、高分辨率同时又小巧、轻便到足以佩戴在头上的显示器面临着技术挑战。有限的视场可能会导致以自然方式与数字内容交互变得困难，并且可能会破坏增强环境中的幻象，从而对用户体验产生负面影响。

2. 显示质量：AR 头显和眼镜存在的另一个限制是显示质量。虽然许多时新的 AR 头显都配备高分辨率显示屏，但与其他显示技术相比，其图像质量仍然相对较差，部分原因在于所使用光学器件方面的限制，这可能会导致图像失真且清晰度下降。此外，显示器的亮度和对比度有限，导致在明亮或室外环境中观看数字内容变得困难。较低分辨率的显示器还可能会导致眼睛疲劳，这可能是一个严重的问题，尤其对长时间使用的情况。

3. 电池寿命：AR 头显和眼镜还存在一个重要限制，即电池寿命。许多设备需要大量电力才能运行，这可能会导致电池续航时间较短，通常只能持续几个小时。对于需要长时间使用的用户或需要连续使用的行业用户来说，这可能尤其成问题，如依靠 AR 设备治疗患者的医疗专业人员，或使用 AR 设备进行维护或修理工作的工业工人，可能会面临频繁更换电池或需要有线电源的困难。

4. 处理能力：AR 头显和眼镜需要高处理能力才能提供无缝且令人身临其境的体验。这些设备必须捕捉和分析现实世界的有关数据，然后将其与数字内容相结合并实时显示给用户。当前最先进的处理能力通常都不足以提供流畅的体验，尤其对于复杂和动态的内容。这可能会导致性能缓慢或滞后，从而破坏增强环境的幻象并对用户体验产生负面影响。

5. 尺寸和重量：AR 设备需要轻便、小巧且能长时间舒适佩戴，才能适合日常使用。然而，当前的头显通常又大又重，导致用户长时间佩戴不舒服。头显的尺寸和重量也会影响视场和整体平衡，这对于如游戏玩家或运动员等需要精确运动的用户来说可能是一个严重的问题。

6. 成本：目前的 AR 设备价格昂贵，许多高端型号的价格高达数千美元。这种高成本通常是由创建功能性 AR 头显所需的先进技术所致，例如高分辨率显示器、传感器和处理单元等技术。这限制了这类技术的采用，使其无法被公众使用。

7. 交互性有限：AR 头显和眼镜可以用于与数字世界进行交互，但目前在交互性水平方面仍然存在限制。一些 AR 头显使用手势或语音命令与数字世界交互，但这些方法可能不精确且不可靠。此外，缺乏物理反馈可能会使与虚拟世界自然直观地交互变得困难。

8. 辅助功能：对于患有某些残疾或障碍，如有视力或听力障碍的人来说，使用 AR 设备可能是有困难的；对于行动不便的人或需要更大视场来补偿视力障碍的人来说，有限的视野也可能是个问题。

9. 内容创建：AR 头显和眼镜还存在可用内容数量有限的严重限制。开发 AR 内容是一个复杂且耗时的过程，需要专门的技能和工具，这使得创建庞大的内容库具有挑战性。此外，创建与各种 AR 设备兼容的 AR 内容可能很困难，因为每个设备的硬件和软件规格都有所不同。

10. 隐私问题：AR 设备通常依靠传感器和摄像头来跟踪用户的动作和环境。虽然这些信息通常仅用于 AR 相关目的，但仍然存在隐私和数据安全方面的担忧。此外，在公共场所使用 AR 设备可能会引起有关收集旁观者隐私和数据的担忧。

努力取得进展。苹果公司和其他生产 AR 设备的公司已经非常清楚存在这些限制，并且多年来一直致力于解决这些问题。

2.4 总 结

本章深入探讨了 AR 相关内容——其历史、当前和预期的技术和局限性，以及 AR 对于元宇宙的意义。

AR 在元宇宙中的作用将非常丰富，并且在许多方面比 VR 的作用更深远，因为 AR 使人们仍然能够与现实世界保持联系。这样，很多日常的实用任务以及最奇幻的娱乐活动都可以通过 AR 来完成。

本书接下来将探讨虚拟现实——它是如何产生的，它将走向何方，以及它与元宇宙的特殊相关性。

第 3 章　虚拟现实将何去何从

虚拟现实（VR）经历了一段坎坷的历程，从其在 3D 游戏的卖点开始，然后扩展到企业用途，如用于培训和教育、健康和通信方面。在本章，我们会回顾 VR 的起源、VR 的用途以及 VR 的发展方向。最重要的是，本章内容揭示了 VR 和元宇宙将如何显著地改变我们与技术以及人们彼此之间互动的方式。

在本章中，我们将讨论以下主要主题：

1. VR 的历史，包括游戏的开始和现状；

2. 相关的 VR 头显以及哪些行业已经将其投入使用；

3. 了解 VR 对元宇宙的意义。

3.1 VR 的历史

VR 自诞生之初发展至今已经取得了长足的进步，从科幻小说领域发展成为改变了各个行业的日常技术。纵观其历史，许多研究人员、发明家和爱好者都为 VR 的发展做出了贡献。以下是 VR 历史上的重要节点。

1. 早期概念和先驱（19 世纪初—20 世纪 50 年代）

（1）立体镜（1838 年）：虚拟现实的概念可以追溯到 19 世纪初期，查尔斯・惠斯通发明了立体镜。立体视觉的实现原理是通过向左眼和右眼呈现两个稍微偏移的图像，从而产生深度感知的错觉。立体镜标志着 3D 图像的开始，并为未来的 VR 技术奠定了基础。

（2）Sensorama（1956 年）：20 世纪 50 年代，电影制作人莫顿・海利格设计并制造了 Sensorama，这是一款街机式机器，可提供令人身临其境的多感官体验。Sensorama 利用立体 3D 图像、运动、声音甚至气味将用户"传送"到不同的环境中，如骑摩托车穿过布鲁克林。

2. 现代 VR 的基础（20 世纪 60 年代—20 世纪 80 年代）

（1）终极显示器（1965 年）：计算机科学家伊万・萨瑟兰提出了"终极显示器"的概念，他将其设想为一个计算机可以控制物质存在的房间。萨瑟兰相信这种显示器可以模拟现实，达到与现实世界无法区分的程度。这个概念标志着现代虚拟现实的基础形成了。

（2）第一个头戴式显示器（1968 年）：伊万・萨瑟兰和他的学生鲍勃・斯普劳尔创造出第一个头戴式显示器（HMD），被命名为"达摩克利斯之剑"。头显应用计算机图形学将虚拟图像投射到用户的视野中，创造出一种沉浸感。尽管达摩克利斯之剑又大又笨重，但它是迈向现代 VR 头显的第一步。

（3）DataGlove（1982 年）：托马斯・齐默尔曼发明了第一款数据手套——一种可穿戴输入设备，使用户可以使用手势与虚拟环境进行交互。齐默尔曼和杰伦・拉尼尔后来创立了 VPL Research，成为第一家销售 VR 产品的公司，其产品包括 DataGlove 和 EyePhone（头戴式显示器）。

（4）美国航空航天局（NASA）的虚拟接口环境工作站（VIEW）（1985 年）：NASA 开始开发 VIEW 系统，该系统结合了 HMD、数据手套和 3D 音频，用于控制远程机器人设备。VIEW 系统允许操作员在 3D 环境中查看和操作虚拟对象，为 VR 在远程操作和远程投影中的应用铺平了道路。

3. 消费者 VR 的兴起（20 世纪 90 年代）

（1）Virtuality Group 的街机（1991 年）：Virtuality Group 发布了一系列 VR 街机，包括 Virtuality 1000CS 和 Virtuality 2000，这些街机使用 HMD

和数据手套提供多人游戏体验。这些街机向公众引入了 VR 游戏的概念。

（2）世嘉公司 VR 和任天堂 Virtual Boy（1993 年、1995 年）：世嘉公司和任天堂这两家主要视频游戏公司试图通过世嘉公司的 VR 头显和任天堂 Virtual Boy 将 VR 游戏引入消费市场。由于技术限制、成本高昂以及使用过程中存在不适感，这两种产品未能获得广泛采用。

（3）CAVE（1992 年）：CAVE（Computer Aided Virtual Environment，自动虚拟环境）由芝加哥伊利诺伊大学的一个团队开发。CAVE 是一个房间大小的沉浸式 VR 环境，利用投影仪在墙壁和地板上显示 3D 图形。CAVE 使多个用户能够使用 3D 眼镜和魔杖与虚拟对象进行交互，展示了融合 VR 体验的潜力。

4. VR 技术的进步（21 世纪 00 年代）

（1）运动跟踪的发展：21 世纪 00 年代，运动跟踪技术的进步使得用户与虚拟环境的交互更加精确和直观。Wii 遥控器（2006 年）等设备使运动控制游戏得到普及，而惯性测量单元（IMU）和光学跟踪系统的发展提供了更准确、更灵敏的跟踪性能。

（2）AR 的出现：21 世纪 00 年代还出现了 AR，这是一种将数字信息叠加到用户所看到的现实世界之上的技术。微软 HoloLens（2016 年）等 AR 设备展示了结合 VR 和 AR 元素的混合现实体验的潜力。

（3）移动 VR 的兴起：具有强大处理器和高分辨率显示屏的智能手机的快速发展带动了移动 VR 体验的发展。Google Cardboard（2014 年）和三星 Gear VR（2015 年）利用智能手机的功能提供了经济实惠、易于访问的 VR 体验。

图 3.1 展示了体验者佩戴 DK 2 的场景。

5. VR 的复兴和主流采用（21 世纪 10 年代至今）

（1）Oculus Rift（2016 年）：2014 年，Facebook（现更名为 Meta）以 20 亿美元收购了 Oculus VR，进一步提升了 VR 游戏的潜力。Oculus Rift 头显的消费者版本 CV1 于 2016 年发布，该款头显凭借高分辨率显示屏、

图 3.1　体验者佩戴 Oculus Rift 开发者版本 DK 2（2014 年）

宽视野和舒适的设计，为 VR 游戏头显树立了标准。Oculus Rift 的发布重新激发了人们对 VR 的兴趣，开发者和内容创作者纷纷涌入，为该平台创造新的体验。尽管需要价格高昂且功能强大的游戏个人计算机，Oculus Rift 仍然成了 VR 潜力的象征。

（2）HTC Vive（2016 年）：随着 Oculus Rift 的发布，其他科技巨头也纷纷推出自己的产品进入 VR 市场。HTC 和 Valve Corporation 于 2016 年推出了 HTC Vive，该产品具有房间规模追踪功能，使用户可以在预定空间内自由移动。Vive 还配备运动控制器，可实现更具交互性的体验。

（3）PlayStation VR（PS VR）（2016 年）：索尼于 2016 年推出 PS VR，专为与 PlayStation 4 游戏机配合使用而设计。PS VR 较低的价格以及与现有游戏机的兼容性使得 VR 能够被更广泛的人群所接受。

（4）微软 Windows 混合现实头显（2017 年）：微软于 2017 年发布了 Windows 混合现实（WMR）头显，该设备是微软与三星、戴尔和惠普等多家制造商合作开发的。这款设备提供由内而外的跟踪技术，无须外部传感器。图 3.2 展示了手机与 AR 头显配对的场景。

6. 移动 VR 和独立头显

（1）Google Cardboard（2014 年）和 Daydream View（2016 年）：谷歌于

图 3.2　体验者佩戴与三星智能手机配对的三星 Gear VR 头显

2014 年推出了 Cardboard，于 2016 年推出了 Daydream View。两者都是针对智能手机的低成本 VR 产品。

（2）三星 Gear VR（2015 年）：随着 2015 年三星 Gear VR 的发布，移动 VR 变得越来越受欢迎，该设备使用可兼容的三星智能手机作为显示和处理单元。

（3）Oculus Go（2018 年）：Oculus Go 于 2018 年作为独立 VR 头显发布，不需要智能手机或个人计算机。Oculus Go 专为休闲 VR 体验而设计，价格较低且易于使用。

7. 追求完美的 VR 头显

（1）Oculus（现为 Meta）Quest（2019 年）：Oculus 于 2019 年发布了 Quest，这是一款具有房间规模追踪和运动控制器的独立 VR 头显。Quest 的发布成为 VR 头显行业的一个重要里程碑，该设备无须外部硬件即可提供高质量的 VR 体验。

（2）Valve Index（2019 年）：Valve Corporation 在 2019 年发布了 Index，具有高品质光学元件、比 Meta Quest 更宽的视野以及高刷新率。

（3）HTC Vive Cosmos（2019 年）：HTC 于 2019 年发布了 Vive Cosmos，该款头显具有用于定制和由内向外跟踪的模块化面板。

（4）Meta Quest 2（2020年）：2020年Meta发布的Quest 2在其前身的基础上得到了改进，配备了更强大的处理器，具有更高的分辨率和更低的价格。

下一节将更详细地介绍VR是如何超越了3D游戏的需求以及如何以其他方式发展的。

3.2 游戏的起步及其发展趋势

作为VR得以采用的推动力，VR游戏彻底改变了我们与数字环境交互的方式，让玩家能够沉浸在现实的3D世界中。在过去的几十年里，VR游戏已经从一个小众概念发展成为一种被广泛使用且日益复杂的技术。本节内容将回顾VR和游戏结合的历史，包括基于位置的VR和社交VR，并探讨塑造该行业的关键发展、挑战和突破。

3.2.1 早期起源：20世纪60年代—20世纪80年代

如前所述，VR的概念可以追溯到20世纪60年代，当时伊万·萨瑟兰和鲍勃·斯普劳尔开发了达摩克利斯之剑HMD。尽管该设备还处于初级水平，但它为未来的VR技术奠定了基础。

20世纪80年代，VR一词由VPL Research创始人杰伦·拉尼尔创造。VPL Research开发了DataGlove——一种早期的VR输入设备，该设备使用户可以使用手势与数字环境进行交互。该公司还生产了EyePhone，这是首批专为游戏设计的VR头显。

在此期间，街机游戏蓬勃发展，多家公司尝试将VR纳入其产品中。一个著名的例子是Virtuality Group，该公司在20世纪90年代初推出了一系列VR街机。这些设备，如Virtuality 1000CS为提供了让玩家完全身临其境的体验，设备配备了头戴式显示器、3D图形和运动跟踪技术。

3.2.2　任天堂的 Virtual Boy：1995 年

1995 年，任天堂发布了 Virtual Boy，这是一款独立的 VR 游戏机。虽然 Virtual Boy 是第一款面向大众市场的 VR 游戏设备，但它并非没有局限性：单色红色显示和缺乏头部追踪功能给用户造成不适，而高昂的价格和有限的游戏库导致其销量不佳。尽管存在缺陷，Virtual Boy 仍是 VR 游戏史上的一个重要的里程碑。

3.2.3　VR 家用游戏系统：20 世纪 90 年代末

20 世纪 90 年代末，多家公司尝试将 VR 技术集成到他们的游戏系统中。世嘉公司为 Sega Genesis 开发了一款 VR 头显，但由于担心会导致晕动病，该头显从未上市。同样，索尼也尝试过为 PlayStation 推出 VR 头显，但这个名为 Glasstron 的项目最终被取消。

3.2.4　VR 硬件的进展：21 世纪 00 年代

21 世纪 00 年代，技术进步使得 VR 硬件有了显著改进。强大的图形处理单元（GPU）、加速计和陀螺仪的发展带来了更复杂的 VR 体验。此外，配备高分辨率显示器和运动传感器的智能手机激增，使得研发价格实惠的 VR 头显更容易，如使用智能手机作为显示器和处理器的 Google Cardboard。

在此期间，研究人员和开发人员继续尝试研发 VR 游戏。2010 年之前的著名例子包括 CAVE——一个房间大小的 VR 环境，使用投影仪创建令玩家身临其境的体验；以及 VirtuSphere——一个大型的可步行球体，可以使用户在虚拟世界中导航。

3.2.5　早期创新和 Kickstarter 众筹活动：2010—2012 年

自 20 世纪末诞生以来，VR 游戏已经取得了长足的进步，但 21 世纪

10 年代，其在技术、采用和内容方面尤其具有变革性。这十年见证了 VR 游戏从一种小众爱好转变为一种主流娱乐媒体，VR 游戏在硬件、软件及其提供的游戏体验方面取得了显著进步。

这十年的开始以早期的创新和实验为标志。2010 年，19 岁的 VR 爱好者、Oculus VR 创始人帕尔默·拉奇开始研发 Oculus Rift 的第一个原型机。Oculus Rift 是一款虚拟现实头显，旨在提供令玩家身临其境的游戏体验，与当时的其他设备不同，这是一款经济实惠且高品质的 VR 头显。在一次在线演示中，拉奇的想法引起著名视频游戏程序员约翰·卡马克的注意后得到了他的关注，他在 2012 年的电子娱乐博览会（E3）上展示了该设备。

2012 年，Oculus VR 发起了 Kickstarter 众筹活动，旨在为 Oculus Rift 的开发提供资金。该活动取得了巨大成功，筹集了超过 240 万美元的资金，大大超过了最初 25 万美元的目标。这反映出 VR 游戏的潜力和公众兴趣，为该行业的未来发展奠定了基础。

3.2.6 代表性企业的出现和收购：2013—2014 年

2013 年，流行游戏平台 Steam 背后的公司 Valve Corporation 开始研究 VR 技术。Valve Corporation 最终与 HTC 合作开发了 HTC Vive，这是一款与 Oculus Rift 竞争的 VR 头显。

2014 年，Oculus VR 被 Facebook 以 20 亿美元收购，此举表明这家社交媒体巨头对 VR 潜力的看好。此次收购为 Oculus 提供了进一步开发其技术和扩大其影响力所需的资源和支持。

Oculus VR 发布了两款开发套件，分别是 2013 年的 DK1 和 2014 年的 DK2，允许开发者为该平台创建内容。

3.2.7 首款消费者 VR 头显发布：2015—2016 年

2016 年，首款消费者版本的 Oculus Rift 和 HTC Vive 发布。这些头显为用户提供了令人身临其境的高品质 VR 体验，它们的推出成为 VR 的转折点。

2014 年，索尼公布了 Project Morpheus，即后来的 PlayStation VR（PS VR）。PS VR 于 2016 年 10 月发布，是第一款与游戏机 PlayStation 4 兼容的 VR 头显。

有关 VR 头显，包括当前头显的更多信息，请参阅 VR 的历史和 VR 设备相关小节的内容。

3.2.8　VR 游戏和体验的演变

早期的 VR 游戏侧重于简单的机制和交互，如射击场风格的游戏。随着 VR 技术的进步，游戏融入了更复杂的机制和交互，玩家可以在游戏中执行更为广泛的动作。

VR 领域已经扩展到各种类型的游戏，从恐怖游戏到动作、冒险和益智类游戏。此外，VR 体验也已出现，涉及教育应用、模拟和虚拟旅游等方面。

游戏开发商的支持进一步推动了 VR 游戏的发展。Ubisoft、Bethesda 和 Valve Corporation 等主要开发商已经发布了 VR 游戏，而独立开发商则创造了创新的 VR 专属体验。

以下列举几个著名的 VR 游戏和体验（2016 年至今）。

1. *Job Simulator*（2016 年）：Owlchemy Labs 制作的 *Job Simulator* 是一款幽默且具有高度互动性的 VR 游戏，可以模拟各种工作，如办公室职员、美食厨师和便利店店员。该游戏独特的概念和互动性使其在 VR 市场中脱颖而出。

2. *SUPERHOT VR*（2016 年）：*SUPERHOT VR* 由 SUPERHOT Team 开发，是一款独特的第一人称射击游戏，游戏中的时间仅随着玩家的移动而移动。该游戏极简的画风和策略性的游戏玩法使其成为 VR 爱好者的热门选择。

3. *The Elder Scrolls V*：*Skyrim VR*（2017 年）：Bethesda 广受欢迎的开放世界角色扮演游戏 The *Elder Scrolls V*：*Skyrim* 于 2017 年被改编为 VR

版本。*The Elder Scrolls V*：*Skyrim VR* 让玩家完全沉浸在游戏的广阔世界中，并配有动作——受控的战斗和探索。

4. *Beat Saber*（2018 年）：*Beat Saber* 由 Beat Games 开发，是一款基于节奏的游戏，玩家使用光剑随着音乐及时砍掉迎面而来的方块。该游戏令人上瘾的游戏玩法和让人身临其境的视觉效果很快使其成为 VR 领域的杰出作品。

5. *Supernatural*（2020 年）：*Supernatural* 由 Within 开发，是一款迅速流行起来的健身应用程序。2021 年，Meta 收购 Within，主要就是为了能够拥有 *Supernatural* 的版权，但联邦贸易委员会（FTC）出于对竞争的担忧对 Meta 提起了诉讼，直到 2023 年 FTC 对 Meta 提起的诉讼败诉后，Meta 才获得了所有权。

6. *Half-Life*：*Alyx*（2020 年）：由 Valve 开发，*Half-Life*：*Alyx* 是一款以 Half-Life 宇宙为背景的第一人称射击游戏。作为一款备受期待的游戏，它以其精细的图形显示、基于物理的交互方式和引人入胜的故事情节突破了 VR 游戏的界限。

其他热门游戏还有 *Saints & Sinners*、*Pistol Whip* 和 *Boneworks*，每款游戏都展示了 VR 游戏不同方面的潜力。

3.2.9 基于位置的虚拟现实（LBVR）

LBVR 是指一种发生在特定物理位置的虚拟现实体验，通常是在专用的 VR 中心、游乐场或其他类似场所。这些地点通常配备专门的 VR 硬件，如头显、运动控制器、触觉反馈设备，有时甚至还配备可以增强沉浸感的大型道具或环境元素。

在 LBVR 中，用户可以参与个人或多人游戏体验，这些体验旨在利用场地的独特功能。这些体验通常包括互动游戏、模拟、教育内容，甚至还有沉浸式电影。LBVR 的主要目标是为用户提供增强的沉浸式 VR 体验，而由于空间、硬件或软件的限制，家庭 VR 系统可能无法实现这种体验。

LBVR 的兴起得益于 VR 头显的进步，如 2016 年发布的 Oculus Rift、HTC Vive 和索尼 PlayStation VR。这些设备提供了更高的分辨率、更低的延迟和更准确的跟踪。

无线 VR 系统，如 HTC Vive 的 TPCAST，使用户能够自由移动，而无须束缚在计算机上。这一发展对于 LBVR 的发展至关重要。

以下列举一些 LBVR 的先驱。

1. The Void：The Void 是最早于 2015 年推出的 LBVR 公司。The Void 结合了物理设备、VR 头显和触觉反馈，为用户创造独特的沉浸式体验。2017 年，The Void 与迪士尼合作推出了“星球大战：帝国的秘密”体验，吸引了主流关注，并为进一步的合作铺平了道路。

2. Zero Latency：Zero Latency 是一家澳大利亚公司，是 LBVR 的又一家早期先驱。Zero Latency 于 2015 年开设了第一家门店，为最多 8 名玩家提供自由漫游的 VR 体验。

3. Dreamscape Immersive：Dreamscape Immersive 在好莱坞主要工作室的支持下，于 2018 年开设了第一家分店，提供将故事讲述与先进技术相结合的身临其境的电影 VR 体验。

4. Sandbox VR：Sandbox VR 于 2016 年推出，首先将其业务重点放在亚洲，并在 2020 年刚刚开始尝试在美国扩张。

LBVR 类公司一直在全球扩张，尤其是 The Void 和 Zero Latency，并在欧洲、亚洲和美洲建立了分支机构。

3.2.10　流行疫情的影响（2020—2021）

流行疫情迫使许多 LBVR 场馆暂时或永久关闭，使该行业承受了巨大的财务压力。

LBVR 行业经历了多次调整和创新。

1. 卫生措施：LBVR 场馆实施了严格的卫生措施以确保顾客安全，如对头显和经常被人触摸的表面进行消毒。

2. 社交距离体验：为适应新常态，公司设计了社交距离 VR 体验，如 VR 逃生室和单人游戏。

3. 远程 VR 体验：Exit Reality 等一些 LBVR 公司转向远程 VR 体验，用户可以租用 VR 设备在家使用。

自 2015 年创建以来，LBVR 经历了快速的发展，技术进步和战略合作伙伴关系推动了该行业的发展。除了受疫情的影响之外，The Void 还因其他原因而关闭；Zero Latency 仍在运营中；Dreamscape Immersive 和 Sandbox VR 虽然都因疫情而遭受重创，但均有所反弹。Sandbox VR 获得了更多资金以继续发展，而 Dreamscape Immersive 虽然继续开发 LBVR，但也正在向其他领域扩展，如教育领域。时间会证明 LBVR 未来是否可持续。

3.2.11 社交 VR 和多人游戏体验

自 2015 年以来，在 VR 技术进步和在线社交互动日益普及的推动下，社交 VR 和多人游戏体验发展势头强劲。在这些令人身临其境的环境中，用户可以使用虚拟化身来代表自己，实时与他人互动。玩家可以参与共享活动、进行对话并一起探索虚拟世界，进而使用户之间建立起社区意识和联系。

在社交 VR 的发展早期，Altspace VR（最近被微软关闭）和 VR Chat 等平台开始为虚拟社交体验奠定基础。Altspace VR 于 2015 年推出，用户可以在该平台上创建和自定义化身、参加现场活动以及在各种虚拟空间中与其他人互动。于 2017 年发布的 VR Chat 进一步发展了这一概念，允许用户创建和分享用户生成的内容，包括自定义化身和世界，为多样化的体验营造一个富有创意和包容性的环境。

随着 VR 技术的发展，新的平台和体验不断涌现，每种平台和体验都有其独特的功能和产品。Facebook 于 2020 年推出了社交 VR 平台 Facebook

Horizon Worlds（最初取名为 Facebook Horizon）。该平台允许用户在各种用户生成的空间中创建、探索和社交。还有一些流行的平台，如 Rec Room 和 Bigscreen 强调社交互动的不同方面，如游戏、协作和媒体消费方面。

与此同时，多人 VR 游戏也获得了关注，*Echo Arena*、*Onward* 和 *Population*：*ONE* 等游戏提供了引人入胜的竞争体验，鼓励玩家之间进行团队合作和沟通。这些游戏涵盖从射击游戏到体育游戏等各种类型，并利用 VR 的沉浸式功能来创造独特的体验。

然而，尽管社交 VR 和多人游戏体验不断发展且振奋人心，但挑战和道德问题也随之出现。骚扰、隐私和成瘾等问题促使开发商和平台所有者实施安全措施、制定社区准则。在社交 VR 领域保持用户自由和安全之间的平衡仍将是持久的挑战。

技术进步、采用率提高以及新平台和体验的出现可能会影响社交 VR 和多人游戏体验未来的发展。随着 VR 硬件购买渠道变宽、价格优惠，将有更多的用户能够参与沉浸式体验，从而推动行业内的创新和发展。

2019 年，随着不需要个人计算机或控制台的独立 VR 头显 Oculus Quest 的发布，VR 游戏进入主流。这一发展使 VR 变得更易上手，从而引起了人们的兴趣和采用率的激增。2020 年发布的 Oculus Quest 2 通过性能的改进、分辨率的提高和符合人体工程学的设计进一步完善了独立 VR 体验。

进入 2020 年，VR 不断突破互动娱乐的界限。开发人员尝试融合讲故事、互动性和沉浸感的新方法，在未来极有可能提供更迷人的体验。

尽管取得了发展和进步，VR 游戏和社交 VR 仍然面临着内容有限、硬件成本高昂以及部分用户产生晕动病等。然而，该行业仍在不断发展，PlayStation VR 2 和 HTC Vive Pro 2 等新设备提供了保真度更高的体验并解决了一些技术限制。

虽然此处概述仅涉及 VR 游戏和社交 VR 领域的表面，但强调了塑造这个新兴行业的快速进步和振奋人心的发展。从早期发展到现在作为一种娱乐媒体，VR 游戏和社交 VR 不断进步，预示着未来将充满创新和沉浸式的体验。

下一节内容将介绍头显的功能、规格和缺点。

3.3 VR 和混合现实（MR）设备

我们将 MR 设备与 VR 设备放在同一节内容中探讨，而不是将它们包含在有关 AR 的一节中，这样做是因为尽管 MR 设备可以同时实现 VR 和 AR，但 MR 头显可以实现的 AR 类型被称为直通 AR。直通 AR，也称直通模式或摄像头直通，是某些 AR 头显的其中一项功能，可以让用户通过头显的内置摄像头查看现实世界的周围环境。这种模式本质上是将视频从摄像头传输到头显的显示屏上，使用户无须摘下头显即可查看物理环境并与之交互。

直通模式在各种场景中都很实用，如在戴着 VR 头显的情况下可以检查周围环境、查找对象或与房间中的其他人互动。直通模式还可以帮助用户在进行 VR 体验期间避开环境中的潜在危险和障碍，从而提高安全性。以上是直通模式的传统用法。苹果公司的 Vision Pro MR 头显将直通作为其核心功能，其公告演示中显示的几乎所有应用程序都使用直通 AR。

在本节中，我们首先回顾 VR/MR 头显的主要功能和理想规格，再说明 MR/VR 头显有何缺点。此外，我们提供了一些著名头显的规格。

在比较不同 VR 和 MR 头显时，需要考虑的一些主要功能和理想规格如下所列。

1. 显示分辨率：显示分辨率指用于显示 VR 环境的像素数量。显示器的分辨率会影响 VR 体验的图像质量和清晰度。分辨率越高，虚拟环境就会显得越细致、越真实。

2. 视野（FOV）：FOV 是指用户可见的虚拟环境的范围。对于 VR 而言，水平 FOV 是比垂直 FOV 更有用的衡量标准。水平视场越宽，用户可以看到的虚拟环境范围越大，从而提供更让用户身临其境的体验，并且不太可能引起晕动病。

3. 刷新率：刷新率是指显示屏每秒刷新的次数。更高的刷新率可以产生更流畅的运动，还可以减少晕动病产生的可能并改善整体 VR 体验。

4. 追踪：追踪是指 VR 头显实时追踪用户头部和身体运动的准确程度。质量更高的跟踪可以使用户与虚拟环境进行更为自然、更让人身临其境的交互。

5. 控制器：控制器是用于与虚拟环境交互的输入设备。一些控制器具有运动跟踪、触觉反馈和其他高级功能。

6. 音频：VR 头显可能配备内置头显或需要外部音频设备。高品质的音频可以增强沉浸感和真实感。

7. 连接性：一些 VR 头显需要连接个人计算机；还有一些 VR 头显则是独立的，不需要计算机。连接性会影响便携性和易用性。

8. 舒适度：舒适度是一个重要的考虑因素，因为 VR 头显需要用户长时间佩戴在头上。设备的重量、衬垫和可调节性都会影响舒适度。

9. 内容库：在比较 VR 头显时，可用 VR 应用程序以及游戏的数量和质量可能也是重要因素。更大、更多样化的内容库可以带来更多样化、更有吸引力的体验。

10. 价格：VR 头显的价格差异很大，对于许多用户来说，成本可能是一个重要因素。昂贵的头显往往能提供最高的质量和最先进的功能，而实惠的头显可能仅会提供基本的 VR 体验。

既然我们已经讨论了一些比较因素，下面将继续回顾一些负面因素。

3.3.1　关于 VR 的一些注意事项

VR 技术被誉为改变娱乐、教育甚至医疗保健领域游戏规则的技术。然而，与任何技术一样，VR 也有其缺点。以下列出了 VR 的一些负面影响。

1. 晕动病：与 VR 相关的最常见问题是晕动病。这是因为 VR 设备模拟现实世界中不会发生的动作，这可能会导致头晕、恶心和头痛。有些人比其他人更容易产生晕动病，这可能会限制他们对 VR 的使用。

2. 眼睛疲劳：长时间使用 VR 可能会导致眼睛疲劳，因为用户的眼睛必须不断调整以适应虚拟环境的焦距和距离。随着时间的推移，这可能会导致不适、头痛，甚至引发视力问题。

3. 社交孤立：VR 可以给用户以身临其境的体验，但它也可能导致孤立。用户在 VR 中通常是与现实世界隔绝的，这可能会导致其难以与他人联系，并可能导致用户产生孤独感和隔离感。

4. 成瘾：与许多技术一样，VR 可能会让人上瘾。用户可能会过于沉浸在虚拟世界中，以至于忽视了生活的其他方面，如工作、人际关系和身体健康。

5. 成本：VR 设备和软件可能非常昂贵，这对许多人来说可能造成购入方面的障碍。此外，维护和升级 VR 设备也会持续产生成本，这对某些人来说可能令其望而却步。

6. 隐私问题：VR 技术收集大量与用户相关的数据，包括他们的动作、行为和偏好方面的数据。这些数据可被有针对性的广告利用，人们还担心数据被用于更邪恶的目的，如监视或盗窃身份。

7. 身体限制：VR 要求用户保持身体灵活，这对残障人士或行动不便的人来说可能是非常困难的。此外，一些 VR 体验对于一些用户来说可能过于激烈或对体力要求过高，这可能会限制他们充分参与体验之中。

8. 受伤风险：由于 VR 涉及模拟运动和环境，因此，如果用户不够小心，则存在受伤的风险。当用户沉浸在虚拟环境中时，他们可能会绊倒、跌倒或撞到现实世界中的物体。

9. 不切实际的期望：VR 创建的对现实世界的模拟可以非常逼真，但 VR 也可能引起不切实际的期望。比如，用户可能期望他们可以在虚拟世界中做一些在现实世界中不可能做到的事情，这可能会使他们失望和沮丧。

10. 对暴力内容上瘾：VR 游戏和模拟通常涉及暴力和攻击性内容，这可能会降低用户对这些行为的敏感度，并使他们更有可能在现实生活中参与这种行为。

总而言之，虽然 VR 技术有很多好处，但它也有缺点，包括身体健康风险、心理影响、成瘾、社交孤立、成本、内容限制、技术限制和伦理问题。重要的是，要意识这些潜在的缺点并负责任地使用 VR 技术。

3.3.2　著名的 VR/MR 头显

VR/MR 头显已成为尖端技术。本小节将探讨市场上一些最著名的 VR/MR 头显，讨论它们的特定功能和规格。

一些主要的头显列举如下。

1. Meta Quest 3

Meta Quest 3 特定功能和规格情况罗列如下：

（1）独立 MR 头显；

（2）由高通骁龙 XR2 Gen 2 平台提供支持；

（3）LCD 显示屏“4K+ 无限显示”；

（4）每眼分辨率为 2 064 × 2 208 像素；

（5）刷新率为 90Hz、120Hz（实验）；

（6）110° 水平视野；

（7）内置音频和麦克风；

（8）与用于 PC VR 游戏的 Air Link 和 Oculus Link 兼容；

（9）支持手部追踪和语音命令，但没有眼球追踪；

（10）具有直通 AR（全彩）。

2. PlayStation VR（PS VR）

PS VR 特定功能和规格情况罗列如下：

（1）适用于 PlayStation 4 和 5 的系留 VR 头显；

（2）由 PlayStation 控制台提供支持；

（3）5.7 英寸 OLED 显示屏；

（4）每眼分辨率为 960 × 1 080 像素；

（5）刷新率为 90Hz 或 120Hz；

（6）96° 水平视野；

（7）支持 3D 音频；

（8）与 PlayStation Move 和 DualShock 4 控制器兼容；

（9）配备用于跟踪的 PlayStation 摄像头。

3. PlayStation VR2（PS VR2）

PS VR2 特定功能和规格情况列举如下：

（1）适用于 PlayStation 5 的系留 VR 头显；

（2）由 PlayStation 控制台提供支持；

（3）6.4 英寸 OLED 显示屏；

（4）每眼分辨率为 2 000 × 2 040 像素；

（5）刷新率为 90Hz 或 120Hz；

（6）110° 水平视野；

（7）支持 3D 音频；

（8）配备具有触觉反馈和自适应触发器的传感控制器；

（9）提供由内而外的跟踪（4 个内置摄像头）；

（10）眼动追踪；

（11）具有直通 AR（灰度）。

4. Valve Index

Valve Index 特定功能和规格情况列举如下：

（1）适用于个人计算机的系留 VR 头显；

（2）6.0 英寸 OLED 显示屏；

（3）每眼分辨率为 1 440 × 1 600 像素；

（4）刷新率为 80 Hz、90 Hz、120 Hz 或 144 Hz；

（5）120° 水平视野；

（6）集成非入耳式头显；

（7）使用用于跟踪的外部 Steam VR 2.0 基站；

（8）配备用于手指跟踪的索引控制器（以前称为“Knuckles”）。

5. 惠普 Reverb G2

惠普 Reverb G2 特色功能和规格情况列举如下：

（1）适用于个人计算机的系留 VR 头显；

（2）与 Valve 和微软合作开发；

（3）5.78 英寸 OLED 显示屏；

（4）每眼分辨率为 2 160 × 2 160 像素；

（5）刷新率为 90 赫兹；

（6）98° 水平视野；

（7）Valve 设计的集成非入耳式头显；

（8）使用 4 个摄像头传感器进行由内而外的跟踪；

（9）配备 Windows 混合现实控制器。

6. HTC Vive Pro 2

HTC Vive Pro 2 特色功能和规格情况列举如下：

（1）适用于个人计算机的系留 VR 头显；

（2）5.76 英寸 OLED 显示屏；

（3）每眼分辨率为 2 448 × 2 448 像素；

（4）刷新率为 90 Hz 或 120 Hz；

（5）120° 水平视野；

（6）集成贴耳式头显；

（7）可与 Steam VR 平台一起使用。

7. Pico Neo 3

Pico Neo 3 特色功能和规格情况列举如下：

（1）独立 VR 头显；

（2）5.5 英寸液晶显示屏；

（3）每眼分辨率为 2 880 × 1 700 像素；

（4）刷新率为 90 Hz 或 120 Hz；

（5）98° 水平视野；

（6）具有直通 AR（灰度）；

（7）Pico Neo 3 和更新版本 Pico Neo 4 在美国不可用（在欧洲、中国、日本、韩国和马来西亚可用）。

8. Pico Neo 3 Pro

Pico Neo 3 Pro 特色功能和规格情况列举如下：

（1）独立 VR 头显；

（2）5.5 英寸液晶显示屏；

（3）每眼分辨率为 3 664 × 1 920 像素；

（4）刷新率为 90 Hz 或 120 Hz；

（5）98° 水平视野；

（6）具有直通 AR（灰度）；

（7）Pico Neo 3 Pro 在美国上市，但更新版本 Pico 4 Enterprise 尚未在美国上市（在欧洲、中国、日本、韩国和马来西亚上市），并且 Pico Neo 4 和 Pico 4 Enterprise 拥有彩色直通 AR。

9. Apple Vision Pro（2024 年春季上市）

Apple Vision Pro 特色功能和规格情况列举如下：

（1）系留外部（电池组）MR 头显；

（2）拥有 2 个微型 OLED 显示屏（直径约 1 英寸），每个显示屏的分辨率均超过 4K；

（3）2 300 万像素（正方形长宽比的每眼分辨率约为 3 400 × 3 400，7∶6 长宽比的每眼分辨率约为 3 680 × 3 140）；

（4）刷新率为 90 Hz 或 96 Hz（观看 24 fps 内容时，避免帧节奏抖动）；

（5）具有直通 AR（彩色）；

（6）搭载 visionOS（空间操作系统）；

（7）配备 Apple M2 处理器和专门用于相机和其他视觉效果的 R1 处理器；

（8）具有面部和眼睛追踪功能；

（9）支持个性化光线追踪空间音频；

（10）配备 6 个麦克风；

（11）配备用于监控手势的 12 个摄像头和 5 个传感器（LiDAR 和 TrueDepth 传感器）。

3.3.3　更多关于 Apple Vision Pro 的信息

Apple Vision Pro 备受期待，继 2023 年 6 月发布后，于 2024 年春季发货。

如今，我们正在进入空间计算时代，人类、机器人、虚拟生物和虚拟内容利用传感器、人工智能和计算机视觉来解释、移动于和 / 或居住在空间区域。这更贴近人类的思维。

借助 Apple Vision Pro，通过在面部空间计算机中使用眼球运动、手部运动（尤其是手势）和语音，实现更加以人为本的计算方式。苹果公司这一次做出了一些关键选择，让我们能深入了解这种新型计算。

首先，苹果公司没有像 Meta 那样做硬件控制器。硬件控制器深受喜好超震撼场面视频游戏的玩家所喜爱，他们在玩 *Call of Duty* 等需要能够非常快速地进行手眼协调的游戏。

尽管确实表明游戏玩家可以选择连接一个控制器，但苹果公司并没有配备控制器。大多数人不想仅仅为了看电影或与朋友聊天而使用控制器。

因为现在为 Vision Pro 构建体验的开发人员知道默认设置很重要，所以他们必须首先开发用手、眼睛和语音进行控制的功能。

苹果公司了解到，VR 设备通常在家里使用，而使用者周围的其他人则没有使用 VR 设备。问题在于 VR 设备将使用者与房间中的其他人分隔开。与戴着 VR 头显的人交谈感觉很奇怪，因为你看不到他们的眼睛。苹果公司通过放置一个朝外的屏幕来解决这个问题，该屏幕可以显示佩戴者的数字重建眼睛。

重要的是，对于苹果公司来说，该头显不会将佩戴者与其他人分隔开。这是关于 Vision Pro 用途所要传达的重要信息——不是将自己与现实隔离，而是与现实融为一体。

化身是另一个例子。与其他系统上的化身相比，苹果产品的化身非常真实。苹果公司用了很多时间，在 Vision Pro 的正面安装了一个 3D 传感器，在设置过程中使用该传感器对用户的脸部进行 3D 扫描，然后生成角色和用户的眼睛，并在外部屏幕上显示给其他人。

未来开发人员会发布可以与其他家人和朋友一起玩的体验，以及与职场同事一起工作的应用程序，这是非常重要的。从 FaceTime 到游戏，大量的体验和应用程序即将推出，它们将使用苹果公司的这些新的化身。

Vision Pro 是一款 MR 头显，那么为什么苹果公司在其演示文稿中更多地强调了直通 AR 功能而不是 VR 功能呢?

以下是部分原因。在发布会上，苹果公司重点展示了这款头显的实际用途。AR 使用户可以看到 2D 和 3D 视觉效果，而无须离开当前的真实环境。因此，人们将能够通过使用 Vision Pro 上的 AR 应用程序来工作、学习、探索或回忆，同时其他人也可以进行访问。如果头显用于远程工作，上述的其他人可能是家庭成员、朋友或公司的其他工作人员。

借助 AR，可以在头显用户的视野中放置多个灵活适配大小的 2D 屏幕或 3D 对象。头显拥有数百种成熟的应用程序，包括苹果公司开发的已经可用的应用程序，如 FaceTime，并使用虚拟的超现实版本通话人员，即所谓的“角色”。现有 Mac 或 iPad 的屏幕可以“运送”到用户正前方的空间或任何他们希望放置的地方，创建带有清晰且易于阅读的文本的虚拟屏幕。

看来苹果公司更感兴趣的是关注人类的实际需求方面的用途，如果他们愿意，能够做到让人们完全沉浸其中。Vision Pro 专注于 AR，也符合苹果公司生产 AR 眼镜的长期计划。

但为什么苹果公司在其 AR 眼镜面世之前还要推出 Vision Pro 这样的产品呢？据称，苹果公司为 Vision Pro 的研发投入了 400 亿美元，该项目多次被搁置或终止，但后来又作为可行的产品再次重启。既然苹果公司的计划始终是生产 AR 眼镜，为什么不使用已经投入大量资金和精力的产品来帮助预热市场并为他们的生态系统引入新元素呢？

当苹果公司在演示中谈到沉浸感时，所指并不是通常与 VR 相关的沉浸感，而是指一个背景屏幕，如描绘美丽山景的屏幕填充头显佩戴者的整个视野。

在某些地方和情况下，Vision Pro 是不适合使用的。在下列情况下，头显可能无法逼真地再现现实环境。

1. 危险工作：比如，如果您在工厂工作，手会靠近锯片，您就不会想佩戴直通式 AR 设备（Vision Pro 就是这种设备）。很明显，苹果公司有一个以 AR 为中心的愿景，通过推出 Vision Pro 并进行进一步迭代，进而通过推出 AR 眼镜来实现这一愿景。

2. 驾驶汽车：即使是坐在行驶中的汽车中，苹果公司也不建议使用 Vision Pro，直到其能够为我们创造出能看到现实世界并不会使人感到不适或缺乏环境意识的设备。自动驾驶汽车正开始走向消费者，但苹果公司在一段时间内将阻止这种情况下使用 Vision Pro。

3. 射击：如果您是警察或军人，将不适合使用直通设备。这类设备不够精确，无法瞄准您的目标。

4. 快速移动：骑山地自行车、滑雪和跑步并不适合佩戴 Reality Pro，也不是安全的选择。

5. 室外明亮的阳光照射下：Vision Pro 的传感器专为室内使用而设计，不适合在室外使用。虽然某些功能可能有效，但 Vision Pro 并不是为您在附近散步玩某种新型增强现实游戏而设计的。

6. 任何会将设备弄湿的行为：游泳、在雨中行走、在淋浴时佩戴设备以及其他可能将设备弄湿的使用行为都对设备不利。

7. 需要尽可能细致地观察现实世界的职业，比如外科或牙科医生：是的，您可以使用 Vision Pro 进行针对这些职业的训练，但苹果公司通常不建议这类使用，直到能推出可以让人“透过”设备看到现实世界的设备。

原因是该设备是一种直通设备，需要大量传感器才能正确捕捉现实场景，如果设备发生故障，佩戴者将处于看不见的状态并处于黑暗空间中，直到他们将其取下或重新启动设备。

Magic Leap 和 HoloLens 等竞争对手将更适合此类用途，至少目前如此，但我们确实希望 Vision Pro 成为一款开发型设备，用于创建可在未来设备中用于此类用例的服务。

除了这些工作之外，苹果设备内部还有很多隐形技术，这使得相比于竞争对手能够提供的几乎所有其他用例，苹果设备做得都更好。

下一小节将介绍优秀的 VR 在游戏以外的领域可以发挥什么作用。有关这些领域特定用例的更多信息，请参阅第 3 部分“消费者和企业使用案例”。

3.4 游戏之外的其他内容

近年来，VR 取得了显著进步，在各个行业产生了广泛的创新应用。VR 的沉浸式特性使其成为小型和大型企业的强大工具，为商业挑战提供独特的解决方案并促进发展。本小节将回顾 VR 在游戏之外的一些主要应用，包括在培训和教育、设计和原型制作、营销和销售、远程协作、医疗保健和房地产等方面的应用情况。

3.4.1　培训和教育

VR 最突出的企业用途是培训和教育方面。多个行业的公司利用 VR 来提供逼真、令人身临其境且无风险的培训体验。以下列举了一些例子。

1. 安全培训：VR 使工人能够在没有任何实际危险的情况下体验危险情况。这对于建筑、采矿、石油和天然气等行业特别有用，这些行业中的工作事故可能会造成严重后果。

2. 软技能培训：VR 还可用于通过模拟现实场景让员工与虚拟化身互动来教授和培养软技能，如谈判、解决冲突和客户服务方面的技能。

3. 军事和执法：VR 被广泛用于在各种战斗和危急情况下训练士兵和警察，提高他们在高压环境下的决策和反应能力。

3.4.2　设计和原型制作

VR 技术彻底改变了公司设计和制作产品原型的方式。凭借创建逼真 3D 模型的能力，设计人员可以执行以下操作：

1. 实时将设计可视化并进行操作，实现快速迭代并缩短上市时间；

2. 与利益相关者和客户合作，立即接收反馈并避免在流程后期进行成本高昂的重新设计；

3. 进行产品功能测试和人体工程学检测，确保产品能提供更好的用户体验并识别潜在的设计缺陷。

3.4.3　市场营销与销售

VR 为营销和销售团队开辟了新的可能性，他们现在可以创造令人身临其境的体验来展示产品和服务。示例包括以下内容。

1. 虚拟陈列室：公司可以创建虚拟陈列室，使客户无论身处何种物理位置，都能够在现实的环境中探索产品并与之互动。

2. 产品演示：VR 可用于演示复杂的产品和技术，使潜在客户能够更好地了解其功能和优势。

3. 沉浸式广告：品牌可以创造 VR 体验，以更深层次的方式吸引客户，培养更牢固的情感联系并加深品牌记忆。

3.4.4 远程协作

随着远程工作变得越来越流行，VR 已成为一种有价值的协作工具，可以创建虚拟会议空间来执行以下操作：

1. 促进地理位置分散的团队之间进行面对面的沟通，提高成员的参与度并培养更牢固的工作关系；

2. 实现在项目和设计方面的实时协作，提高效率和决策能力；

3. 与传统视频会议相比，VR 提供更加令人身临其境的互动体验，减少“Zoom 疲劳”并提高整体满意度。

3.4.5 医疗保健

医疗保健行业已将 VR 投入各种应用，包括以下几个方面。

1. 医疗培训：医学生可以在虚拟环境中练习手术和其他程序，在为真正的患者治疗之前提高他们的技能。

2. 物理治疗和康复：VR 可用于为从受伤或术后恢复的患者创建引人入胜且鼓舞人心的锻炼计划，从而加快康复过程。

3. 疼痛管理和心理健康：VR 已被证明可以帮助接受某些医疗手术的患者减轻疼痛和缓解焦虑，并针对创伤后应激障碍和恐惧症等疾病提供有效的治疗。

3.4.6　房地产

对于房地产领域而言，VR 正在改变房产的营销和销售方式。一些关键应用列举如下。

1. 虚拟游览：潜在买家可以通过 3D 方式探索房产，无须亲自实地考察，从而节省时间和资源。

2. 房产展示：VR 使房地产经纪人能够虚拟展示具有不同家具和装饰选项的房产，帮助潜在买家想象出他们未来的房屋。

3. 建筑可视化：开发商可以使用 VR 展示建筑设计和规划开发方案，让投资者和买家更好地了解已完成的项目。

3.4.7　旅游和酒店行业

VR 技术还通过以下方式使旅游和酒店行业受益。

1. 虚拟旅行体验：旅行社和旅游局可以创建令人身临其境的 VR 体验，让潜在游客在预订旅程前预先探索目的地和景点。

2. 酒店预览：酒店可以使用 VR 展示其房间、酒店设施和便利设施，帮助客人做出明智的决定并提高预订的可能性。

3. 员工培训和入职培训：VR 可用于培训担任酒店中各种职位的新员工，确保高水平的客户服务并缩短新员工的学习曲线。

3.4.8　汽车行业

VR 在汽车领域取得了以下重大进展。

1. 车辆设计：汽车设计师可以使用 VR 更有效地将车辆设计可视化并进行迭代，从而减少开发时间和成本。

2. 制造：VR 可用于模拟和优化制造流程，从而提高装配线的效率和生产率。

3. 展厅和试驾：汽车经销商可以提供虚拟展厅和试驾服务，让客户足不出户就能享受车辆体验。

3.4.9　零售行业

零售行业也看到了将 VR 融入其运营的好处。

1. 虚拟商店：零售商可以创建虚拟商店，让客户能够在逼真且引人入胜的环境中浏览和购买产品。

2. 客户分析：VR 可以提供有关客户行为和偏好的宝贵见解，使零售商能够优化其商店布局、产品供应和营销策略。

3. 员工培训：VR 可用于对零售员工进行针对各种场景的培训，如客户互动、销售技巧、门店管理等方面的培训。

3.4.10　娱乐及活动

最后，娱乐和活动行业会出于多种目的而采用 VR。

1. 音乐会和会演：VR 可用于直播音乐会和会演，为无法亲自参加的歌迷提供更加令其身临其境的体验。

2. 电影和电视：VR 技术越来越多地被应用于电影和电视制作中，既用于视觉效果方面，又作为讲述故事情节的媒介。

3. 虚拟活动：公司和组织可以使用 VR 举办虚拟会议、贸易展览和其他活动，从而降低成本并提高与会者的可访问性。

总而言之，VR 技术近年来取得了长足的进步，在各个领域开发了大量的企业应用。从培训教育到设计和原型制作、营销和销售、远程协作、医疗保健、房地产、旅游、汽车、零售以及娱乐，VR 正在彻底改变企业的运营方式，从而提高效率、降低成本并改善客户体验。随着 VR 技术的不断发展，预计未来几年我们会看到更多创新的应用。

其中许多创新将涉及 VR 在元宇宙中的使用方式，我们将在下一节中展开讨论。

3.5 VR和元宇宙

上一章内容中讨论了AR在元宇宙中将发挥何种功能，并且明确表示AR在其中占有一席之地。之所以必须提出这一点，是因为元宇宙最初被认为是一个仅限于VR的领域。这一认知直接源于尼尔·斯蒂芬森1992年出版的科幻小说《雪崩》，书中的人们使用VR访问元宇宙，这是斯蒂芬森创造的词语。因此，当我们谈到Oculus DK1头显问世后元宇宙开始涌现时，人们认为VR是访问元宇宙的独特方式。

VR之所以明显地与元宇宙联系在一起，是因为元宇宙是一个替代版的3D现实，你可以沉浸其中，远离现实世界。这种替代版的现实可能是一个完全奇幻的现实，物理规则在其中不适用，那里有人类创造的生物，那里有与我们身处的现实世界完全不同的土地、天空和太阳。

元宇宙也可能是模仿现实世界的另一种现实，位于世界不同地区的朋友和家人可以虚拟见面，分享2D和3D照片和视频，玩多人游戏，使用生成人工智能自发地一起创建视觉效果和游戏，并在其中玩耍。他们可以一起体验虚拟过山车，一起在公园里聊天和散步，一起去商店虚拟试穿衣服，并谈论他们喜欢的衣服类型。人们将能够使用语音在元宇宙中导航，前往想去的任何虚拟商店或位置。

您可以与朋友一起去虚拟汽车经销商处购买真正的汽车或任何其他类型的产品业务。这就是元宇宙所能带来的社交和零售能力的融合。

对于有产品需要销售的企业来说，元宇宙是一种近乎理想的存在。我们讨论了AR如何实现这一目标，元宇宙结合VR将催生新的商业模式和经济机会。虚拟房地产、数字商品和服务可以被购买、出售和交易，从而蓬勃发展的虚拟经济被创造出来。这种环境还使创作者和开发者能够通过各种方式将他们的作品货币化。

人们还将在元宇宙中进行虚拟工作和学习，从而进一步发挥Zoom通话的功能。

VR 在元宇宙中可以有多种用途，改变着许多行业和日常生活的各个方面。以下总结了发展 VR 时需要关注的一些关键领域。

1. 沉浸式体验：开发更加令人身临其境、更加真实和高质量的体验对于 VR 的发展至关重要。这可能要求触觉反馈、运动跟踪和 3D 音频方面的进步，这些对于创建越来越逼真的虚拟世界都会有所助益。

2. 游戏：游戏行业将继续成为 VR 的主要推动力，开发商将制作更先进、更复杂的游戏，突破媒体可能性的界限。随着 VR 游戏变得愈发主流，我们期待可以看到更多种类的游戏和体验可供玩家选择。

3. 社交 VR：随着 VR 技术变得越来越容易为人们所用，在虚拟环境中共享体验和社交互动的潜力将会提升。这可能会帮助人们创建起虚拟会议空间、会议和娱乐场所，从而增强用户之间的存在感和联系。

4. 教育和培训：VR 通过提供比传统方法更具吸引力和更有效的沉浸式学习体验，有可能彻底改变教育和员工培训的方式。随着 VR 技术的进步，预计基于 VR 的教育工具和资源将在学校、大学和专业培训项目中得到更广泛的采用。

5. 医疗保健：VR 在医疗保健行业已经取得了重大进展，并且这种趋势可能会持续下去。VR 在医疗保健领域的应用包括医疗培训和模拟、疼痛管理、心理健康治疗和康复方面。

6. 建筑和设计：VR 技术可以为建筑师和设计师提供强大的工具，用于在虚拟环境中将他们的作品可视化并与之进行交互。这可以简化设计流程、改善协作方式并帮助客户更好地理解拟议的项目。

7. 旅游和探索：VR 可以为用户提供足不出户即可探索遥远目的地或历史遗迹的机会。随着 VR 体验变得更加真实，这种形式的虚拟旅游可能会越来越流行。

8. 电影和娱乐：电影和娱乐行业将继续试验和采用 VR 技术，为观众体验故事情节提供新的创新方式，应用范围可以从虚拟电影院到让观众置身于动感中心的沉浸式叙事体验。

9. 企业应用：VR 有潜力改变企业的运营方式，其应用范围从远程协作和虚拟会议到产品设计和员工培训。

10. 可及性和可承受性：随着虚拟现实技术变得更加经济实惠和容易为人们所用，那些以前由于身体、经济或地理限制而被排除在某些体验之外的人们将会获得新的机会。

11. 道德和法规：随着 VR 不断渗透到社会的各个领域，必须考虑的道德因素和法规将变得越来越重要。这将关系到解决隐私、数据安全和成瘾可能性等问题，以及建立标准和指南来保护用户并确保负责任的开发行为。

第 3 部分“消费者和企业使用案例”中会更详细地介绍能说明 VR 在元宇宙中地位的特定用例。

综上所述，VR 在元宇宙中的未来前景非常广阔，它有可能改变行业、丰富日常生活，并为联系、探索和学习创造新的机会。随着技术的不断进步和 VR 广泛被采用，我们期待可以看到大量新的体验和应用，进一步模糊虚拟与现实之间的界限。

3.6 总　结

本章阐明了 VR 的历史以及游戏是如何刺激其发展的；向您展示了哪些 VR/MR 头显值得注意，介绍了这些头显的一般功能和理想规格，以及需要注意的一些事项；随后讨论了 VR 和元宇宙。

VR 和元宇宙是我们这个时代最重要的两项技术进步。VR 使我们能够以比以往更加令人身临其境的方式体验数字世界并与之互动，而元宇宙则有希望创建一个共享的虚拟空间，人们可以在这个空间中一起工作、玩耍、学习和社交。

VR 的重要性在于它能够模拟现实世界的体验、探索新环境以及以更具吸引力和交互性的方式使用户与虚拟对象进行交互。

另一方面，元宇宙有潜力通过创建一个虚拟空间来改变我们的生活、工作和娱乐方式，让来自世界各地的人们可以聚集在一起进行互动。它可以彻底改变我们对社交、学习和工作的思考方式，为协作和创造力开辟新的机会。

总体而言，VR 和元宇宙代表了我们与技术以及人们彼此之间互动方式的重大转变。

下一章，即第 4 章“使用 3D 视觉效果进行交互的价值”除了介绍新的做事方式之外，还将解释如何利用 3D 视觉效果进行交互来改善我们的做事方式。

第 4 章　使用 3D 视觉效果进行交互的价值

元宇宙中使用的增强现实（AR）和虚拟现实（VR）技术使人们能够以全新的方式看待事物和做事情。现有的专业制作的 3D 图像和视频，以及现在由消费者使用生成式人工智能（GenAI）轻松制作的图像和视频，都将可以在元宇宙中显示和供您使用。在元宇宙中可以找到的所有 3D 视觉效果将为您提供一系列信息和娱乐，并且您还可以使用 AI 搜索其中出现的对象以及视频中使用的特定语言。应用程序和数字助理带来的交互性除了引入新的做事方式之外，还将极大地改善您做事的方式。

在本章中，我们将讨论以下主要主题：

1. 3D 合成现实（SR）的含义以及 3D SR 与 GenAI 的相关性如何；

2. 元宇宙如何带来大量易于获取的 3D 视觉信息以及它为何如此有价值；

3. 为什么机器与人的互动随着元宇宙的出现而大大增加，以及这如何使人类、企业和经济受益。

4.1　3D SR

3D SR 是指计算机生成的三维环境，可以复制现实世界的各个方面或创建全新的世界。3D SR 采用 VR 或 AR 技术，旨在为用户创造令其身临其境的互动体验。3D SR 的主要目标是产生融合虚拟和物理领域、逼真又迷人的体验。

使用 3D 技术在元宇宙中创建和使用 3D SR 使得机器与人的交互大大增加，原因在于，元宇宙作为一个沉浸式、互联的数字宇宙，依靠 3D 技术可以为用户创造逼真且引人入胜的体验。这些体验促进了机器与人之间更有意义和更为直观的交互，详述如下。

1. 沉浸式环境：3D 技术对于在元宇宙中创建逼真的虚拟世界至关重要。3D 提供的空间深度和真实感增强了用户的临场感，使他们更容易与虚拟环境互动，从而增强了机器与人的交互性。

2. 逼真的化身：3D 技术可以创建用户可以控制和自定义的逼真化身。这些化身作为用户的数字表示，使用户能够以更自然和直观的方式与他人和环境进行交互。

3. 空间计算：3D 技术促进了空间计算，使用户能够以模仿现实世界中交互的方式与虚拟对象和环境进行交互。这使得机器与人的交互更加无缝和便于使用，因为这种感觉更接近人类与周围环境自然交互的方式。

4. 增强模拟：元宇宙中使用 3D 技术可以实现更为准确、更有吸引力的模拟，可用于培训、教育和娱乐目的。这些模拟为用户提供了更多与机器交互并向机器学习的机会。

5. 触觉反馈和手势识别：元宇宙中的 3D 技术可以与触觉反馈和手势识别系统相结合，使机器与人的交互更加可感知和真实。这使得用户能够感受到触摸的感觉并使用手势来控制用户所在的虚拟环境，使交互感更加自然和直观。

6. 多感官体验：3D 技术与其他感官输入，如音频和气味的集成，可以在元宇宙中创建多感官体验。这些体验使人机交互更加令人身临其境、更具吸引力，进一步增强了人机交互。

7. 人工智能驱动的交互：3D 技术可以与人工智能相结合，在机器和用户之间创建更加智能、更加个性化的交互，可能包括人工智能驱动的化身、虚拟助手或自适应学习环境，从而为用户提供更多通过有意义的方式与机器交互的机会。

3D 技术是元宇宙的重要组成部分，因为它可以创建和使用 3D SR。随着苹果公司 Vision Pro MR 头显的发布，公众大量购买苹果公司 MR 头显和眼镜的可能性很高，这几乎保证了 3D 视觉效果消费方面的强烈需求。计算机图形、人工智能和实时渲染的进步促进了 3D SR 的发展，使其日益逼真和复杂。通过使用特定类型的生成式人工智能（GenAI），3D SR 变得更好，可以创建独特的动态世界或环境。这些环境通常包含物理、灯光和声音等元素，可以为用户创造更令人信服的体验。

3D SR 的一些关键方面列举如下。

1. 沉浸感：3D SR 旨在通过生成接近真实的深度感、尺度感和空间感，为用户创造沉浸式的体验。这会让用户感觉他们好像真正存在于虚拟环境中一样。

2. 交互性：用户可以与 3D SR 环境中的对象和元素进行交互，这要比传统的 2D 视觉体验更具吸引力和动态性。

3. 真实感：3D SR 通过使用先进的渲染技术和图形功能创建真实的纹理、光照和阴影，从而提高 3D SR 环境的视觉质量。

4. 实时渲染：3D SR 通常依赖于实时渲染，这意味着虚拟环境会随着用户与之交互而不断更新和渲染，从而创造了流畅且响应迅速的体验。

GenAI 为一种完全不同的计算方式创造了可能性，这种方式更接近《星际迷航》中的全息甲板（Holodeck），而不是微软 Windows。这样的全息甲板可由数十个 GenAI 供电。什么是 GenAI？这是使用无监督学习（UL）算法和人工输入文本提示来创建新的虚拟照片、视频、文本、代码或音频的人工智能。

UL 可以识别数据中先前隐藏或不清楚的模式。举个例子，GenAI 目前可以创建 2D 和 3D 静态图像，并将现有的 2D 视频转换为新的 3D 视频。Runway Gen-2 GenAI 软件目前可以使用文本、图像或视频剪辑生成简短的 2D 视频。

不久以后，GenAI 将能够使用相同的媒体创建可供消费者使用的 2D 和 3D 格式长视频。目前使 GenAI 视频能够进行流式传输的工作正在开展。

如果您分解构建全息甲板，实际上可以分解为 GenAI 可以服务的组件。您的周围是一个可以立即更改的 3D 环境。“嘿，OpenAI，带我们去东京”，您可能会告诉 Holodeck 要去的位置，系统会立即带您去那里。

仅仅这样一个请求就可能会调用数十个不同的 GenAI——一个生成场景，一个生成您的衣服，一个生成您将要体验的故事的脚本，还有一个生成所有的家具和交互对象。然后，您要考虑在那里做什么。

“嘿，OpenAI，我们可以参加东京的侦探推理剧吗？”现在，需要使用一些方法让您的朋友进入全息甲板并体验一种类似于新型游戏的东西——一种含有生成的服装、家具、道具、音乐、非人类角色和机器人等的游戏。

把这一切分解开来，会发现每一项都是由现在风靡一时的 GenAI 系统的行业所关注和研究的。

拥有这种全息甲板的未来消费者将与今天的消费者不同，今天的消费者大多在家里看电视和电影或玩游戏。

这种新型消费者不会满足于仅仅躺着看电影或电视节目，而是希望身处电影“内部”，甚至能够创作电影的关键部分或与之互动。我们已经看到了这种新的“创造者型消费者”及其带来的人工智能文化的开端。

只要看看社交媒体上分享的人工智能艺术，就会看到一个由创意人士组成的社区，这些人如今正在使用 Midjourney、DALL-E 或 Stable Diffusion 等 GenAI 系统创建视频和照片。

我们可以利用这样的虚拟环境体验无限的可能性。想象一下，能够走进自己最喜欢的电影或电视节目，与角色和周围的世界互动；或者拥有一个虚拟游乐园，无须离开客厅便可以在其中乘坐最新、最棒的过山车（当然，这个过山车是自己设计然后坐在上面的）；或者能够在虚拟环境中参加音乐会或现场活动，您可以坐在前排和中间，还不必担心票价或人群。

为了更好地理解GenAI的概念以及GenAI对元宇宙中使用的3D SR有何作用，我们有必要先更详尽地理解GenAI的本质。

GenAI通过使用机器学习（ML）模型，用于解释和处理机器语言中的自然内容。GenAI中人工智能程序、聊天机器人或虚拟助手的训练涉及对多种机器学习模型的使用。下面将对其中一些模型及其输出进行描述。

4.1.1　GenAI与判别模型

为了使用判别模型训练人工智能，人类监督者需要指导人工智能区分给定输入样本中的不同对象。如，当AI看到10种不同动物的10张图片时，判别模型可以帮助AI正确区分所有动物。

另一方面，生成模型允许人工智能在很少或没有监督的情况下使用样本数据创建对象。生成式机器学习模型可帮助人工智能理解输入的数据，并将这些知识保留在其神经网络（NN）内存中，使其能够在未来面临类似任务时回忆起相关经验。

4.1.2　生成对抗网络

这种人工智能训练方法结合了生成模型和判别模型，生成模型根据关键词、查询等输入向量生成样本，判别模型继而验证生成样本的真实性。如果发现样本是伪造的，生成模型则会生成新的输出以供判别模型进行评估。这一过程迭代重复，直到生成模型可以创建可信服的样本，并且判别模型无法将这些样本与原始输入区分开来。

4.1.3　Transformer模型

可以利用Transformer架构的AI模型采用深度神经网络（DNN）来分析输入向量并生成可能的输出，包括预测可以在输入之前或之后构建有意义的句子的单词，即使这些单词之间没有关联。

Transformer 架构由编码器组成，编码器捕获所有输入序列的特征并将其转换为输入向量。接下来，解码器仔细检查这些输入向量，从数据中提取上下文以生成输出序列。

许多采用 Transformer 架构的人工智能模型都表现出了卓越的性能。

ChatGPT，又称 Generative Pre-trained Transformer model 3，是一种专为对话应用程序设计的语言模型。同样，LaMDA 也是一种基于谷歌 Transformer 构建的语言模型。借助这些模型和其他先进技术，开发人员成功创建了各种功能性 GenAI 程序，这些程序可以由文本、图像、音频等简单输入产生令人赞叹的输出。

例如，这些人工智能程序可以通过引用杂志、网站、谷歌图像搜索等输入，进而生成不存在的人类图像，还可以将草图转换为真实图像，将艺术风格从一种艺术转换成另一种艺术，甚至将 MRI 合成 CT 扫描作为输入。

集成到 ChatGPT 中的 OpenAI DALL-E 3 等人工智能程序可以创建出色的图像、显示简单文本的准确文字，而 DeepMind 和 Amazon Polly 可以由文本生成类似人类的语音。AI Music 也是一项 AI 技术，该技术现已归苹果公司所有，可以将公共领域的音乐转换为可用于为 Metaverse 创建的 3D SR 体验的配乐。

GenAI 改变了游戏，因为它可以即时创造无限的故事、视觉效果、声音和音乐。一场新的“世界大战”即将上演，GenAI 会向你展示类似外星人袭击你家邻居的场景。这是当前的好莱坞技术不可能做到的。因此，很容易看出，如果未来 GenAI 能够自发地创建 3D 图像和视频，那将是一件非常了不起的事情。

4.1.4 神经辐射场

神经辐射场（NeRF）是加州大学伯克利分校和谷歌研究院的研究人员于 2020 年推出的一项突破性技术。该技术需要使用人工智能的一种形式——深度学习（DL），由一组输入 2D 图像合成逼真、新颖的 3D 场景视图。NeRF 结合了计算机视觉（CV）和计算机图形学的原理，可以生成高质量、逼真的 3D 场景渲染。NeRF 已被用于为 VR 和 AR 沉浸式体验创建逼真的 3D 环境，并有望成为与元宇宙紧密关联的技术。

以下介绍几条有关 NeRF 生成的技术特征。

1. 场景表示：NeRF 将 3D 场景表示为连续体积函数，其中场景中的每个点（x、y、z）都与颜色（RGB）和密度（sigma）值相关联。这个连续函数被称为辐射场，它对 3D 空间中每个点的场景颜色和不透明度进行编码。与网格或点云等传统的 3D 表示不同，NeRF 的连续表示可以对复杂的几何形状、复杂的纹理和逼真的照明效果进行更准确的建模。

2. 网络架构：NeRF 利用完全连接的神经网络（也被称为多层感知器或 MLP）来学习表示场景的连续体积函数。该网络将场景中某个点的 3D 坐标和观察方向作为输入，并输出该点的颜色和密度值。该网络被设计具有平移不变性，这意味着它可以对复杂的场景进行建模，而不会过度拟合特定的视点。

3. 训练：为了训练 NeRF 网络，需要从场景周围不同视点捕获 2D 图像数据集。在训练过程中，以优化网络参数为目标，使渲染图像与输入图像紧密匹配。这种优化是通过被称为反向传播的过程实现的，该过程使用损失函数使渲染图像和输入图像之间的差异最小化。NeRF 中通常使用的损失函数是渲染图像和输入图像之间色差和密度差的组合。优化过程是迭代的，直到网络收敛到最能准备模拟给定场景的解决方案为止，具体生成的结果如图 4.1 所示。

4. 渲染：NeRF 网络经过训练后即可用于渲染场景的新颖视图。使用 NeRF 进行渲染需要将虚拟相机中的光线投射到场景中，并沿这些光线采集样点。对于每个采集样点，网络预测颜色和密度值，然后使用体积渲染技术将采样点组合从而生成最终图像。NeRF 的渲染过程可以处理复杂的光照效果，如阴影、反射和折射，这有助于生成具有高质量和真实感的图像。

图 4.1　NeRF 生成的加州霍利斯特 Casa de Fruta 场景的不同侧面（资料来源：罗伯特 · 斯科布尔）

NeRF 通过其创新的技术特点展现了其对 3D 渲染领域的深远影响。通过利用神经网络、稀疏输入数据和高效的体积表示，NeRF 彻底改变了生成复杂数字场景并与之交互的方式。

1. NeRF 的伟大之处

NeRF 因其以令人惊叹的细节再现重建复杂 3D 场景的卓越能力而在计算机图形和人工智能领域获得了积极关注。作为一种尖端的深度学习技术，NeRF 提供了现实主义和环境的独特融合，很快吸引了用户和投资者。

NeRF 的一些主要积极特性表现如下。

（1）高质量 3D 渲染：NeRF 因能够仅通过使用稀疏的输入图像集生成逼真的 3D 场景而脱颖而出。通过利用深度学习，NeRF 可以捕获复杂的几何形状、材料和照明条件，产生可与传统计算机图形技术相媲美的结果。

由此生成的场景是如此精细，以至于它们常常不符合人类的感知，使得人们很难区分真实内容和生成内容。

（2）数据效率：NeRF 的卓越之处在于该技术能够由最少数量的 2D 图像生成 3D 模型。传统方法需要大量数据输入或耗时地手动建模。相比之下，NeRF 只需要使用少量照片即可创建高质量的 3D 表示，使该技术成为从游戏到 VR 等各种应用可选择的高效实用的解决方案。

（3）新颖的视图合成：NeRF 令人印象最为深刻的特性是其新颖的视图合成能力。这允许模型由初始输入集合未包含的视点生成场景的新图像。此功能对娱乐等行业以及建筑和产品设计等专业领域具有重大影响，可用于在 VR 和 AR 中创建沉浸式体验。

（4）可扩展性和适应性：NeRF 的架构具有可扩展性和适应性，使其适用于大量应用。研究人员已经开始探索扩展原始 NeRF 模型，以解决特定的难题，如处理动态场景、提高渲染速度和细化细节。这种适应性确保 NeRF 将持续发展并在不同领域找到新的应用程序。

当我们见证技术的快速进步时，认识并坚信 NeRF 的变革潜力至关重要。其稳健性、可扩展性以及与其他技术集成的能力只是 NeRF 成为 3D 重建和渲染领域游戏规则改变者的众多积极作中的一小部分。通过持续的研究和开发，我们可以期待 NeRF 进一步定义和彻底改变我们交互和感知数字世界的方式。

2. NeRF 目前的局限性

尽管 NeRF 有许多优点，但也有一些限制因素，目前企业和学术研究人员正在解决这些限制因素（还有一种被称为 3D 高斯分布的技术在第 4 章“使用 3D 视觉效果进行交互的价值”中有详细介绍，该技术可能会克服 NeRF 的局限性，但限制因素仍会持续出现）：

（1）计算效率：NeRF 中训练和渲染过程的计算成本可能很高，特别是对于高分辨率图像和大型场景的计算。研究人员正在努力研究通过分层采样、自适应采样和利用硬件加速等技术来提高 NeRF 的效率。

（2）动态场景：NeRF 主要是针对静态场景而设计的，很难处理有移动物体或光照条件会有变化的场景。正在进行的研究旨在扩展 NeRF 处理动态场景并使生成的视图呈现时间一致性的能力。

（3）泛化：虽然 NeRF 可以很好地对特定场景进行建模，但它本身并不能泛化到其他场景或对象。目前有一种技术正在开发之中，该技术可以将从一种 NeRF 模型学到的知识转移到另一种 NeRF 模型中，从而创建更通用的 3D 场景理解系统。

（4）与传统 3D 表示集成：NeRF 的连续体积表示与网格、点云或体素网格等传统 3D 表示不同。集成 NeRF 与这些表示仍然是一个活跃的研究领域，其目标是结合两种方法的优势，以实现更准确、更高效的 3D 建模和渲染。

简而言之，NeRF 是一种强大的技术，利用 DL 由一组 2D 图像生成逼真、新颖的 3D 场景视图。NeRF 连续的体积表示、强大的网络架构以及高效的训练和渲染过程使其特别适合处理具有复杂几何、纹理和照明效果的复杂场景。

4.1.5 3D 高斯泼溅（3D Gaussian Splatting）——一个新兴替代方案

在不断发展的 3D 建模和渲染领域，出现了一种创新且有前景的替代方案——3D 高斯泼溅。这种突破性的方法引入了一系列实质性改进和开创性创新，为 NeRF 面临的限制提供了有说服力的解决方案。与 NeRF 确立依赖于连续体积表示显著不同，3D 高斯泼溅遵循独特的路径，其优点列举如下。

1. 提高计算效率：3D 高斯泼溅的第一个显著优势是其卓越的计算效率，这有效解决了 NeRF 面临的重大难题。NeRF 的训练和渲染过程可能需要大量计算，特别是面向高分辨率图像和广阔的场景时。相比之下，3D 高斯泼溅引入了更简化的方法，通过使用高斯函数将复杂的 3D 点投影到 2D 图像上来实现这一点，从而大大减轻了计算负载。这种效率的提高对于实时和资源密集型应用程序尤其重要。

2. 针对动态场景的多功能处理：NeRF 主要针对静态场景而设计，可能难以适应以移动物体或照明条件不断变化为特征的动态环境。相比之下，3D 高斯泼溅在管理动态场景方面表现出了非凡的能力。它通过自适应地将 3D 数据投影到 2D 图像上来实现这一目标，这使其特别适合物体运动或照明条件动态变化的场景。

3. 提高泛化能力和适应性：虽然 NeRF 擅长对特定场景进行建模，但在尝试将其知识泛化到其他场景或对象时常常遭遇难题。与之相反，3D 高斯泼溅表现出更高程度的通用性。其独特的方法允许更通用的场景表示，简化了将从一种模型学到的知识应用到另一种模型上的过程。这为开发更普遍适用的 3D 场景理解系统铺平了道路。

4. 场景表示的可切换视角：3D 高斯泼溅的另一个显著优势是能够提供场景表示的可切换视角。该技术通过将 3D 数据投影到 2D 图像上来实现这一点，提供独特的视角，在以移动物体和照明条件不断变化为特征的场景中特别有利。这种替代视角显著提高了生成场景的质量和真实感。

总之，3D 高斯泼溅体现了 3D 建模和渲染领域的显著飞跃。该技术具有众多优势，包括计算效率提高、熟练处理动态场景、泛化能力改进、可切换的场景表示以及与传统 3D 表示的无缝集成，使其成为 NeRF 的出色替代品。随着技术的不断进步，NeRF 和 3D 高斯泼溅的共存加之其他新兴技术有望在数字景观的持续发展中发挥关键作用，确保未来发展为创新、动态和跨学科的生态。

4.2　3D 高斯泼溅当前的局限性

在 3D 建模和渲染领域，3D 高斯泼溅的创新方法因具有众多优势而受到关注。然而，重要的是要承认，与其他任何技术一样，3D 高斯泼溅也有其局限性，这一点应予以考虑。

（1）应用范围有限：3D 高斯泼溅虽然具有众多优点，但可能并非普遍适用。该技术的熟练程度在特定领域更为明显，对于高度复杂的场景或更适合其他技术的应用程序来说，3D 高斯泼溅可能不是最佳选择。

（2）数据敏感性：3D 高斯泼溅的有效性可能会受输入数据的质量和数量的影响。在数据稀疏或有噪声的情况下，该技术可能难以产生准确的结果。因此，确保高质量的数据采集对于发挥最佳性能至关重要。

（3）计算需求：尽管与某些方法相比，3D 高斯泼溅的计算效率有所提高，但对于特定应用，3D 高斯泼溅可能仍需要大量计算资源，特别是在处理大型或高度精细的场景时。高效计算依旧是一个重要的考虑因素。

（4）集成挑战：尽管与一些基础性技术相比，3D 高斯泼溅与传统 3D 表示能够更无缝地集成，但在将其与特定的现有系统或工作流程进行协调时可能会出现难题，确保兼容性和集成可能需要更多的努力。

（5）动态场景处理：虽然 3D 高斯泼溅擅长处理动态场景，但也无法避免快速运动和照明、高度复杂或极端变化的场景中存在的挑战。在这种动态和充满挑战的环境中，该方法可能无法始终如一地提供所需的结果。

（6）质量控制和真实感：通过 3D 高斯泼溅实现逼真的结果可能需要细致的微调和校准。确保最高水平的真实感可能需要仔细地加以调整和优化，这可能非常耗时。

（7）持续的研究和开发：值得注意的是，3D 高斯泼溅与其他任何技术一样，都需要持续的研究和开发。随着其得到更广泛的采用，3D 高斯泼溅预计会得到改进和优化，因此需要不断努力跟上该领域的最新发展，以确保获得最佳结果。

总之，虽然 3D 高斯泼溅在 3D 建模和渲染领域具备显著的优势，但了解其局限性并通过进一步的研究和开发解决这些局限性是最大限度地发挥这一创新技术潜力的关键一步。

就业务而言，使用包括 NeRF 和 3D 高斯泼溅技术在内的 GenAI，可能会提升的生产力和节省的成本是巨大的。Luma AI 是一家拥有可以生成 NeRF 和 3D 高斯泼溅软件的公司，预计会有更多的公司能够做到生成这些软件。减少创建和 / 或加强所需的时间是最大的好处。减少这些方面，所花费时间使得更多的工作可以集中在其他有需要的领域。而且，根据公司的不同，扩大到数名、数十名、数百名或数千名员工（更不用说可以更快地交付的外包工作），这意味着在生产力方面会有令人难以置信的提高，这在以前似乎只是幻想的。

4.3　3D 视觉信息的益处

3D SR，无论是否创造性地使用 genAI，其提供的视觉信息都有可能使消费者和企业受益匪浅。

3D 视觉信息和元宇宙的出现预示着数字领域真正的范式转变，彻底改变了我们与他人以及周围环境互动的方式。从沉浸式虚拟现实体验到无缝在线互动，这项技术创新改变了人类交流的领域，促进了具有深远影响的互联生态系统的创建。

3D 视觉信息与元宇宙的结合具有影响深远的好处，涉及各个部门和行业，并有可能重新定义我们对沟通、协作和联系的理解。通过突破物理限制的障碍，我们现在能够进入一个充满无限可能性的世界，其中对体验的唯一限制就是我们的想象力。

想一想 3D 视觉信息对教育部门可能产生的影响。学生们局限于单调的二维教科书的日子已经一去不复返了。如今，他们可以通过生动的 3D 方式探索历史遗迹、深入研究错综复杂的生物系统并揭开宇宙的奥秘。想象一下学生们漫步在罗马古老的街道上，目睹罗马斗兽场的宏伟，或者参加关于人体复杂性的互动课程。这不仅通过将上述事宜变为现实来加强他们的学习体验，还营造出一个充满无限好奇心和创造力的环境。

此外，元宇宙还为艺术娱乐产业的发展提供了肥沃的土壤。随着物理世界和数字世界之间的界限越来越模糊，艺术家、音乐家和电影制作人会发现自己拥有一系列新工具，能创造出超越传统媒体限制的沉浸式体验。想象一下虚拟艺术画廊的华丽景象，游客可以在装饰着杰作的大厅中漫步，停下来仔细欣赏梵高画作的精致笔触或莫奈风景画的艳丽优雅。同样，音乐家可以为散布在全球各地的粉丝举办现场音乐会，所有粉丝都聚集在虚拟空间中，与充满活力的艺术旋律相和。

此外，元宇宙还促进了新的商业模式和经济机会的出现。在这个数字化领域，品牌商可以创建体验式展厅，让消费者可以在购买前虚拟地探索产品和服务。想象一下，可以在舒适的客厅走进虚拟汽车展厅并试驾最新的电动汽车。这种身临其境的体验有助于促进客户的参与和提高品牌忠诚度。

元宇宙有潜力将人们聚集在一起，超越地理界限，培养全球社区意识。这个虚拟领域在社交方面为个人提供了以此前难以想象的方式进行联系、协作和分享经验的机会。想象一场虚拟会议，来自地球各个角落的与会者可以聚集在同一个共享空间，交换想法和见解，建立起原本无法实现的联系。与传统的 2D 表示相比，3D 视觉信息具有许多优势，尤其是在教育、娱乐、设计和科学研究等领域。

以下列举了一些 3D 视觉信息的主要优势。

1. 增强空间理解：3D 可视化提供了更准确的对象和环境表示，使用户能够更深入地了解空间关系、尺寸和比例。这一优势在建筑、工程和医学等领域特别实用，在这些领域，能将复杂结构准确地可视化至关重要。

2. 提高参与度和沉浸感：3D 视觉效果可以创造更具吸引力和沉浸感的体验，使其成为电影、视频游戏以及 VR 和 AR 等娱乐产业的理想选择。

3. 改进决策：对于城市规划、建设和产品设计等行业，3D 可视化可以帮助利益相关者更好地了解项目或产品的外观和功能，从而做出更明智的决策。在此情况下，由于开发过程中的错误和更改减少了，从而可以实现形成更好的设计并降低成本。

4. 加强沟通和协作：3D 可视化可以有效地将复杂信息传达给不同的受众，从而让分享想法和协作更为轻松。这对于远程团队特别有利，因为 3D 模型和模拟可以增加人们对项目或产品共同理解的程度，从而将沟通简化并减少误解。

5. 定制和个性化：3D 可视化使用户能够根据自己的喜好定制和个性化对象和环境，从而带来独特的定制体验。尤其在时尚、室内设计和汽车等行业，3D 可视化具有极高的价值，因为这些行业的客户经常会寻求反映其个人品味和偏好的产品。

6. 交互式学习：在教育环境中，3D 视觉信息可以使学习更具吸引力和互动性。通过模拟现实世界的环境和场景，学习者可以更好地理解概念并提高解决问题的能力。这在生物学、化学和物理学等领域尤其重要，这些领域的 3D 模型可以帮助学生将复杂的结构和过程可视化。

7. 提高科学研究的准确性：3D 模型可以帮助研究人员将复杂的结构可视化，如分子和蛋白质，从而更好地了解它们的特性和相互作用。

8. 医疗应用：3D 视觉信息在医学成像中的价值是无价的，使医生能够更准确地检查人体内部结构并诊断病情。

9. 房地产和城市规划：3D 可视化可以帮助利益相关者设想拟议的开发方案或现有结构的变更，从而实现更好的决策和更佳的公众参与。

10. 远程勘探和检查：激光雷达和摄影测量等 3D 成像技术可以对考古遗址、危险环境或大型基础设施等难以到达的区域进行远程勘探和检查。

11. 辅助功能：3D 视觉信息可以使残疾人或学习方式不同的人更容易获取信息。如 3D 模型和模拟可以提供触觉和听觉提示功能，使视障用户能够更好地理解内容并进行交互。

12. 保护和修复：在文化遗产和考古学领域，3D 可视化可以帮助保护和修复历史遗址、文物和纪念碑。通过创建准确的 3D 模型，研究人员和自然资源保护者可以记录、分析和共享有价值的信息，确保我们共同的文化遗产得到保护。

3D 视觉信息为各个行业和应用提供了大量的优势。从改善理解和决策到加强沟通和互动学习效果，3D 可视化正在彻底改变我们感知周围世界以及与周围世界互动的方式。

4.3.1 商业利益

元宇宙中使用的 3D 视觉信息和技术为各个行业和应用提供了大量的优势，能够通过提供新的发展机会、客户参与机会和创新机会多种方式帮助企业更好地发展。

以下列举了企业可以从 3D 视觉信息和技术中受益的一些关键领域。

虚拟店面和陈列室：企业可以创建令人身临其境的 3D 虚拟商店或陈列室，使客户能够在极具吸引力的环境中浏览和购买产品。这可以帮助企业减少与物理位置相关的间接成本，并扩大其全球客户覆盖范围。

营销和广告：元宇宙为企业提供了一个新平台，使企业可以通过沉浸式 3D 广告、植入式广告或赞助活动来展示产品和服务。对于用户而言，这些不但有极大的吸引力，也为企业间提供了一种互动方式。

协作和远程工作：3D 虚拟环境可以为企业提供远程协作的平台，使员工可以在共享虚拟空间中一起工作。这有助于减少差旅费用并改善团队之间的沟通。

员工培训和发展：VR 和 3D 环境可用于模拟真实场景来进行培训。这可以帮助企业为员工提供更有效的实践培训，并减少与传统培训方法相关的成本。

产品设计和原型制作：3D 建模和 VR 工具可以帮助企业在投资物理原型之前在虚拟环境中将产品设计可视化并进行测试。这可以节省产品开发过程中的时间和资源。

客户支持：企业可以利用3D化身和虚拟助理来提供交互式和个性化的客户支持体验，从而提高客户满意度和保留率。

社交和活动：企业可以在元宇宙中举办虚拟会议、贸易展览或社交活动，吸引全球受众并创造新的协作和拓展伙伴关系的机会。

数据可视化和分析：3D数据可视化工具可以帮助企业更好地理解和分析复杂的数据集，从而做出更明智的决策。

娱乐和体验：企业可以为客户创造独特且引人入胜的虚拟体验或游戏，从而产生新的收入来源并提高品牌忠诚度。

知识产权（IP）和数字资产：企业可以通过创建和销售虚拟房地产、游戏内物品或不可替代代币（NFT）等数字资产来利用不断增长的虚拟商品和服务市场。

通过将3D视觉信息和技术以及元宇宙集成到运营中，企业可以适应不断变化的数字环境，并释放增长、创新和客户参与的新机会。

1. 零售和客户服务示例

在零售方面，许多公司从十多年前就开始使用各种技巧和技术创建其产品的3D可视化效果。

具体示例列举如下。

（1）亚马逊结合使用3D建模软件和高质量摄影来创建其产品的3D可视化效果。一直以来该公司在这项技术上投入大量资金，计划将其应用于一系列产品，包括家具、电器和服装。

（2）沃尔玛也一直致力于3D可视化。2018年，沃尔玛收购了一家名为Spatialand的VR初创公司，该公司一直致力于开发创建沉浸式购物体验的工具。沃尔玛仍在持续积极探索使用VR和AR为顾客创造更具吸引力的购物体验的方法。

（3）宜家也一直在利用3D可视化展示其产品。宜家是最早在消费者零售社区中采用3D可视化的公司，该公司在其网站和目录中使用其产品的逼真3D渲染。宜家以向顾客推广AR技术而闻名，并开发了一款名为IKEA Place的3D可视化工具，使客户可以在购买产品前以虚拟方式将家具放置在家中。通过使用AR，该应用程序可以更准确地展示产品的外观和适合于客户生活空间的效果，从而减少退货和不满意的可能性。这种创新的客户支持方法还通过简化决策流程帮助宜家与客户建立更牢固的联系。

（4）Shopify已将3D可视化和AR纳入其平台，允许商家以3D方式展示他们的产品，并使客户能够在家中可视化呈现物品。这种创新方法不仅增强了购物体验，还提高了销售额和客户满意度，为Shopify及其平台商家带来了经济收益。

（5）苹果公司采用3D可视化来改善对其产品提供的客户支持。苹果公司的支持网站提供了其设备的精确3D模型，并附有交互式指南，可引导用户完成常见的故障排除步骤。这些视觉辅助工具使客户可以更轻松地识别和解决问题，从而减少客户对电话或现场支持的需求。

（6）特斯拉拥有一个在线配置器，可为客户提供其所需车辆的精确3D模型，使客户能够在购买前直观地了解各种颜色和功能组合。这种互动工具不仅简化了购车流程，还提供了更加个性化的体验，确保客户对自己的购买决定充满信心。

（7）GE HealthCare这家处于领先地位的医疗设备和服务提供商同样利用3D可视化的力量来改善客户支持。该公司利用其医疗设备的交互式3D模型培训技术人员执行维护和维修程序。通过提供更具吸引力和直观的学习体验，GE Healthcare确保其客户获得尽可能使其满意的支持，最终让患者达到更好的治疗效果。

以上公司正在使用3D可视化为其客户创造更具吸引力和令其身临其境的购物和客户服务体验。通过结合使用3D建模、人工智能、摄影以及VR和AR技术，这些公司能够为客户提供更真实的产品展示，有助于增加销量并减少退货事件发生。

2. **员工培训和发展示例**

3D 可视化越来越多地被用于员工培训和发展方面，因为 3D 可视化与传统培训方法相比具有更多的优势。这些可视化应用提供了一个真实的交互式环境，使学员能够在安全可控的环境中练习技能并应用所学知识。此外，3D 可视化还能提供一定程度的沉浸感，帮助学员更好地记忆信息并获得更有吸引力的体验。

下面列举两个例子。

（1）沃尔玛使用 VR 模拟对员工开展各个方面的培训，包括客户服务、合规性和安全性等方面。比如，沃尔玛使用名为“黑色星期五”的模拟来帮助员工做好准备，以应对一年中最繁忙的购物日期间出现的要应对大量顾客的情况和潜在的安全隐患。这种模拟使员工能够在现实环境中操练技能，使他们为应对实际事件做更好的准备。

（2）波音公司使用 VR 和 AR 模拟来培训飞行员、机械师和其他员工，比如使用名为“维护训练设备”的模拟来教机械师如何修理和维护飞机发动机。该模拟提供了一个真实的环境，使机械师可以在安全且受控的环境中练习技能并学习新技能。

总体而言，3D 可视化为员工培训和发展提供了强大的工具。3D 可视化提供了一个现实且极具吸引力的环境，使学员能够在安全且受控的环境中练习技能并应用所学知识。随着技术的进步，越来越多的公司可能会采用这些可视化来改进他们的培训计划并提高员工绩效。

3. **产品设计和原型制作示例**

用于产品设计和原型制作的 3D 可视化广泛应用于各个行业，因为 3D 可视化对于简化和优化设计流程而言具有众多优势。这些可视化使设计人员能够创建高度真实的产品表示，使设计人员能够在制作物理原型之前识别潜在的设计缺陷、优化功能并提高美观度。

以下列举了一些具体示例。

（1）苹果公司是一家以创新设计和尖端技术而闻名的龙头企业。通过采用 3D 可视化，苹果公司的设计团队可以创建 iPhone、iPad 和 MacBook 等设备的高度精细模型。这使设计人员能够就组件放置、材料使用和整体外形尺寸做出明智的决策。此外，他们可以模拟用户体验，确保其产品不仅具有视觉吸引力，而且便于使用且功能齐全。

（2）宜家在产品设计和开发过程中使用 3D 可视化。这种方法使该公司能够创建家具和家居饰品的逼真图像，然后将其用于营销目的和数字目录中。此外，这些可视化使宜家能够测试各种设计构造和可选择的材料，确保最终产品既具有视觉吸引力又具有成本效益。

（3）特斯拉和福特依靠 3D 可视化来设计车辆。两家公司使用先进的软件，创建高度精确的汽车模型，从而优化空气动力学性能、结构完整性和整体性能。这些模型可用于进行虚拟碰撞测试并模拟不同的驾驶情况，在保证美观的同时，确保车辆满足严格的安全标准。

用于产品设计和原型制作的 3D 可视化是现代工业中的重要工具。这使得苹果、宜家、特斯拉和福特等公司能够创建高度逼真的展示产品，从而优化设计、改进功能并增加美感。通过利用这些可视化，企业可以节省时间和资源，简化设计流程，并最终为客户创造更好的产品。

4. 数据可视化和分析示例

3D 数据可视化和分析是使用 3D 模型和图形将数据可视化并进行分析的过程。这种方法使用户能够以更直观、更具视觉感染力的方式表示复杂数据，从而更容易识别传统 2D 图表和图形中可能不明显的模式、关系和趋势。

为了创建 3D 数据可视化，首先要用机器学习和数据挖掘等高级分析技术处理和分析数据，然后将所得的结果映射到三维模型上，使用户可以在虚拟环境中将数据可视化并与之交互。

3D 数据可视化和分析可用于多个领域，包括工程、建筑、医疗保健和金融等领域。比如，3D数据可视化和分析可用于分析和优化复杂产品或建筑物的设计，探究医疗数据并识别患者健康状态，或分析财务数据并识别异常或趋势。

以下列举了一些具体示例。

（1）空中客车公司使用3D数据可视化和分析来分析和优化飞机的设计和制造流程；通过创建飞机部件的3D模型并模拟操作，从而来确定能减轻重量并提高燃油效率的部件。

（2）Autodesk开发了一种名为BIM 360的3D数据可视化工具，该工具使建筑师、工程师和建筑专业人员能够实时协作开展建筑项目。该工具使用户可以将建筑物的3D模型可视化呈现并实时跟踪项目进度，从而更容易地识别和解决问题，避免问题发展导致损失。

（3）西门子开发了名为Simcenter的3D数据可视化和分析平台，该平台可为航空航天、汽车和能源等多种行业所运用。该平台使工程师和设计师能够使用3D模型和数据分析来模拟和优化其产品的性能，从而有助于降低开发成本并缩短产品上市时间（TTM）。

（4）GE航空航天公司开发了一款3D数据可视化和分析工具，用于优化飞机发动机的维护和修理。通过创建发动机部件的3D模型并分析来自传感器的数据，该工具可以在潜在问题导致故障之前将其识别出来，从而减少维护成本和停机时间。

（5）NVIDIA开发了名为Omniverse的3D数据可视化和分析平台，专为协作虚拟设计和工程而设计。该平台允许多个用户与3D模型实时交互，从而更轻松地协作处理复杂的设计项目并在潜在问题发生之前将其识别出来。

总体而言，3D数据可视化和分析是探究复杂数据集和获得新的认识的强大工具，它有可能彻底改变我们未来理解数据和与数据交互的方式。

有关社交互动、虚拟和现场工作、3D和2D内容的形式与创作以及零售等方面新方式的有用用例详见本书第3部分“消费者和企业使用案例”。

4.3.2 经济效益

融合 3D 可视化、VR、AR 元素的元宇宙近年来发展迅速。虽然提供整个元宇宙市场的准确数据颇有难度，但某些细分市场已显示出巨大的潜力。

举个例子，普华永道的一项研究估计，作为元宇宙经济的一个关键方面，全球虚拟商品市场规模到 2025 年可能达到 672 亿美元。

元宇宙凭借 3D 可视化和技术，可以通过多种方式为国民经济的增长和发展做出贡献。

这些技术可以产生以下一些关键方面的积极影响。

1. 创造就业机会：随着对 3D 和元宇宙相关技术的需求增加，我们将需要熟练的专业人员，如开发人员、设计师、内容创建者和管理人员。这可以创造就业机会和新的职业机会。

2. 促进创新：3D 和元宇宙技术的发展可以促进创新，带来新产品和服务，进而促进国家经济增长。

3. 吸引投资：元宇宙和 3D 技术的发展可以吸引国内外投资，为国家整体经济发展做出贡献。

4. 扩大市场：元宇宙使企业能够接触到全球受众，从而增加本地产品和服务的贸易和出口机会。

5. 提高生产力：3D 技术和虚拟环境可以通过实现更高效的远程工作和协作、降低成本和简化工作流程来提高生产力。

6. 教育和劳动力发展：在教育中使用 3D 和元宇宙技术可以有助于培养技能水平更高的劳动力，从而更好地应对数字时代的挑战。反过来，这可以提高国家的经济竞争力。

7. 基础设施开发：元宇宙的发展需要改进网络基础设施和数据中心，以支持对数据和处理能力不断增长的需求。这可以带动对数字基础设施的投资，从而促进经济发展。

8. 旅游和文化推广：元宇宙可用于宣传国家遗产地和文化景点，有可能吸引更多游客并增加旅游相关活动的收入。

9. 环境可持续性：3D 和元宇宙技术可以通过减少对物理运输的需求、减少碳排放以及促进使用消耗较少自然资源的虚拟商品和服务来促进更有利于环境可持续性的经济。

10. 税收创收：当企业和个人从 3D 和元宇宙相关活动中获得收入时，政府可以征税，用于资助公共服务并促进整体经济增长。

拥有 3D 可视化和技术的元宇宙可以通过促进创新、创造新的就业机会、吸引投资和扩大市场为国民经济提供重大机遇。通过采用这些技术，各国可以提高经济竞争力并提高公民的整体生活质量。

4.4 超互动

超互动是指用户与技术系统之间的参与和交互水平。超互动与允许实时反馈和响应的 VR、AR 和 AI 等先进技术的使用相关。

从技术角度来看，超互动需要创建可实现高度响应性和个性化的用户界面，具有实时消息传递、实时流媒体和实时更新动态内容等功能。这需要复杂的算法和后端系统来处理大量数据并快速响应用户输入。

从本质上讲，超互动是为了创造一种无缝的、令人身临其境的体验，模糊用户和技术之间的界限，从而实现更自然、更直观的交互。因为用户期望从他们使用的产品和服务中获得更加个性化和引人入胜的体验，所以超互动在现代技术中越来越重要。

4.4.1 超互动性的益处

元宇宙是一个广阔的、各元素相互关联的虚拟空间，汇集了各种数字世界和体验，使用户能够实时互动。随着元宇宙成为人类交互和数字创新的新领域，其最引人注目的功能是3D视觉效果的超互动潜能。这种更高水平的参与性有能力彻底改变我们体验和访问虚拟环境的方式，开创沉浸式体验的新时代。

以下列举了一些在元宇宙中将3D视觉效果与超互动结合的主要好处。

1. 用户体验增强：超互动和3D视觉效果的结合可带来更加令人身临其境、更为引人入胜的用户体验。用户可以无缝访问和探索虚拟环境、与数字对象交互并参与虚拟活动。这种程度的互动创造了一种存在感和代理感，这对于成功的元宇宙体验至关重要。

2. 改善协作和沟通：在3D环境中，用户可以使用手势、肢体语言和面部表情进行更有效的沟通，而这在传统2D平台中是不可能的。这促进了协作和社交互动，使用户更容易进行项目合作、分享想法和建立关系。

3. 实时响应：元宇宙依靠实时交互和响应而蓬勃发展。超互动使3D视觉效果能够立即对用户输入做出反应，从而创造流畅、无缝的体验。

4. 可访问性更高：将超互动与3D视觉效果结合，可以使具有不同需求和能力的人能更加容易地访问元宇宙。比如，行动不便的用户可以使用辅助设备或定制化身与环境交互，而有视觉或听觉障碍的用户可以从定制的感官体验中受益。

5. 增加创造力和创新性：超互动和3D视觉效果的结合营造了一个更具活力和创造力的环境。用户可以尝试新的想法、创建独特的内容并探索解决问题的新方法。这可以创造出跨多个行业的创新应用，包括娱乐、教育、医疗保健等行业。

6. 个性化：超互动使用户能够在元宇宙中自定义他们的化身、环境和体验。这种个性化提升了使用3D视觉效果的价值，因为用户可以创建反映他们的偏好和需求的独特、定制化体验。

7. 教育和培训：在元宇宙中使用3D视觉效果和超互动可以创造出创新的教育和培训机会。用户可以在安全的互动环境中练习和学习新技能，从而加快学习速度并提高记忆力。

8. 经济增长和新机遇：随着元宇宙的发展，对超互动 3D 体验的需求将为开发人员、艺术家和企业家创造新的机遇。这可以促进新产业和市场的增加，推动经济发展和创造就业机会。

将超互动与元宇宙中的 3D 视觉效果结合起来，可以打造一个更加令人身临其境、更为引人入胜且易于访问的数字世界。通过激发创造力、促进创新和协作，这种结合有可能释放新的机遇并推动元宇宙生态系统的经济增长。

4.4.2　10 个有益的超互动示例

3D 可视化和技术，以及元宇宙的发展，通过创造以前所未有的方式将人们联系在一起并令人们身临其境的互联体验，极大地增强了超互动。

以下列举 10 个示例来说明这一现象。

1. 游戏行业已经认可了 3D 可视化和 VR 的力量，催生了 *Half life*：*Alyx* 等突破性游戏。在这款游戏中，玩家能够以逼真的方式与物体和环境进行交互，创造出比传统 2D 游戏更加令玩家身临其境且引人入胜的体验。

2. 房地产行业正在利用 3D 技术提供虚拟房产游览服务。潜在买家可以从世界上任何地方探索住宅或商业空间，体验房产，就好像他们亲自在那里一样，从而做出更明智的抉择并增加互动性。

3. 电影和娱乐行业也在利用 3D 可视化为观众创造令其身临其境的体验。比如，在 VR 影院中，观众可以被带入电影世界，感觉自己仿佛成为情节的一部分，并与环境和角色互动。

4. 在建筑和城市规划领域，Autodesk 的 Revit 和 SketchUp 等 3D 可视化工具可用于创建建筑物和城市景观的精细虚拟模型。这使得建筑师和规划师能够更有效地进行协作并做出更明智的决策，因为他们可以在开始建造之前虚拟地浏览他们的设计并与之互动。

5. 博物馆和艺术画廊正在利用 3D 可视化、VR 和 AR 提供虚拟游览服务，使世界各地的人们无须亲自前往现场即可探索展品和艺术品并与之互动。这拓宽了文化和教育行业的机会，同时为游客提供了具有高度互动性的体验。

6. 在体育和健身领域，3D 可视化和元宇宙正在通过 Peloton 和 Supernatural 等平台实现新的交互形式。用户可以进行沉浸式锻炼，接收实时反馈，并在虚拟环境中与其他人联系，从而培养社区意识和动力。

7. 医疗保健行业也受益于通过 3D 可视化技术而增强的交互性。比如，医生可以使用微软的 HoloLens 等工具在手术过程中将数字信息叠加到患者的身体上，从而获得有价值的指导并提高手术的准确性。

8. 在时尚和设计领域，3D 可视化和 AR 等技术可用于构建虚拟时装秀。设计师可以在令人身临其境的环境中展示他们的系列设计，让观众与服装互动，并看到服装在虚拟模特身上的变化和贴合状态。

9. 汽车行业正在利用 3D 可视化创建虚拟展厅，使客户能够在完全交互式的数字环境中探索和定制车辆。这使用户能够做出更明智的决定，这一方式也能够提供比传统销售方法更具吸引力的体验。

10. 观光和旅游业正在将 3D 可视化和 VR 结合起来，提供热门目的地的虚拟旅游服务，为用户提供一种可以在决定旅行之前先去探索新地点并与环境互动的方式。这不仅增加了互动性，还通过减少旅行对环境的影响而促进了更有利于环境可持续性的旅游实践。

以上 10 个示例说明了 3D 可视化及其技术以及元宇宙的发展是如何通过增强超互动和创建更加令人身临其境和更为引人入胜的体验来改变各个行业和我们生活的各个方面的。

4.4.3 超互动的潜在缺点

使用 3D 视觉效果进行互动可以提供令人身临其境且引人入胜的体验，但也有一些潜在的缺点不容忽视。

1. 硬件和软件要求：3D 视觉效果通常需要强大的硬件和最新的软件才

能顺利运行。使用低端设备或过时软件的用户可能会遇到性能问题或完全无法访问内容。

2. 复杂性和学习曲线：与 2D 界面相比，3D 环境可能更复杂且更难访问。用户可能需要时间来适应和学习如何在这些空间中有效地互动，这可能导致使用之初会有挫败感或迷失方向。

3. 晕动病：某些用户在与 3D 视觉效果互动时，尤其是在 VR 或 AR 环境中，可能会出现晕动病症状、感到不适或迷失方向。这可能会限制某些人享受 3D 体验的能力。

4. 开发和制作成本：与 2D 资产相比，创建高质量 3D 视觉效果可能更加耗时且昂贵。对于规模较小的开发商或预算有限的公司来说，这可能是一个障碍，但 GenAI 技术可以很好地消除这一障碍。

5. 辅助功能：对于有视力障碍或在行动方面有困难等的残障人士来说，3D 环境的辅助功能可能较差。设计者必须注意可访问性问题，以确保广泛的用户可以参与进来。

6. 分散注意力和信息超载：在某些情况下，3D 视觉效果可能会过于刺激或会分散注意力，使用户难以专注于手头的事务。如果不仔细管理，复杂性的增加可能会影响用户的体验。

7. 社交孤立：虽然 3D 视觉效果可以实现新形式的沟通和互动，但过度使用可能会导致社交孤立，因为用户可能会优先考虑虚拟环境而不是面对面的互动。

考虑到特定的环境和目标受众，必须在这些潜在的缺点与使用 3D 视觉效果进行互动的好处之间有所权衡。

4.5 总　结

在本章一开始，我们讨论了 3D SR 的各个方面，更详细地介绍了

GenAI，包括它与判别模型的不同之处、生成对抗网络、Transformer 模型、NeRF 和 3D 高斯泼溅是什么，以及 NeRF 和 3D 高斯泼溅当前存在的一些局限性。接下来，我们回顾了 3D 视觉信息的好处有哪些，包括其商业利益、一些具体例子和其经济效益。最后，我们讨论了超互动、3D 可视化和元宇宙之间的内在联系，并通过 10 个示例说明了这种联系及其潜在缺点。

总而言之，本章旨在全面了解 3D SR、其底层技术及其给世界带来的潜在好处和挑战。通过探索超互动、3D 可视化和元宇宙的交叉点，本书希望能够揭示未来的可能性以及这些进步可能对各个行业和我们的日常生活产生的影响。

接下来的第 5 章“了解感知技术”将介绍人工智能、计算机视觉以及跟踪和捕捉技术，这些技术使用户能够感知虚拟或增强环境并与之交互。

第 2 部分　元宇宙关键技术

在第 2 部分中，我们将探讨感知技术、AR 、VR 和不断发展着的元宇宙的基石。这些技术涵盖人工智能和计算机视觉，推动智能交互和对象识别。

元宇宙的发展需要大量的计算技术，包括云计算、边缘计算、分布式计算、去中心化计算，这些在本部分都有涉及。

此外，在元宇宙内协调较旧和不兼容的软件与较新的软件以及较新软件的接口需要应用程序编程接口（API），例如 3D 建模和生成式人工智能在内的软件工具使元宇宙得以丰富的 3D 环境。我们将探索化身创作的演变过程，看一看化身是如何从基本设想变成现实表现的。

最后，我们将分析 AR 和 VR 之间用户体验（UX）设计和用户界面（UI）设计的区别以及它们在元宇宙中的相关性。

本部分包含以下章节：

第 5 章　了解感知技术

感知技术对于实现 AR、VR 和元宇宙至关重要。我们将在本章介绍主要的感知技术有哪些以及它们如何工作，以便您了解元宇宙的能力以及企业如何从中受益。本章涵盖的领域包括人工智能、计算机视觉以及跟踪和捕捉技术。

在本章中，我们将讨论以下主要主题：

1. 元宇宙的主要感知技术有哪些；
2. 这些感知技术如何工作以及为何对元宇宙至关重要；
3. 企业如何直接从这些技术的使用中受益以及受益程度如何。

5.1 人工智能的作用

人工智能（AI）正在从根本上改变元宇宙的发展和潜力。作为一个集成了 VR、AR 和一系列其他交互技术的先进数字生态系统，元宇宙代表了数字交互的演变，超越了我们之前所见过的任何事物。人工智能在这个生态系统中发挥着至关重要的作用，它增强了元宇宙的能力，并为用户提供日益复杂、沉浸式和个性化的体验。

人工智能是驱动元宇宙众多特性和功能的引擎，包括实时交互、用户生成内容、数字经济和多体验界面。从利用 GenAI 模型增强虚拟环境的真实感，到利用自然语言处理（NLP）促进高级用户交互，再到为智能数字助理提供支持，AI 技术对于元宇宙实现愿景和运营至关重要。

借助人工智能的力量，元宇宙可以从一个简单的虚拟空间演变成一个高度交互、智能和自适应的环境。该环境可以理解并响应个人用户，提供个性化体验，甚至可以随着时间的推移而进行学习和适应。无论是在游戏、社交、商业还是工作方面，人工智能都让元宇宙变得更加令人身临其境、更具吸引力和实用性。

人工智能还推动在元宇宙中创造新机会和新的商业模式。通过利用人工智能技术，企业可以更深入地了解用户行为，开发创新产品和服务，并开展更具吸引力和更有效的营销活动。

从本质上讲，人工智能是一项使能技术，使元宇宙成为一个智能、动态和响应灵敏的环境，从而塑造数字体验的未来。

元宇宙依靠各种类型的人工智能以达到有效运作。元宇宙中一些常用的人工智能技术和应用列举如下。

1. NLP：使用 NLP 可以模仿用户和人工智能驱动的实体（如聊天机器人或虚拟助理）之间通过人类语言交互。解释用户输入需要应用各种 NLP 方法，如情感分析、词性标记、标记化和命名实体识别。

2. CV：计算机视觉（CV）技术帮助人工智能系统识别、分析和解释数字环境中的视觉信息；应用包括物体识别、面部识别和手势识别；通常采用卷积神经网络（CNN）和其他深度学习架构。YOLO、Mask R-CNN 和 EfficientNet 等模型在目标检测和识别方面很受欢迎。

3. 空间人工智能：空间人工智能结合计算机视觉、传感器融合和机器学习技术，创建物理空间和物体的真实模拟。该技术可以实现精确的导航、地图绘制以及与虚拟环境的交互。

4. GenAI：GenAI 专注于基于现有数据中发现的规律性和模式信息创建独特且前所未有的数据点，是人工智能技术和系统的一个特定分支。

通过掌握训练集中的底层数据分布，这些模型擅长生成各种结果，包括图像、书面文本、音乐或口头语言。重要的 GenAI 方法包括大语言模型（LLM，如 ChatGPT、GPT-4、Bard 和前面提到的其他方法）、生成对抗网络（GAN）、变分自动编码器（VAE）、基于 Transformer 的架构和其他自回归模型。（除了此处的摘要之外，有关 GenAI 的更多详细信息可以在第 4 章“使用 3D 视觉效果进行交互的价值”中找到。）

5. GAN：GAN 用于为元宇宙生成内容，包括虚拟环境、角色模型和 3D 对象。GAN 在创建新的数字资产（如化身、服装和多样化环境）方面发挥了重要作用。GAN 由一对被称为生成器和鉴别器的神经网络组成，在竞争动态中发挥作用，旨在创建高质量的内容。GAN 模型示例包括 StyleGAN、CycleGAN 和 BigGAN。

6. VAE：在机器学习领域，VAE 是生成模型的一个独特类别。通过利用统计技术综合深度神经网络，VAE 可以破译复杂的数据结构。组成 VAE 的两种主要元素是编码器和解码器，编码器负责将输入数据转换为可能的或隐藏的表示，解码器的任务是使用这种可能的表示重新创建原始数据。VAE 具有构建一致且有序的潜在空间的显著能力，使其能够有效生成新颖、真实的样本。VAE 的机制依赖于将数据似然的下限最大化，这在使数据忠实再现和保持潜在空间中的规律性之间取得了平衡。这些功能使 VAE 适用于各种应用，包括无监督学习、图像生成和异常值检测。

7. 机器学习（ML）：ML 分为 3 种主要类型，即监督学习，其中算法使用标记数据进行训练；无监督学习，其中学习来自未标记的数据；强化学习，需要代理从与环境的交互中学习，通过奖励或惩罚系统提高其决策技能。机器学习是范围更广的人工智能领域中的一个特殊研究领域，由算法和模型组成，为计算机提供“学习”和从数据中推理的能力。机器学习算法的有效性通过名为训练的过程在迭代中得以放大。此过程需要根据输入及其相应输出的示例调整内部参数。通过这种方式，机器可以学习更好地理解模式并做出准确的预测。

8. 深度学习（DL）：DL（ML 的一个子集）利用人工神经网络对数据中的复杂模式进行建模，在元宇宙中发挥着至关重要的作用，为内容生成、图像和语音识别以及语言翻译等各种应用提供支持。

9. 神经网络：人脑中生物神经网络的运行机制和结构是计算神经网络设计的灵感来源。这些网络被制定为互连节点或神经元的集合，跨多层排列，并通过加权连接，擅长处理和传递信息。这些神经网络用于执行复杂的任务，如通过从提供的示例中学习、模式识别和 NLP 进行决策。在训练过程中，通过使用特定算法，如反向传播改变连接权重，神经网络能够自我调整并逐步提高性能。

10. 图神经网络（GNN）：GNN 是一种可以处理图结构数据的神经网络。GNN 在元宇宙中用于创建社交网络模型、了解用户偏好并提出个性化推荐。该领域流行的模型有 GCN、GAT、GraphSAGE 等。

11. 神经渲染：该技术使用深度学习技术来增强计算机图形并创建逼真的环境。神经渲染可以提高元宇宙的视觉质量，减少延迟，优化渲染性能。

12. 强化学习（RL）：人工智能代理能够从环境交互中学习并通过强化学习独立做出决策。在元宇宙中，强化学习被广泛用于管理非玩家角色（NPC）、建立自适应游戏机制以及完善虚拟世界的模拟。近端策略优化（PPO）、Q 学习和深度 Q 网络（DQN）等各种技术通常被用于此目的。

13. 语音识别和合成：人工智能驱动的语音识别系统用于转录和理解口语，从而在元宇宙中实现基于语音的交互。相反，语音合成技术使人工智能代理可以生成类似人类的语音，从而实现更自然的交流。

14. 情绪和情感分析：人工智能技术可以根据用户的文本、语音、面部表情和生物识别数据来检测和分析用户的情绪和情感，帮助创建更加个性化的体验，并允许开发人员设计情绪响应环境。

15. AI 驱动的程序生成：程序生成算法用于在元宇宙中动态创建环境、

对象和事件，从而实现独特和个性化的体验。Perlin 噪声、L 系统和元胞自动机等技术用于地形生成、对象放置和程序化叙事。

16. 多代理系统：多代理系统包含多个人工智能代理，它们相互交互以实现共同目标或互相竞争。在元宇宙中，多智能体系统可实现复杂的模拟、NPC 交互以及协作或竞争的游戏体验。

17. 基于人工智能的动画和模拟：在元宇宙中的虚拟角色和物体之间生成逼真的动画和交互是通过人工智能驱动的算法完成的，如逆向运动学、基于物理的模拟和动作捕捉。这极大地提高了整体沉浸感和可信度。复杂的运动模式可以通过 ML 模型学习和生成，如长短期记忆（LSTM）网络和 VAE。

18. 分布式人工智能系统：鉴于元宇宙规模庞大，可采用分布式人工智能系统来处理计算负载并确保无缝性能。联邦学习和边缘计算等技术用于跨多个设备和服务器训练和部署人工智能模型。

19. 人工智能驱动的内容审核：元宇宙采用人工智能进行内容审核，以确保为用户提供安全、包容的环境。情感分析、文本分类和计算机视觉模型等技术用于检测和过滤不当内容或行为。

20. 基于人工智能的内容管理：人工智能系统可根据用户行为和偏好推荐相关内容、事件或虚拟空间，从而在元宇宙中实现个性化的用户体验。协作过滤和基于内容的过滤是这些任务中的常用技术。

元宇宙正处于一场重大变革的边缘，这场变革很大程度上是由人工智能技术驱动的。这些技术的进步为丰富我们与数字领域的互动带来了巨大的希望。人工智能有望为虚拟环境和化身创造前所未有的真实感，并提高我们在这个数字领域中社交互动的质量。

显然，随着人工智能技术的进步，元宇宙的进化范围几乎是无限的，涵盖从探索未曾探索的虚拟领域到与朋友和相熟的专业人士建立联系或沉浸在数字娱乐的先锋形式中的一切。

不可否认，人工智能在塑造未来元宇宙方面的关键作用不可低估。很明显，当穿行于这个广阔的数字景观时，人工智能将在塑造我们的体验方面发挥重要作用。

本节关于人工智能的其余部分将详细阐述这里提到的一些人工智能技术和应用。

5.1.1 自然语言处理（NLP）

NLP旨在使计算机具备理解和生成人类语言的能力。NLP的目标包括使计算机与人类之间实现像人类之间一样的交互、从书面内容中提取有价值的数据以及促进深度文本分析。

NLP包括以下内容。

1. 语法分析：旨在理解句子的结构，包括以下内容。

（1）标记化：将文本分解为更小的部分，如单词或短语。

（2）词性（POS）标记：确定单词是否是名词、动词、形容词等。

（3）句法分析：研究句子的语法结构。

2. 语义分析：旨在理解句子的含义，包括以下内容。

（1）命名实体识别（NER）：查找文本中的某些内容（如人名或地点）并对其进行分类。

（2）词义消歧（WSD）：根据单词的使用方式找出单词的正确含义。

（3）语义角色学习（SRL）：理解句子中的单词之间的关系。

3. 语用学：旨在上下文中理解语言，包括以下内容。

（1）连贯性解析：将文本中提到同一事物链接在一起。

（2）话语分析：研究文本的结构和连贯性。

4. 文本生成和摘要：旨在创建和压缩文本，包括以下内容。

（1）机器翻译：将文本从一种语言翻译成另一种语言。

（2）文本摘要：创建较长文本的简短摘要。

（3）对话系统：用自然语言与人类进行对话。

为了完成这一切，NLP 使用不同的方法和算法，比如以下几种。

1. 基于规则的方法：这类系统使用由人类创建的规则来处理和分析文本，举例如正则表达式或语法。

2. 统计方法：这类方法使用机器学习和大量数据来构建可以分析和生成文本的模型，举例如 Hidden Markov Models 或 N-gram。

3. 基于神经网络的方法：这类方法使用先进技术（如深度学习）来建模和处理语言，举例如循环神经网络（RNN）或 GPT-4 和 BERT 等模型。

通常，为了获得最佳结果，NLP 应用程序需要混合使用这些方法。源于机器学习、深度学习技术更迭以及大量语言数据的可用性，该领域一直在向前发展。

5.1.2　生成对抗网络（GAN）

为了解释 GAN，这里先从一个简单的类比开始。想象两个角色——一名伪造者和一名侦探。伪造者的目标是制造完美无瑕的赝品，完美到可以冒充真品。与此同时，侦探的任务是辨别真品和赝品。随着伪造者越来越擅长制造令人信服的赝品，侦探也需要提高辨别能力，以将伪造者所制赝品与真品区分开来。随着时间的推移，由于这种敌对关系，使二者都取得了进步。

以下是 GAN 的主要组成部分。

1. 生成器：在处理图像，如处理人脸时，生成器的作用是从任意点（通常被称为“随机噪声”）开始生成新数据。生成器可以比作伪造者；然而，它的技巧不是伪造艺术，而是创造伪造的数据，目的是生成与关注的类型非常相似的数据，如生成显示为可以让人信服的真实面孔的新图像。

2. 鉴别器：与生成器相反，鉴别器的行为很像侦探，负责审查生成器制造的原始真实数据和伪造数据。它的任务是区分真实数据和虚假数据，对遇到的每个数据片段的真实性做出判断。鉴别器的性能是通过其正确识别真假数据的准确性来衡量的。

生成器和鉴别器处于不断的竞争循环中。生成器在生成真实数据方面不断地变得更好，而鉴别器在辨别数据的真假方面也不断地变得更好。这种竞争过程促使二者随着时间的推移不断向前发展。

在每轮训练期间，都会发生以下情况。

1. 生成器创建一批数据，随后鉴别器将其与一批真实数据一起加以评估。接下来，根据鉴别器的评估，生成器和鉴别器都会更新。

2. 上述情况是通过使用一种被称为反向传播的反馈来实现的，该反馈应用于多种类型的机器学习算法中。本质上，反向传播需要调整生成器和鉴别器的内部参数（被称为权重），以使它们更好地完成工作。

3. 对于判别器，我们希望调整其权重，以便更有可能将真实数据分类为真实数据，将虚假数据分为虚假数据。对于生成器，我们希望调整其权重，以便它更有可能创建可被鉴别器分类成的真实数据。

4. 有趣的是，在训练生成器时，我们保持鉴别器的权重固定不变；反之亦然。这是为了确保 GAN 的每个部分都能从其对手的稳定版本中学习。

GAN 面临的挑战

虽然 GAN 无疑很强大，但也面临着相当多的挑战。

（1）模式崩溃：这是指由于生成器发现了一种欺骗鉴别器的漏洞，所以无论输入如何，生成器都会一遍又一遍地产生相同的输出（或非常相似的输出），这限制了生成数据的多样性。

（2）训练不稳定：众所周知，GAN 很难训练。由于生成器和鉴别器不断相互学习，系统可能会变得不稳定，导致结果不佳。

（3）缺乏明确的客观评估指标：与提供明确评估指标的传统机器学习模型不同，由于缺乏具体的衡量成功与否的标准，评估 GAN 的性能可能会产生困难。因为没有普遍认可的客观评估指标，所以想要确定最有效的 GAN 模型通常是很困难的。

GAN 已在众多应用中找到了自己的定位。GAN 可以生成令人信服且复杂的数据形式，如图像、音乐、文本和语音，并展示其多功能能力。GAN 相关应用的一个显著的例子是创建逼真的人脸视觉效果。GAN 所生成的面孔与真实的人脸惊人地相似，尽管这些面孔并不代表任何真实的个体。

5.1.3 机器学习

利用统计分析，机器学习（ML）开发了可以通过处理输入数据来预测输出的算法。随着新数据的不断引入，预测的输出会持续更新。这是机器学习的核心思想，它是人工智能（AI）的一种形式。机器学习使计算机能够通过数据自主学习，而不需要为此进行专门编程。在这一过程中，自动生成分析模型是关键环节。

机器学习有多种类型，包括以下几种。

1. 监督学习：监督学习被认为是最常见的方法，是一种算法通过与训练数据集交互而演变的技术。这一方法类似于学习者在指导下获取知识，从而证明了受监督术语的合理性。采用这种策略，模型可以利用预测与特定输入数据相对应的输出能力。

2. 无监督学习：与监督学习不同，无监督学习不提供标签，模型自行学习输入数据的结构。这一方法可用于聚类（将相似的对象分组在一起）或降维（简化数据，同时保持其有用性）。

3. 强化学习：强化学习是指通过与环境的交互算法逐渐获取知识。这个过程需要算法采取具体行动并仔细评估所产生的结果，可能是有利的，也可能是不利的。随着经验的积累，算法会完善其决策策略，以支持产生最大回报的行动。

机器学习的关键是让计算机具备像人类一样的学习能力。这要求其具备持续的学习和能够自主地完善的能力。这个过程很大程度上依赖于实践经验和对经验数据的分析。因此，随着时间的推移，这些系统能够做出更合理的决策，呼应人类的决策过程。

5.1.4 深度学习

深度学习是机器学习的一个分支，它利用神经网络作为其主要工具。这些网络以多层排列为特征，以简化的方式模仿人脑的运作机制。这些网络中丰富的层催生了深度学习这一术语。

人工神经网络（ANN）、CNN 和 RNN 是这些复杂网络的常见类型。通常被称为神经元互连的节点管理输入数据并将其传输到后续层。这个迭代过程一直持续到生成决策或预测为止。

深度学习的主要目标是开发能够识别数据模式的算法。通过理解数据表示而不是仅仅依赖特定于任务的算法，深度学习提供了一种全面的机器学习方法，使其可以做出合理的判断。

深度学习的一个显著特点是能够从原始输入数据中自动提取特征。相比之下，传统的机器学习通常需要手动进行特征提取。这种从大量数据集中学习的能力提高了深度学习算法的效率。

深度学习在人工智能领域发挥着至关重要的作用，是各种应用和服务的基础，其中包括图像和语音识别、自动驾驶汽车和机器翻译。深度学习在不同领域的广泛潜力体现在其无须人工干预即可完成分析和物理任务的能力。这些自动化方面的进步证明了深度学习技术所带来的进步。

5.1.5 神经网络

相互关联的神经元网络或神经网络保证了稳定的信息流，为数据分析和决策提供了有效的平台。类似于协调良好的生产线，每个神经元在其所属层内充当专门的“员工”，为整体的信息处理做出贡献。

这个复杂系统的运作方式就好似任务沿着生产线传递一样，每个神经元都从其前一层接收输入。然后，对这些输入应用各种心智计算和操作，仔细检查和处理手头的数据。一旦神经元完成分配的任务，就将结果传递给后续层中的下一组员工或神经元。

这种有条不紊的进程与生产线的顺序流程相呼应。随着信息在网络中传输，系统逐渐识别数据中日益复杂的模式。我们可以将这个迭代过程比喻为逐步拼凑拼图游戏，每一步都揭示出更详细、更全面的图像。

通过提取这些复杂的模式，神经网络拓宽了其知识库，随着时间的推移变得更具有洞察力。这一过程类似于通过积累和审查大量信息而获得深刻理解。最终，获得的深刻理解使网络能够根据其开发的复杂的数据表示做出明智的决策。

总之，神经网络通过互连的神经元层促进信息的顺利交换，从而能够从数据中提取复杂的模式。随着网络逐渐对其处理的数据产生更深入的理解，这会提高网络内的决策能力。

对神经网络加以细分，其关键组件列举如下。

1. 神经元：神经元是神经网络的基石，负责接收、处理和传递输入数据。每个输入的相对重要性通过分配的权重来表现。一旦这些加权输入与偏置相结合，神经元就会采用激活函数，激活函数则成为信号是否提前以及提前到何种程度的决定因素。神经网络的基本组成部分是神经元。神经元承担接收输入、执行必要计算以及随后将结果传输给其他神经元的过程。每个输入都标有权重以突出其相关性。在聚合所有这些加权输入和偏置之后，神经元开始运用激活函数。该功能本质上是信号是否在传递以及传递到何种程度的决定因素。

2. 层：神经网络由不同层构成，通过被称为输入层的第一层接收信息来发挥作用。此后，计算和处理主要发生在中间层，通常被称为隐藏层。这个过程的最终结果是产生结果，这些结果可以通过也被称为输出层的最后一层访问。

3. 连接和权重：每个神经元输入的重要性由附加在网络中每个连接上的权重表示。网络的组成由这些连接组成，每个连接用于将特定神经元的输出传递到另一个神经元的输入。

4. 激活函数：神经元的输出由对其输入或一系列输入进行运算的特定

数学函数确定。该函数最终解释输入以生成相应的输出。

5. 训练：在输入数据和预期结果的指导下，神经网络的偏差和权重逐步微调。这通常是通过反向传播结合随机梯度下降或等效的优化策略来实现的。

6. 损失函数：在训练阶段，神经网络的预测通过损失函数进行评估，该函数确定对错误预测的惩罚。这种惩罚在反向传播过程中至关重要，有助于微调权重和偏差。

神经网络的多功能性扩展到语音和图像识别、推荐系统和 NLP 等领域。提升其实用性的一个关键优势是神经网络可通过从错误中学习从而进行自我纠正。

5.1.6 强化学习（RL）

RL 属于 ML 中占据较大范畴的方法。这是一个代理通过与环境交互并做出决策来完善其行为的过程，所有这些都是为了实现某个目标。该智能体的学习受所接收奖励或惩罚形式反馈的指导。

环境、状态、动作和代理是强化学习的 4 个主要元素。环境是主体，即决策者的行动发生的地方。代理可能在环境中所感知自己的情况被称为状态，代理可能选择执行的潜在程序被称为动作。

为了使总体奖励随着时间的推移而最大化，代理的主要目标是制定策略。策略是代理用来确定在不同状态下采取哪些操作的工具。为了实现这一目标，智能体必须在探索和利用之间找到平衡，探索和利用是智能体选择被认为能提供最大奖励的操作，探索和利用是尝试新的行动来了解结果。

学习过程一般包括以下步骤：

1. 代理根据其现有知识和策略采取行动来启动该过程。

2. 环境对行动做出反应，导致过渡到新状态。

3. 接着，代理观察环境的新状态，收集有关所发生变化的信息。

4. 最后，代理使用观察到的结果来更新其知识和策略，并根据从环境中收到的反馈进行调整。

强化学习中有多种算法，每种算法都有其独特的学习最优策略的方法。以下列举几个突出的方法。

1. Q 学习

一种无模型、离策略算法，通过使用贝尔曼方程迭代更新 Q 值来学习最佳动作值函数。

2. DQN

是对 Q 学习的扩展，使用深度神经网络作为函数逼近器来估计动作值函数，使其适用于高维状态空间。

3. 策略梯度

一系列无模型、策略上的算法，通过计算策略参数的梯度来直接优化策略。

4. Actor-critic

一种结合了价值函数估计和策略优化的混合方法，使用两个独立的网络（策略的“actor”和价值估计的“critic”）来学习最优策略。

尽管遇到了各种挑战，强化学习仍在持续取得显著进步。这些挑战包括需要提高学习算法的样本效率、制定先进的探索策略以及强化学习策略以抵御不断变化的环境或对手。尽管如此，强化学习仍然极具前景，其在游戏、机器人、自然语言处理和推荐系统等广泛领域的成功应用就证明了这一点。

5.1.7　语音识别与合成

让我们分解一下这里的两个主要主题：语音识别和语音合成。这两者都大量使用人工智能，尤其是深度学习等机器学习技术。

1. 语音识别

人工智能在语音识别领域发挥着重要作用，也被称为自动语音识别

（ASR）。其主要功能是将口语转换为书面文本。

（1）数据收集：收集大量口语数据（音频文件）及其转录文本。

（2）特征提取：接着通常使用名为傅里叶变换的技术将音频数据转换为数字格式，以从声波中提取特征（特征模式或成分）。这些特征可能包括音调、持续时间和强度。

（3）模型训练：使用收集的数据及其转录文本来训练 ML 模型。最常用的模型是 DL、RNN、LSTM 网络以及最近的 Transformer 模型。这些模型学习预测与给定音频特征相对应的文本。

（4）解码：经过训练的模型此时即可以接受新的口语输入、提取特征并预测相应的文本。解码策略可能会有所不同，从在每个时间步选择最可能的单词到优化整个序列。

（5）改进：迁移学习和主动学习等技术通常分别通过利用相关任务中的知识和迭代地关注难以学习的示例来持续改进模型的性能。

2. **语音合成**

人工智能已成为语音合成领域的关键因素，通常被称为文本转语音（TTS）。其根本目的在于将书面文本转换为口语。

（1）数据收集：与语音识别类似，收集大量口语数据（音频文件）及其转录文本。

（2）文本分析：对输入文本进行分析并将其分解为较小的组成部分，通常是音素（不同的声音单位）；同时还会注明标点符号和单词强调等其他细节，以帮助生成听起来更自然的语音。

（3）模型训练：深度学习是机器学习的一个复杂子集，主要是运用各种模型。这些模型包括但不限于 CNN、RNN、LSTM 和 Transformer 模型，以其有效性而闻名。在一个独特的背景下，机器学习模型旨在从文本的相互作用中有效地导出音频特征。本质上讲，这一目标意味着这些模型被训练达到仅基于文本输入来对音频元素进行预测。

（4）波形生成：接下来使用预测的音频特征来生成口语的声波。此步骤可以通过使用多种方法来实现，包括使用声码器或使用 WaveNet 等模型直接生成波形。

（5）改进：为了促进模型随时间的演变，迁移学习关注并分析类似性质的任务。同时，主动学习策略关注复杂的情况，从而使模型性能稳步提升。总体而言，通过实施从相似任务中学习的迁移学习和处理复杂示例的主动学习两种方法，模型的有效性得以逐渐优化。

（6）值得一提的是，此书所阐述的标准方法并不能统一地应用于每个实例。某些情况可能需要增加额外的步骤或根据具体任务的独特要求进行调整。同时，人工智能（AI）的关键作用不容忽视——它在解读口语与其书面对应之间复杂、非线性的关系方面发挥了重要作用。

5.1.8　情绪和情感分析

检查情绪和情感的过程利用了计算语言学、生物识别、文本挖掘和自然语言处理等工具的强大功能，从而能够深入探索和研究人类情感状态和主观感知。各种资源，包括客户评论、反馈调查、在线和社交媒体内容，甚至与健康相关的文档，通常都会经过这种分析。该技术的适应性使其在许多领域占有一席之地，如客户服务、促销活动和医疗保健领域。

人工智能，尤其是机器学习和深度学习，在情绪和情感分析中发挥着重要作用。

1. NLP：人工智能算法可用于理解文本格式的情绪，如社交媒体帖子、客户评论或任何文本数据。NLP 技术可以提取关键短语和单词，将文本分类为正面、负面或中性，甚至可以理解上下文和讽刺。

2. ML：监督学习模型的一个典型应用可以在情绪预测任务中体现出来。在使用标记了情感的文本数据集进行训练后，这些模型可以有效地预测未标记文本中的情感。这些模型的工作原理是观察文本中的特征，这些特征可以小到单词，也可以大到句子。

3. 除此之外，一些著名的模型被广泛用于此类情感分析任务中，其中包括支持向量机、朴素贝叶斯和决策树等。这些模型通过被广泛地使用和成功应用证明了它们在理解和预测情绪方面的效率。

4. 值得注意的是，所有这些技术都包含在人工智能训练的范畴内。识别和理解文本数据中的情绪和情感的能力体现了人工智能的强大应用。

5. DL：最近，CNN 和 RNN 等 DL 技术，尤其是 BERT 和 GPT 等 Transformer 模型，已被用于情感分析。这些模型可以理解单词的上下文和顺序，使它们在情感分析方面更加准确。

6. 迁移学习：人工智能模型可以在大型数据集上进行预训练，学习一般的语言理解，然后针对较小的特定数据集进行微调以进行情感分析。这使得模型能够利用从大量数据中学到的知识，即使特定的情感分析数据集相对较小。

7. 情感人工智能：这是人工智能的一个特定子领域，致力于识别和解释人类情感信号；使用多种模式，包括文本（如情感分析）、语气、面部表情，甚至生理信号。

根据新闻报道，人工智能技术已经证明了其在预测股市变化方面的价值。这些框架的进一步用途包括审查客户反馈、监控社交媒体情绪和监督品牌声誉，这种适应性使其具有广阔的应用范围。

5.1.9 企业如何受益

元宇宙极有可能彻底改变行业和重塑我们开展业务的方式，已成为人工智能集成的沃土。本小节将重点关注数据分析、客户参与、虚拟劳动力管理和创造新收入流等领域。

1. 元宇宙中人工智能驱动数据分析的力量

通过在元宇宙计划中利用人工智能的力量，企业能够从用户和设备的大量数据中提取数据，以令人赞叹的准确性预测未来的情况。该数据集包含丰富的消费者偏好、行为和互动信息，使企业能够根据深入的洞察制定战略。人工智能算法提供的前瞻能力使企业在预测市场趋势和消费者需求方面具有独特的优势，从而提升其竞争优势和快速、有效响应的能力。

2. 通过人工智能驱动的个性化提高客户参与度

客户的参与对于企业成功至关重要，人工智能技术有潜力彻底改变企业在元宇宙中与客户互动的方式。个性化是此转换的关键方面，因为AI驱动的算法可以分析用户数据以创建适合个人偏好和需求、量身定制的体验。这可以表现为个性化的产品推荐、有针对性的促销活动，甚至是利用VR和AR技术的沉浸式体验。通过提供更具吸引力和定制的体验，企业可以与客户建立更牢固的关系，提升品牌忠诚度并提高收入。

3. 使用人工智能工具管理虚拟劳动力

随着企业越来越多地在元宇宙中运营，企业将需要管理包括人力和人工智能驱动的实体在内的虚拟劳动力。在劳动力管理中使用人工智能可以简化流程、增强协作并提高整体生产力。比如，人工智能驱动的工具可以协助进行任务分配和优先级排序，确保有效部署资源并及时实现目标。此外，人工智能可以促进远程团队之间的沟通和协作，打破障碍并促进创新。通过在虚拟劳动力管理中采用人工智能，企业可以将效率和效益提升到新的水平，从而在元宇宙的竞争格局中蓬勃发展。

4. 通过人工智能生成的内容和服务解锁新的收入来源

元宇宙为企业提供了大量机会，企业可通过开发和提供人工智能生成的内容和服务来创造新的收入来源。虚拟商品、数字艺术和沉浸式体验只是可以使用人工智能创建和从中盈利的产品类型中的几个例子。此外，企业可以提供人工智能驱动的服务，如虚拟个人助理、自动化客户支持和个性化推荐。通过利用人工智能的力量，企业不仅可以创造新的收入来源，还可以使其产品多样化，吸引新的客户群。

5.2 计算机视觉

计算机视觉是系统、方法和算法的集成矩阵，使计算机能够解释、评估和理解视觉或多维数据，在元宇宙的建立和运作中发挥的关键作用是不容置疑的。计算机视觉是使数字世界能够即时感知并与用户互动的重要工具，为创建生动且完全实现的虚拟现实提供了可能。计算机视觉是面部和手势识别、物体和场景重建、AR 叠加和实时头像动画等功能的基础——所有这些都是打造真实且迷人的元宇宙体验的关键元素。

5.2.1 计算机视觉的关键技术

元宇宙中使用的计算机视觉包含以下几个关键方面。

1. 图像和视频处理：计算机视觉依靠先进的图像和视频处理技术来分析、理解和处理来自虚拟世界的视觉信息。过滤、边缘检测、分割和特征提取等技术用于解释环境并实现用户与元宇宙之间的交互。示例包括高斯模糊、边缘检测和图像金字塔。

2. 特征提取：特征提取技术，如尺度不变特征变换（SIFT）、加速鲁棒特征（SURF）以及定向 FAST 和旋转 BRIEF（ORB），被广泛用于辨别和细致地描述图像中的基本特征和视频片段。这些特征在识别对象、随后跟踪这些对象以及理解场景的整体背景方面发挥着至关重要的作用。这个过程对于识别物体和掌握场景设置至关重要。这些特征通常通过使用各种方法来提取，包括但不限于 SIFT、SURF 和 ORB。

3. 对象检测和识别：为了确保元宇宙中的无缝体验，对虚拟环境中不同对象、角色和元素的识别和分类至关重要。包括 CNN、基于区域的 CNN（R-CNN）、单次多框检测器（SSD）和 You Only Look Once（YOLO）在内的多种技术被广泛用于有效地完成此任务。这些技术在识别和分类虚拟环境中存在的各种元素方面发挥着至关重要的作用，以确保元宇宙中流畅和令人身临其境的体验。

4. DL 和 CNN：语义分割和 GAN 等任务通常需要使用 CNN。这些网络，包括池化层、卷积层和全连接层等重要层，为计算机视觉带来了革命性的转变。CNN 的部署带来了准确高效的图像识别、分割和生成方面的显著进步，彻底改变了深度学习领域。

5. 3D 重建和场景理解：创建逼真的虚拟空间在很大程度上依赖于将 2D 图像转换为逼真的 3D 模型的技术。一些重要示例，如运用多视图立体（MVS）、运动推断结构（SfM）和深度感测。这些方法可以由图像和视频生成全面的 3D 表示。

6. AR 和 VR 集成：基于标记和无标记的跟踪、基于特征的跟踪和传感器数据的融合是在将数字内容与物理世界（如 AR 和 VR）融合的计算机视觉应用中实现无缝用户体验所不可或缺的。视觉惯性里程计（VIO）和同步定位与地图绘制（SLAM）是在这些环境中用于跟踪和绘制地图的两种值得注意的技术。这些方法确保数字元素能够与现实世界环境同步，从而实现构建引人入胜的沉浸式虚拟体验。

7. 光流和运动估计：估计视频序列中帧之间的运动可以跟踪、稳定和预测目标运动的过程。相关技术包括 Lucas-Kanade 方法、Horn-Schunck 算法和基于 DL 的方法。

8. 场景理解和语义分割：计算机视觉算法被用于理解和解释环境，以提供上下文感知体验。语义分割技术，如全卷积网络（FCN）、U-Net 和 DeepLab 用于对图像中的每个像素进行分类，从而实现丰富的场景理解和对象交互。

9. 面部识别和情绪检测：为了实现元宇宙中的个性化和交互体验，计算机视觉算法可用于识别用户、检测面部表情并分析情绪，采用主动外观模型（AAM）、Eigenfaces、Fisherfaces、3D 可变形模型（3DMM）和 DeepFace 等技术，以及 FER2013 等情感识别算法。

10. 手势识别和运动跟踪：为了在元宇宙中实现自然的用户交互，可使用计算机视觉算法来识别手势并跟踪运动。通常光流、动态时间规整（DTW）和 LSTM 网络等技术可用于这些任务。

11. 视线估计：了解用户在虚拟环境中注视的位置并预测其视线方向有助于改善用户体验。为此，可采用 3D 凝视估计和瞳孔中心角膜反射（PCCR）等凝视估计技术。2023 年 6 月发布的 Apple Vision Pro 即具有凝视估计功能，但具体技术尚未披露。

12. 姿势估计：估计虚拟环境中 3D 对象或角色的姿势（即位置和方向）对于自然交互至关重要。Procrustes 分析、Perspective-n-Point（PnP）算法和迭代最近点（ICP）方法等技术均用于此目的。人体姿势估计和跟踪方法，如 OpenPose、DensePose 和 AlphaPose，利用深度学习和基于部位的模型来估计 2D 和 3D 人体姿势。

13. 关键点：使用户可以在虚拟环境中自然移动和交互。

14. 机器学习和数据驱动方法：监督学习、无监督学习和强化学习技术用于训练和优化各种任务的计算机视觉模型。支持向量机（SVM）、随机森林（random forests）和 DQN 是以上 3 种学习方法分别对应的示例。

15. 优化和加速：由于元宇宙需要实时处理，因此优化和加速计算机视觉算法的技术至关重要，可以采用 GPU、FPGA 和 ASIC 等硬件加速器以及剪枝、量化和蒸馏等软件优化技术来提高性能。

16. 多代理系统和协作人工智能：在元宇宙中，多个人工智能代理可能需要相互协作和交互。计算机视觉用于使这些智能体能够有效地感知和理解周围环境、进行沟通并协调行动。

计算机视觉技术在创造元宇宙体验方面发挥着至关重要的作用。该技术结合深度学习、3D 重建、对象识别、姿势估计、面部分析和场景理解等技术，创建一个无缝、交互式、沉浸式的虚拟环境，供用户探索和交互。

5.2.2　企业如何受益

将计算机视觉纳入元宇宙可以为企业带来多种好处，例如以下几方面。

1. 产品可视化：企业可以使用计算机视觉创建其产品的 3D 模型，以便客户在元宇宙中进行交互。这不仅可以创造更具吸引力的购物体验，还可以让客户在购买前更好地了解产品。

2. 客户分析：正如企业在实体店中使用计算机视觉来跟踪客户活动和互动一样，在元宇宙中也可以做到这一点。计算机视觉可以帮助企业了解客户如何与其虚拟商店、产品或体验互动，这可以为优化和个性化提供有价值的意见。

3. 虚拟试穿：就时尚和配饰行业的企业而言，计算机视觉可以实现虚拟试穿。顾客在购买前可以虚拟地看到衣服、眼镜、珠宝甚至化妆品的效果。

4. 实时定制：通过计算机视觉，企业可以提供实时定制选项，比如，客户可以更改产品的颜色或功能，并立即看到这些更改后的映像。

5. 提高可访问性：计算机视觉可用于提高元宇宙中的可访问性。比如，该技术可以帮助用户将手语翻译成文本或语音，为视障用户提供描述性音频，或者为行动不便的用户提供更轻松的导航。

6. 互动营销：企业可以创建互动广告，以响应用户的行为，甚至通过计算机视觉确定用户的情绪。

7. 劳动力培训：企业可以利用元宇宙来培训员工，通过计算机视觉实现复制真实场景的虚拟模拟。这可以创建更有效和高效的培训计划。

8. 安全性：就像在物理世界中一样，安全性在元宇宙中至关重要。计算机视觉可用于身份验证、监控虚拟空间中的任何可疑活动，并确保用户遵守社区标准或规则。

通过利用元宇宙中的计算机视觉，企业可以为客户提供更加令人身临其境、个性化和交互式的体验，从而提高客户参与度、满意度，并最终提高销售额。此外，通过计算机视觉收集的数据可以提供有价值的意见，从而推动产品和服务的创新和改进。

5.3 跟踪和捕捉技术

元宇宙，一个数字和物理现实融合的庞大、各元素相互关联的虚拟领域，其扩散在很大程度上归功于跟踪和捕捉技术，其中包括动作捕捉、眼球跟踪和对象跟踪等技术，这些技术对于增强用户沉浸感并在数字领域实现复杂的交互至关重要。

元宇宙致力于提供一种超越传统 2D 界面领域的体验，创造一个用户能够以同物理世界体验一样真实和充满活力的方式参与活动和进行互动的空间。为了达到这种程度的沉浸感和交互性，元宇宙在很大程度上依赖于跟踪和捕捉技术。

这些技术充当着管道的作用，将物理世界中用户的移动和行为转化为元宇宙中的数字对应物。比如，动作捕捉可以记录并以数字方式再现用户的身体动作，从而使用户可以控制化身或与虚拟对象交互。同样，眼球追踪技术可以通过复制用户的凝视和眨眼来提供直观的控制机制并增强化身的真实感。

要在元宇宙中架起物理世界和数字领域之间的桥梁，这在很大程度上依赖于反映人类行为和交互的跟踪和捕捉技术。这些技术作为基础层，创造更自然、直观、逼真的体验，使用户能够沉浸在元宇宙中。元宇宙通过无缝集成这些技术，成为一个真实投射人类存在、互动感觉真正让人身临其境的领域。

如果没有这些技术，元宇宙将失去很大一部分的潜力，无法成为一个充满活力的、沉浸式的数字领域，而仅仅是一个静态的二维界面。从本质上讲，跟踪和捕捉技术构成了沉浸式元宇宙的支柱，将静态的虚拟世界转变为引人入胜的互动的宇宙。

5.3.1　跟踪和捕捉的技术需求

本小节将介绍元宇宙所需的一些关键跟踪和捕捉技术。

1. **动作捕捉（MoCap）**

在元宇宙中，动作捕捉的运用对于捕捉和记录个人或物体的复杂动作至关重要。此过程需要使用各种传感器，如光学传感器、惯性传感器或磁传感器来收集数据。随后，这些数据被用于制作数字角色的动画或操纵元宇宙中的虚拟对象。惯性测量单元（IMU）、基于光学标记的系统和飞行时间相机是 MoCap 领域使用的流行技术。

（1）IMU：这类设备综合利用磁力计、加速度计和陀螺仪来推断对象的位置和运动。通过采用先进的传感器融合方法，如互补滤波器和卡尔曼滤波器对来自不同传感器的数据进行同化处理并最大限度地减少错误。这种方法对于整合和对齐从多个传感器收集的数据至关重要，因为通过这种方式可以提供精确且可靠的姿势和运动评估。

（2）基于光学标记的系统：这类系统使用高速摄像机跟踪放置在主体身体上的反光标记，并使用三角测量计算 3D 坐标，采用直接线性变换（DLT）和捆绑调整（bundle adjustment）算法来实现准确的姿态估计。

（3）飞行时间相机：这种相机利用发出的光从物体反射并返回相机所需的时间来捕捉深度信息，捕捉的深度图可用于重建 3D 模型并估计姿势。

2. **手部和手势跟踪**

跟踪用户手部的运动和手势对于元宇宙中的自然交互至关重要。Ultraleap 和 HaptX 等技术结合使用红外摄像头、计算机视觉算法和机器学习来识别和跟踪手部动作和手势。

（1）CV 算法：CNN 和 RNN 用于检测和识别 2D 图像或深度图中的手势。

（2）点云处理：深度传感器生成点云，然后使用正态分布变换（NDT）、迭代最近点（ICP）和随机样本一致性（RANSAC）等方法对点云进行分析和匹配。

3. 眼球追踪

眼球追踪技术可测量注视点，从而利用眼球运动进行视线估计并与虚拟环境进行交互。该技术增强了沉浸感并实现了注视点渲染，将计算资源集中在用户正在注视的区域。Tobii 和 Pupil Labs 等公司利用红外摄像机和计算机视觉算法提供眼动追踪解决方案。

（1）瞳孔中心角膜反射（PCCR）：红外摄像机和光源用于跟踪瞳孔中心和角膜反射的位置；两点之间的向量用于估计注视方向。

（2）3D 凝视估计：3D 凝视估计使用多个摄像头计算双眼凝视矢量的交集，估计 3D 空间中的凝视点。

4. 面部捕捉

面部捕捉技术记录面部表情和情绪，可用于以动画的方式呈现在数字化身上或驱动元宇宙中虚拟角色的表情。为此，该领域采用了基于标记的面部捕捉、深度相机和摄影测量等技术。苹果的 ARKit 和 FaceID 技术就是面部捕捉系统的示例。

（1）约束局部模型（CLM）和主动外观模型（AAM）：这些统计模型表示面部的形状和外观，用于跟踪 2D 图像中的面部特征和表情。

（2）BlendShape 模型：BlendShape 模型使用一组预定义的面部表情，在这些表情之间进行线性插值，从而创建各种面部动画。

5. 触觉反馈

触觉反馈技术为用户提供触觉，以模拟虚拟环境中的触摸、纹理和力。触觉手套、套装和背心等设备通过使用执行器、传感器和振动电机在元宇宙中模拟触觉。

（1）压电执行器：这类执行器响应所施加的电压而产生力或振动，从而提供精确的触觉反馈。

（2）电活性聚合物（EAP）：EAP 在受到电场刺激时会改变形状或大小，从而能够模拟各种纹理和感觉。

6. 位置追踪

用户在数字空间中的移动通过位置跟踪这一关键方面被详尽地记录下来，这有助于提升用户的存在感和沉浸感。位置跟踪方面采用多种技术来跟踪和绘制用户在虚拟领域内的位置，这些技术包括基于 GPS 的跟踪、视觉惯性里程计（VIO）以及同步定位与地图绘制（SLAM）。

（1）SLAM：SLAM 旗下的 FastSLAM、LSD-SLAM 和 ORB-SLAM 等算法利用来自传感器的数据同时生成环境地图并测量用户在其中的位置。

（2）视觉惯性里程计（VIO）：VIO 结合来自摄像机的视觉数据和来自 IMU 的惯性数据来估计用户的位置和方向。该技术采用多状态约束卡尔曼滤波器（MSCKF）和视觉惯性束调整（VIBA）等算法。

7. 脑机接口（BCI）

BCI 促进用户的神经活动和数字构建的宇宙之间进行亲密的双向对话，从而打造更加深入、更为直观的交互。收集大脑信号传输的复杂任务需要部署功能性近红外光谱（fNIRS）、脑电图（EEG）和脑磁图（MEG）等技术，然后这些信号被解释为元宇宙可理解的命令。

（1）脑电图：脑电图通过将电极放置在头皮上来捕获大脑的电动态；然后通过信号处理方法，如快速傅里叶变换（FFT）、独立分量分析（ICA）和小波变换提取关键数据特征。

（2）ML 算法：ML（有监督和无监督）使用 ANN、SVM 和 DL 等模型将大脑信号区分为不同的认知状态或元宇宙指令。

8. 空间音频

空间音频技术通过模拟现实世界中产生声音的行为方式，在元宇宙中创建逼真的音频环境。该技术采用立体声混响、双耳音频和基于对象的音频渲染等技术为用户提供更加令其身临其境的音频体验。

（1）Ambisonics：这是一种 360° 全景环绕声技术，可在球谐域中对音频进行编码，从而实现灵活的扬声器配置和逼真的声场再现。高阶高保真度立体声响复制（HOA）可提高空间分辨率，从而增强音频体验。

（2）双耳音频：双耳音频通过使用头部相关传递函数（HRTF）来模拟头部、耳朵和躯干的声滤波效果，从而模拟人类感知声音的方式。这种技术在用户使用头显时为用户创造了真实的方向感和空间感。

（3）基于对象的音频渲染：基于对象的音频渲染为音频对象分配描述其位置、大小和其他属性的元数据。杜比全景声和 MPEG-H 3D Audio 等渲染引擎使用此元数据为不同的播放系统和环境自如适应渲染音频。

9. 传感器融合

传感器融合算法结合多个传感器（如加速度计、陀螺仪和磁力计）的数据，为元宇宙提供更准确、更稳健的跟踪解决方案。卡尔曼滤波器和粒子滤波器等技术用于集成不同来源的数据，提高整体跟踪性能。

（1）卡尔曼滤波器：这种递归算法通过将噪声传感器数据与预测模型融合来估计动态系统的状态。由于其计算效率高、鲁棒性强，因此被广泛应用于跟踪和导航系统。

（2）粒子滤波器：这种非参数算法使用一组粒子来表示系统状态的概率分布。这对于非线性和非高斯估计问题特别有帮助，在这些问题中，系统的动态无法通过高斯分布精确建模。

10. 联网和同步

高效的网络技术和同步技术对于确保元宇宙中的无缝体验至关重要。这些技术可以支持用户之间的实时通信和协作，维持不同设备和平台之间的一致性。

（1）网络协议：WebRTC、QUIC、SpatialOS 等协议可实现元宇宙中用户之间的低延迟、实时通信和同步，确保跨设备和平台的体验流畅一致。

（2）分布式系统：Paxos、Raft 共识协议等一致性算法用于使多个服务器或节点之间保持一致的状态，促进元宇宙中的无缝交互和协作。

综上所述，元宇宙中的追踪和捕捉技术依靠先进的技术和算法来提供高度沉浸式和交互性的体验。这些技术使用户能够通过他们的身体动作、手势和表情与虚拟世界进行交互，创造强烈的存在感并促进用户与数字环境之间的无缝交互。

5.3.2　企业如何受益

跟踪和捕捉技术可以为在元宇宙中运营的企业带来大量好处，因为这些技术能够记录和分析用户的移动、交互和行为。这些技术可以通过以下一些方式使企业受益。

1. 用户行为分析：通过跟踪和捕捉用户动作和交互，企业可以更好地了解用户的行为、偏好和习惯。这些数据可用于改进产品设计、增强用户体验并制定更有效的营销策略。

2. 个性化体验：跟踪技术可以帮助企业为用户提供更加个性化的体验。例如，虚拟商店可能会根据当前访问用户的偏好和用户过去的行为来更改商店布局或显示的产品。

3. 性能优化：企业可以使用跟踪和捕捉技术来识别其虚拟环境中的任何问题或瓶颈。企业通过了解用户如何在这些环境中游览和交互，可以做出改进以提高性能和可用性。

4. 安全性和合规性：跟踪和捕捉技术还有助于确保元宇宙的安全性和合规性。企业可以监控用户行为，以检测是否有任何欺诈活动或违反条款和条件的行为出现。

5. 沉浸式营销和广告：企业可以使用跟踪技术来创建沉浸式互动广告。例如，广告可以响应用户的动作或交互，从而创造更具吸引力的体验。

6. 用户测试：企业可以使用跟踪和捕捉技术在元宇宙中进行用户测试。企业通过观察用户如何与新产品、服务或功能交互，可以收集有价值的反馈，并在产品全面发布之前做出必要的改进。

7. AR 和 VR 应用：跟踪和捕促技术对于在元宇宙中创建沉浸式 AR 和 VR 体验至关重要。比如，企业可以提供虚拟游览、培训课程或会议，用户可以在其中以真实的方式与环境以及其他用户进行交互。

8. 实时协作：跟踪和捕捉技术可以促进元宇宙中的实时协作，这对于拥有远程团队的企业尤其有利。用户可以与共享的虚拟物体进行交互，其动作和变化可以被所有参与者实时看到。

通过利用跟踪和捕捉技术，企业可以在元宇宙中提供更具吸引力、个性化和有效的产品和服务，从而提高用户满意度并促进业务成功。

5.4 总 结

感知技术涵盖计算机视觉、物体识别、听觉处理和触觉反馈等多种系统是元宇宙的关键基石。感知技术的重要性是双重的，既增强了用户在这个广阔的数字宇宙中的交互能力，又增强了虚拟环境本身的复杂性。

感知技术使元宇宙能够准确解读用户的行为、动作和意图。通过在数字空间中捕捉和翻译现实世界中的动作、视线、言语和人类的其他复杂行为，感知技术为在元宇宙中实现直观、自然的交互创建了一个渠道。这创造了更强的沉浸感，因为用户能够以类似于物理世界中体验的方式在元宇宙中游览和交互。

同时，感知技术使元宇宙能够动态适应和响应用户输入，提高虚拟环境的丰富性和真实感。无论是通过实时物体检测和AR叠加的空间映射，还是空间音效的听觉处理，这些技术都可以让元宇宙模仿现实世界的复杂性，创造出全面、引人入胜的感官体验。

如果没有感知技术，元宇宙的潜力将大大削弱，使其沦为二维的、有限的数字交互形式。然而，借助这些技术，元宇宙被赋予了生命，提供了一个广阔的、交互式的、沉浸式的数字宇宙——一个新的前沿的世界，在这个前沿世界中，物理世界的限制为想象力和创新的无限可能性让了路。

总而言之，感知技术是元宇宙的感官。这些技术是将静态、死气沉沉的数字空间转变为充满活力、引人入胜、令人身临其境的宇宙的重要因素，它们超越了现实的界限，实现了一种新的人机交互形式，重新定义了我们对数字领域的理解。

在接下来的第 6 章“不同类型的计算技术”中，我们将回顾能够实现逼真视觉效果、物理模拟和人工智能算法，提高用户在元宇宙中的参与度的高计算资源类型。

第 6 章　不同类型的计算技术

最全方位的元宇宙形式将需要比迄今为止我们所见过的任何方法都更强的计算能力。本章将研究即将发挥重要作用的各种类型的计算能力。我们将从云计算开始，详细介绍云计算如何成为保证元宇宙存储能力和处理能力的关键结构。然后，我们将讨论边缘计算在减少延迟、增强用户体验和促进实时参与方面的重要性。接下来，我们将回顾分布式计算在跨多个系统有效分散工作负载以实现最大性能和可扩展性方面的作用。最后，我们将深入探讨去中心化计算的价值，强调其在促进安全、用户驱动和民主的元宇宙方面的重要作用。

在本章中，我们将讨论以下主要主题：

1. 了解元宇宙涉及的主要计算技术类型都有哪些；

2. 从业务和技术角度了解使用一种计算技术相对于另一种计算技术的优势；

3. 了解特定计算技术在电源能力、管理和数据隐私方面的影响。

6.1　云计算

元宇宙的基础是建立在云计算之上的，云计算提供了动态的可扩展性、通用的可访问性和巨大的处理能力。该技术可以创建生动的、交互式的虚拟领域，并且用户可以在任何地点和时间通过任何设备进行访问。通过满足元宇宙广泛的计算需求，云计算为极其真实的数字环境、人工智能驱动的体验和全球同步交互铺平了道路。

云计算是指利用服务器、存储、数据库、网络、软件、分析和智能等基于互联网的资源来提供灵活的资源、促进创新并实现规模经济的计算模型。用户可以在远程服务器上存储和处理数据，远程访问应用程序和服务。

云计算不但正在彻底改变元宇宙中包括游戏、社交媒体、电子商务在内的各个领域，同时也正在改变数字化存在，影响我们的生活、工作和参与方式。

6.1.1　云计算和元宇宙

本小节将详细探讨云计算和元宇宙之间的联系。

1. 基础设施和可扩展性

由于元宇宙固有的特性，其需要强大的计算能力和大量的存储空间。这是一个永远存在且不断变化的宇宙，大量的用户，可能有数百万或数十亿的用户参与实时交互。这种需求的规模超出了传统计算基础设施的能力。云计算具有几乎无限的可扩展性和全球可访问性，为维持元宇宙提供了必要的基础。云计算能够快速分配资源以满足不断增长的需求，并在需求减少期间灵活地缩减规模。

2. 延迟和连接

为了确保用户在元宇宙中获得流畅且迷人的体验，必须以最小的延迟实现快速响应的连接。对云计算基础设施以及边缘计算和 5G 技术等创新的利用在减少延迟和促进数据快速传输方面发挥着至关重要的作用。这些进步对于在元宇宙中实现实时交互和沉浸式体验尤其重要。

3. 实时数据处理和分析

元宇宙会产生大量数据。每次交互、移动和对话都会生成数据，这些数据必须及时加以处理和评估，以便为用户提供流畅且迷人的体验。云计算借助尖端分析和机器学习在实现这一目标方面发挥着关键作用。云计算可以实现即时数据处理，并有助于提取有价值的见解，从而丰富用户的旅程。

4. **人工智能和机器学习**

元宇宙深度利用人工智能（AI）和机器学习（ML）来规划智能景观并进化 AI 实体，使用户活动个性化并分析用户趋势。鉴于构建和引入人工智能模型所需的强大处理能力，这些技术解决方案通常会利用到云计算。

5. **去中心化和区块链**

如今许多云提供商提供区块链即服务（BaaS）为开发和运行区块链应用程序提供了必要的基础设施。这一重大进步可以极大地促进去中心化元宇宙的创建，使用户能够更好地管理自己的数据和虚拟资产。元宇宙去中心化的趋势日益明显，而区块链技术通常被视为实现这一目标的关键工具。

6. **可访问性和普遍性**

云计算在确保元宇宙的持久性方面发挥着至关重要的作用，云计算使元宇宙能够持续发展和存在，无论用户是否主动登录。此外，在云计算的支持下，元宇宙可以在任何连接互联网的设备上轻松使用，无论用户的地理位置如何，元宇宙都可以为用户提供持续的访问性和可用性。

7. **安全和隐私**

云计算提供了强大的安全措施，可以保护数据、应用程序和底层基础设施免受可能的危险。这一点在元宇宙中尤其重要，其中的挑战是保护潜在数十亿用户的交互和共享信息。在这样的背景下，无论如何强调安全和隐私的重要性都不为过。

8. **发展与创新**

为了创造令人身临其境的元宇宙体验，高质量的图形至关重要，并且需要强大的计算能力。这就是云计算发挥作用的地方，云计算是实现元宇宙所需的创新和发展的关键催化剂。此外，云平台为开发人员提供了必要的工具和服务，使开发人员能够快速、高效地创建和部署应用程序。这些平台还提供管理复杂模拟所需的大量计算资源。

如果没有云计算奠定的基础，完全沉浸式、持久性和交互式元宇宙的概念就不可能实现。云计算的可扩展性、可访问性、数据处理能力、安全措施、开发工具和其他功能对于实现这个看似科幻的梦想是不可或缺的。事实上，元宇宙不仅与云计算相关，而且从根本上得到了云计算的支持。

6.1.2　云计算技术概述

云计算可以通过互联网提供按需计算服务，包括服务器、存储、数据库、网络、软件、分析和智能方面的服务。公司无须拥有自己的计算基础设施或数据中心，而是可以从云服务提供商处租用对从应用程序到存储的任何内容的访问权限。

让我们看一下云计算是如何工作的，从技术角度详细解释这一问题。

1. 云计算的组成部分

云计算包含许多不同的组件，熟悉这些组件有助于我们了解系统的工作原理。

（1）客户端：客户端是与云数据存储交互的最终用户设备。客户端可以是“瘦”客户端或“胖”客户端。瘦客户端运行 Web 浏览器并且没有安装任何应用程序，而胖客户端则运行独立的应用程序。

（2）应用程序：云应用程序多种多样，从照片编辑软件到 CRM 和 ERP 等业务应用程序皆有。

（3）平台：平台提供云应用程序运行的运行环境，可能包括操作系统、编程语言执行环境、数据库、Web 服务器等。

（4）基础设施：云应用中的基础设施是运行整个系统的硬件和软件的集合，包括服务器、存储、网络以及使云计算成为可能的虚拟化软件。

（5）服务提供商：服务提供商向用户提供云计算的所有服务。服务提供商确保服务正常运行并负责维护和更新。

2. **云计算服务**

云计算提供各种服务，主要分为三类。

（1）基础设施即服务（IaaS）：IaaS 是云堆栈的基础层，提供对物理机、虚拟机（VM）、虚拟存储等基本资源的访问。云服务提供商管理基础设施，而客户则负责管理其数据、应用程序、运行时、中间件和操作系统。

示例：Amazon Web Services（AWS）、Google Cloud Platform（GCP）和 Microsoft Azure。

（2）平台即服务（PaaS）：PaaS 构建于 IaaS 之上，提供了用于开发、测试和管理应用程序的环境。它抽取了底层基础设施的大部分管理内容，包括操作系统、服务器硬件和网络资源。云服务提供商管理一切，包括中间件、运行时、操作系统、虚拟化、服务器、存储和网络。客户端仅管理应用程序和数据。

示例：Google App Engine、AWS Elastic Beanstalk、Microsoft Azure App Service。

（3）软件即服务（SaaS）：SaaS 是最全面的层，在这一层完整的产品 / 应用程序将作为按需服务提供给用户。服务提供商托管应用程序和数据，最终用户可以在任何地方自由使用该服务。服务提供商管理云服务的各个方面，包括数据、中间件、应用程序、运行时、操作系统、服务器、存储和网络。

示例：Google Apps、Dropbox 和 Salesforce。

3. **部署模型**

云部署模型对给定的云环境进行分类和表征，根据所有权、大小和访问方法等元素来规定给定云环境的定位方式和位置。通过确定这些因素，云部署模型最终塑造了云的功能和性质，提供了对其可访问性和预期用途的详细见解。

以下是三种主要的云计算部署模型。

（1）公共云：公共云由第三方云服务提供商拥有和运营，通过互联网提供计算资源。公共云的示例有 Microsoft Azure 和 Amazon AWS。

（2）私有云：私有云指由单个企业或组织专用的云计算资源。私有云可以位于组织的现场数据中心，也可以由第三方服务提供商托管。

（3）混合云：顾名思义，混合云结合了公共云和私有云，允许它们之间共享数据和应用程序。企业可以获得这两个环境的灵活性和优势，使企业能够随着成本、需求和技术的变化而转移工作负载。

就基础设施设置而言，云计算的工作原理如下所述。

（1）数据中心设施

云计算的支柱是分布在世界各地的数据中心构成的庞大的物理服务器网络。服务器通常采用最新技术进行架构和堆叠，以支持大量数据存储和计算任务。

这些设施包括冗余电源、冷却系统、安全设备和多个网络连接。

（2）虚拟化

云计算中使用的基本技术是虚拟化。云计算利用虚拟化技术来最大限度地利用物理资源。

该技术使您可以创建如服务器、桌面、存储设备、操作系统或网络资源等物理组件的虚拟实例。

虚拟化使用被称为虚拟机管理程序的软件将计算环境与物理硬件分离，使多个虚拟机能够在同一物理机上运行，每个虚拟机都有自己的操作系统和应用程序。

（3）资源池和多租户

当云服务提供商收到服务请求时，该请求将被定向到特定的数据中心。数据中心的服务器运行一个任务分配程序，使用可用资源来满足请求。如果单个服务器不足以处理作业，则可以将任务分布在多个服务器上。

资源在数据中心集中在一起，并根据需要配置给多个客户——这种模型被称为多租户。

尽管这些客户使用共享资源，但每个客户之间在数据和应用程序方面保持安全距离。

（4）自助服务配置

用户最终可以根据需要为几乎任何类型的工作负载启动计算资源。云计算的这种自助服务性质提供了灵活性和快速弹性。

（5）网络连接

数据中心的服务器通过网络进行互连（通常通过高速内部连接），这些服务器通过互联网连接最终用户。数据加密用于公共网络安全传输。

（6）服务编排

云服务提供商使用编排系统来自动化管理、协调和组织复杂的服务和微服务。这种编排通常是通过使用与软件定义网络、服务器和存储交互的应用程序编程接口（API）来实现的。

（7）可扩展性和弹性

云计算具有灵活的可扩展性和弹性，这意味着云计算可以根据需求调整服务。用户可以根据需求扩展或缩减服务，并且只需为他们使用的资源付费。如果应用程序因用户流量或计算活动激增而需要更多资源，云应用程序可以自动访问更多资源。

这可以通过两种方式实现：垂直扩展（向现有机器添加更多功能）或水平扩展（向网络添加更多机器）。

（8）负载均衡

云服务使用负载均衡器在多个服务器之间分配网络或应用程序流量，从而提高应用程序的可用性和可靠性。

负载均衡方法可以基于各种算法，如循环法、最少连接等。

（9）容错和灾难恢复

容错是一种属性，它使系统在某些组件发生故障时仍能够继续正常运行。

灾难恢复是一组策略和程序，其使重要技术基础设施和系统能够按照自然或人为灾难的情况恢复或继续运行。

在云计算中，容错和灾难恢复往往是通过冗余系统和跨多个地点的数据复制来实现的。

（10）服务的计费和计量

云服务提供商实时监视、控制和报告资源使用情况，以提供透明度和计费信息。

云提供商通常使用即用即付模式，如果管理员不适应云定价模式，可能会导致意外的运营费用。

6.2　边缘计算

边缘计算是一种分布式计算模型，可助力实现实时、沉浸式体验，在元宇宙的实现中发挥着至关重要的作用。边缘计算的关键功能是在网络“边缘”执行处理任务，网络“边缘”可能包括本地计算机、物联网设备或靠近数据源的边缘服务器任务。这种方法的主要优点是，当数据处理更接近数据源时，在用户设备和云之间传输大量数据的需要便减少了。

在元宇宙的背景下，这一点非常重要，因为这一过程涉及大量数据处理以创建令人身临其境的实时交互。此类交互方式贯穿众多数据密集型应用，包括 AI 驱动的虚拟交互、实时游戏、VR、AR、3D 视频等。

这种情况下的一个重要问题是在集中式云中处理数据时可能出现潜在延迟。这些问题可能会破坏元宇宙的实时和沉浸式环境。然而，边缘计算可以通过本地数据处理来提高性能并减轻网络基础设施的负载，从而可以抵消这一问题。

6.2.1　边缘计算增强功能

随着元宇宙的发展，边缘计算的结合对于优化元宇宙的实时功能至关重要，其增强了云计算基础设施提供的基础支持。与传统云计算相比，边缘计算通过以下特定方式增强了您体验元宇宙的方式。

1. 减少延迟

（1）边缘计算有助于使数据处理接近数据源头，从而大大减少延迟。

（2）此功能的重要性在元宇宙中得到了显著增强，预计在元宇宙中可以在游戏、社交通信和 VR 场景中实现即时参与。

（3）延迟减少可保证无缝、无延迟的用户体验，这是元宇宙中即时游戏、直播或虚拟表演等用例的关键要求。

2. 数据本地化和隐私保护

（1）通过数据处理可以在数据的来源地附近或精准位置进行边缘计算，从而实现数据本地化。

（2）处理本地数据的能力是边缘计算的独特特征，这减少了网络上数据传输工作，从而有可能加强隐私和安全措施——考虑与元宇宙活动相关的数据存在个人性和敏感性问题，隐私和安全问题会是一个重要考虑因素。

（3）因为数据通常位于同一管辖范围内，所以遵守数据保护法也变得更加简单。

3. 带宽效率

（1）边缘计算能够处理靠近源头的大量数据，从而降低与云之间传输数据的必要性。

（2）这种方法大大减少了带宽消耗和相关费用，这对于元宇宙中的 VR 或 3D 设置等高带宽应用尤其重要。

（3）该方法有助于提升元宇宙平台的综合性能，为用户提供卓越的视觉质量和交互体验。

4. 可扩展性和灵活性

（1）边缘计算的可扩展性得到增强，因为新节点可以轻松集成到网络中以满足更多用户或计算内容的需求。

（2）这种可扩展性简化了对不断扩大的用户群和元宇宙内日益增长的

交互需求的处理。

（3）通过将特定的计算任务分配给边缘节点，边缘计算提高了系统的灵活性，从而释放了中央资源以用于其他操作。

5. 弹性和可靠性

（1）通过生成没有单点漏洞的去中心化网络，边缘计算增强了元宇宙平台的稳健性。

（2）如果单个节点崩溃，备份节点可维持不间断用户体验。

（3）由于边缘计算使数据处理更接近用户，因此降低了集中式云系统中可能发生的重大中断的可能性。

6. 实时分析和人工智能

（1）元宇宙将利用实时分析、人工智能和机器学习来大量预测用户行为、定制内容和即时决策等。

（2）边缘计算的应用使这些过程能够在原点附近发生，从而提供更快的洞察和响应，这是元宇宙中实时应用程序的关键要求。

6.2.2　边缘计算技术概述

边缘计算是一种分布式计算范式，旨在使数据存储和计算更接近需要的设备或数据源，从而缩短响应时间并节省带宽。边缘计算分散了数据处理和分析，减少了与中央数据中心或云进行长距离通信的需要。因为减少了传输过程中数据拦截的机会，所以这种方法对于低延迟至关重要，对于关注数据隐私和安全的情况也十分有帮助。

1. 涉及设备

（1）边缘计算可以涉及各种设备，如传感器、物联网设备、移动电话、笔记本电脑、边缘服务器等。

（2）Apple Vision Pro 是一款使用边缘计算的新设备。

（3）这些设备生成可能需要快速处理的数据，而不会出现将数据发送到远程服务器或数据中心时可能出现的延迟。

（4）在边缘计算中，大量处理发生在边缘设备本身或本地边缘服务器上。

2. 数据生成和预处理

（1）数据由各种来源产生，如传感器、设备上的用户或在自动化系统运行期间。

（2）对于许多应用程序，由于数据量大以及传输所需成本或时间问题，将所有原始数据发送回中央服务器是不切实际的。

（3）因此，边缘设备通常会对数据进行预处理、过滤和汇总，然后再将其发送至数据处理链的下一步。

3. 边缘数据处理

（1）边缘计算通常涉及实时或近实时处理，将数据放在网络边缘进行处理，而不是发送回集中式服务器或云。

（2）边缘计算节点（无论是边缘设备本身还是边缘服务器）执行更深入的数据处理。

（3）这种近源处理减少了对带宽的需求，并减少了获得结果所需的时间（延迟），这对于时间关键型应用程序至关重要。

（4）此处理的具体情况因应用程序而异，但可能包括趋势检测、事件关联、异常检测、ML 甚至预测分析等任务。

（5）该数据处理的结果可用于做出决策、通知用户或控制其他设备。

4. 基础设施

（1）边缘基础设施通常由包含计算和存储功能的边缘节点组成，类似于传统数据中心，但规模较小。

（2）这些边缘节点可以是为特定地理区域或应用程序提供服务的独立边缘设备、边缘服务器或微型数据中心。

（3）每个边缘节点通常自主运行，但可以与其他边缘节点或中央服务器连接以执行协调、备份或附加处理功能。

5. 通信和网络

（1）边缘计算中的通信协议旨在为边缘设备、边缘节点和中央服务器之间提供稳健、低延迟的通信。

（2）边缘计算中使用的具体协议取决于应用，但可能包括工业通信协议（如 Modbus 和 DNP3）、物联网协议（如 MQTT 和 CoAP）或更通用的网络协议（如 TCP/IP）。

（3）边缘网络还可以包括网络切片（为特定应用创建虚拟网络）、多接入边缘计算（集成无线和有线网络）和软件定义网络（用于灵活的网络管理）等功能。

6.3　分布式计算

分布式计算的实现是一个利用多台联网计算机的综合处理能力的概念，该计算技术在元宇宙的成功运营和管理中发挥着不可或缺的作用。该技术提供了一种比单台计算机更有效利用巨大处理能力的方法，特别是对于大规模任务。

元宇宙巨大的计算需求背后的原因在于其复杂性，其中包括高分辨率视觉效果、实时用户交互和不断发展的虚拟景观等元素。分布式计算将这些复杂的任务分配给多台计算机，然后将结果汇总在一起，从而提高元宇宙的效率和性能。

如果没有分布式计算能力来应对元宇宙复杂、不断变化和实时的特性，元宇宙的平稳运行几乎是不可能实现的。因此，得益于多台机器的组合处理能力，元宇宙可以提供引人入胜且无缝的用户体验。让我们探讨分布式计算的基础知识、如何在元宇宙中使用分布式计算，以及分布式计算在确保元宇宙有效运作方面的关键作用。

分布式计算至关重要的主要原因有以下几点。

1. 可扩展性：通过将任务分配给多个系统，分布式计算增强了容纳大量用户和管理大量计算工作负载的能力。这种计算方法可能会支持元宇宙同时为数十亿人提供服务共享空间的运行。

2. 实时交互：支持用户之间以及用户与环境之间的实时交互将是元宇宙的任务要求。分布式计算使您可以在多个系统之间共享处理负载，从而减少延迟并实现实时响应。

3. 容错和冗余：在单个组件出现故障的情况下，由于分布式系统提供了增强的可靠性和可用性，元宇宙仍然可以被访问并正常运行。这是因为当一台服务器或系统发生故障时，其他服务器或系统能够接管控制权。

4. 数据管理：分布式计算有助于高效管理、存储和处理元宇宙生成的大量数据，包括用户活动、AI 交互和环境变化相关数据。

5. 虚拟现实渲染：VR 是元宇宙的关键组成部分，渲染 VR 环境需要大量的计算能力。分布式计算可以处理计算负载，应对更复杂和详细的环境。

6. 全球可访问性：这是一个全球性的概念，因此用户将从不同的地理位置访问元宇宙。为了增强用户体验并减少延迟，分布式计算架构可以确保数据和处理能力位于用户附近。

7. 安全和隐私：通过在众多系统上传播数据并对其进行处理，分布式计算使恶意行为者更难破坏单个系统及获取大量数据。因此，分布式计算可以潜在地增强私密和安全性。

6.3.1 分布式计算技术

分布式系统通过网络和分布式中间件连接的自治计算机的集合，使得计算机能够协调其活动并共享资源。该系统旨在解决由于其规模、计算需求或并发处理和高可用性要求而无法由单台计算机解决的问题。这种系统的工作原理是，通过将大型任务分割成许多较小的任务，然后在不同的机器上同时执行更快、更高效地完成这些任务。

1. 分布式系统原理

（1）透明度：这表示系统不应该向用户隐藏它是分布式系统的事实，包括访问、位置、迁移、重定位、复制、并发和故障等方面。

（2）开放性：系统应能够根据不同的协议和接口灵活配置和扩展。

（3）可扩展性：如果系统能够处理越来越多的任务，或者系统在添加内存、存储或处理器等硬件资源后性能得到提高，则该系统是可扩展的。

2. 分布式系统的组件

（1）节点：系统内的各个计算机被称为节点，这些可以是个人计算机、数据中心服务器或超级计算机。

（2）网络：即计算机通过网络互连，可以是局域网（LAN）或广域网（WAN），如互联网。

（3）中间件：这是软件层，它提供了编程抽象，还掩盖了底层网络、硬件、操作系统和编程语言的异构性。

3. 分布式计算模型

（1）客户端－服务器：客户端发送请求，服务器响应该请求，这是最常见的模型。

（2）点对点（P2P）：每个节点都有同等的职责和通信能力，最常见的例子是区块链技术。

（3）主从：一个节点（主节点）在其他节点（从节点）之间分配任务。

4. 进程通信

（1）分布式系统中的节点必须相互通信以协调它们的操作。

（2）通过网络交换消息进行通信，消息可以通过直接系统传到系统通信或通过共享的公共区域进行通信（消息队列）。

（3）有两种主要的通信方法：同步（阻塞），其中进程等待调用完成并返回控制；异步（非阻塞），其中进程不等待调用完成并继续执行其他任务。

5. **容错能力**

（1）容错能力是指系统即使在出现硬件或软件故障的情况下也能继续执行正常运行的能力。

（2）容错能力可以通过冗余来实现，其中每个关键组件都有一个备份文件。如果主要组件出现故障，系统将切换到备用组件。

（3）其他策略包括错误恢复（系统检测错误、纠正错误并继续操作）和故障屏蔽（系统向用户隐藏故障的影响）。

6. **分布式算法**

（1）分布式算法被设计为在多个处理器上运行，无须严格地集中控制。

（2）分布式算法需要非常高效进行通信以防止网络过载，并且需要处理单个节点的故障。

（3）分布式算法的示例包括分布式排序算法、图算法和一致性算法。

7. **分布式数据库和分布式文件系统**

（1）分布式数据库是指存储设备不连接公共处理器而是分散在网络的数据库上。

（2）类似地，分布式文件系统允许文件存储在网络上的多个节点上，但对用户来说这些文件就像位于本地磁盘上一样。

（3）分布式数据库和文件系统的主要优点是具有可靠性（通过冗余）、可用性和高性能。

8. **分布式系统中的安全性**

（1）分布式系统需要确保机密性、完整性和可用性。

（2）SSL/TLS 等安全协议通常用于加密节点之间的通信。

（3）数字签名、公钥基础设施（PKI）和 Kerberos 等身份验证机制用于验证系统中节点的身份。

9. **分布式计算的挑战**

（1）并发性：多个节点必须能够无冲突地处理同一任务。

（2）延迟：通过网络发送信息时总会存在延迟。网络负载越大，延迟越大。

（3）数据一致性：当数据跨节点复制时，保持所有副本最新是一项挑战。

（4）硬件或软件异构性：不同节点可能具有不同的硬件和软件，这使得对分布式系统的开发和维护具有挑战性。

（5）可扩展性：随着系统的发展，资源可能会被过度使用，从而导致瓶颈和性能下降。

10. 分布式计算技术和方法

（1）负载平衡：负载平衡是在多个服务器之间分配网络流量的过程，以确保没有单个服务器承担过多的需求。这可以提高应用程序的响应能力和可用性。

（2）缓存：缓存涉及将数据副本临时存储在靠近应用程序的高速介质（如 RAM）中，以减少数据访问时间。分布式缓存可用于跨多个节点存储数据，以提高容错性和可用性。

（3）分片：分片是一种将数据划分为更小、更快、更容易管理的部分（被称为分片）的技术。分片有助于数据库或搜索引擎中对数据的水平分区。每个分片都保存在单独的数据库服务器实例上，这可以分散负载，从而提高大型系统的性能。

11. 并行处理和并发

（1）并行处理：并行处理涉及在两个或更多处理器上执行程序的多个部分，以更快地执行程序。某些类型的任务，如数学问题和人工智能训练过程，可以被分为多个较小的任务并同时处理。

（2）并发性：并发性是系统多个进程同时执行并可能相互交互的属性。并发控制在分布式系统中对于防止冲突并确保数据一致性至关重要。

12. 分布式哈希表（DHT）

（1）DHT 是一类去中心化分布式系统，提供类似于哈希表的查找服务，任何参与节点都可以检索与给定键关联的值。

（2）DHT 的特点是其可扩展性的潜力以及处理流失（参与者集合的持

续变化）的能力十分突出。

13. **分布式数据结构**

列表、队列、数组等数据结构概念可以扩展到分布式数据结构，数据则存储在分布式系统中。无论实际的物理存储和分布如何，系统都提供一致且统一的视图和操作。

14. **分布式系统中的虚拟化**

（1）虚拟化是创建某些事物的虚拟（而非实际）版本的技术，如操作系统、服务器、存储设备或网络资源的虚拟化。

（2）分布式系统允许多个应用程序在同一物理主机上同时运行，还可以使系统更加高效、敏捷，并通过整合资源来降低成本。

15. **分布式系统中的共识算法**

（1）共识算法是计算机科学中的一个过程，用于在分布式系统之间就单个数据值达成一致。最著名的例子是 Paxos 和 Raft 算法。

（2）共识算法在许多分布式系统（如区块链和数据库）中至关重要，可以就数据值达成一致并确保数据在所有节点上保持一致。

16. **分布式系统中的安全性**

（1）分布式系统需要确保机密性、完整性和可用性。

（2）SSL/TLS 等安全协议通常用于加密节点之间的通信。

（3）分布式系统使用数字签名、PKI 和 Kerberos 等身份验证机制来验证系统中节点的身份。

17. **分布式系统中的同步**

（1）同步可确保并发进程按正确的顺序运行以正常工作。最常见的同步工具是锁、信号量和监视器。

（2）在分布式环境中，时钟同步也是一个重要问题，因为它有助于避免影响事件计时的问题发生。

18. **分布式操作系统**

（1）分布式操作系统是对网络操作系统的扩展，支持网络上的机器进行更高级别的通信和集成。

（2）分布式操作系统示例包括 Amoeba、Plan9 和 LOCUS。这些系统能够共享资源，在功能上具有灵活性，可为用户提供单一且集成的相干网络。

19. 分布式系统中的微服务架构

（1）微服务是一种架构风格，将应用程序构建为高度可维护和可测试、松散耦合、可独立部署并围绕业务功能进行组织的服务集合。

（2）微服务方法是继 DevOps 引入之后面向服务架构（SOA）的第一个实现方式。由于云计算的出现，微服务变得越来越流行。

20. 无服务器计算

（1）无服务器计算是一种云计算执行模型，由云提供商动态管理服务器的分配和配置。

（2）在分布式系统中，无服务器计算可以简化将代码部署到生产中的过程。扩展、容量规划和维护操作可能隐藏开发人员或运营商。AWS Lambda 是无服务器计算的一个示例。

21. 分布式系统的未来

（1）随着物联网、5G、边缘计算和人工智能的兴起，连接到互联网的设备数量和生成的数据量快速增长，这增加了对高效分布式系统的需求。

（2）未来将出现更复杂的分布式系统，这些系统将具有更高的自动化水平、改进的容错机制和先进的数据分析功能。

6.4　去中心化计算

跨多个节点的分布式控制是去中心化计算的一个特征，这是使它与依赖于单个控制点的集中式系统有所区别的因素。这种形式的计算不仅通过消除潜在的单点故障来提高系统的生产力，而且还可以提高弹性、透明度和系统性能。

在元宇宙的背景下，去中心化计算有助于管理核心运营，其中包括验证资产所有权、支持用户交互和监督交易。通过引入区块链和类似的去中心化技术，这些功能得到了强化，推动元宇宙走向更倾向于自治和以用户为导向的未来。

本节将更深入地探讨去中心化计算在元宇宙中的运作方式。我们的讨论重点是这项技术的重要性、去中心化计算的各种应用以及去中心化计算影响虚拟世界未来轨迹的能力。去中心化计算在元宇宙的发展和运营中发挥的作用不可低估，它是使分布式网络在元宇宙系统中无缝运行的关键技术元素。

6.4.1 去中心化计算的主要优点

1. 增强弹性：去中心化计算减少了对单个中央机构或服务器的依赖，将数据和处理能力分布到多个节点。由于一个节点故障不会导致系统完全崩溃，使得系统更加稳定，并且能够抵抗故障或抵御攻击。

2. 增强安全性：因为集中式系统的单点故障可能会危及整个网络，这种系统更容易受到网络攻击和发生数据泄露。去中心化计算通过分散数据并在多个节点上处理数据来降低这种风险，从而使恶意行为者更难瞄准和渗透系统。

3. 提高可扩展性：因为去中心化计算可以利用多个节点的资源，该技术不仅可以更轻松地扩展系统，还可以将新节点添加到网络中以提高处理能力和存储容量，从而使系统能够处理不断增长的需求，而不会出现重大中断或瓶颈。

4. 增强隐私性：去中心化可以通过减少对可能访问敏感数据的可信中介机构或中央机构的需求来增强隐私性。区块链等分布式账本技术提供了一种去中心化的数据管理方法，可确保透明度和不变性，同时保护用户隐私。

5. 赋予个人权力：去中心化计算可以赋予个人权力，让他们更好地控制自己的数据和数字身份。用户可以直接拥有并控制自己的个人信息，从而减少对中心化平台的依赖，这些平台可能未经用户明确同意而收集用户数据并利用这些数据赚钱。

6. 地理独立性：去中心化计算使用户能够在世界任何地方访问网络并为网络做出贡献，消除了地理限制，并允许全球协作和参与，促进创新，提升包容性。

7. 降低成本：通过利用现有资源并避免对昂贵的集中式系统的需求，去中心化计算可以潜在地降低基础设施和运营成本。它支持资源共享，能更有效地利用计算能力、存储和带宽。

8. 开放性和透明度：去中心化系统通常建立在开放协议和标准之上，能提高透明度和互操作性。这种开放性允许点对点交互，可以促进在现有去中心化网络之上构建的去中心化应用程序（DApp）的开发。

6.4.2　去中心化计算技术概述

与所有资源、控制和决策过程都集中在一个点的集中式系统相反，去中心化系统将这些元素分布在多个节点上，这可以实现更大的弹性、潜在的冗余和更多的本地决策权。

P2P 系统通常是分散的，没有中央服务器。网络中的每个节点（或“对等点”）都可以充当服务器和客户端，提供和消耗资源。这与传统的客户端 - 服务器模型形成鲜明对比。在传统的客户端 - 服务器模型中，服务器提供客户端消耗的资源。

网络的物理或逻辑结构，通常被称为拓扑，是去中心化计算的基本考虑因素。网状、环形或星形等拓扑各有其独特的特点，可以实现不同程度的去中心化。

1. 更深入的技术探索

（1）去中心化数据存储：在去中心化系统中，数据通常分布存储在多个节点上。每个节点可能存储所有数据（全复制）、部分数据（分区）或两者的组合（分片）。其中，“两者的组合（分片）”是指将数据在去中心化系统中以分片的方式存储，而分片又结合了全复制和分区的特点。数据冗余能够提供容错能力并提高访问速度。

（2）一致性模型：确保去中心化系统中数据的一致性具有挑战性。去中心化系统使用最终一致性、强一致性或因果一致性等各种模型，每个模型都在一致性、可用性和分区容错性之间进行权衡，如 CAP 定理所述。

（3）同步和协调：确保去中心化系统中所有节点协调工作的协议至关重要，包括一些常用的协议，如 Paxos、Raft 和 Zab，这些协议有助于系统中所有节点在网络中达成共识，这是去中心化系统中的一个基本问题。

（4）通信协议：去中心化系统使用不同类型的协议进行点对点通信，如 TCP/IP、UDP 或基于这些协议构建的协议，像是用于文件共享的 BitTorrent 或用于去中心化账本更新的区块链协议。

2. 安全与信任

（1）去中心化身份系统：这类系统提供了以去中心化方式验证用户或节点身份的方法，通常使用加密技术。去中心化公钥基础设施（DPKI）和基于区块链的系统就是例子。

（2）信任和声誉系统：在去中心化环境中，系统需要评估其中各节点的可信度。声誉系统可以使用评级、反馈甚至经济激励来创建信任网络。

（3）安全和密码学：鉴于其开放和去中心化的性质，去中心化系统通常利用密码学来保护通信、确保数据完整性和验证身份。非对称加密、散列算法和数字签名是常见方法。

3. 应用和实施

（1）区块链和加密货币：区块链也许是去中心化计算最著名的实现方式，它提供了安全、透明且不易修改的去中心化账本。比特币等加密货币就使用了这种技术。

（2）去中心化文件系统：星际文件系统（IPFS）或 Storj 等系统提供去中心化存储，允许同时从多个位置存储和检索文件。

（3）去中心化计算平台：以太坊等平台通过智能合约扩展了区块链概念，允许在去中心化网络上构建和运行去中心化应用程序（dApp）。

（4）去中心化人工智能和机器学习：人工智能模型可以在去中心化网络上进行训练和运行，从而增强隐私性并有可能利用整个网络中未开发的资源。

4. 挑战和正在进行的研究

（1）可扩展性：随着去中心化系统中节点数量的增加，用于维护同步和共识的开销也会增加，从而导致可扩展性方面出现难题。如区块链中的分片等各种解决方案正在研究和实施中。

（2）隐私：尽管去中心化计算具有增强隐私性的潜力，但它也带来了挑战。比如，在公共区块链中，所有交易对所有参与者都是可见的。然而，基于零知识证明（ZKP）的隐私解决方案现在更为常见地包含在区块链产品中。ZKP 支持机密交易，使用户可以在不泄露交易金额和发送者 / 接收者地址等底层信息的情况下执行交易。

（3）治理：在去中心化系统中，决定对系统进行更改或升级可能很困难，这引发了有关去中心化自治组织（DAO）常用的去中心化治理和决策机制的争论。

6.5 指　南

在元宇宙应用程序的背景下，对于最合适的计算技术的选择取决于多种因素，包括预期的用例、应用程序部署的规模、用户的地理分布以及元宇宙中预期发生的交互类型。此外，安全、隐私和数据主权等关键方面也不容忽视。

本节对前面提到的每一种计算技术进行深入分析，并探讨了这些计算技术在应用于元宇宙的动态领域时都有哪些优点和缺点。

6.5.1 云计算

1. 优点

（1）可扩展性：无论是扩大还是缩小，需求驱动的云服务调整都可以快速执行。

（2）成本效益：借助即用即付模式，企业只需为所使用的资源支付成本即可实现经济节约。

（3）访问高级服务：众多云供应商提供 AI/ML 工具集、数据库和数据分析资源。

2. 缺点

（1）延迟：由于数据需要到达中央服务器，元宇宙中可能会出现高延迟，从而可能影响实时交互。

（2）数据隐私：当数据驻留在云服务提供商管理的服务器上时，潜在的隐私问题就会出现。

（3）互联网依赖：高速、稳定的互联网对于云计算至关重要。

6.5.2 边缘计算

1. 优点

（1）低延迟：边缘计算通过在数据源附近处理数据，可在元宇宙中实现快速响应，这对于元宇宙提供流畅、不间断的用户体验至关重要。

（2）提高隐私性：数据可以置于本地处理和存储，以最大程度地减少传输过程中数据泄露的可能性。

2. 缺点

（1）资源有限：边缘设备通常缺乏与集中式云服务器水平相同的计算

能力和存储容量。

（2）管理难题：边缘计算需要管理和维护的设备数量相对增加，加大了系统的复杂性。

6.5.3　分布式计算

1. 优点

（1）弹性：在分布式系统中，任务分布在多个节点上，这增强了系统对故障的弹性。

（2）可扩展性：公布式系统可以通过添加更多节点来增强计算能力。

2. 缺点

（1）复杂性：分布式网络的管理面临着显著的挑战，主要体现在责任协调和促进各单位之间的互动方面。

（2）性能不一致：在分布式系统中，即使网络中存在单个慢速节点，系统整体性能也会受到显著影响。

（3）去中心化计算：去中心化计算是分布式计算的一个子集，其中没有任何单个节点具有权威性，这样就消除了单点故障的风险。在去中心化计算系统中，没有任何一个节点被视为主要的或控制的节点（权威节点），因此，系统不依赖于任何单个节点来执行关键功能或存储重要数据。所以某个节点失效不会导致整个系统崩溃，从而增强了系统的可靠性和弹性。

6.5.4　去中心化计算

1. 优点

（1）稳健性：去中心化计算没有中央机构，从而增强了系统抵御攻击和故障的能力。

（2）数据主权：由于没有集中的权力，数据控制权仍然掌握在用户手中。

2. 缺点

（1）网络延迟：考虑节点在地理上是分散的，类似于分布式计算中遇到的网络延迟可能会成为一个问题。

（2）复杂的治理：由于没有中央机构，建立数据交换和交互的规则和协议可能面临挑战性。

考虑当前的情况，混合计算模型可能是元宇宙最合适的解决方案，该方案可以充分利用每个组件提供的优势：可通过云计算提供可扩展的资源和高级服务，而边缘计算可以管理实时交互并确保用户的隐私安全。同时，分布式和去中心化的计算模型可以保证弹性和数据主权。

然而，最终的决定取决于您特定的元宇宙应用程序有何独特要求和限制。例如，在实时参与和最小延迟必不可少的场景中，边缘计算的重要性可能会更加突出。然而，如果优先考虑复杂人工智能服务的可扩展性和可用性，那么云计算可能是中流砥柱。

数据隐私是元宇宙中的一个重要领域，可以利用多层方法来应对。从基础设施层面来讲，采用边缘计算和去中心化计算可以增强用户对其数据的控制权。从应用层来讲，实施强健的加密和访问控制是强制性的，隐私问题是整个设计和操作阶段考虑的基本因素（即设计隐私保护策略）。此外，与用户就如何使用其数据进行透明性的沟通，并在可行的情况下让用户控制自己的数据（即在用户同意前提的数据共享）至关重要。

请注意，新技术和标准的发展可能会影响这些考虑因素。5G 后继产品等网络技术可以减少云服务的延迟，而复杂的人工智能算法有助于应对分布式系统的复杂性。此外，区块链技术的进步可以提供创新方法以维护数据隐私和监督去中心化系统。

综上所述，创建元宇宙是一项多方面的任务，需要对各种因素进行细致的思考。最佳策略可能是一种混合模型，要结合不同计算技术的优势，并利用网络、人工智能和区块链的最新成果。

6.6 总　结

元宇宙依赖于一系列在其运行中发挥重要作用的计算技术，其中一项技术就是云计算，该技术通过提供可扩展且按需的虚拟环境和服务，成为元宇宙的基础。通过利用云资源，元宇宙确保可以轻松适应用户不断增长的需求。

元宇宙的另一项重要技术是边缘计算，该技术让计算更贴近用户。这种邻近性减少了延迟并实现了实时交互，从而极大地增强了响应能力并改善了整体用户体验。将边缘计算集成到元宇宙对最大限度地减少交互延迟至关重要。

分布式计算在提升元宇宙的性能和弹性方面也发挥着关键作用。通过将处理任务分布在多个节点上，系统表现出更高的效率和容错能力。这种方法使元宇宙能够轻松处理大量数据和用户交互。

就信任和安全方面而言，去中心化计算已成为元宇宙的关键组成部分。通过消除中央机构，去中心化计算建立了一个使参与者都要为维护信任机制贡献力量的系统。这种方法确保用户的安全和自主性，同时保护了敏感数据。

为了有效地应对元宇宙的复杂性，某些指导方针是必不可少的。首先，利用云资源对于适应元宇宙不断扩大的规模至关重要。此外，优化边缘计算对于最大限度地减少延迟和实现无缝实时交互至关重要。再者，利用分布式计算有助于平衡负载并提高整体性能和容错能力。最后，实施去中心化协议对于维护元宇宙内的安全、用户自主权和信任是必不可少的。

第 7 章将探讨哪里需要 API，回顾什么是 API，以及在元宇宙的运行中需要 API 的地方。

第 7 章　哪里需要 API

使用旧版本软件以及当前不兼容的软件构建的应用程序需要构建 API，以允许这些应用程序与新应用程序交互。此外，目前元宇宙中的新应用程序已经存在并且将会有更多的应用程序需要 API，以便它们能够互连以发挥作用。构建 API 的成本可能很高，因为可能需要很多 API，所以了解哪些地方需要 API 非常重要。在本章，我们将讨论为什么要构建 API 的领域。

在本章中，我们将讨论以下主要主题：

1. 为什么元宇宙需要 API；
2. 不同类型的 API 分别解决哪些问题；
3. 使用特定类型 API 的成本与回报。

7.1　什么是 API?

API 是现代软件开发的核心，被视为重要的“外交官”，在不同的软件应用程序之间创建沟通渠道。API 制定数据交换规则，确保一切顺利、安全。通过互连不同的软件应用程序，API 构成了一个复杂的数字生态系统，可以改进功能并增强用户体验。

API 在软件开发各个领域的广泛应用使得 API 特别令人着迷。API 充当桥梁，连接不同的软件平台——从复杂的桌面应用程序到方便的移动应用程序，从动态 Web 应用程序到结构良好的数据库。从本质上讲，API 使不同的软件实体，如操作系统和服务可以更有效地协同工作，从而提高生产力。

让我们根据功能更详细地了解不同类型的 API。

1. Web API：Web API 是使不同 Web 服务能够进行通信的途径。Web API 通过 HTTP 协议提供服务，对于 Web 和移动应用程序开发至关重要。

2. 操作系统 API：操作系统 API 为软件应用程序使用操作系统资源提供了一组规则，比如，Windows API 包含 Windows 环境中的 GUI、文件管理和网络功能。

3. 数据库 API：数据库 API 是程序和数据库之间的连接器，可提供数据查询、更新和事务执行等功能。一个很好的例子就是 Java 数据库连接（JDBC API），它与关系数据库交互。

4. 远程 API：因为远程 API 允许不同网络系统上的软件之间进行通信，所以这类 API 在分布式计算中至关重要，如 Java 的远程方法调用（RMI）和微软的分布式组件对象模型（DCOM）。

5. 库或框架 API：此类 API 是预定义类和方法的集合，供开发人员完成从设计 UI 到访问数据库等的各种任务。用于 C# 的 .NET 框架 API 和用于 Ruby 的 Ruby on Rails 框架 API 即为此类示例。

6. 硬件 API：这类接口允许软件应用程序与较低级别的硬件进行交互，将硬件的复杂性简化，使开发人员更易上手。用于 GPU 通用计算的 API（如 CUDA 和 OpenCL）或用于特定硬件设备（如打印机）的 API 都属于此类。

API 在软件开发中至关重要，因为 API 使不同的软件组件可以无缝地协同工作，无论使用何种编程语言或平台，都可以开发模块化、可扩展的软件系统。通过允许开发人员利用现有功能，API 省去了从头开始创建所有内容的工作，使开发人员能够专注于软件的独特功能。

提供 API 还为其他开发人员构建与软件产品交互的应用程序打开了大门，从而增强了产品的功能和价值。事实证明，这种方法对于各种软件产品来说都是成功的，包括 Windows 和 iOS 等操作系统以及 Facebook 和 X（Twitter）等网络平台。

总之，API 是将各种软件组件黏合在一起的黏合剂，是促进互操作性、实现代码重用和促进复杂软件系统创建的关键，是当今软件开发领域的基本组成部分。

7.2 编程语言 API

深入研究 API 领域，会遇到一系列编程语言，这些编程语言利用 API 这一强大的工具来创建稳固且动态的应用程序。

1. Ruby：在 Ruby 领域，该语言的标准库有各种 API，可满足各种功能，如文件输入 / 输出（I/O）、网络、数据序列化和多线程等功能。值得注意的是，Rails gem 作为 Web 开发的典范库脱颖而出，为开发人员提供了丰富而全面的 API 以制作复杂的 Web 应用程序。此外，Ruby 生态系统拥有大量专为与各种 Web 服务的 API 接口而设计的 gem，为开发人员提供了丰富的可能性。

2. C#：进入 C# 领域后，开发人员会沉浸在 .NET 框架的强大功能中。这个强大的平台可以创建各种应用程序，从网络和移动应用程序，到桌面软件，甚至游戏。.NET 框架提供了大量 API，涵盖文件处理、数据访问、网络、图形等重要领域。一个著名的例子是 ADO.NET，这是一组专用于数据访问和操作的 API。另一个突出的例子是 Windows Communication Foundation（WCF），它提供了一套 API，用于开发互联且面向服务的应用程序。

3. Go：进入 Go 领域，我们会发现一种以简单性和高效性而闻名的语言。Go 的标准库为无数任务提供一套全面的 API，其中包括文件 I/O、图像操作、文本处理和网络请求。由于 Go 特别适合 Web 服务器开发，因此，它对HTTP的强大支持有助于为基于Web的应用程序创建API。此外，Gorilla Mux等第三方库为开发人员提供了强大的工具来路由和处理HTTP请求，从而简化了开发流程。

4. Rust：对于那些寻求性能和安全性完美平衡的人来说，Rust十分突出。Rust标准库拥有多种API，这些API专为与数据操作、文件I/O、网络和多线程相关的任务而定制。此外，Cargo包管理器丰富了Rust生态系统，它允许访问无数的第三方库（板条箱），为大量的功能提供API，进一步扩展了该语言的功能。

5. Swift：在深入研究Swift领域时，我们不能忽视它作为iOS应用程序开发首选语言的作用。Swift的API产品专门满足iOS开发的独特需求，提供必要的工具，如用于制作迷人UI的UIKit、用于无缝数据管理的Core Data以及用于实现动态且引人入胜的图形和动画效果的Core Animation。此外，Swift开发人员可以与Objective-C中使用的Cocoa框架内现有API无缝交互，进一步扩展他们的工具包。

6. Kotlin：进入Kotlin领域，我们遇到的是一种与Java完全互操作的语言，使其成为现代软件开发的有力竞争者。Kotlin开发人员可以利用Java生态系统提供的整套API来运用大量现有功能。此外，Kotlin拥有自己的标准库，该库配备了专为集合管理、I/O操作和字符串操作等任务而设计的API。针对Android开发，Kotlin采用Android SDK中的API，使开发人员能够创建出色的移动应用程序。

7. Scala：当我们进入Scala领域时，会发现一种能够利用Java虚拟机（JVM）的强大功能来发挥其优势的语言。Scala开发人员可以无缝地利用Java丰富的API生态系统，同时享受针对Scala函数式编程功能量身定制的API。值得注意的是，Scala会为独特的任务提供API，如基于参与者的并发，这是该语言的标志性功能。与Java的互操作性加之Scala独特的API为开发人员带来了无限的可能性。

8. PHP：在 Web 开发领域，PHP 占据主导地位。这种流行的服务器端脚本语言为开发人员提供了用于各种功能的 API，如文件处理、数据库集成（MySQL 和 PostgreSQL）和 HTTP 请求处理等。标准 PHP 库（SPL）是 API 的宝库，为数据结构、文件管理等提供了必要的工具。借助 PHP 强大的 API 支持，开发人员可以轻松创建动态和交互式 Web 应用程序。

为了重申 API 的重要性，我们必须认识到可用 API 的各种类型。如前所述，API 可以分为本地（基于库）、基于 Web（通常利用 HTTP）或特定于操作系统、数据库以及任何公开供软件组件交互的接口的系统或服务。其中，Web API 极为重要，提供大量的在线服务，包括社交媒体平台、云提供商、天气服务等，为开发人员提供 API，将他们的应用程序与这些强大的服务无缝集成。Web API 的可用性促进了不同服务之间的高度集成，使开发人员能够利用现有资源制作更复杂、功能丰富的应用程序。

7.3　区块链相关的 API

区块链是 2009 年随比特币同时出现的一项革命性技术，本质上是一个分布在许多计算机上的分类账系统，它不依赖于单一的中央机构。区块链会仔细记录所有交易。该系统的设置是这样的：如果您想在事后更改一项交易记录，则必须更改其之后的所有记录。这使得记录几乎不可更改，这种特性被称为不变性。

区块链的一大优点是它改变了我们直接（点对点）交互的方式，而无须托付中央机构。区块链也不仅适用于比特币等数字货币交易，它还用于更复杂的任务，如管理“智能合约”，这是一个在区块链上运行的程序，就像我们在以太坊（Ethereum）中看到的那样。

然而，虽然区块链的去中心化形式非常强大，该技术需要一种方式与大多数用户和应用程序尚在使用的更传统、中心化的系统进行通信。毫无疑问，更丰富的区块链生态系统在很大程度上受区块链相关 API 关键作用的影响。这些 API 通过封装底层区块链协议操作并通过更直观和易于使用的界面呈现给开发人员，使区块链网络固有的复杂性得到简化。

让我们更深入地了解这些 API 的作用：它们充当桥梁，允许软件应用程序直接与构成整个区块链网络的单个计算机（也被称为区块链节点）进行通信。可以说，这个桥梁让用户通过区块链预言机直接访问区块链数据并进行交互和各种交易，并执行智能合约，从而增强了用户体验。区块链预言机作为重要的中介机构，在区块链网络和外部系统之间建立连接，从而通过将现实世界的输入和输出纳入流程中来促进智能合约的无缝执行。

这些 API 提供的抽象屏蔽了区块链协议的复杂细节，为开发人员带来了巨大的好处。API 使开发人员能够将区块链功能合并到他们的应用程序中，而无须深入了解底层区块链协议。这种简化不仅使开发人员的工作变得更加轻松，还为区块链应用程序开发领域开辟了众多可能性。

此外，与区块链相关的 API 的出现为创建与区块链不相关的应用程序铺平了道路，换言之，无论涉及的区块链类型如何，创建的应用程序都可以运行。比如，考虑创建一个用来处理涉及多种加密货币交易的金融应用程序。这样的应用程序本质上会利用比特币和以太坊等各自的 API 为用户提供统一的界面。这种由区块链相关 API 实现的抽象程度，标志着促使在不同区块链网络之间实现一个无缝和统一交互的重要里程碑。与区块链相关的 API 主要分为三类：

1. 区块链 API（包括区块链预言机）；
2. 钱包 API；
3. 合约 API。

7.3.1 区块链 API

当需要直接从区块链获取原始信息时，与区块链数据相关的 API 非常有用。通过利用这些 API，您可以访问大量的信息，包括交易的详细信息、复杂的块数据、与网络相关的统计数据以及一系列其他类型的相关元数据。与区块链相关的 API 有无数的用例，但其主要应用是在程序内数字处理或交易验证领域的应用。

区块链 API 不仅可以进行数据提取和分析，还可以提供有关交易模式和网络统计的宝贵见解。这些有望在人工智能建模和预测分析中发挥关键作用，从而丰富整体人工智能项目并提高其准确性和有效性。因此，对于希望将人工智能的潜力与区块链的透明度和不变性结合起来的个人或组织来说，这些 API 不仅有帮助，而且是不可或缺的。

7.3.2 钱包 API

在解决区块链网络领域内的数字资产管理任务时，钱包 API 成为宝贵的资源。钱包 API 配备了所有关键操作所需的实用程序，为区块链驱动的数字生态系统实现无缝功能铺平了道路。

首先，钱包 API 有助于创建新的数字钱包。这些钱包对于个人和组织在区块链环境中安全存储和管理数字资产至关重要。如果没有这些钱包，在日益流行的数字资产领域运营便极具挑战性。API 简化了创建这些钱包的过程，甚至使那些没有丰富技术知识的人都能够参与数字资产革命。

其次，钱包 API 提供了用于检查钱包余额的工具。该功能对于用户跟踪自己的数字资产持有情况至关重要。由于许多加密货币和数字资产具有波动性，用户获取有关其资产价值的实时、准确的数据至关重要。钱包 API 实现了这种程度的透明度和可访问性，支持区块链生态系统内明智的决策。

最后，钱包 API 对于在区块链网络中执行交易是不可或缺的。如果您打算构建一个需要在区块链上转移或管理资产的应用程序，那么这些 API 是很好的基础。交易是区块链的命脉，促进从加密货币交易到复杂智能合约执行的一切活动。钱包 API 提供了运行这些交易的基本工具，从而能够轻松、安全地移动和管理数字资产。

7.3.3　智能合约 API

如果您的工作涉及支持可编程合约的区块链，那么合约 API 将成为必备工具。这类 API 为应用程序与实时部署在区块链上的智能合约进行通信搭建了至关重要的桥梁，从而实现了交互和观察。

智能合约是写入代码行的自动执行协议，是自动化的，不需要中介，以此种方式在预定义的条件下强制执行合约。这些合约在区块链生态系统中发挥着重要作用，其行为和影响波及整个网络。

合约 API 的主要功能是能够使应用程序调用这些智能合约上的方法。方法本质上是嵌入合约中的函数，决定合约如何与范围更广的区块链交互。借助合约 API，您的应用程序可以调用这些方法，触发特定的函数以在区块链上下文中获得所需的结果。

除了调用合约方法之外，合约 API 还具有其他一些同样重要的功能。智能合约允许应用程序监控这些智能合约发起的事件序列，可以根据某些条件或结果启动一系列事件。此类事件可能会导致整个区块链发生重大变化，从而引发一系列后续行动。

通过合约 API，您可以使用这些合约引发的事件来更新应用程序。这使得应用程序不仅可以记录这些事件，还可以了解导致这些事件的情况并做出相应的响应。

总之，在使用可编程合约支持区块链时，合约 API 的价值是无价的。这类 API 具有双重目的，即实现与智能合约的直接交互，并为这些合约触发的事件提供监视机制。无论是调用合约方法还是关注合约引发的事件，合约 API 都使您能够在基于区块链的智能合约的复杂世界中施加控制并保持透明度。

7.4 数字支付 API

数字支付领域的 API 至关重要，因为它们缩小了金融机构、商家、支付处理商和其他服务提供商之间的差距，使他们能够互动、完成交易并利用有价值的数据。

数字支付领域的 API 分为以下几类。

1. 加密货币支付 API：这类 API 有助于企业接受加密货币作为支付方式；除此之外，API 还可以用于交易、获取价格详细信息或区块链相关功能。

2. 钱包 API：通过钱包 API，用户与 Google Wallet 或 Apple Pay 等数字钱包服务的集成变得可行，这使得用户可以在商店、应用程序和网上进行安全交易。

3. 银行 API：这类 API 使第三方开发人员能够围绕银行运营创建应用程序和服务提供对账户信息、交易历史纪录和资金转账的访问。这成为开放银行业务的关键，银行向第三方开发商提供 API 以培育金融服务生态系统。

4. P2P 支付 API：Venmo 或 Square 的 Cash App 等服务提供点对点支付 API，允许个人之间进行转账，主要通过移动应用程序来实现。

5. 支付网关 API：Stripe 和 Square 等支付网关 API 旨在与电子商务平台和应用程序集成，使企业能够安全地处理客户的付款。这种方式能够处理各种形式的支付，如信用卡 / 借记卡和数字钱包支付，确保交易加密并符合金融法规。

6. 发卡 API：企业可以通过某些服务（如 Marqeta）提供的 API 发行虚拟或实体卡。这些卡可以针对特定控制加以编程，如限制特定商家或交易类型的支出。

每个 API 都提供一组关键功能，包括以下几类。

1. 交易处理：这构成了大多数支付 API 的核心功能，包括促进支付授权和捕捉、作废交易和发放退款以及其他服务。

2. 安全和欺诈检测：许多支付 API 都带有用于检测和防止欺诈的内置功能，该功能可能会标记可疑交易、提供风险评分或支持 3D 安全身份验证。

3. 数据访问和分析：API 通常提供对于可用来分析和报告的数据的访问，包括交易历史记录、付款状态和退款方面的数据。

4. 合规性和监管管理：支付 API 通常可以帮助管理复杂要求的监管区域，涉及如反洗钱（AML）流程或了解客户（KYC）检查。

5. 客户管理：某些 API 提供客户管理功能，其中可能包括存储客户详细信息、管理客户资料或支持忠诚度计划等。

将 API 纳入数字支付业务可带来多项好处，包括以下几个方面。

1. 创新：API 促进开发新型金融服务，为企业提供新颖的产品和服务开辟新途径。

2. 效率：通过将支付处理简化和自动化，API 可以使其更快、更不易出错。

3. 灵活性：API 为企业提供了更多的业务机会，以适合其独特需求的方式集成支付处理，使企业能够决定使用哪些服务以及如何使用。

4. 节省成本：通过 API 实现支付流程自动化可以显著降低与手动处理相关的成本。

然而，使用 API 也有其自身的一系列难题和注意事项，包括以下几个方面。

1. 安全性：由于 API 是黑客的潜在目标，因此必须实施可靠的身份验证、加密以及其他安全措施。

2. 合规性：支付行业受严格监管，企业必须确保遵守所有相关法规和法律。

3. 性能：API 性能可以直接影响用户体验，缓慢或不可靠的交易可能会导致销售损失。

4. 集成：集成 API 的过程可能很复杂，尤其是在处理多个 API 或遗留系统时。

7.5 地理定位 API

地理定位 API 是开发人员用来构建需要地理定位数据的软件应用程序的一组协议、例程和工具。在本书中，地理定位是指识别或估计物体，如雷达源、移动电话或联网计算机终端的现实世界地理位置。

地理定位 API 根据各种输入，如 IP 地址、手机信号塔 ID，甚至来自 GPS 卫星的数据提供地理位置数据，可以提供位置的纬度和经度坐标，通常还提供如城市、州、国家 / 地区、邮政编码、时区和其他相关详细信息。

这些信息可以在不同领域以多种方式加以利用——从根据用户位置提供目标内容、计算两点之间的距离、实时跟踪设备位置，到更高级的用途，如预测分析、基于位置的广告等。

地理定位 API 有多种类型，包括以下几种。

1. IP 地理定位 API：这类 API 将 IP 地址作为输入并返回该 IP 的估计地理位置。其工作原理是将 IP 地址映射到地理位置信息数据库，通常用于识别网络用户的位置，而不需要 GPS 或其他基于硬件的定位服务。

2. 地理编码 API：这类 API 将地址转换为地理坐标（纬度和经度），这一过程被称为地理编码。部分地理编码 API 还可以执行反向地理编码，即将地理坐标转换为人类可读地址的过程。

3. 基于 GPS 的地理定位 API：这类 API 使用全球定位系统（GPS）数据来精确定位设备的确切位置，通常用于移动应用程序，并且需要设备的硬件支持。

4. 基于 VPS 的地理定位 API：视觉定位系统（VPS）API 是地理定位服务的一个专门子集，它依靠计算机视觉和 AR 技术通过分析周围环境来确定设备的精确位置。这类 API 通常与基于 GPS 的地理定位 API 结合使用，并具有多种应用，包括室内和室外导航、AR 体验以及自动驾驶车辆的精确定位。

谷歌将 VPS 集成到 AR Core 中，以实现更准确的室外和室内 AR 定位；而 Niantic 在其 Lightship 平台中采用类似的技术来创建基于位置的 AR 游戏体验，如 *Pokémon GO*。

5. 基于蜂窝塔和 Wi-Fi 的地理定位 API：这类 API 根据设备与蜂窝塔和 Wi-Fi 网络的接近程度来预估设备的位置，并且可以在 GPS 不可用时提供位置数据，通常可以提供 GPS 难以处理的室内位置数据。

7.5.1　地理定位 API 的使用

地理定位 API 可用于多种应用程序，包括以下几种用途。

1. 内容个性化：网站和应用程序可以根据用户的位置定制内容，可能包括显示当地新闻和天气，甚至更改网站的语言。

2. 基于位置的服务：食品配送、叫车和电子商务以及游戏和社交应用程序等服务可使用地理定位来提供基于位置的服务和功能、计算送货路线或估算运输成本。

3. 基于位置的广告：广告商可以使用地理定位来根据用户的位置投放

有针对性的广告。

4. 欺诈检测：通过识别用户的地理位置，企业可以检测有欺诈可能的异常活动。

5. 分析和洞察：企业可以使用地理位置数据来深入了解其用户，如用户位于何处或哪些当地趋势可能会影响用户的行为。

7.5.2 地理定位 API 背后的技术

地理定位 API 利用多种技术和方法来实现其目标，即提供准确的地理数据。

1. 基于 IP 的地理定位：地理定位 API 使用大型数据库将 IP 地址映射到特定地理位置。这些数据库使用多种填充途径，包括来自互联网服务提供商（ISP）、区域互联网注册机构的数据，甚至来自用户的数据，用户有时会将其位置数据输入网站或应用程序中。

2. 地理编码：为了将物理地址转换为地理坐标，地理编码 API 使用将地址与纬度和经度坐标相关联的数据库，反之亦然。随着新建筑的建成或旧建筑的拆除，这些数据库不断更新和完善以保持准确性。

3. GPS：基于 GPS 的 API 从多个 GPS 卫星接收信号（被称为三边测量的过程）并计算接收器在地球上的精确位置。该方法精度高，被广泛用于移动和汽车应用。

4. VPS：VPS API 通过检查设备摄像头捕捉到的环境视觉特征来发挥作用，然后将这些视觉线索，如独特的地标或物体与周围环境的现有地图或模型进行交叉引用。这一匹配过程使 VPS 能够实时、准确地确定设备的当前位置和方向，从而促进 AR、导航和自动驾驶车辆精确定位等应用。

5. 蜂窝塔三角测量：使用此方法的 API 根据设备与附近多个蜂窝塔的距离测量结果来计算设备的位置。这种方法通常用于 GPS 数据不可用或不够准确的移动应用程序。

6. Wi-Fi 定位：与蜂窝塔三角测量类似，Wi-Fi 定位利用附近已知 Wi-Fi 网络的信号强度来预估设备的位置。

7.5.3　地理定位 API 性能指标

为应用程序选择特定的地理定位 API 时，应考虑与所有不同类型的地理定位 API 相关的几个性能指标，具体如下。

1. 准确性：API 所提供位置数据的精确度如何？根据用例，这可能是最关键的因素，比如，送货服务应用程序需要高精度位置数据，而显示当地天气的网站则可能不需要。

2. 覆盖范围：API 是在全球范围内提供数据，还是仅限于某些区域？

3. 响应时间：API 返回结果的速度有多快？在需要实时数据的用例中，低延迟 API 会更优。

4. 速率限制：每分钟 / 小时 / 天您可以向 API 发出多少个请求？根据应用程序的规模，这可能是一个重要的考虑因素。

7.5.4　地理定位 API 的集成

要将某种类型的地理定位 API 集成到软件应用程序中，开发人员可以使用 API 的端点（URL）。开发人员通常使用 GET 或 POST 方法向这些端点发出 HTTP 请求，并包含所有必要的参数。接着，API 返回响应，通常采用标准数据格式，如 JSON 或 XML。

举例来说明开发人员如何使用假设的地理编码 API：

1. 开发人员向 API 的地理编码端点发送 GET 请求，其中包含要作为参数进行地理编码的地址。

2. 地理编码 API 返回一个 JSON 响应，其中包含与该地址关联的地理坐标。

3. 开发人员的应用程序解析此 JSON 响应，并将坐标用于其预期目的，如在地图上显示位置。

7.5.5 地理定位 API 面临的挑战

尽管地理定位 API 应用范围广泛且功能强大，但所有类型的地理定位 API 都面临以下难题。

1. 数据准确性和可用性：地理定位数据的准确性和可用性可能因所用收集数据的方法而异，比如，基于 IP 的地理定位通常只能提供大概位置。

2. 数据隐私和安全：处理地理位置数据需要遵守一系列法律法规，这些法律法规因地区而异。开发者在使用这些数据时必须确保不侵犯用户的隐私权。

3. 成本：许多地理定位 API 都不是免费的，相关成本可能会根据发出的请求数量而增加。

了解这些难题并适当解决它们可以确保在任何的软件开发项目中成功地集成和利用地理定位 API。

总之，在当今的数字时代，无论如何强调地理定位 API 的重要性都不为过。从个性化用户体验到协助复杂的物流和运输运营，地理位置 API 对于许多应用程序都十分重要。然而，开发人员必须谨慎行事，确保负责任地使用这些工具，将数据隐私和安全放在首位。

7.6 映射 API

专门用于映射的 API 为开发人员提供了宝贵的工具包。这类 API 属于精心策划的协议和编程指令分类，旨在为开发人员提供一个简化而有效的网关，以使开发人员获取特定服务或软件组件提供的功能。映射 API 的主要功能在于促进与数字地图相关的任务，如创建、操作和提供交互式用户体验。

这些映射 API 通常包含许多功能和服务。

1. 地理编码和反向地理编码：此功能属映射 API 的基本功能块，提供的是在人类可理解的地址语言与计算机使用的纬度和经度坐标数字语言之间的翻译服务。将地址转换为地理坐标的功能使得在数字地图上准确定位该位置变得简单。另一方面，反向地理编码允许将地理坐标转换回人类可读的地址。当需要辨别一组坐标代表的物理位置时，此功能极其有帮助。

2. 导航和路线规划：这一功能对运输和物流等行业来说绝对是一个福音，它使开发人员能够在多个点之间提供全面的逐向导航。事实的确如此，无论是以时间、燃料还是其他资源来衡量效率，都能够计算出车辆可遵循的最有效路径。以这种方式优化路线的能力可以显著提高这些行业的运营效率。

3. 交互式映射界面：映射 API 使开发人员能够在网页或应用程序中嵌入完全交互式地图。此功能改变了用户体验，允许终端用户与地图互动。用户可以放大地图以获得更精细的细节，或缩小地图以获得更广泛的视图、跨不同区域导航，或与标记交互以获得更多信息。这种交互式用户界面可以使用户更加身临其境也更便于用户使用，显著丰富了用户体验。

4. 地理空间分析：地理空间分析是一种复杂的分析形式，与特定的地理位置相关。该分析可以帮助揭示地理数据中的模式或趋势。比如，通过使用此工具，可以确定特定人口群体高度集中的区域。这些见解有助于各个领域的战略决策制定，包括（但不限于）营销、城市规划和资源分配方面。

5. 地点 API：地点 API 是映射 API 的基本元素，提供与地点相关的数据。在这种情况下，地点可以指各种各样的地点，包括机构、地理区域或突出的地标。Places API 不仅仅是简单地定位指定区域中的特定企业或兴趣点，还提供大量详细信息，如评论、评级和联系信息，从而增进用户对相关地点的整体理解。

6. 街景视图：街景视图是映射 API 的一项独特功能，为用户提供从街道层面虚拟探索某个位置的机会。此功能经常部署在房地产或旅游相关的应用程序中，让用户感觉自己身临其境。无论用户考虑购买房产还是计划度假，街道层面的视角都可以为决策过程提供重要的参考。

总之，映射 API 为开发人员提供了高效且多功能的工具包，支持与数字地图和地理数据相关的各种操作。凭借其丰富的功能，这类 API 为创建动态和交互式应用程序开辟了可能性，改变了企业和消费者与基于位置的数据和服务交互的方式。此外，映射 API 对众多行业具有巨大的影响，极大地提高了运营效率并提供了更加令人身临其境、更具吸引力的用户体验。

7.7 消息传递 API

在系统之间的信息交换领域，消息传递 API 或文本消息 API（通常被称为 SMS API）是至关重要的工具。这类 API 形成了一组结构化的规则、标准和协议，发挥着使不同应用程序能够相互无缝通信的关键功能。

消息传递 API 一词并不仅限于短信服务（SMS）或多媒体消息服务（MMS）交互，还具有更广泛的应用程序，涵盖各种类型的消息传输，如电子邮件、应用内消息传递和网络消息传递。然而，在这种特定的背景下，我们主要的重点将是 SMS 和相关的消息传递实用程序，同时记住相关原则可以扩展到许多其他通信方式。

将注意力转向 SMS 领域，我们会发现 API 充当了软件应用程序的强大促进者，赋予它们通过被称为网关的中介发送、接收和监控 SMS 消息的能力。在商业领域，消息传递 API 可用于多种目的，包括（但不限于）交易警报、各种通知、营销和社区互动以及为与客户的双向通信铺平道路。

举例来说，SMS API 可能被电子商务平台用来发送货运跟踪更新信息，被银行机构用来广播交易警报，甚至被医疗办公室用来发出预约提醒。从根本上说，API 通过与 SMS 网关联络而运行，SMS 网关是一种充当桥梁的服务，连接蜂窝网络（从根本上处理 SMS 消息）和互联网。当您的应用程序通过 API 发送传递消息的请求时，网关会接收该请求，然后网关通过蜂窝网络将该请求传输给预期的接收者。

以下是消息传递 API 的几个关键属性。

1. 发送 SMS：从根本上讲，API 可以将 SMS 传输给一个或多个接收者。

2. 接收 SMS：某些 API 具有接收发送到预定号码的 SMS 的能力。

3. 发送报告：为了监控 SMS 是否成功发送给目标收件人，API 可以提供发送报告。

4. 消息安排：精选的几个 API 允许安排 SMS 的发送时间。

5. 自动回复：可以对 API 进行编程，从而根据所接收 SMS 中的预定触发器或关键字传输自动回复。

6. 消息格式化：某些 API 还可能提供格式化消息的功能，如允许包含链接、图像或结构化设计的文本。

在选择消息传递 API 时，应考虑许多因素。

1. 覆盖范围：API 提供商是否在您的接收者居住的地区保持良好的覆盖范围？此语境中消息传递 API 的覆盖范围是指 API 服务的地理范围。对于企业、客户或用户分布在多个区域的全球企业来说，确保 API 提供商在所有必要区域提供强大的服务非常重要。您需要确保提供商与这些国家或地区的运营商建立了牢固的关系。例如，若您在亚洲拥有大量用户，则需要使一个能够与该地区的移动运营商建立可靠连接的 API。请注意，覆盖范围也会影响消息的传送率和速度。一些提供商还可能在某些地区提供更强大的功能或更优惠的价格。

2. 可靠性：提供商是否能够保证高交付率？可靠性是 API 正常运行时间及其消息传递成功率的衡量标准。一个好的消息传递 API 应该具有强大的正常运行时间保证（通常高于 99.9%），这意味着始终可用和可操作。消息的传递率是可靠性的另一个方面，这表明邮件成功到达其预期收件人的频率。可咨询平均传送率、如何处理消息故障以及是否有冗余来应对网络故障。高可靠性通常源于卓越的基础设施、高效的路由、重试机制以及与网络提供商的良好关系。

3. 成本：服务如何定价？是基于每条消息吗？是否有隐性收费？消息传递 API 的定价模型可能因提供商而异。一些常见的模式包括即用即付（为每条发送的消息付费）、月度计划（允许每月发送一定数量的消息）和阶梯计划（其中每条消息的费用随着您发送更多的消息而降低）。了解使用 API 的全部成本非常重要，包括弄清楚是否有任何隐藏费用，如使用某些功能的费用、发送国际消息的额外费用或接收消息的费用。每条消息较低的标题成本可能会被这些额外费用所抵消，因此，在选择提供商时，请考虑您的使用模式和总运营成本。

4. 易于使用：API 是否有充分的文档记录并且易于使用？API 的易用性是一个重要因素，特别是当您的团队较小或开发资源有限时。易用性包括 API 文档的质量、所选择编程语言的软件开发套件（SDK）的可用性，以及将 API 集成到系统中后整体的简单性。文档应齐全，包含清晰的说明、示例甚至测试环境的 API 可能更容易集成，也不太会出现问题，尽可能寻找提供全面、清晰和最新文档的提供商。

5. 安全性：提供商如何保障您的消息和数据的安全？当您通过短信功能发送潜在敏感信息时，安全性至关重要，不仅包括消息本身的安全性，还包括 API 凭证和 API 提供商存储的数据的安全性。核实提供商的安全认证（如 ISO 27001 或 SOC 2），并查明数据加密等功能、安全传输协议（如 HTTPS）以及 API 密钥的安全处理。同时应该检查提供商的隐私政策，了解他们如何处理和存储数据。

6. 客户支持：提供商是否能提供令人满意的客户支持？API 提供商提供的支持级别至关重要，尤其是当运行具有高可用性要求的服务时。要找能够提供强大支持服务的提供商，如具备 24/7 可用性、多种联系方式（电子邮件、电话、聊天等）以及在出现相关问题或计划维护时能够主动沟通。

在考虑提供商在客户支持方面的声誉时，通常可以通过客户评论和推荐来衡量。快速的响应时间、知识渊博的员工和有效的问题解决能力都是理想客户选择的标志。

总之，选择消息传递的 API 是多方面的决定，具体取决于特定需求和限制。通过仔细考虑每个因素，您可以选择可靠、经济高效、易于使用、安全且具有良好支持的 API。

7.8 人工智能（AI）API

在 AI API 领域，有两个值得注意的类别脱颖而出，即语音和音频 API 以及视觉 API。这两类 API 利用尖端的机器学习和神经网络，成为将智能注入不同领域应用程序和服务的变革性渠道。语音和音频 API 使应用程序能够与语音进行交互，提供语音识别和文本到语音转换等功能。同时，视觉 API 采用先进的计算机视觉技术来分析和理解视觉内容，从而促进完成图像识别和对象检测等任务。这些 API 在开启以人工智能驱动的创新为特征的时代、重塑用户与技术的交互以及释放潜力创建更为智能、更为直观的应用程序方面发挥着重要作用。

7.8.1 语音和音频 API

专为音频和语音功能而设计的各种 API 在很大程度上塑造了许多当代

数字平台和服务。这类API促进软件应用程序与语音或音频功能之间的交互，其适用性涵盖多种功能，包括（但不限于）语音识别、语音分析、文本到语音转换和呼叫跟踪。

以下列举了一些主要的语音和音频API类型，同时也阐述了这些API的主要功能。

1. 语音识别API：这类API作为语音助手（如Google Assistant或Alexa）、声控搜索和实时转录服务等语音服务的支柱，将口头语言翻译成书面文字。语音识别API采用机器学习算法将口头语言转换为书面文本，其能力扩展到理解各种语言、方言和口音。语音识别API广泛的应用领域包括语音助手、转录服务和交互式语音应答（IVR）系统。在转录服务中，语言识别API可以促进实时或会后转录，以用于笔记或辅助功能；在语音助手中，语言识别API可以将用户的命令转换为文本以便更好地理解。

2. 文本转语音API：顾名思义，文本转语音（TTS）API将书面文本转换为口头语言。这类API用于各种任务，如朗读文本消息、书籍或文章以及帮助有视觉障碍的用户与应用程序交互。谷歌的Text-to-Speech API、Amazon Polly和IBM Watson Text to Speech是TTS API的著名实例。现代TTS系统提供一系列“声音”，可根据音调、口音、速度甚至情感进行调整，从而产生更自然的输出。TTS API在阅读应用程序、辅助工具和语音助手中被广泛使用。比如，在辅助工具中，TTS API为有视障或诵读困难的用户读出界面元素或消息；在语音助理中，TTS API用声音说出助理对用户的反应。

3. 文本生成API：文本生成API利用复杂的自然语言处理（NLP）模型（如OpenAI GPT模型API中的模型）的强大功能来创建高度模仿人类书写式的文本。这些模型已经在大量的数据集上进行了训练，使它们能够理解上下文、语法和语义，从而可以生成连贯且上下文相关的文本，在与聊天机器人、自动语言翻译和情感分析方面成为重要的应用。NLP API由机器学习模型提供支持，通过提取实体（如日期、人物或地点）、理解情绪（积极、消极或中立）并确定语言背后的意图，可以破译、解释和处理人类语言，主要应用于聊天机器人和语音助手，旨在理解用户的输入并决定适当的响应。此外，NLP API 还可以帮助客户服务工具分析客户反馈或理解电子邮件内容。

4. 语音生物识别 API：这类 API 可以通过分析人的声音的独特特征来验证其身份，通常用于声控安全系统，它能够根据独特的语音模式来识别个人。Auraya 的 EVA 语音生物识别和 VoiceItt 的语音生物识别 API 就是此类 API 的示例。语音生物识别 API 根据个人声音的独特特征来识别或验证个人，分析调制、音调、音高等方面。这类 API 主要用于安全和身份验证，为传统密码系统提供无须用手操作的替代方案；同时，还可以用于客户服务，有助于快速识别呼叫者，从而加快验证过程。

5. 音频分析 API：这类 API 可以检查音频文件的各种元素，如流派、情绪、节奏、音调等，通常用于音乐相关的应用程序，并且可以参与生成式 AI 歌曲制作。

6. 呼叫跟踪和分析 API：这类 API 可以记录和检查电话呼叫，提供有关呼叫量、呼叫者人口统计、呼叫结果等意见。事实证明，这对于寻求了解这些方面的企业是有益的。企业使用这类 API 来了解客户行为、跟踪营销活动的绩效并获得优化销售或客户服务的见解。CallRail 等公司可提供此类 API。

总而言之，以上只是语音和音频 API 的主要示例。随着人工智能和机器学习的不断发展，这一类 API 的功能和应用预计会扩大，从而为通过声音和语音进行交互和理解的创新方法铺平道路。

7.8.2　视觉 API

视觉 API，也被称为计算机视觉 API，是一种专门为开发人员提供专用于处理和检查视觉内容（包括图像和视频）的工具和服务的 API。这类 API 利用 AI 和 ML 算法来执行与视觉感知和理解相关的各种功能。以下是与视觉 API 相关的一些典型功能和应用。

1. 图像识别 / 生成：视觉 API 擅长识别静态图像和视频中的物体、场景和模式。例如，视觉 API 可以识别图像中是否存在猫、汽车或海滩风景。此处包括图像识别和生成功能的 CenAI API，如 Midjourney、Runway 以及 OpenAI 的 DALL-E（现在通过 ChatGPT Plus 提供的 DALL-E3），这些软件也具备自然语言处理（NLP）能力。

2. 光学字符识别（OCR）：视觉 API 具有 OCR 功能，可以从图像中提取文本，从而方便将图像中的打印或手写文本转换为机器可读格式。

3. 人脸检测和识别：视觉 API 可以熟练地检测和识别照片和视频中的人脸，这对于标记图像中的个人或实施人脸识别的身份验证等应用非常有价值。

4. 图像分割：视觉 API 擅长将图像分割成不同的区域或对象，从而促进对视觉内容的全面分析和理解。

5. 异常检测：一些高级视觉 API 具有检测视觉数据中的异常或非典型模式的能力，该功能对于质量控制和安全方面的应用非常有益。

6. 内容审核：Vision API 擅长自动过滤和标记用户生成的图像和视频中的不当或有害内容，因此有助于维护安全的在线环境。

7. 视觉搜索：视觉搜索功能使用户能够使用图像作为查询条件来搜索产品或信息，这是电子商务应用程序中常见的集成功能。

8. 样式传输：视觉 API 擅长将艺术风格应用于图像、视频或图形，使用户能够生成视觉上独特的内容。

视觉 API 被广泛应用于各个行业，涵盖简化图像分析和提升移动应用程序、电子商务、医疗保健等领域的用户体验等任务。这类 API 使开发人员能够将先进的视觉识别和理解功能无缝地融入他们的应用程序中，而无须从头开始构建复杂的计算机视觉模型。谷歌、微软和亚马逊等龙头企业在其云服务套件中纳入视觉 API 来促进对这些功能的部署。

7.9 API 在元宇宙中的使用示例

API 在元宇宙内的通信和交互方面发挥着至关重要的作用。本节将介绍一些有关如何在元宇宙中使用 API 的说明性示例。

7.9.1 社交互动 API

1. 描　述

社交交互 API 促进元宇宙内用户之间的沟通和协作。

2. 示　例

社交交互 API 使用户可以发送好友请求、创建虚拟事件以及与虚拟好友消息交换或语音通话。该 API 可以处理身份验证、隐私设置和消息路由，确保无缝且安全的社交体验。

7.9.2 虚拟商品和资产市场 API

1. 描　述

虚拟商品和资产市场 API 使用户能够在元宇宙内购买、出售和交易虚拟资产和商品。

2. 示　例

资产市场 API 可以提供列出虚拟财产、数字艺术、可穿戴设备等的功能。这类 API 可以处理交易、验证所有权并确保用户之间安全地转移资产。

7.9.3 人工智能 API

1. 描　述

人工智能 API 将先进的 AI 功能引入元宇宙，以增强交互和体验。

2. 语音和音频 API 示例

（1）语音识别 API（如 Google Cloud Speech-to-Text）

描述：语音和音频 API 将口语高精准地转换为书面文本。

示例：在医疗保健领域，语音和音频 API 将口述的医疗信息转录为电子健康记录，以保存精确的记录，并将记录以数字方式存储在元宇宙中。

（2）TTS API（如 Amazon Polly）

描述：TTS API 将文本转换为语音，可提供多种声音。

示例：TTS API 使视障用户能够选择自己喜欢的声音为自己朗读书籍和文档；可供视障用户在元宇宙中使用。

（3）文本生成 API（如 OpenAI 的 GPT3）

描述：文本生成 API 可创建动态且引人入胜的内容。

示例：在内容营销中，文本生成 API 可生成有关各种主题的博客文章，从而可以为用户节省内容创建者的时间。

（4）语音生物识别 API（如 Auraya 的 EVA 语音生物识别）

描述：语音生物识别 API 提供基于语音的安全身份验证。

示例：在金融领域，语音生物识别 API 允许客户通过说出密码来访问其帐户，提升安全性和用户体验，并且使元宇宙更加安全。

（5）音频分析 API（如苹果公司的 Shazamkit）

描述：音频分析 API 根据简短的音频样本，如背景中播放的歌曲片段识别出歌曲。

示例：音频分析 API 可以在元宇宙中的任何位置应用识别听到的歌曲。

（6）呼叫跟踪和分析 API（如 CallRail）

描述：呼叫跟踪和分析 API 记录和分析电话对话以改善客户服务。

示例：在零售业，呼叫跟踪和分析 API 帮助企业了解客户行为并完善营销策略，以实现更有效的元宇宙活动。

3. 视觉 API 示例

（1）图像识别 / 生成 API（如，Google Cloud Vision [识别]；GenAI 文本转 2D 和 3D 成像以及图像转视频 [2D 和 3D] 公司 [识别和生成]）

描述：图像识别 / 生成 API 识别静态图像和视频中的物体和产品并生成新颖的图像。

示例：图像识别 / 生成 API 允许创作者在单个静态图像基础上制作 2D 视频，以便在元宇宙中观看。

（2）OCR API（如 Amazon Textract）

描述：OCR API 将图像和文档中的文本数字化。

示例：在元宇宙中进行数字化的企业可应用 OCR API 将纸质文档转换为可搜索的数字文件，以提高可访问性。

（3）人脸检测和识别 API（如 Microsoft Azure 计算机视觉）

描述：人脸检测和识别 API 识别照片和视频中的个人。

示例：在元宇宙的安全应用方面，人脸检测和识别 API 通过根据面部特征识别授权人员来加强访问控制。

（4）图像分割 API（如 TensorFlow）

描述：图像分割 API 分离图像中的对象以进行详细分析。

示例：在自动驾驶汽车中，图像分割 API 帮助检测行人、车辆和道路标志，以使用户获得更安全的自动驾驶体验。

（5）内容审核 API（自定义模型）

描述：内容审核 API 可以自动过滤用户生成的图像和视频中的不当内容。

示例：在社交媒体平台中，内容审核 API 可以防止有害或攻击性内容的传播，维护安全的在线环境。

7.9.4　多人游戏网络 API

1. 描　述

多人游戏网络 API 促进共享虚拟空间中多个用户之间实时和同步通信。

2. 示　例

多人游戏网络 API 可以让用户一起参与虚拟游戏或活动。该 API 将管理在线用户、执行位置跟踪和数据同步，确保流畅、无延迟的多人游戏体验。

7.9.5　空间音频 API

1. 描　述

空间音频 API 提供逼真的 3D 音频体验，增强元宇宙沉浸感。

2. 示　例

空间音频 API 可以根据音频源的虚拟位置来模拟音频源。例如，如果用户站在虚拟喷泉附近，API 将真实地渲染流水的声音，从而创建更加令人身临其境的交互式环境。

7.9.6　化身定制 API

1. 描　述

化身定制 API 使用户能够使用各种视觉元素自定义自己的化身。

2. 示　例

化身定制 API 可以为用户提供多种选项，包括发型、服装、配饰和面部特征，使用户的虚拟角色更具个性。该 API 将处理化身渲染和外观数据，确保不同体验中的一致表示。

7.9.7　实时翻译和通信 API

1. 描　述

实时翻译和通信 API 可以实时翻译元宇宙中使用不同语言的用户之间

的对话。

2. 示　例

翻译和通信 API 可以自动将语音或书面文本从一种语言翻译成另一种语言，从而促进来自不同语言背景的用户之间进行无缝通信，这提升了包容性并打破了虚拟空间内的语言障碍。

7.9.8　虚拟教育和培训 API

1. 描　述

虚拟教育和培训 API 支持虚拟教育和培训体验，使元宇宙中学习更具吸引力和高效率。

2. 示　例

虚拟教育和培训 API 可以针对各种科目和技能提供互动课程、模拟和测验。教育工作者和培训师可以使用 API 创建个性化学习方法、跟踪进度并向学习者提供反馈意见，从而创造更加令人身临其境和有效的教育体验。

7.9.9　个人数据和隐私 API

1. 描　述

个人数据和隐私 API 可处理用户数据、协议和隐私设置，以确保元宇宙内个人信息的安全和以负责任的方式被使用。

2. 示　例

个人数据和隐私 API 可以允许用户控制与不同虚拟平台和应用程序共享的数据。用户可以指定其隐私偏好并管理数据访问权限，从而能够更好地控制自己的虚拟身份和交互。

7.9.10　经济和金融 API

1. 描　述

经济和金融 API 支持元宇宙内的虚拟经济和金融系统，支持交易、货币和经济互动互连。

2. 示　例

经济和金融 API 可以引入虚拟货币，用户可以通过各种现实世界的活动赚取虚拟货币、与他人进行交易或转换为现实世界中的货币。这为元宇宙中的虚拟企业和创业提供了机会。

7.9.11　健康和福祉 API

1. 描　述

健康和福祉 API 通过集成与健康相关的功能和服务来增进元宇宙内的福祉。

2. 示　例

健康和福祉 API 可以为虚拟人物提供虚拟健身课程、心理健康资源和个性化健康计划，还可以跟踪用户的现实活动水平，以促使虚拟和现实生活之间实现健康平衡。

7.9.12　跨平台和跨现实 API

1. 描　述

跨平台和跨现实 API 是沉浸式技术世界不可或缺的一部分，包括 VR、AR 和 MR。这类 API 促进实现不同现实平台和体验之间的互操作性，使用户能够在各种虚拟和增强环境中无缝交互。在本小节全面的讨论中，我们将深入探讨这类 API 的意义，并提供多个示例来说明它们的实际应用。

跨平台和跨现实 API 的重要性描述如下。

（1）互操作性和协作：跨平台 API 重要性的核心在于该 API 使来自不同现实平台的用户能够无缝交互和协作。这创建了一种团结感和包容性，因为无论他们选择的现实平台如何，都可以参与共享的体验。

（2）扩大用户群：将跨现实 API 集成到应用程序中可以显著扩大用户群。

这类 API 确保体验不局限于特定平台，从而吸引更加多样化和广泛的受众。

（3）促进内容共享：跨平台 API 简化了现实中不同的内容共享方式。用户可以轻松地访问和参与在 VR、AR 或 MR 中创建的内容，从而使用户体验从整体上得到增强。

（4）提升体验：开发人员可以利用跨现实 API 打造更加令人身临其境、更加丰富的体验。比如，游戏公司可能会开发一个 API，使 VR 和 AR 中的玩家能够参与同一游戏，从而为游戏环境带入深度和兴奋感。

2. 示　例

（1）虚拟音乐会：设想一个跨平台 API，该 API 使来自不同现实平台的用户能够一同参加虚拟音乐会。佩戴 VR 头显的用户可以沉浸在虚拟舞台中，而 AR 用户可以在物理环境中享受音乐会，所有人都可以共享相同的现场表演。

（2）协作设计：在建筑和设计等领域，跨现实 API 的价值无可估量。利用 VR 进行 3D 建模的建筑师可以与使用 AR 设备的客户无缝协作。VR 中所做的更改将立即体现在 AR 模型中，从而促进实时设计讨论。

（3）教育增强：跨现实 API 在教育领域具有巨大潜力。想象一下，一位历史老师在 VR 引导下探索古代文明，而学生则使用 AR 接收物理环境中叠加的历史信息。

（4）跨现实社交网络：社交网络平台可以利用跨现实 API 的功能来连接不同 VR 或 AR 设置中的用户。无论他们选择什么现实设备，朋友们都可以聚集在虚拟公园中，参与共享游戏，或参观虚拟艺术展览。

（5）训练和模拟：在涉及训练和模拟的场景中，跨现实 API 可以发挥关键作用。无论是军事人员、医疗专业人员还是急救人员，每个人都可以利用自己喜欢的现实平台在模拟环境中一起训练。

（6）电子商务革命：零售商可以通过整合跨现实 API 从而彻底改变购物体验。VR 中的购物者可以虚拟地试穿衣服，而 AR 中的购物者可以直观地在生活空间中看到并评估虚拟家具的放置情况以是否合适。

总之，跨平台和跨现实 API 的重要性在于它们能够促进各种现实平台之间的无缝交互和协作。从娱乐和教育到设计和社交网络，这类 API 在各个行业中都具有至关重要的意义。随着技术的不断发展，这类 API 在塑造未来沉浸式体验方面的作用将越来越重要。

7.9.13　环境和可持续发展 API

1. 描述

环境和可持续发展 API 促进元宇宙内环境意识和可持续性的形成。

2. 示　例

环境和可持续发展 API 可以将可持续性实践纳入虚拟世界设计和机制中。比如，虚拟生态系统可以被设计为模仿现实世界的生态系统，用户可以参与虚拟的环境保护工作。

以上示例阐明了 API 为元宇宙所提供可能性的广度和深度。随着技术的不断进步和更多 API 的开发，元宇宙将越来越具有活力，越来越多样化和个性化，以满足不断扩大的用户需求和体验。

7.10　总　结

API 在构建、扩展和管理元宇宙方面的作用至关重要且不可或缺。

元宇宙被想象为一个巨大的、各元素相互关联的数字宇宙，将不同的平台、应用程序和技术汇集到一个连贯的实体中。如果没有复杂的硬件和软件基础设施，这种集成是不可能实现的，而 API 是该基础设施框架不可或缺的一部分。API 本质上是使各种软件系统能够交互、交换数据和共享功能的协议，使多方面的用户体验在元宇宙范围内变得可行。

API 充当元宇宙的管道，促进数据和功能在元宇宙各种元素之间畅通无阻地流动。无论是在不同的游戏环境之间建立桥梁，确保社交媒体、VR 和 AR 应用程序之间的数据传输，还是将电子商务平台集成到 VR 或 AR 环境中，API 都使之成为可能。简而言之，API 将元宇宙从分散的虚拟实体集合转变为连贯且各元素相互关联的宇宙。

此外，API 在增强和集成元宇宙中的 AI 功能方面发挥着关键作用。API 有助于整合人工智能驱动的工具和系统，从而创建可以响应用户交互而成长的智能虚拟环境。这种人工智能驱动的增强功能可以采取多种形式来实现，从游戏中的 NPC 到虚拟商店中的推荐算法或个性化虚拟助理。

API 还可以使元宇宙整合真实世界的数据，增强其真实性和可用性。比如，天气 API 可用于反映元宇宙某些部分的实时天气状况，或者可提供虚拟环境中新闻的更新。

随着技术的不断发展，API 对于将这些技术和功能融入元宇宙至关重要。API 使软件交互标准化，使添加、更新或替换元宇宙元素变得更加简单，从而使元宇宙成为保持动态和适应性的实体。

总而言之，API 并不只是附属品，而是元宇宙得以开发、扩展和管理的核心力量。API 确保了平台的互操作性，促进人工智能技术的集成，实现对现实世界数据的包容性，并帮助元宇宙适应技术进步。当我们迈入这个新的数字时代时，必须关注 API 的开发、集成和管理。API 将继续成为支持元宇宙成长和演变的支柱，促进创建不断发展的交互式数字宇宙。

在下一章，即第 8 章“3D 模型的制作和使用以及 2D 内容集成”中，我们将深入探讨 3D 内容和集成 2D 内容的爆发创意以及使用如何成为元宇宙结构的组成部分。

第 8 章　3D 模型的制作和使用以及 2D 内容集成

用于 3D 成像、化身创建和元宇宙 2D 视觉效果集成的软件工具至关重要。这些软件工具和 AI 软件共同丰富了元宇宙内容。尤其是在化身创作方面，正在经历从最初的卡通化到更真实渲染的快速变化。在本章中，我们将回顾每个软件领域的软件功能，并指明该领域有哪些主要公司。

在本章中，我们将讨论以下主要主题：

1. 为什么支持 3D 成像、化身创建和 2D 视觉效果集成的软件对于元宇宙至关重要；

2. 3D 成像和生成式人工智能如何引发一场轻松创建 3D 对象的革命，3D 视频的开始，以及这如何极大地影响元宇宙中的内容、社交互动和业务；

3. 虚拟形象创建的现状，以及元宇宙中虚拟形象如何对社交和商业有所帮助；

4. 2D 视频将如何集成到元宇宙中；

5. 3D 成像、生成式人工智能和虚拟形象创建领域的主要公司有哪些。

8.1　3D 革命和 2D 进化

元宇宙通常被描述为视频游戏、社交媒体和广阔的互联网领域的融合，代表着数字沉浸的前沿。从本质上讲，为这个广阔的虚拟世界注入生命力的魔力取决于技术奇迹，如 3D 成像、复杂的化身创建以及 2D 视觉效果的巧妙集成。

进入元宇宙就像步入另一个维度。得益于 3D 成像，这个维度并非仅以平面视觉效果存在；它提供了深度、可触摸和地方感的体验。无论是在熙熙攘攘的数字城市中航行、攀登虚拟山峰，还是探索水下领域，3D 成像都能确保您获得丰富的体验。随着我们的技术实力不断提升，虚拟空间与现实之间的界限将更加模糊。

化身是元宇宙的居民充当我们的数字代理。定制这些实体的能力提供了一种自我表达的方式，使用户能够真实地、数字化地再现自己，或者是更具想象力的另一个自我。通过这些化身与他人互动可以与用户联系，并使元宇宙中的社交和商业互动变得有意义和动态化。

虽然 3D 环境构成了元宇宙的支柱，但 2D 视觉效果的作用仍然不可或缺。这些元素充当信息牌、交互式显示器，甚至是装饰这个虚拟世界的数字杰作，在 3D 的广阔空间中提供背景和熟悉感。

除了单纯的探索之外，元宇宙还提供教育和创业的途径。交互式学习体验可以将用户带到古罗马的 3D 模拟或虚拟生物实验室，从而改变传统教育。具有个性化特征的角色增强了这些互动对话，而 2D 元素则提供了补充信息和工具。

从商业角度来看，元宇宙时机已经成熟。3D 成像的复杂性催生了虚拟房地产等概念。数字人化身的设计和个性化有潜力发展成为一个重要的行业。同时，战略性布置的 2D 视觉效果可以作为广告和品牌推广的创新平台。

此外，元宇宙也是保护文化和历史的灯塔。用户通过先进的 3D 娱乐可以体验和探索历史地标和文物的数字复制品，可以制作化身来代表和庆祝不同的文化，而 2D 视觉效果可以将艺术、文学和历史表现出来。

3D 建模、化身定制和 2D 视觉效果的融合有助于构建元宇宙充满活力的画卷。我们随着这些技术的交织和发展，正站在数字革命的转折点，准备重新定义我们与虚拟领域的互动。

8.2 动态舞蹈的 3D 成像和生成式人工智能

虚拟世界融合了虚拟现实和增强现实，是一个新兴的数字宇宙，其物理现实的边界越发模糊，变成了广阔的虚拟景观。虚拟世界不再仅是科幻小说中的概念，而是正在迅速发展为我们的下一个数字领域。以 3D 成像和生成式人工智能的进步为先导的相关技术正在改变我们在这个空间中的交互方式，并且是塑造元宇宙架构并使其不断发展的基础。

8.2.1 3D 成像——数字时代工匠的工具

在数字时代，3D 成像是数字世界和物理世界之间关键的桥梁，重塑了我们进行可视化、设计以及与周围环境交互的方式。3D 成像最初是专门针对艺术家和电影工作室领域的，但其相关性呈指数级增长，在娱乐、建筑、医疗保健和电子商务等不同领域都有应用。这种艺术和技术的融合不仅为视觉叙事提供了一个平台，而且为复杂的想法注入了生命，强调了 3D 成像作为当今互联时代重要工具的作用。

8.2.2 2D 图形的进化之旅

该旅程始于用计算机计算的形成期，当时机器主要依赖文本界面。用户必须使用命令行在计算机中导航，这也是人与机器之间通信的主要方法。在此设置中，通过键盘输入的每个命令都会经过计算机的处理，从而将文本行显示为输出。尽管这种方法在某些方面是有效的，但并不是特别直观。

想象在一个世界里，执行每个简单的任务都需要准确回忆和输入特定命令，然后等待文本响应。由于这种方法容错能力低，所以不会轻易忽视任何失误。

这种高度依赖文本的交互模式忽视了人类认知的一个基本方面：我们与生俱来的快速、有效地处理视觉信息的能力。早期的计算机爱好者和专家很快认识到，用视觉元素增强用户界面不仅是一种期望的升级，而且是必不可少的。

这一顿悟开创了图形用户界面——通常被称为 GUI 的时代。这一发展标志着计算史上的一个关键时刻。交互不再以抽象命令为中心；现在，交互是与视觉指示器和符号相关的。这个新环境是 2D 图形开始大放异彩的地方。

尽管第一个 GUI 对于现代人来说可能显得很不成熟，但在此前的时代这是开创性的。GUI 向计算世界引入了视觉符号，取代了文本命令。比如，软盘的图像成为“保存文件”的标识，而垃圾桶图标则意味着“删除”。这些图形表示不仅使导航变得更简单，而且使计算大众化，使其可供更广泛的受众使用。

随着时间的推移，2D 图形发展迅速而显著。对于开发人员和设计师来说更加显而易见，颜色、符号和形状经过精心设计的混合可以为用户打造令其身临其境的体验。从基本图标开始，很快就演变成精细的设计、充满活力的配色方案和生动的动画，所有这些都在 2D 框架内实现。这些增强功能在使软件变得更加以用户为中心、更具吸引力和视觉美感方面发挥了关键作用。

但 2D 图形不仅关乎功能，还关乎形式。数字画布吸引了艺术家和平面设计师，从而催生了数字艺术。利用特定的软件，这些创意人员开始制作超出 GUI 实用范围的精致 2D 设计、插图和动画。

2D 图形的出现不仅是计算机世界向前迈出的一步，还标志着人机关系的巨大转变。在二维图形的帮助下，计算机从技术熟练者的工具转变为不同背景的个人不可或缺的设备。展望未来，虽然 2D 图形将随着技术进步而不断产生一些细微差别，但无论如何强调它在计算史上的关键作用也不为过。

8.2.3　2D 成像简史

以下所列时间线提供了 2D 成像的快照历程。从石墙上雕刻的古代图像到复杂的数字创作，2D 成像的进步自始至终反映了技术和文化的进步。

1. 洞穴壁画的原始开端

史前时代：早期人类通过在洞穴表面描绘来记录故事、日常活动和他们的信仰体系。

2. 古埃及的象形文字

公元前 3200 年左右：埃及人结合文字和字母符号，将宗教内容记录在莎草纸和木材等材料上。

3. 中国古代木版印刷

9 世纪：中国古人使用带有雕刻图案的木块，将图像涂上墨水并转移到织物或纸张上。

4. 文艺复兴时期对二维艺术的贡献

14~17 世纪：欧洲艺术家整合数学概念，在他们的 2D 艺术作品中引入深度和视角。

5. 摄影的诞生

19 世纪初：银版照相工艺和暗箱等创新技术使得人们可以在光敏表面上再现真实世界的场景。

6. 动画的黄金时代

20 世纪初：沃尔特·迪士尼等动画先驱将 2D 图像变为现实，创造了一种全新的娱乐媒体。

7. 图形计算机界面的出现

20 世纪 60 年代：Xerox PARC 和麻省理工学院（MIT）等机构展开开创性工作，探索了计算机交互的图形方法，为当今的 GUI 奠定了基础。

8. 视频游戏中的交互式 2D 图形

20 世纪 70~80 年代：家庭和街机视频游戏系统呈爆炸式增长，这些系统通过使用 2D 图形让玩家沉浸在虚拟世界中。

9. 桌面设计的兴起

20 世纪 80 年代：Adobe PageMaker 等软件的推出使设计大众化，这些软件可在个人计算机上实现复杂的 2D 布局。

10. 网络时代的数字图形

20 世纪 90 年代：互联网的发展促进了在线广告、网页设计和数字出版物中 2D 图像的发展。

11. 现代平面设计工具

20 世纪 90 年代末到 21 世纪 00 年代：软件在发展过程中见证了 Adobe Photoshop 和 GIMP 等平台的出现，这些平台提供了创建和编辑复杂的 2D 图像的功能。

12. 专为移动设备量身定制的 2D 设计

2010 年至今：智能手机和平板电脑的广泛使用迎来了新的 2D 设计浪潮，在设计上重点关注紧凑屏幕的图标和图像。

13. 尖端的数字艺术

2010 年至今：先进的工具、软件和设备，如手写笔和平板电脑，使艺术家能够重新定义 2D 艺术的可能性。

有关设计和用户体验的基本原则是在 2D 时代确立的，这是一个以创新和实验为标志的时代。虽然当前的数字景观以 3D 视觉效果和沉浸式体验为主要特征，但 2D 时代的重要性依然深远。世界各地的动画师、设计师和创作者仍然受这一时期的美学和经验的影响。2D 时代丰富的视觉语言为 3D 领域的后续发展提供了灵感的源泉。

8.2.4　当代数字景观——3D 图形的主导地位

不断前进的数字发展长卷展示了从 2D 到 3D 图形的转变，这是当代创新的基石。从 2023 年的视角来看待这一转变，可以对技术的前进动力进行令人着迷的探索。

追溯 3D 的起源，让我们回顾过去，20 世纪 60 年代，伊万・萨瑟兰开发了机器人绘图员（Sketchpad）系统，这成为真正照亮 3D 前沿的灯塔。在接下来的几十年，CATIA 等工具不仅出现了，而且主导了各个行业，尤其是航空航天和汽车行业。

2023 年，3D 技术的发展已经呈现出巨大的变革潜力，Grand View Research 曾预测：2023 年 AR 市场规模将飙升至惊人的 900 亿美元，而 VR 也不甘落后，有望突破 500 亿美元大关。2024 年，这一趋势得到了进一步的加强和扩展。AR 和 VR 技术在娱乐行业的应用得以进一步扩展，市场规模持续增长。特别是在 AR 领域，中国 AR 出货量达到 24 万台，同比增长 133.9%，预计中国 AR 市场规模增速将高达 101.0%。科技巨头和手机厂商如 Meta、苹果公司、小米等都在 AR 领域积极探索，共同推动市场的发展。

就视频游戏这个已经拥有丰富 3D 开发的行业，2024 年，中国游戏市场实际销售收入为 1472.67 亿元，同比增长 2.08%，用户规模首次突破 6.7 亿人大关，达到 6.74 亿人；自主研发游戏在海外市场的实际销售收入达到了 85.54 亿美元，同比增长 4.24%。

曾经受制于传统方法论的教育行业在 2024 年以新的活力拥抱 3D。3D 技术在教育领域的应用进一步得到扩展。科大讯飞发布了《2024 智能教育发展蓝皮书——生成式人工智能教育应用》，探讨了生成式人工智能（GenAI）在教育中的应用，这表明 3D 技术结合 GenAI 在教育领域的应用正在不断深化。

在技术前沿，Value Market Research 的报告预测，全球 3D 技术市场规模从 2021 年的 2.3527 亿美元，到 2028 年将增长到近 723.17 百万美元，复合年增长率为 17.4%。报告还提到，基于 3D 技术的产品在娱乐、医疗保健、航空航天等多个应用领域非常受欢迎。

总而言之，从 2D 到 3D 图形的旅程虽然在几十年前就已经开始，但在 2024 年出现了重要的里程碑。随着这一年的种种技术交织在一起融合发展，3D 叙事强调了其不断扩大的影响力，在我们复杂的数字世界中将虚拟和现实领域无缝地融合。

8.2.5　3D 成像简史

1. 3D 成像发展历程

以下时间线简要介绍了 3D 成像的发展历程，重点介绍了其里程碑和重大发展。多年来，该技术在复杂性和功能上不断增强，成为娱乐、游戏、医疗成像甚至人工智能应用不可或缺的一部分。

（1）截至 20 世纪 60 年代——立体视觉出现

① 1838 年：查尔斯 · 惠斯通提出了立体视觉的概念。尽管该概念早于 20 世纪，但这是理解 3D 成像基本的一步。

② 1950—1960 年：3D 电影热潮出现。浮雕图像是由两个稍微偏移的图像组成的图片，通过双色眼镜观看可以产生深度感。

（2）20 世纪 70 年代——计算机生成 3D 图形诞生

① 1972 年：犹他大学创建了犹他茶壶，这是首批由计算机生成的 3D 模型。

② 1976 年：第一款 3D 视频游戏 *Spasim* 被开发出来，这款游戏具有线框 3D 图形。

（3）20 世纪 80 年代——3D 软件和渲染兴起

① 1982 年：电影《电子争霸战》（Tron）上映，画面中采用了一些最早的 CGI 图像。

② 1986 年：皮克斯发布了短片《小台灯》（*Luxo Jr.*），展示了先进的 3D 动画功能。

③ 1988 年：光能传递（Radiosity）被引入，这是一种 3D 计算机图形

学中的全局照明算法。

（4）20 世纪 90 年代——3D 图形和 VR 得到扩展

① 1992 年：电影《天才除草人》（*The Lawnmower Man*）使主流观众初次了解到 VR 的概念。

② 1995 年：电影《玩具总动员》（*Toy Story*）上映，这是第一部完全使用 CGI 制作的长片。

③ 1999 年：NVIDIA 推出了 GeForce 256，此显卡被誉为世界上第一款“GPU”，可加速 3D 图形渲染。

（5）2000 年——3D 成像成为主流

① 2001 年：微软推出 Xbox 游戏机，该款游戏机具有强大的 3D 渲染功能。

② 2005 年：谷歌地球发布，该软件利用卫星图像提供全球各地的 3D 图像显示。

③ 2009 年：由詹姆斯·卡梅隆执导的电影《阿凡达》（*Avatar*）上映，为 3D 电影树立了新标准。3D 电视和 3D 蓝光播放器开始进入市场。

（6）2010 年——AR 和 VR

① 2013 年：VR 头显 Oculus Rift 在 Kickstarter 众筹活动取得成功后广受欢迎。

② 2016 年：AR 游戏 *Pokémon Go* 引起轰动，将 AR 推向主流受众。

③ 2018 年：苹果公司推出 ARKit，使开发人员能够更轻松地将 AR 融入 iOS 设备的应用程序中。

（7）2020 年——沉浸式体验和实时 3D 成像

① 2020—2021 年：人工智能技术快速进步，生成对抗网络（GAN）和神经辐射场（NeRF）等技术能够创建高度逼真的 3D 场景和图像。

② 2022 年：生成式人工智能获得关注。

③ 2023 年：苹果公司发布了被期待已久的混合现实头显，即搭载

VisionOS 的 Vision Pro，该款头显可以轻松显示 3D 视觉效果以及传统 2D 效果。

2. 制作 3D 图像

3D 视觉创作是一个跨学科领域，随着技术创新的发展，特别是其在动画、游戏、VR 和 AR 等领域的应用，都展现出了非凡的进步。以下是 3D 图像领域所采用的主要方法、相关的软件应用和龙头企业。

（1）制作 3D 图像的方法

① 3D 建模：这是一种使用顶点、边和多边形制作三维对象数学表示的技术。

② 3D 扫描：这种方法是一个捕获现有物体的轮廓和尺寸并将其转换为数字 3D 模型的过程。

③摄影测量：这是一种从以不同角度拍摄的多张照片中提取 3D 形状的技术。

④程序生成：这是一种算法方法，允许自动创建精细且多样化的 3D 模型。

⑤ 3D 渲染 - 后期建模：此方法通过添加光照、纹理和阴影等元素，使 3D 模型在图像或动画中栩栩如生。

⑥数字雕刻：这是一种使用专用软件雕刻和细化 3D 对象的方法，很像黏土建模，不过是在数字空间中进行。

⑦参数化设计：这种方法通过定义设计的某些参数和规则，允许软件根据这些规则自动生成形状。

⑧ NURBS 创建：此方法利用非均匀有理 B 样条这种数学表示形式在计算机图形中设计和描绘曲线和曲面。

⑨基于多边形的设计：此方法通过操纵多边形来制作 3D 形状。这是一种流行的技术，尤其是在视频游戏开发中多有运用。

⑩表面细分：通过这种方法，多边形模型经过细分可以产生更精细、更平滑的表面。

⑪ 布尔操作：该方法通过并集、交集或差集等操作组合多个 3D 形状产生新颖的形式。

⑫ 基于体素的设计：该方法将 3D 结构表示为体积像素或体素网格，类似于 2D 图像中的像素。

⑬ 通过贴图增强细节：位移和凹凸贴图等技术可以在不改变模型几何形状的情况下创建复杂的表面细节外观。

⑭ 反向运动学：此方法主要用于动画设计，可根据所需的最终位置计算关节旋转角度，实现更逼真的运动效果。

⑮ 光线追踪渲染：此方法可模拟光线与物体之间的相互作用，包括反射和折射，以创建超逼真的图形。

⑯ 光能传递照明：这种技术可以模仿光从表面反射的漫射特性，增强环境真实感。

⑰ 立体成像：该方法通过向每只眼睛呈现略有不同的图像来增强深度的感知。

⑱ 通过重新拓扑进行网格优化：重新拓扑通过重新设计现有 3D 模型的网格优化模型来提高效率。

⑲ 2D 图像集成（UV 映射）：这种基本的纹理方法将 2D 图形映射到 3D 模型的表面。

⑳ 通过环境光遮蔽增强深度：此方法可评估场景中每个点的环境光暴露情况，从而增加深度感和维度感。

㉑ 粒子系统模拟：该方法通过控制大量微小实体来描绘复杂的现象，如雾、火花或喷泉。

㉒ 刺激液体和气体：该方法运用流体动力学，将 3D 环境中流体的相互作用和行为进行建模。

㉓ 线细节：这是一种针对线状元素（包括头发、毛皮和草）进行设计和制作动画的技术，可为角色和场景增添真实感。

㉔ 肌肉组织动画：该技术可模拟角色皮肤下肌肉的细微运动和变形。

㉕ 基础设施 3D 模型动画（绑定）：可向模型引入骨骼和运动控制，为动画创造条件。

㉖ 通过烘焙进行细节转移：可将复杂的细节从高细节模型转移到更简单的模型上，有助于纹理、光线和阴影的优化，从而加快渲染速度。

（2）用于制作 3D 图像的著名软件

① Blender：这是一款开源 3D 创建套件，可满足 3D 设计方面从建模到渲染的广泛需求。

② Autodesk Maya 和 3ds Max：为 Autodesk 开发的著名软件，两者都是 3D 建模、动画和渲染的行业标杆。

③ ZBrush：该软件是一款专业的数字雕刻软件，为复杂的 3D 设计提供了直观的平台。

④ Cinema 4D：该软件因其用户友好的界面而受重视，软件提供了强大的 3D 建模和动画工具。

⑤ Rhino：该软件以其强大的曲面建模功能而闻名，常用于工业和建筑设计。

⑥ Agisoft Metashape：这是一款进行摄影测量处理的领先软件。

⑦ Unity 和虚幻引擎：这两个平台除了主要用作游戏引擎之外，还被用作 3D 设计和渲染工具。

⑧ Mudbox：这是 Autodesk 开发的 3D 雕刻和绘画软件，主要用于创建高度详细的纹理和有机模型。

⑨ Modo：这是一款由 Foundry 开发的多功能 3D 建模、纹理和渲染工具，其以用户友好的界面和强大的建模功能而闻名。

⑩ Houdini：Houdini 由 SideFX 开发，是一款基于程序的 3D 软件，因其强大的动态、效果和模拟功能而备受好评。

⑪ SketchUp：SketchUp 最初由 @Last Software 开发，后来被天宝

（Trimble）导航公司收购，它是一款直观的 3D 建模程序，被广泛应用于建筑可视化、室内设计和土木工程领域。

⑫ Revit：该软件由 Autodesk 开发，主要为建筑信息模型（BIM）量身定制。对于建筑师和建筑专业人士来说，应用它进行设计和管理建筑项目至关重要。

⑬ LightWave 3D：这是一款提供建模、动画和渲染功能的综合性软件，已被应用于各种电影、电视节目和游戏中。

⑭ Octane Render：这是由 OTOY 推出的一款基于 GPU 的云渲染软件，以提供高质量的实时场景渲染而闻名。

⑮ Maxon Redshift：这是一款流行的 GPU 加速渲染器，以其速度和效率而闻名。

⑯ Substance Designer 和 Substance Painter：这两款软件由 Allegorithmic（现属于 Adobe）开发，这些工具可专门用于创建和绘制 3D 纹理。

⑰ Marvelous Designer：该软件专为创建 3D 布料模拟和设计虚拟服装而定制。

⑱ KeyShot：这是一款实时光线追踪和全局的照明软件，用于创建 3D 渲染和动画。

⑲ VRay：VRay 由 Chaos Group 开发，是一款高性能渲染器，兼容 SketchUp、3ds Max、Blender 等主流 3D 软件。

⑳ Fusion 360：这是一款由 Autodesk 推出的产品，它将 CAD、CAM 和 CAE 集成在基于云的统一平台中，非常适合产品设计和制造。

㉑ Poser：这是一款针对人体 3D 建模而优化的 3D 计算机图形软件，以提供即用型人体模型而闻名。

㉒ 3D Coat：这是一款专门提供体素雕刻、UV 映射、纹理绘制和重新拓扑功能的软件。

㉓ Sculptrix：这是一款适合初学者使用的数字雕刻软件，可充当

ZBrush 等软件的入门平台。

㉔ Vue：这是一款用于创建、动画制作和渲染自然 3D 环境的软件，通常用于创建风景和远景环境。

㉕ DAZ Studio：这是一款专为创建 3D 人物并制作动画而设计的软件，以其庞大的预制角色库而闻名。

㉖ Carrara：这是一款功能齐全的 3D 软件套件，可提供建模、动画和渲染功能。

（3）3D 成像领域的知名公司

① Autodesk：该公司是 3D 设计、工程和娱乐软件市场的巨头，是 AutoCAD、Maya 和 3ds Max 等工具的幕后推手。

② Adobe：Adobe 主要以 2D 设计工具产品闻名，现已通过 Dimension 等工具涉足 3D 领域，并收购了 Allegorithmic（Substance Designer 和 Substance Painter 的开发公司）等公司。

③ Maxon：该公司是 Cinema 4D（一款流行的 3D 建模、动画和渲染软件）的制造商。

④ SideFX：这是高端视觉效果和 3D 建模软件 Houdini 背后的公司。

⑤ Foundry：该公司是 Modo 和其他后期制作工具的开发商。

⑥ Blender Foundation：该公司负责管理 Blender 这个功能强大的免费开源 3D 内容创建套件。

⑦ Chaos Group：该公司是 V-Ray 渲染软件的创建方，该软件可与各种流行的 3D 工具集成。

⑧ OTOY：该公司开发了 Octane Render，这是一款流行的 GPU 加速云渲染器。

⑨ Pixologic：这是领先的数字雕刻工具 ZBrush 背后的公司。

⑩ Unity Technologies：该公司是 Unity 的制造商，Unity 是一款被广泛用于 3D 游戏开发和模拟以及其他应用程序的游戏引擎。

⑪ Epic Games：该公司以虚幻引擎而闻名，是游戏开发和实时 3D 内容创建领域的主要参与方。

⑫ Dassault Systèmes：这是 SolidWorks 和 CATIA 的开发公司，这两款软件都被广泛应用于工业设计和工程领域。

⑬ Trimble：该公司是 SketchUp 的所有者，SketchUp 是一款易于使用的 3D 建模工具，在建筑可视化领域很受欢迎。

⑭ ANSYS：该公司专注于工程仿真技术的研发，其软件多被用于预测产品设计在现实环境中的表现。

⑮ NVIDIA：除了图形硬件之外，NVIDIA 还深入参与 3D 行业，开发 RTX 光线追踪和 AI 驱动工具等技术。

⑯ McNeel & Associates：该公司是 Rhino 的开发商，Rhino 是一款使用 NURBS 数学建模来生成精确图形的设计软件。

⑰ Luxion：这是实时 3D 渲染和动画软件 KeyShot 背后的团队。

⑱ CLO Virtual Fashion：该公司是 3D 服装设计软件 Marvelous Designer 的创客。

⑲ Reallusion：该公司开发实时 2D 和 3D 动画工具，如 Character Creator 和 iClone。

⑳ Matterport：该公司专门根据现实环境创建 3D 空间数据，通常用于房地产和建筑可视化领域。

㉑ Agisoft：该公司以其摄影测量软件而闻名，所创建的 PhotoScan（现在更名为 Metashape）多用于处理数字图像以生成 3D 空间数据。

㉒ NewTek：该公司是 LightWave 3D 的开发者，LightWave 3D 是一款用于建模、动画制作和渲染的软件。

㉓ Geomagic：该公司提供了一套用于逆向工程、产品设计和质量控制的 3D 成像解决方案。

㉔ Mapbox：该公司虽然以地图解决方案而闻名，但同时也提供利用

3D 空间数据的工具和 SDK。

㉕ Enscape：该公司提供实时 3D 可视化和 VR 工具，可满足建筑和城市规划需求。

8.2.6　生成式人工智能——数字设计的下一个飞跃

在 21 世纪的技术复兴中，生成式人工智能作为一股变革力量脱颖而出。我们不仅正处于增强聊天引擎的时代转折点，而且正迎来突破性的计算进化技术，接下来将深入研究生成式人工智能在视觉方面的能力和潜力。

1. 生成式人工智能现在可以为视觉做什么

人工智能技术的加速发展和变革从其在整个商业领域的采用率显著上升即可看出。这种激增不仅限于试图在这个竞争领域占据一席之地的新兴初创企业，就连成熟的行业巨头也在将生成式人工智能方法整合到其运营结构中并取得了重大进展。在这些尖端的人工智能技术中，生成对抗网络（GAN）和 Transformer 模型脱颖而出。GAN 因具备生成类似于给定训练数据集的新数据实例这一独特能力而获得了相当多的关注。这一功能开启了一系列不同的应用，从图像生成到提升数字媒体质量、创建逼真的视频游戏环境，甚至在高级研究领域也有所应用。因此，企业正在积极探索和利用 GAN 的潜力来推动创新并在各自的行业中获得竞争优势。Transformer 是一种深度学习架构，最初用于 NLP 和对话式 AI，如聊天机器人和数字助理，但现在已被证明能够执行文本到图像的生成任务，如 OpenAI 的 DALL-E 对该架构的应用。DALL-E 2 应用 3DALL-E 没有采用的扩散模型。扩散模型拥有能够消除噪声并破译图像底层结构的潜在变量。当这些模型接受训练以理解图像中描述的抽象概念时，它们就获得了为同一图像生成一系列新变体的非凡能力。

今天，我们看到了生成式人工智能的首次使用——ChatGPT、GPT-4、Stable Diffusion、Claude、Bard 和 Ernie，以及许多写作和其他工具。截至

2023年8月，Futurepedia.io网站上已列出约4 600个工具。向OpenAI和Stability AI等公司投入数十亿美元的投资者并不是为了获得一个会出现大量错误的聊天引擎。那么，这些投资者投资的是什么？

投资者投资的是一种完全不同的计算方式——类似于《星际迷航》的全息甲板，而不是微软的Windows。这样的全息甲板将由潜在的数十个生成式人工智能提供支持。什么是生成式人工智能？这是人工智能的一个分支，即使用无监督学习算法和人工输入文本提示来创建新的虚拟照片、视频、文本、代码或音频。无监督学习可以识别数据中以前未知的模式。生成式人工智能目前可以创建2D和3D静态图像，并将现有2D视频转换为新视频（使用Runway的Gen-1软件）。不久之后，生成式AI将能够仅根据文本提示便可创建可供消费者使用的长格式2D和3D视频。目前使生成的人工智能视频能够进行流式传输的研究正在进行。

2. 了解AI中3D生成面临的挑战

与使用像素网格直接描述的2D数据不同，3D模型包含点云、体素网格或多边形网格。这就需要人工智能掌握深度、结构和方向等概念——与2D表示相比，这是一项艰巨的任务。

（1）模糊性的障碍

①从文本到3D：诸如“带垫子的木椅”之类的描述可以通过多种方式直观地表示出来。人工智能必须从无比广泛的描述中辨别出细节，这是一项极其复杂、十分艰巨的任务。

②从图像到3D：2D图像仅提供一个视点，而图像中不可见的部分为推断3D图形带来了挑战。深度感知、遮蔽和透视进一步增加了技术的复杂性。

③从视频到3D：视频虽然通过帧来提供不同的视角，但也带来了一系列挑战。快速运动、光线变化和模糊等因素可能会掩盖对象真实的3D特征。

（2）训练数据资源强度

充分训练GenAI模型，需要大量匹配的训练数据。这意味着每个文本、图像或视频输入都有一个关联的 3D 模型。编译这样的数据集既耗费资源又耗费时间。

（3）高计算要求

3D 模型，尤其是精细模型的创建需要大量的计算资源。处理 3D 空间中的数百万个数据点并做出相应决策是资源密集型的任务。

（4）评估人工智能输出面对的挑战

虽然 2D 图像可以通过视觉进行评估，但 3D 模型需要在多个方面加以审查，包括几何形状、空间连贯性、纹理等方面。

（5）在现实世界中的使用限制

对于 VR、游戏或建筑可视化等应用，3D 输出不仅应该准确，还应该在实时渲染方面进行优化，保持细节和计算效率之间的平衡。

（6）对交互系统的需求

一个有望成功处理固有模糊性的途径是设计交互式人工智能系统。用户可以反馈或调整他们的输入，但创建此类系统会带来用户界面设计、实时模型生成和迭代细化方面的挑战。

3. NVIDIA 的一项非凡突破

NVIDIA Omniverse 团队探索了 GPT-4 多模式模型和 ChatGPT 的功能。他们的目标是简化 3D 数字资产的创建过程，将 GPT-4 与 Omniverse 的人工智能工具 DeepSearch 进行配对，DeepSearch 可以搜索大型 3D 资产数据库，甚至是那些没有明确标签的数据库。此次配合创建了一个扩展工具，让开发人员和艺术家可以使用文本命令轻松获取和集成 3D 资源。

该扩展工具名为“AI Room Generator”，凸显了生成式人工智能在数字设计中的力量。用户可以通过一些文本提示快速生成并放置高质量的 3D 实体。此外，这些资产符合通用场景描述（USD）SimReady 标准，确保它们在模拟中既具有视觉相关性又具有物理准确性。

至于其他突破，OpenAI、Stability AI、Anthropic、Cohere、Midjourney

和 Runway 等公司都是有望向 3D 生成视觉发展的公司。在计算能力的进步、创新算法和不断扩大的多样化训练数据池的推动下，生成式人工智能领域正在不断发展。随着这些模型变得更加灵敏和善于解读 3D 场景的细微差别，可以预见处理 3D 可视化的方式将发生更多的变革。

此外，3D 艺术家、人工智能专家和其他领域专业人士专业知识的融合正在为技术创新培育肥沃的土壤。此类合作旨在增强人工智能的能力，最大限度地减少不同输入中的歧义，并确保创建功能强大且美观的 3D 模型。

促进人类与人工智能协同作用的工具背后也出现了蓬勃发展的势头，以确保输出符合艺术构想和实际需求。这种协作精神证明了人们对于人工智能在 3D 创作领域大有潜力的信念。

回顾这些积极的趋势，很明显，GenAI 不仅有望应对 3D 可视化面临的挑战，还将重塑从娱乐、游戏到建筑设计等行业。在不远的将来，人工智能与 3D 可视化的无缝集成有望释放前所未有的机遇，并重新定义数字创意的边界。

4. 元宇宙转型——多方面的影响

3D 成像是元宇宙的核心，其为元宇宙提供了用户所追求的复杂性、丰富性和逼真的深度技术支持。正是这项技术将虚拟空间转变为令人信服的现实世界复制品，甚至是全新的想象场景。通过嵌入无比生动的细节和真实感，3D 成像跨越了数字鸿沟，它所提供的元宇宙体验不仅是虚拟的冒险，更是现实的丰富连续体，在发现和创造力方面充满无限可能性。

以下将通过明确的示例来探索 3D 成像如何改变元宇宙。

（1）个人外表和生活方式

①个人化身和数字表示：在元宇宙中，用户可以使用 3D 成像生成与自己极其相似的化身完成想要完成的任务。该技术可以进一步为个人用户开发“数字孪生”。当有人想要体验时尚时，可以看到一个实际的应用，让他们可以虚拟地试穿不同的服装，反映出服装在真实体格上呈现的效果。

②虚拟时装表演和数字试衣间：在元宇宙中，设计师可以在动态时装表演中展示他们的系列产品。与会者可以使用通过 3D 成像微调的化身来反映他们的实际体格，从而体验数字服装试穿。

③化妆品和时尚化妆工作室：用户可以进入数字沙龙，在那里他们可以在自己的化身上尝试不同的发型、妆容或时尚配饰，所有这些都可以通过 3D 成像准确呈现，然后用户再在现实世界中做出选择。

（2）专业协作和工作空间

①协作虚拟工作空间：企业界可以利用元宇宙组织虚拟会议，特别适用于人工智能和技术咨询等领域。大家可以想象一个在会议中展示产品 3D 原型的场景，来自不同地点的与会者可以聚集在这个虚拟空间中，与原型交互并提供即时反馈。

②虚拟建筑和房地产创新：元宇宙中潜在的房地产投资者或买家可以从 3D 成像中受益。建筑师可以通过创建精细的 3D 结构复制品来展示虚拟房产，让参观者能够浏览这些空间以获得全面的了解。

③虚拟电影布景和制作工作室：电影导演和制作人员可以探索和定制使用 3D 成像创建的虚拟布景。这将使他们在实际制作开始之前就能够规划场景、摄像机角度和布景设计。

（3）数字商务和消费者体验

①革命性的虚拟商务：元宇宙内的电子商务领域经历的重大变革是购物者可以体验 3D 产品演示并与之互动，而不只是看静态产品图像。有形的应用程序可以是虚拟家具陈列室，购物者可以在其中查看椅子的 3D 图像并与其交互，还可以将其与其他物品进行虚拟排列。

②车辆和飞机陈列室：展示汽车或飞机 3D 图像的虚拟大厅对于车辆和航空爱好者可谓一种享受。他们不仅可以查看最新模型的细节，还可以模拟驾驶汽车或飞行模型的体验。

③个性化家居装饰和室内设计研讨会：室内设计师可以参观虚拟家居

空间，让客户实时将装饰元素、家具或配色方案可视化并进行调整，所有这些都可通过3D成像实现。

（4）游戏、娱乐和社交活动

①提升游戏和虚拟娱乐体验：游戏创作者可以结合3D成像来开发极其详细的游戏设置和逼真的角色。开发人员通过扫描现实世界的场景，如茂密的森林或历史遗迹，可以让玩家沉浸在这些栩栩如生的环境中，为玩家提供无与伦比的游戏体验。

②音乐创作空间和虚拟音乐厅：音乐家可以带领歌迷进入数字录音室，里面的每件乐器和设备都通过3D成像进行渲染。歌迷可以参与旋律创作过程，或者观看具有真实音响效果和舞台设计的虚拟音乐会。

③冒险挑战和元宇宙逃生室：通过利用3D成像，企业可以设计引人入胜的逃生室或冒险任务。以保证用户面对错综复杂的环境和谜题，能体验到充满挑战和逼真的解迷式冒险。

④用于聚会和活动的社交数字空间：尽管人们在地理位置上有距离，但可以聚集在数字公园或咖啡馆等虚拟场所，并使用3D成像实现。这些环境非常适合数字盛宴、游戏之夜或简单的闲聊等活动。

⑤元宇宙舞蹈和表演艺术工作室：舞者和表演者可以使用虚拟空间进行教学、练习，甚至主持表演。工作室的周围环境、乐器甚至氛围都可以使用3D成像来打造，以实现高度互动和动态的体验。

（5）教育和培训

①教育平台和沉浸式培训：3D成像可以改变元宇宙中教育模块的游戏规则。设想一个医学培训课程，学生可以深入研究人体的3D表示，以此方式提升实践学习体验。

②古生物学和考古挖掘：3D成像可以为爱好者创建基于真实考古地点的虚拟挖掘地点。这些数字地面允许爱好者探索和研究古代遗迹或化石实体，为用户提供可以亲身实践的历史探索。

③手术模拟和现场 3D 渲染：在手术领域，3D 成像的集成标志着突破性的飞跃。通过这项创新，外科医生可以在实际开始展开手术之前对患者的身体内部结构进行精确的 3D 描绘。这种复杂的视觉模型可充当患者体内或目标手术区域的“数字双胞胎”。

④通过虚拟犯罪场景进行法医培训：3D 成像有助于在元宇宙中创建能反映详细情况的犯罪场景，用以培训法医学生或专业人员。这种受控的设置非常适合用来磨炼调查技能或处理模拟案件。

⑤ 3D 书籍叙述和故事探索：作者和出版商可以创建交互式书籍体验，让读者穿越故事的 3D 景观、遇见人物并探索场景，为读者提供更加令其身临其境的阅读体验。

⑥虚拟烹饪研讨会：烹饪爱好者可以参加虚拟烹饪课程，在课程中可以使用食材和工具的 3D 图像。当专业厨师在蔬菜或肉块的 3D 图像上演示一项技术时，参与者可以与虚拟同伴们模仿这些动作。

（6）文化和历史保护

①文化的数字保存：元宇宙可以使用 3D 成像作为具有历史意义的遗址和文物的存储库。即使实际地点已随着时间的流逝毁坏，为其精心制作的 3D 再现仍将为后人所用。

②元宇宙中的博物馆和数字艺术画廊：用户可以穿越博物馆或画廊，其中的展品，无论是古代文物还是灭绝物种，都通过 3D 成像精心再现。这提供了与全球的宝藏进行无风险、近距离互动的机会。

③历史重演和时光旅行：用户可以走进不同的时代，从古代文明到重大历史事件，所有这些都通过 3D 成像精心重建。这可以作为一种教育工具，或者只是一种亲身体验历史的沉浸式方式。

（7）探索和旅游

①太空航行和天文之旅：借助 NASA 等机构的 3D 扫描，用户可以进行虚拟太空旅行。用户可以在火星地形上漫步，或者根据现实世界中的任务

数据进行深空冒险。

②虚拟游览和旅游：世界著名的景点，无论是埃菲尔铁塔还是马丘比丘，都可以通过3D成像在元宇宙中呈现。用户可以踏上数字旅程，无须亲自前往即可欣赏这些地标建筑的辉煌。

③虚拟水下探险：深入数字海洋，穿越3D复制的珊瑚迷宫、水下洞穴或古船遗迹。这使得海洋生物学家和海洋爱好者能够不受物理深度或设备的限制而进行探索。

（8）创意和艺术事业

①艺术数字创作和会议：在元宇宙中，艺术家可以使用3D图像艺术用品举办研讨会。与会者可以近距离目睹艺术创作，与主持人一起操纵3D材料进行绘画、雕刻或手工制作。

②虚拟现实新闻和实地报道：记者可以从现实世界事件或地点的虚拟复制品中转播新闻报道，使观众能够虚拟地“身处”现场，更深入地了解背景和事件。

（9）体育、健康和体育活动

①运动训练和模拟：运动员可以访问虚拟训练场，该训练场是真实运动场馆的3D复制品。这个数字空间可以作为练习、制定策略或复制与对手比赛的基地。

②数字治疗和虚拟治疗中心：在元宇宙治疗环境中，患者可以接受由医生监督的康复课程训练。通过3D成像打造的逼真工具和环境有助于锻炼或接受治疗方案。

5. 自然、农业和环境研究

（1）与植物相关的虚拟企业：使用实际植物区系的3D扫描，可以建立数字森林或花园。无论您是植物学学生、研究人员还是单纯的爱好者，都可以在这些数字绿色空间中研究植物形态或模拟种植过程。

（2）虚拟农场和数字农业企业：利用3D成像，虚拟农场变得栩栩如生，为研究人员或农业爱好者提供了与农作物、工具和牲畜互动的机会。这种方式提供了一个用以模拟农业实践或深入研究农业研究的沙盘。

未来的数字景观将受 3D 成像集成的深刻影响，元宇宙中尤其明显。3D 成像的应用广泛，影响着我们日常生活的方方面面。无论是改变专业领域、丰富个人经历，还是为深入探索和学习创造条件，3D 成像都发挥着关键作用。

8.3　化身创作

为虚拟世界设计化身需要融合艺术设计、技术技能和对社会规范的理解。元宇宙本质上是一个巨大的共享数字领域，诞生于增强现实和沉浸式数字环境的融合。作为我们的数字对应物，数字化身的重要性提高了。让我们深入研究为元宇宙制作这些化身的多方面的程序和考虑因素。

8.3.1　设想和蓝图

1. 化身的角色：确定化身充当的是个人的数字孪生、富有想象力的角色还是想法的代表是第一步。

2. 设计起源：灵感可以产生于多种来源，如神话、现代媒体、历史事件或个人叙述。

3. 初步设计：在深入研究 3D 之前，可首先用 2D 草图设计出虚拟形象外观的基本框架。

4. 迭代反馈：从潜在用户或其他利益相关者处收集意见对于完善化身的概念设计非常有价值。

8.3.2　在 3D 中制作化身

1. 选择工具：根据角色的复杂程度，设计师可能会使用 Blender、

ZBrush 或 Maya 来刻画模型，或使用 GenAI 来创建模型。

2. 形成网格：在这一步，2D 概念转变为 3D 形状。

3. 将网格细化：特别是对于有约束的平台，确保 3D 模型多边形结构精简至关重要。

8.3.3 表面细节和反射特性

1. 纹理实现：通过 UV 映射将 3D 模型展平为 2D 平面，艺术家可以有效地添加颜色或图案。

2. 纹理制作：Substance Painter 等工具可用于设计复杂的表面细节。

3. 光交互：通过添加阴影，设计师设定化身的表面如何反射或吸收光，从而赋予化身以独特的外观。

8.3.4 运动与生命注入

1. 运动框架：通过添加“骨架”，艺术家赋予模型运动的能力。

2. 定义运动影响：权重绘制通过指定模型的哪个部分与哪个“骨骼”一起移动，确保化身自然地移动。

3. 赋予生命：化身可以配备预设动作，也可以被制作为与自定义动画兼容模式。

8.3.5 加入元宇宙

1. 微调：化身的形式或纹理细节可能需要调整，具体取决于使用位置。

2. 启动：定制化身，随后使化身加入所需的元宇宙环境。

3. 实时交互：许多平台针对化身提供实时功能，如语音调制或富有表现力的面部动作。

8.3.6　社会和文化层面

1. 普遍吸引力：制作符合不同体型、种族背景并具有包容性的化身。

2. 避免隐患：避免潜在的文化成见并确保尊重所有群体是绝对必要的。

3. 用户定制：为个人提供修改化身的工具，增强个人联系和沉浸感。

8.3.7　AI 与虚拟角色的交集

1. 自动动作：人工智能算法可以自发地创建逼真的面部表情和动作。

2. 智能伙伴：下一代化身可能兼任人工智能助手，根据用户习惯和偏好而变化。

3. 不断进化的化身：先进的人工智能可以使化身根据其互动经历而成长和调整。

为虚拟世界制作化身是一门不断发展的艺术，要使其因技术进步而变得更加丰富。当人工智能与这些数字角色融合时，它们从单纯的表示转变为能够在元宇宙中交互、进化和提供帮助的智能实体。

8.3.8　生产化身的实体

生成式人工智能，尤其是对 GAN 的运用，预示着数字设计的新时代来临，特别是在虚拟化身、角色和其他视觉表现形式的创建方面。以下是一些在生成式人工智能的强大支持下开始支持虚拟化身合成的著名实体和方式。

1. 苹果公司的 Vision Pro visionOS：2023 年 6 月苹果公司刚刚公布，visionOS 可以使用神经网络创建超现实的化身，以便在 Facetiming 期间使用。

2. Artbreeder：Artbreeder 运用 GAN 为个人和合作创作图像提供了一个平台。该平台受到艺术家、游戏开发者和插画家的广泛赞赏，他们可在此平台创建独特的化身。

3. Epic Games 出品的 MetaHuman Creator：MetaHuman Creator 是一款云端流动的复杂应用程序，旨在提升实时数字人类的真实感并能高度还原其细节。该工具融合了包括人工智能在内的生成技术，使其成为电影制作人、游戏开发人员和艺术家的首选。

4. OpenAI 的 DALL-E 2：DALL-E 2 因根据文本线索转化生成具体的图像而闻名，在化身生成领域拥有巨大潜力。可通过文本输入描绘化身的特征并能让 DALL-E 呈现出视觉对应物的生成方式确实具有开创性。

5. Ready Player Me：这个前卫的平台使用户能够设计适合虚拟生态系统以及 VR 和 AR 体验的定制 3D 化身。Ready Player Me 将人工智能与面部识别相结合，可以将随意的自拍照转变为复杂的 3D 角色，为沉浸于数字世界中做好准备。

6. DAZ 3D：DAZ 3D 著名的 Genesis 平台被广泛用于 3D 化身生成方面。随着最近的更新融入人工智能，该平台提供了增强的真实感和变形功能。

7. NVIDIA：NVIDIA 是 GAN 研究领域的领导者，其 StyleGAN 系列为高质量图像生成奠定了基础。尽管 NVIDIA 并不直接将化身商业化，但许多第三方解决方案都依赖于该公司的基础研究。

8. Toonify：Toonify 专门利用 StyleGAN 的功能将标准照片转换为卡通风格的化身。

9. Runway：Runway 提供了包括 GAN 在内的各种工具，用于创造性的尝试。其用途广泛，可满足化身创建、风格调整等需求。

10. Loom.ai：Loom.ai 专注于将 2D 照片转换为动画 3D 化身，将彻底改变数字分身的概念。该公司开创性的方法利用深度学习，从单个或多个快照中推断 3D 面部动态和细微差别，其潜在的应用范围可以从沉浸式游戏到虚拟模拟。

11. Synthesia：使用 Synthesia，用户可以生成视频和虚拟化身。用户只需输入文本，人工智能就会创建一个视频，其中所选的虚拟化身会传达该文本。

12. 加密化身：随着区块链和加密收藏品领域的扩展，GAN 可塑造独一无二的化身，这些化身可以在去中心化平台上进行交易和持有收藏品。这些数字角色不仅可以作为独特的加密身份，而且可以作为通往蓬勃发展的虚拟经济的门户。

13. This Person Does Not Exist：这个受欢迎的网站基于 NVIDIA 的 StyleGAN 而创建，网站每次刷新时都会生成一个虚构人物的全新高分辨率图像，凸显了 GAN 在化身创建方面的潜力。

14. DeepArt：DeepArt 不仅是一个化身创造工具，还可以采用神经网络进行艺术转换，可将图像转换为模仿著名画家或用户指定风格的艺术品。

15. Latitude 的 AI Dungeon：AI Dungeon 运用 GAN 为其交互式文本冒险游戏制作角色和场景。

16. OpenAI 的 ChatGPT 化身：OpenAI，ChatGPT 背后的实体，已经尝试使用 GAN 生成虚拟助理化身，以增强用户交互和体验。

17. Meta 的名人数字助理：Meta 最初涉足化身领域，但由于化身形象过于简单而遭受嘲笑。然而，2023 年 9 月，Meta 宣布已招募帕丽斯・希尔顿、吉米・唐纳德森（Mr.Beast）和肯达尔・詹娜等名人作为数字助理的代言人。值得注意的是，Meta 计划首先通过选定的企业测试用户创建自己的数字助理充当化身的能力，然后再考虑更广泛地推广。

8.4　二维集成

元宇宙代表了数字增强的物理现实与交互式虚拟空间的融合。为了使元宇宙无所不能，必须将视频、图像和文本等传统 2D 数字内容无缝融入主要的 3D 环境中。

8.4.1 为什么二维集成至关重要?

2D 集成是现代数字世界的关键要素，在元宇宙中尤其如此。2D 集成将大量现有 2D 内容与新的 3D 环境连接起来，在简单的内容创建和沉浸式体验之间架起了一座桥梁。2D 集成可以提供一种连接不同数字格式的便捷方式，这对于塑造技术的未来至关重要，展示了其持续的重要性和实用价值。

1. 遗产和历史相关性：鉴于历史数据、媒体和教育资源等包含大量 2D 内容，不必将所有内容都转换为 3D 便可在元宇宙中访问这些内容至关重要。

2. 2D 内容创建更简单：尽管创建 3D 内容变得越来越容易，但 2D 内容仍然是普通用户最容易访问的媒介，尤其是文档、简单的视觉素材和演示文稿。

3. 结合多媒体维度：设想参加一场基于元宇宙的虚拟音乐会，在音乐会中，2D 视频在 3D 空间内的虚拟屏幕上播放，以此方式提供多维体验。

8.4.2 技术手段促进整合

创新技术促进了元宇宙中 2D 内容与 3D 空间的融合，其中包括模仿现实屏幕的虚拟显示机制、用于将 2D 图像投影到实际表面上的 AR 覆盖层，以及允许在 3D 环境中进行触觉交互的触摸感应交互板。这些技术共同弥合了传统媒体和沉浸式虚拟世界之间的差距。

1. 虚拟显示机制：一种简单的方法是使用 3D 元宇宙中的虚拟屏幕来显示 2D 内容，模仿现实生活中的电视或计算机显示器。

2. 用于与现实世界融合的 AR 叠加：在与现实世界重叠的元宇宙区域中，2D 内容可以投影为 AR 叠加的形式，比如，使用 AR 眼镜，可以在实际的墙上呈现 2D 视频。

3. 触摸感应交互式板：2D 内容可以通过 3D 空间中的交互式触摸板来

提供，这一技术允许用户像现实中触摸屏幕一样进行交互。

8.4.3　技术整合中可能存在的挑战

在不断发展的数字内容集成领域，2D 和 3D 内容的融合带来了一些复杂的难题。确保在如元宇宙这样的 3D 环境中访问历史 2D 内容、增强这两个维度之间的交互性以及保持 2D 内容创建的简易性是关键问题。此外，保持沉浸式体验、创新地增加多媒体维度以丰富体验以及设计转换工具等方面的障碍也导致这一集成过程具有复杂性。

1. 保持沉浸感：确保我们所熟悉的 2D 内容不会破坏 3D 空间的沉浸感是一项挑战。

2. 增强 2D–3D 交互性：要想使 3D 环境中的 2D 内容具有响应性和交互性时，会出现技术挑战，比如需要找到用于在 3D 空间中放大 2D 图像的 VR 控件。

3. 开发用于转换的实用程序：虽然并非所有 2D 内容都需要经过 3D 转换，但对促进这种转换的工具的需求激增，特别是动态内容转换工具方面。

8.4.4　AI 在与元宇宙建立联系中所起的作用

在塑造不断发展的元宇宙的过程中，人工智能发挥着至关重要的作用，凸显出其变革能力。通过简化传统 2D 元素到 3D 元素的转换过程，优化用户和内容之间的交互，并在虚拟世界中提供个性化推荐，人工智能增强了元宇宙的可访问性和活力。这些功能说明人工智能在打造更直观和个性化的虚拟体验方面发挥着不可或缺的作用。

1. 简化 2D 到 3D 转换过程：人工智能算法可以促进将 2D 元素自动转换为 3D 元素，从而最大限度地减少手动输入。

2. 优化用户交互：人工智能可以识别用户行为和意图，优化 3D 环境中用户与 2D 内容之间的交互。

3. 个性化内容建议：人工智能分析2D内容的能力为在元宇宙内进行个性化推荐和修改提供技术支持。

从本质上讲，在人工智能进步的推动下，元宇宙中2D和3D的无缝融合将影响未来虚拟领域在交互性和沉浸式用户体验方面达到何种程度。

8.5 总　结

元宇宙的活力主要由3D成像提供动力，不久的将来，生成式人工智能技术将提供更多的动力。我们探索的空间细节丰富、深度广博，其真实感归功于这些尖端3D技术。但吸引我们的不仅是环境，还有这里的居民。人工智能生成的化身为虚拟空间带来了个性和现实性。这些人工智能生成的化身不仅可以表现出与现实世界相似的一面，还可以加入幻想的表现形式，让用户能够以独特的方式表达自己。

3D提供了令人身临其境的深度，而2D视觉效果则嵌入了重要的背景和导航提示。从本质上讲，广阔的3D景观和人工智能增强的化身其中点缀着2D元素，所有的这些使元宇宙成为既充满探索乐趣又便于用户直观浏览的虚拟世界。

在下一章，即第9章“了解用户体验设计和用户界面设计”中，我们将研究元宇宙中AR和VR的UX设计和UI设计之间的区别；深入研究AR和VR特有的用户关注点，解释这两种媒介在UX和UI方面的差异，并讨论它们在元宇宙中的整体应用。

第 9 章　了解用户体验设计和用户界面设计

在元宇宙中，用户体验（UX）设计和用户界面（UI）设计在 VR 和 AR 中有着明显的不同。在本章中，我们将深入探讨 AR 与 VR 在 UX 设计和 UI 设计方面的差异，分析它们分别引发了用户怎样的关注，并强调这种差异的根本原因所在。随着研究的深入，本章还将揭示 UX 设计和 UI 设计在庞大的元宇宙生态系统中塑造用户整体旅程的总体原则。

在本章中，我们将介绍以下主要内容：

1. UX 和 UI 的含义；
2. 用户对于 VR 和 AR 的关注点有何不同；
3. VR 和 AR 的 UX 和 UI 有何不同；
4. UX 和 UI 如何适用于整个元宇宙；
5. 优秀的 UX 设计和 UI 设计如何极大地提升商业成果。

9.1　UX 和 UI 是什么？

UX 和 UI 都是决定用户与数字平台交互的关键。

UX 涵盖了用户与特定产品或服务相关的全部情感和互动。它不仅关注视觉或交互元素，更是深入用户的整个体验旅程之中，从用户的角度出发，全面评估产品或服务的直观性和用户满意度。

UI 是用户与数字设备或应用程序进行交互的媒介，它包含了所有的视觉元素，如屏幕、图标和按钮，方便用户与相关服务或产品进行互动。

以下介绍 UX 和 UI 的一般特征。

9.1.1 UX（用户体验）

在 UX 设计中，我们通过结合用户研究、创意设计以及迭代测试，打造出与用户行为和需求高度契合的数字界面，包括精心设计用户角色、绘制用户旅程图，以及利用 A/B 测试方法根据现实世界的输入对设计进行微调。在多样化的工具和技术的支持下，UX 设计师能够突破人机交互的错综复杂，创造出既美观又实用的体验，从而提升用户的满意度和忠诚度。

1. 组成部分

UX 设计由多个关键部分组成：通过调研，了解用户需求，再通过线框设计创建界面的框架；接着通过原型测试产品模型，通过用户测试收集反馈，再通过迭代设计对产品加以完善；最后组织信息架构的内容，确保用户在使用过程中获得极佳体验。让我们来详细了解这些组成部分。

（1）研究：这一部分包括了解用户的行为、需求和不满。

（2）线框设计：线框设计是创建界面骨架的过程。

（3）原型设计：原型设计部分要为实现测试目的制作产品模型。

（4）用户测试：用户测试部分要让实际用户使用产品并收集反馈。

（5）迭代设计：迭代设计部分根据收到的反馈不断改进产品。

（6）信息架构：信息架构是合理地组织和结构化内容的过程。

2. 重要性

UX 在设计中至关重要——可以根据用户的需求定制产品，以提高用户满意度和产品可用性。如果缺乏良好的 UX，即使产品功能强大，用户也会望而却步。有效的 UX 可以提高用户的忠诚度并获得更多的推荐。

（1）UX 至关重要，因为它是根据用户需求而量身定制产品，可以提高用户满意度并优化产品的可用性。

（2）缺乏 UX 的产品，无论其功能如何，都会让用户望而却步。

（3）良好的 UX 可提升用户的忠诚度，并获得更多的推荐。

3. 流程和方法

UX 设计的流程和方法主要包括创建用户角色、绘制用户旅程、进行可用性测试以确保用户友好性，以及进行 A/B 测试以优化产品版本。

（1）用户角色：构建代表产品目标受众的人物形象。

（2）用户旅程图：描绘用户与产品的交互过程。

（3）可用性测试：确定产品对真实用户是否友好的方法。

（4）A/B 测试：对比两个产品版本以确定哪个版本更好。

4. 工具和技术

UX 设计依赖于关键流程，用户角色使设计与用户需求保持一致。旅程图揭示了一些不足，可用性测试评估用户友好性。A/B 测试优化产品版本并引起共鸣，这些线索形成了直观的、以用户为中心的体验。

（1）研究工具：如 UserTesting、Google Forms 和 SurveyMonkey。

（2）线框图和原型工具：如 Figma、Axure 和 Balsamiq。

（3）分析工具：如 Hotjar、Google Analytics 和 Mixpanel。

9.1.2　UI（用户界面）

UI 设计是将各种组件动态融合，塑造了应用程序和网站的结构。版面设计部分协调元素的排列，并根据层次结构和美感来设计字体排版。颜色、图形和图像为界面注入情感，按钮和控件引导着用户交互。反馈及动画部分给予用户提示。UI 设计深刻地影响着用户的感知，直观的设计与产品的成功息息相关，而视觉吸引力则影响着用户的情感和选择。诸如 Sketch、Adobe XD 和 Figma 之类的设计工具以及其他原型设计工具为创作过程提供了动力，而 HTML、CSS 和 JavaScript 等编程语言则负责实现视觉效果。

1. 组成部分

UI设计是各个方面协同作用的结果，包括屏幕中组件的布局排列，字体层次的排版与塑造，以及利用色彩唤起情感的深邃艺术。UI中的图形和图像丰富了界面，按钮和控件则实现了顺畅的交互，而反馈和动画有效引导着用户的操作。这些方面结合在一起，可共同打造出引人入胜的用户体验。

（1）布局：在屏幕上排列和组织元素。

（2）排版：即如何利用字体的类型、大小、层次和颜色。

（3）色彩：对于颜色的选择及其在情感上的暗示。

（4）图形和图像：包括增强视觉界面的图标、照片和插图。

（5）按钮和控件：包括下拉列表、复选框和滑块等元素。

（6）反馈和动画：即引导用户进行交互的视觉提示。

2. 重要性

UI对用户体验有着巨大的影响，它巧妙地影响着用户的感知，凭借直觉导向的设计达成目标，同时运用视觉上的吸引力来激发情感并影响用户的决策。

（1）UI深刻影响着用户对应用程序或网站的感知。

（2）具有直观UI的产品更容易获得成功。

（3）UI的视觉吸引力可影响用户的情感和选择。

3. 工具和技术

用户界面设计离不开各种工具，Sketch、Adobe XD和Figma等设计工具能够激发其创造力，而Marvel和InVision等原型工具使创意栩栩如生。通过使用HTML、CSS、JavaScript以及Java和Swift等在内的特定平台语言编写代码，可推动跨平台的实现。

（1）设计工具：如Sketch、Adobe XD、Illustrator和Figma。

（2）原型工具：Marvel、InVision和Framer等工具。

（3）编码：如HTML、CSS和JavaScript，以及特定平台的语言，如

Android 的 Java 或 iOS 的 Swift 和 Unity 的 C#。

总而言之，在 UX 设计中，用户研究、创意设计和测试在相互作用下形成了以用户为中心的数字界面。构建用户角色、绘制用户旅程图、进行产品可用性和 A/B 测试等过程都是根据对现实世界的理解不断完善设计，从而提高用户的满意度和忠诚度。UI 设计可协调布局、排版、色彩、图形、按钮、控件和动画等元素，打造引人入胜的数字体验。Sketch、Adobe XD、Figma、Marvel 和 InVision 等工具，以及 HTML、CSS、JavaScript、Java 和 Swift 等编程语言，都有助于创建和应用具有视觉吸引力的界面。

在下一节中，我们将仔细研究用户对 VR 与 AR 的 UX 和 UI 的关注。在新兴的元宇宙中，AR 与 VR 的融合趋势日益显著，这要求我们深入了解用户对 UI 和 UX 的关注点。从舒适度和隐私安全到参与度和美学，我们深入探索了会遇到的各种挑战以及需要考虑的因素，以确保包容性、隐私安全和上下文相关性的必要性需要得到重视。基于手势的交互、排版的调整和虚拟元素自然融合的作用也不容忽视。VR 和 AR 都需要有负责任感的设计，即要将多感官参与和道德考量相结合。我们的概述指出了沉浸式体验的复杂情况，而 UX 和 UI 是塑造不断发展的元宇宙的基石。

此外，我们将介绍元宇宙中针对 AR 和 VR 的特定 UX 和 UI 功能，以及企业如何通过 VR 和 AR 中良好的 UX 设计和 UI 设计实现发展。

9.2　用户对 VR 与 AR 的关注

随着元宇宙通过 AR、VR 和虚拟增强物理现实的融合而出现，了解与 UI 和 UX 相关的复杂的用户关注点变得至关重要。这其中面临的挑战不仅包括技术方面的，还涉及舒适度、健康、隐私和现实世界融合等人文因素。专注于 AI 的开发人员、设计师和技术顾问必须在推动创新发展的同时精心打造与人类价值观相切合的体验。从可访问性和安全性再到参与性和美学吸引力，这项全面的探索旨在发掘有关 VR 和 AR 沉浸式体验的基本见解和需要考虑的因素，为实现元宇宙中新兴且互联的数字景观奠定了基础。

9.2.1 与 VR UX 相关的用户关注点

解决有关 VR UX 的用户问题对于实现沉浸式体验至关重要。在这些问题中，通过注重文化敏感性和为残障人士提供技术支持来实现包容性，而易用性则涉及适用于不同语言背景和年龄层用户的问题，还要通过个性化和引人入胜的叙述以及环境交互和感官同步等沉浸式功能增强真实感和提高参与度。有关舒适度和健康的问题涉及解决眼睛疲劳问题，包括适当休息和控制该问题的长期影响，以及通过定制设备和症状检查解决晕动病的问题。最后，通过深入探讨这些用户关心的问题，VR UX 的目标是为所有用户创建一个无所不包且令人满意的虚拟环境。

1. 可用性

在 VR 的 UX 中确保可用性至关重要，包容性的设计包括具有文化敏感性和对残障人士的技术支持，而易用性则涉及语言匹配和年龄大小因素，即应能满足不同受众的需求。

2. 包容性设计

（1）文化敏感性：在内容创作中考虑各种文化规范。

（2）对残障人士的技术支持：使用声控或专用控制器等自适应技术。

3. 易用性

（1）语言匹配：提供对多种语言的支持，以便能覆盖更广泛的受众。

（2）考虑年龄因素：针对从年轻人到老年人的所有年龄段用户进行设计，要考虑用户会有哪些独特的需求。

4. 真实感和参与度

真实感和参与度是 VR UX 的关键，情感参与度可借助于个性化和引人入胜的故事情节得以不断提高，而沉浸感方面则通过环境互动和感官同步来实现真正的沉浸式体验。

5. 情感参与

（1）个性化：通过人物的化身、需要的环境或体验的感觉等因素来个性化定制体验。

（2）叙事深度：通过引人入胜的叙述吸引用户。

6. 沉浸感

（1）环境互动：促进与虚拟物体和环境可以真实互动。

（2）感官同步：确保视觉、听觉和触觉反馈之间的协调统一。

7. 舒适度和健康问题

舒适度和健康问题是 VR UX 中的重要考虑因素，例如解决眼部疲劳问题的方式包括休息和调整环境，同时也要考虑眼部疲劳潜在的长期后果。针对晕动病的解决方案包括利用个性化设备检查症状，提高用户在 VR 体验中的舒适度和健康情况。

8. 眼部疲劳

（1）缓解影响：通过休息或调整环境来减少疲劳和不适感。

（2）长期后果：长时间深入探索可能导致如干涩或眼部疲劳等问题。

9. 晕动病

（1）解决方案：利用设置来修改运动参数，并为敏感用户提供警告。

（2）症状检查：调查潜在原因，如视觉 - 前庭冲突或潜伏期。

9.2.2　与 VR UI 相关的用户关注点

在 VR UI 的设计中，满足用户对视觉清晰度、设计美感以及导航控制的需求至关重要。本小节简要介绍 VR UI 设计的基本注意事项，旨在为创建令用户身临其境且引人入胜的用户交互提供帮助。

1. **视觉清晰度及设计**

在 VR UI 中，对视觉清晰度和设计的注重意味着追求审美统一，包括使视觉与整体主题和情绪协调一致，满足平衡设计，确保视觉元素之间的排列和谐等。另外，确保可读性也是至关重要的，VR UI 布局要方便用户访问，并且要选择合适的对比色和清晰的字体，从而实现信息的有效显示。

2. **审美统一**

（1）主题对齐：确保视觉效果与整体主题和情绪协调一致。

（2）平衡设计：在视觉元素之间营造和谐的设计内容。

3. **可读性**

（1）易于访问的布局：确保通过有效的布局使用户能够轻松获取重要信息。

（2）颜色和字体的选择：选择对比明显的颜色和清晰易读的字体。

4. **导航及其控制**

在 VR 界面中，有效的导航通过采用多感官强化（利用听觉、视觉和触觉提示）来回应用户反馈，并提供清晰的错误指引。此外，要确保用户能够通过直观的方式使用产品，重要的是在不同交互中保持一致的控制方式，并提供辅助学习工具，比如使用引导教程和利用用户熟悉的控制元素，以帮助用户更快地掌握操作技巧。

5. **用户反馈**

（1）多感官增强：利用听觉、视觉和触觉反馈。

（2）错误指引：提供清晰的错误信息和指引。

6. **直观使用**

（1）一致的控制：在不同的体验中保持控制方案的一致性。

（2）辅助学习：使用引导教程和利用用户熟悉的控制元素，帮助用户更快地掌握操作技巧。

9.2.3　与 AR UX 相关的用户关注点

在 AR UX 领域，解决用户关注的问题是极其重要的。本节重点介绍隐私安全、相关性和一致性以及可访问性和可用性等关键问题，这些问题在创建沉浸式和有责任感的 AR 交互方面都发挥着重要作用。

1. 隐私和安全

在 AR 中，隐私和安全是需要我们优先考虑的问题，包括需要考虑公共互动中出现的道德问题以及社会因素等。有效的数据处理需要实施安全协议，如加密和身份验证，而对透明度的保障是通过收集相关数据和与用户进行清晰的沟通来实现的。

2. 公共互动

（1）遵守道德：遵循负责任的 AR 应用指南。

（2）社会因素：认识 AR 对他人的影响，如有关公共场所的隐私问题。

3. 数据处理

（1）安全协议：应用加密和身份验证。

（2）透明度保障：收集数据应以透明的方式进行并应获取用户同意。

4. 相关性与一致性

在 AR 中，确保相关性和一致性至关重要。与现实世界的融合包括与现实世界对象交互时的对象识别和保持物理一致性的空间对齐。用户自定义包括根据位置、时间和偏好调整内容，创造个性化和丰富的情境体验。

5. 现实世界融合

（1）对象识别：促进与现实世界对象的交互。

（2）空间对齐：遵循真实世界的物理规律和空间规律。

6. 用户自定义

（1）情境内容：根据位置、时间或社交环境动态调整内容。

（2）偏好一致性：根据个人兴趣和行为定制内容。

7. 可访问性和可用性

在 AR 中，优先考虑可访问性和可用性是关键。用户指导包括提供对常见问题的解答、教程和入门指南等资源。跨平台体验需要具备响应式设计以及跨系统和设备的设备兼容性，以实现沉浸式的用户体验。

8. 用户指南

（1）可用的帮助：包括对常见问题的解答、视频教程或聊天支持。

（2）新手教程：为新人提供全面的指导。

9. 跨平台体验

（1）响应式设计：适应不同的屏幕和方向。

（2）设备兼容性：确保在各种设备和系统上的一致性。

9.2.4 与 AR UI 相关的用户关注点

在 AR 中，用户关注的是有效的交互、响应以及视觉上的和谐与美观。交互方面包括巧妙的动画、及时的响应、准确的手势识别以及直观的交互指标。视觉方面包括设计的连贯性、品牌的一致性、可识别的符号、多重管理以及保持美学上的完整性。这些因素共同塑造了 AR 体验，确保了用户参与度和视觉吸引力。

1. 交互和响应能力

在 UI 领域，解决与交互以及响应能力相关的问题至关重要。视觉交互涉及使用巧妙的动画来实现流畅的过渡和操作，同时确保及时响应部分可以及时地对用户的输入做出反应。此外，手势和触摸灵敏度提高了手势和触摸识别的准确性，进一步辅以直观的交互指示，有助于实现流畅且引人入胜的用户体验。

2. 视觉交互

（1）动画引导：利用微小的动画来实现过渡和交互。

（2）及时响应：确保及时对用户操作做出响应。

3. 手势和触摸灵敏度

（1）控制精度：实现对手势和触摸的精确识别。

（2）交互指示：设计视觉提示来突出显示交互元素。

4. 视觉和谐与美观

在创建流畅且具有视觉吸引力的 AR UI 时，确保设计连贯性和视觉清晰度至关重要，这需要保持品牌一致性并融入易识别的标识以实现设计连贯性。视觉清晰度则涉及管理 AR 元素和现实之间的重叠部分，以防止混乱，同时维持与现实世界环境相符的美观性。这些因素共同构成了迷人的 AR UI。

5. 设计连贯性

（1）品牌一致性：遵守品牌准则以及注重视觉识别。

（2）通用标识：使用可识别的图标和符号。

6. 视觉清晰度

（1）管理重叠：通过控制 AR 元素和现实世界之间的重叠部分以防止混乱。

（2）审美完整性：保持与现实世界环境相符合的有凝聚力的视觉风格。

在 VR 和 AR 的发展领域，用户的需求和偏好是多方面的。在 VR 中，舒适度、健康问题、参与度和可访问性是关键因素。设计师和开发人员必须考虑从晕动病到文化敏感性的各个方面。与此同时，AR 则强调隐私、安全以及现实世界融合和个性化定制，需要关注从道德准则到空间对齐的各个方面。

这两个领域都强调了 UI 的关键作用，它充当用户与这些革命性技术之间的交互媒介。从直观的导航和美观的设计到响应式交互，每个方面都必须不断地加以微调。

随着技术的不断发展，这种以用户为中心的深入分析可以为所有专业人士提供指导，塑造沉浸式技术的世界。这种全面的理解确保技术不仅使我们的现实生活变得更美好，而且与我们人类的价值观和期望产生共鸣，为不断扩展的元宇宙打下基础。

9.3　用户体验设计

蓬勃发展的元宇宙为 UX 设计带来了前所未有的挑战和机遇。作为一个超越传统数字体验限制的领域，UX 设计需要一种革命性的方法来创建以人为本、响应迅速且适应性强的界面。从基于手势通信的细致入微的处理到三维排版精心的整合以及虚拟元素与真实世界流畅的融合，元宇宙的 UX 设计是复杂且具有前瞻性的。确保用户舒适度、个性化参与和维护道德标准构成了这个经过复杂设计的生态系统的核心。从传统界面到包容性的虚拟世界，这一转变标志着一个设计大胆的新时代，一个致力于在虚拟空间内实现沉浸式、包容性和负责任的交互的新时代产生了。以下几小节提供了有关元宇宙 UX 设计的更多详细信息。

9.3.1 利用手势输入实现以人为本的交互

基于手势的输入彻底改变了交互模式，实现了技术的以人为本理念。在元宇宙中，通过解释语音命令和微妙的手势，以及提供具有共情能力的虚拟代理模仿自然交流，不同交互模式的结合可以增强不同用户可访问的能力并提高包容性。

1. 通过类人通信创新交互：在元宇宙中，将解释简短的语音命令、微妙的手势以及具有共情能力的虚拟代理加以整合，可实现自然、真实的通信体验。

2. 通过包容实现无障碍：通过整合语音、手势和眼球追踪等各种交互方式，元宇宙为不同身体条件的用户都提供了机会。

9.3.2 导航设计在三维领域中面临的挑战

在三维环境中，排版方面需要解决的难题包括适应各种视角、动态调整字体大小、细化对比度以及战略性地放置文本以确保在元宇宙内进行清晰的通信。排版在元宇宙中非常重要，正如谷歌的新字体 AR One Sans 所证明的，该字体是专门为 AR 环境开发的（于 2023 年 10 月发布）。

确保多视角下的清晰度：元宇宙中的排版应该适应不同的视角和距离，应将动态调整大小、对比度调整和智能空间布局考虑在内。

9.3.3　创造一种能引起共鸣和具有适应性的定制体验

打造个性化和适应性强的用户体验包括在适应各种虚拟环境的同时保持一致性，将一致性与新颖性相结合，利用数据驱动的洞察力来预测个人需求，在不断发展的数字景观中提供预测性支持和定制内容。

1. 提供一致但适应性强的用户体验：在不同的虚拟景观中创建一个熟悉且灵活的体验，增强了连续感，将新鲜感与连贯性融为一体。

2. 预测并适应个人需求：个性化体验利用数据和用户行为信息，不仅能够适应用户偏好，还能够预测他们的需求，提供预测性的支持和定制内容。

9.3.4　在环境中无痕嵌入虚拟元素

将虚拟元素无痕地融入环境中，需要在元宇宙内将虚拟对象和信息整合在一起，确保它们看起来是环境的内在组成部分，而不是表面上的合成。

实现虚拟对象的内在整合：在元宇宙中，虚拟对象和信息必须被自然地整合，要使其看起来是环境的内在组成部分，而不是表面上的附加物。

9.3.5　通过感官提示有策略地协调参与度

通过感官提示提高参与度，需要采用沉浸式设计，这种设计在元宇宙中建立起情感纽带，并利用视觉、听觉和触觉反馈等多感官信号来提供直观的导航指导，而无须强加指令。

1. 通过沉浸式设计建立情感纽带：在元宇宙中，通过讲故事、审美吸引力以及互动设计来培养情感联系，充实了参与度。

2. 利用多感官信号进行导航引导：视觉、听觉和触觉反馈的结合可创建直观的导航路径，吸引用户的注意力。

9.3.6　设计多维空间体验

设计多维空间体验包括整合感官元素以实现逼真效果，并在元宇宙内进行自然运动，这一点通过基于物理的交互和空间智能导航辅助工具可实现。

1. 通过感官整合提高逼真度：逼真度不仅涉及图形，还涉及感官反馈、基于物理的交互以及情境响应等，以创建出一个可触摸的虚拟环境。

2. 促进自然运动与探索：在元宇宙中的导航应该反映人类的运动模式，可借助基于物理学中的动力学和空间智能导航辅助来实现。

9.3.7 解决用户舒适度及伦理问题

要解决用户舒适度和伦理问题需要优先考虑健康和符合人体工程学的相关设计问题，同时保护用户的隐私及安全，从而在不断发展的元宇宙中建立信任。

1. 优先考虑健康和符合人体工程学的舒适性：关注人体工程学和预防疲劳和晕动病是设计的核心，前提要以健康研究和用户反馈为指导。

2. 实施强有力的隐私和安全措施：对元宇宙的信任建立应在透明的隐私政策、用户对个人信息的控制和安全技术等基础设施之上。

元宇宙的 UX 设计呈现了多维的结构，交织着技术、心理学、艺术和伦理几个维度。从无痕集成到个性化参与，从自然导航到负责任的设计，元宇宙的 UX 设计需要综合和创新的方法。这些挑战与创造沉浸式、包容性和遵守道德的虚拟体验的机会并存。随着设计师的不断探索和创新，元宇宙有望成为不断发展且令人兴奋的前沿空间，也将重新定义虚拟交互的边界。

9.3.8 VR 和 AR 中 UX 的对比

在元宇宙中，VR 和 AR 的 UX 设计有明显的差异，这源于它们固有的技术特点、用例和用户期望。以下列举二者的详细对比。

1. 与内容的互动

（1）VR UX：交互涉及现实世界活动和数字元素的混合。UX 设计面对的挑战是在不妨碍现实世界活动的情况下与数字元素完美衔接。

（2）AR UX：用户在一个完全数字化的领域中游览，使沉浸感成为 UX 的一个关键方面。所面临的挑战是使数字环境有形且引人入胜。

2. 安全防范措施

（1）VR UX：在 VR UX 中，晕动病和用户迷失方向是需要特别关注的问题。平滑的过渡和符合逻辑的变化是 UX 设计中不可或缺的部分，通过加强这部分可以减少此类问题的产生。

（2）AR UX：考虑数字和现实世界交互的结合，UX 应提供安全警报，以确保用户不会与现实世界中的障碍物相撞。

3. 与周围环境的互动

（1）VR UX：在这个封闭的数字空间中，保持一致的环境至关重要。这个环境应是预定义的，以确保用户的体验受控。

（2）AR UX：UX 必须是自适应的，因为 AR 对物理环境具有高度的响应性，所以物体检测、空间定向和光线分析等功能变得至关重要。

4. 设备功能与限制

（1）VR UX：由于 VR 设备存在有线和无线之分，移动性和操控方面都存在挑战。UX 设计应考虑这些方面。

（2）AR UX：考虑 AR 设备（如眼镜）的便携性问题，设备存在电池寿命、计算能力和屏幕清晰度等限制，UX 策略应量身定制以解决这些限制问题。

5. 空间设计

（1）VR UX：移动只适用于数字领域。UX 应利用深度、音频线索和视觉元素在这个空间内引导用户。

（2）AR UX：用户熟悉他们的现实环境，因此数字内容应适应用户的运动和环境。AR UX 就是要将现实与数字增强技术有效地融合在一起。

6. 内容布局

（1）VR UX：整个视觉范围都可用于数字内容。深度、空间音效和视角需要被有效地利用，才能打造真正的体验。

（2）AR UX：数字内容投射到现实世界中，需要两者之间达到平衡，保证其既不掩盖基本的现实元素，也不要太模糊。

7. 不同的应用

（1）VR UX：强调完全沉浸式的场景，VR是游戏、模拟、培训和虚拟观光的理想选择。VR UX设计的目标是使这些数字设置尽可能逼真。

（2）AR UX：AR UX经常用于指示、数据覆盖、游戏和虚拟助手。UX设计应专注于增强这些任务在真实情境中的效果。

8. 社交互动

（1）VR UX：VR UX提供了完整的数字公共区域。在这里，虚拟角色、活动和交流发生在完全虚拟化的空间中，UX可以使交互变得更加轻松。

（2）AR UX：社交活动发生在数字世界和现实世界中。因此，AR UX的功能可能包括数字人物角色、注释或协作性AR区域。

VR和AR的UX设计原则可能存在很大差异，因为二者的应用以及二者整合数字和物理元素以创造迷人体验的方式存在差异。虽然这两种技术都努力将虚拟和现实世界融合起来以丰富体验，但二者在交互范式上的微妙差异则要求对二者运用独特的设计方法。在元宇宙和相关技术快速发展的背景下，UX设计师，特别是专注于VR和AR的设计师，必须灵活应变并不断了解最新进展，只有这样做，他们才可以更好地满足和适应用户不断变化的需求和期望。

9.4 用户界面（UI）设计

在元宇宙错综复杂的景观中，其导航系统巧妙地融合了AR和VR，给UI和UX领域带来了独特的挑战和机遇。这个迅速发展的领域挑战了传统的设计方法，并催生了创新的新时代。让我们深入探讨一下有关元宇宙 UI 几个方面的问题。

1. 空间背景下的三维 UI：元宇宙超越了标准平面屏幕的限制，让用户沉浸在生动的 3D 世界中。这种转变要求设计师在界面组件的展示位置和方式上进行创新，以确保它们和谐地融入广阔的虚拟空间。

2. 手势输入主导的交互：元宇宙告别了鼠标和键盘等传统工具，转向更符合本能的沟通方式。从通过简单的手势到语音提示，甚至运动传感器输入，这个领域都需要一种能适应这些细微交互方式的设计。

3. 在虚拟场景中嵌入 UI 元素：与叠加 UI 元素不同，元宇宙环境允许这些元素成为虚拟环境中的内在组成部分。一个可以说明这一点的例子是游戏中的能量指标，该指标表现为虚拟生态系统中的有形实体。

4. 策略性地协调用户参与：鉴于 VR 的广阔范围和 AR 的交织细微之处，吸引和引导用户的注意力变得至关重要。采用一系列视觉提示，如战略性的照明、引导性的动作，或听觉信号，可以在维持用户沉浸度方面发挥关键作用。

5. 排版在三维空间中的演变：在元宇宙的三维空间中传送的文本需要一种全新的排版设计方法。字体大小、对比度和相对位置等变量需要重新校准，以确保在不同的视角下清晰可读。

6. 能引发共鸣和具有适应能力的 UI：在动态的元宇宙中，界面根据用户的环境或偏好而变化的能力成为一个至关重要的设计元素。这确保了用户穿越各种虚拟地形时，他们的交互体验保持一致但又可以自定义。

在元宇宙的广阔三维世界中，在其导航的 UI 设计方面需做出彻底的改变，包括通过基于手势的输入（如语音命令和动作检测）实现符合本能的交互。设计还必须将 UI 元素，如特定的游戏组件，嵌入虚拟空间中成为其内在组成部分，并调整排版以确保在不同视角下的清晰度。这一演变的关键在于通过视觉或听觉方面的提示引导用户参与，以及开发既具共鸣性又可适应不同虚拟地形的界面。所有这些元素共同打造了一种一致的同时又可定制的用户体验，超越了传统平面界面的局限，进入沉浸式虚拟交互的新时代。

9.4.1 VR 和 AR 中 UI 的对比

在不断发展的元宇宙中，VR 和 AR 都扮演着决定性的角色。然而，这两种技术提供了不同的用户体验，并且在进一步扩展中需要有不同的 UI 设计方法。下面就两种技术中独特的 UI 属性进行对比。

1. 交互基础

（1）VR UI：在完全虚拟的领域内，VR 让用户沉浸其中。从附近的物体到远处的地平线，整个环境都是精心打造的数字体验。这使得 UI 设计师能够更自由地创新，同时也要求他们构建完全直观的系统。

（2）AR UI：数字元素在 AR 中补充了用户的实际环境。为了保持和谐的体验，这些元素需要与物理环境相互融合，可根据观看者的视角进行定位或浮动。

2. 空间交互与设计

（1）VR UI：在 VR 的控制范围内，空间的动态是一致的，这使得设计可预测地适应特定场景的 UI 组件变得更加容易。

（2）AR UI：AR 体验与现实世界的空间布置密切相关，因此，AR 的 UI 组件应该能够适应各种环境，并顾及实际物体、照明和距离等因素。

3. 畅游数字空间

（1）VR UI：VR 中的交互模式包括从手部控制器和视线跟踪到高级手势识别的多种模式。UI 在这些沉浸式领域中提供了直观的指导。

（2）AR UI：AR 通常依靠语音命令、触摸（在手持设备上）或物理手势进行交互。而简化这些交互方式至关重要，应确保用户不会被新系统所困扰。

4. 视觉元素与整合

（1）VR UI：设计师可以自由地设想 VR 中创新的 UI 组件，例如 3D 菜单或交互式全息图，但这些组件仍应包含清晰的视觉提示来帮助用户。

（2）AR UI：鉴于 AR 对现实的覆盖，其 UI 设计需要极简主义的方法。

通过使用阴影和战略布局等功能，AR UI 元素可以更自然地与现实世界融合。

5. 硬件影响

（1）VR UI：VR UI 主要设计用于 VR 头显，该 UI 的设计必须考虑设备分辨率、视野和跟踪能力等方面。

（2）AR UI：智能眼镜、平板电脑和智能手机等设备是常见的 AR 平台。对于这些设备，UI 设计应考虑屏幕尺寸、电池效率和相机功能等因素。

6. 舒适性和人体工程学

（1）VR UI：VR 的沉浸式特性需要 UI 设计可对抗晕动病和迷失感。稳定的地平线和平滑的场景转换可以提高舒适度。

（2）AR UI：由于 AR 让用户沉浸于他们的物理环境中，其 UI 设计的主要重点是确保在不会造成眼部疲劳的前提下实现 UI 组件的可见性和可访问性。

7. 功能意图

（1）VR UI：由于许多 VR 应用集中在娱乐或社交互动领域，因此 UI 设计可以是试验性和引人入胜的。

（2）AR UI：考虑 AR UI 是更实用的应用，如数据叠加或导航，该 UI 应该是高效和直接的。

总的来说，VR 的 UI 界面致力于创造一个沉浸式的数字宇宙，而 AR 的 UI 界面则强调数字和物理世界的融合。针对每种媒介的独特限制和潜力量身定制设计过程对于在元宇宙中提供引人入胜的体验至关重要。

9.4.2　VR 和 AR 的 UX/UI 设计促进商业发展

元宇宙中 VR 和 AR 的出现代表着创新、创意和商业扩展的未知领域。我们将探索分为 4 个关键部分，重点关注与 VR 和 AR 中成熟的 UX 和 UI 设计相关的独特商业效益。这些部分概括了通过沉浸式用户体验提高参与度、创造收入、优化运营效率以及从伦理问题出发以缓解各种风险几方面内容；此外，还详细介绍了 UX 设计和 UI 设计在品牌建设、产品和服务创新、可持续性、成本节约和市场拓展方面的应用。通过这一分析，我们旨在阐明 VR 和 AR 所提供的多面机遇，从而使企业能够利用这些技术实现在元宇宙生态系统内的长期发展和成功。

9.4.3 VR UX 的商业效益

VR UX 不仅仅是一项技术的进步，它更是以多个方面重构商业成功的工具包。通过沉浸式的 3D 展厅和独家订阅内容，VR UX 开辟了新的收入渠道，不仅可以销售产品，还建立起长期的关系（关于 VR 和 AR 等特定用例的更多详细内容可以在第 12 章“3D 和 2D 内容的形式与创作”中找到）。参与度是 VR UX 的核心，直观的导航和指导教程可以为新用户服务并提高用户满意度。这种方法不仅提高了留存率，还扩大了市场覆盖范围。用户安全和可访问性等道德因素会与更广泛的社会目标联系在一起，以确保品牌形象是负责任和包容的。但转变并不止于此。通过虚拟协作和员工培训，VR 进行了创新并提升了效率，在充分利用全球人才的同时降低了成本。在竞争激烈、消费者期望不断变化的背景下，VR UX 成为战略盟友，将企业定位于行业的前沿，为可持续发展和差异化奠定基础。

1. 通过有效的 VR UX 创收

利用有效的 VR UX 来增加收入是一种动态的策略。通过基于订阅的模式，经常性收入得以稳定，与此同时，可通过独家内容培养忠诚度。此外，虚拟展厅通过吸引客户进行 3D 探索，促使顾客产生购买行为，从而提高销售量，提高了转化率。这种战略性 VR UX 方法的综合运用是大幅度增长收入和商业转型的关键。

2. 基于订阅的体验

（1）通过经常性收入渠道稳定收入：优质的内容订阅不仅确保了持续的收入流，还能促进建立客户忠诚度和长期关系。

（2）通过独家内容建立忠诚度：通过订阅提供独特内容来鼓励顾客多

次参与，培养与客户之间的信任关系。

3. 通过虚拟展厅提高销量

（1）吸引消费者购物和提高转化率：在虚拟展厅中进行 3D 探索增强了用户体验，从而促进合理的购买行为并提高销售量。

（2）丰富的产品互动促进消费者做出明智决策：详细的 3D 视图促进用户的理解并提高用户满意度，从而提高转化率。

4. 通过沉浸式 UX 提升参与度

沉浸式 UX 彻底提高了用户黏性，引导式教程使用户能更轻松地使用 VR 并赋予用户以使用的权力，而直观的导航扩大了受众范围并提高了用户保留率。这种战略性的方法重塑了虚拟现实体验，提升了用户参与度和满意度。

5. 引导式教程交互

（1）通过缩短学习曲线促进适应过程：使用教程帮助用户轻松进入 VR，使用户增强信心并加快适应过程。

（2）通过用户授权获得满意度：教程使用户对使用产品产生了自信，鼓励用户在 VR 空间内的进一步参与中提高满意度。

6. 直观导航以提升舒适度

（1）扩大受众范围：VR 因关注舒适度而吸引了包括新手在内的多种群体，扩大了市场覆盖范围。

（2）通过易用性提升用户保留率：舒适且直观的导航让用户回归 VR，提高了保留率。

7. 风险缓解和道德问题

在探索 VR 设计领域的航程中，我们必须直面其中风险与道德方面的挑战。安全始终是我们首先要考虑的问题，通过制定详细的指南，我们旨在将健康风险最小化并预防潜在的法律纠纷，从而守护用户的身心健康，并维护企业的良好声誉。同时，我们致力于提升 VR 技术的可访问性，以增强其包容性，与社会共同目标和谐一致，进而扩大用户群体。这种双重的关注方法凸显了道德考量在构建负责任且充满活力的 VR 环境中的核心作用。

8. 强调用户安全

（1）通过将健康风险最小化来保障用户安全：清晰的安全指南应优先考虑用户健康问题，以避免用户使用 VR 时发生可能出现的相关问题。

（2）防范法律纠纷：安全协议减少了法律责任，能够保护企业声誉，并减少相关成本。

9. 通过可访问性促进包容性

（1）与社会目标和包容性保持一致：在设计中优先考虑可访问性，与更广泛的社会责任联系在一起，并吸引更多不同群体的受众。

（2）通过可访问性设计扩大用户群体：关注不同能力以确保更具吸引力，覆盖面更广，扩大用户群体。

10. 使用 VR UX 简化操作

通过 VR UX 实现精简运营流程是很重要的。虚拟协作推动了创新并促进获取全球人才，而沉浸式培训促进技能发展的同时节省了成本。这种战略性整合不仅使运营流程更加流畅，还塑造了客户体验和道德取向，为在竞争激烈的 VR 领域取得成功打下了基础。

11. 远程团队协作

（1）团队凝聚力促进创新：虚拟空间提升了创造力并加强了团队联系，产生了开创性的成果。

（2）利用全球人才：虚拟协作使得获取多样化的技能和观点成为可能，提高了运营效率。

12. 高效的员工培训

（1）通过逼真的模拟来发展技能：沉浸式培训环境促进了技能的提升和保持，与现实场景高效一致。

（2）显著节省成本：虚拟培训消除了对实体资源的需求，提供了一种经济高效的解决方案。

VR UX 在商业框架内的战略集成提供了多方面的优势。从通过沉浸式购物体验和订阅产生收入，到通过直观的导航和教程来提高参与度，VR 用户体验塑造了用户旅程。此外，专注于诸如安全性和可访问性等道德问题使 VR 确保了负责任的市场定位，同时利用 VR 进行协作和培训也使运营流程更加高效。这种对 VR 用户体验设计的全面考量为在竞争激烈的 VR 领域中实现可持续成功奠定了基础，满足了用户需求和商业目标。

9.4.4　VR UI 的商业效益

VR UI 是商业中的一股关键力量，对可持续性、成本节约、创新和品牌忠诚度产生了实际影响。通过节能实践和道德考量，VR UI 体现了对环境保护的责任。其可重复使用和适应性组件直接提升了开发效率并降低了成本。通过满足不同文化背景和可访问性需求，VR UI 推动了市场扩张。此外，VR 用户界面的沉浸性促进了虚拟旅游和医疗保健领域新机遇的出现，而其独特的虚拟品牌工具则加强了客户关系。总之，VR UI 在多个方面的影响正在重新定义现代商业环境中的成功和发展，证明其是未来事业不可或缺的工具。

9.4.5　VR UI 在可持续发展和社会责任方面的贡献

VR UI 的多方面贡献体现于各个领域，从可持续发展和社会责任再到品牌忠诚度和创新都有其贡献。在可持续性方面，VR UI 通过节能的渲染过程和遵循道德原则的资源使用体现了对于环境目标的承诺。同时，VR UI 对品牌忠诚度的影响体现在空间导航、化身的个性化定制和互动元素上，这些元素促进了令人难忘的品牌空间和独家虚拟活动的创建。在更广泛的背景下，VR UI 不仅提升了用户体验，而且与负责任的商业实践保持一致，同时还节省了成本。文化考量和无障碍功能的整合拓宽了市场范围，而 VR UI 在医疗保健和虚拟旅游中则起到了开创新途径的作用。这种全面性的方法意味着 VR UI 在通过创新、可持续性和品牌忠诚度来塑造商业成功方面发挥着关键作用。

1. 符合环境目标的负责任设计

（1）节能的渲染过程：通过采用绿色渲染技术，VR UI 体现了对于环境保护的承诺。

（2）遵守道德原则的 UI 资产来源：确保负责任地采购视觉组件是符合道德的商业实践。

2. VR UI 在节省成本和市场扩张中的作用

VR UI 的影响是双重的：通过按照文化背景定制内容并支持无障碍功能，它扩大了市场吸引力。同时，通过可重用组件和自适应设计实现高效开发，降低成本的同时将所覆盖的影响范围最大化。

3. 通过文化考量吸引多样化受众

（1）本地化文化标志：按照特定文化背景来定制内容从而提高全球吸引力。

（2）无障碍模式选择：VR UI 通过支持多样化的无障碍功能，吸引了更广泛的用户群体。

（3）通过以用户为中心的设计实现高效开发。

（4）可重复使用的 UI 组件：利用可重复使用和模块化的用户界面元素，提高开发效率并降低成本。

（5）自适应用户界面：一种灵活的用户界面设计可适应不同设备，从而扩大影响范围并简化开发流程。

4. 产品和服务通过 VR UI 呈现的创新和新机遇

VR UI 设计正在革新各行各业。在虚拟旅游中，带有探索导览和多语言界面的 360° 全景视图丰富了沉浸感。在医疗保健领域，手势识别、触觉反馈和实时分析正在改变治疗和进度追踪。这种技术与人类的融合预示着一个充满无限创新和变革的时代即将到来。

5. 虚拟旅游的新兴市场

（1）360° 全景视图和虚拟导游：全景图像与探索导览的结合激发了虚

拟旅游体验。通过使用 NeRFs 和 3D 高斯泼溅技术的精细化处理，可以为商业创建高度细节化的 360° 视图和虚拟导游体验。更进一步的创新将是以这种方式制作视频，这种更难制作的视频备受期待。

（2）语言选择：UI 设计中的多语言功能提高了不同语言社区的可访问性。一些新的 AI 公司正在开发接近实时的多语言语音功能，这些功能可以在视频中使用，其中以 ElevenLabs 领先一步。

6. 医疗应用

（1）手势识别和触觉反馈：触觉反馈和手势识别的整合增强了虚拟现实在治疗方面的应用。

（2）实时分析及进度追踪：实时监测治疗和患者病程的能力促进创新的医疗解决方案得以发展。

7. 通过 VR UI 建立品牌忠诚度与身份认同感

在 VR 的动态环境中，企业正在利用相契合的空间导航和个性化标识来增强品牌形象与用户之间的联系。通过整合 3D 元素、交互式菜单以及跨虚拟空间使之呈现出视觉一致性，进一步提升了品牌亲和力。除了美观外，VR UI 组件还推动了医疗保健和旅游等行业中生态友好实践、成本效益及创新的实现。这种战略性整合凸显了 VR UI 在塑造全面的商业成功方面发挥的关键作用。

8. 令人难忘的品牌空间

（1）空间导航：在虚拟品牌空间内的导航轻松促进建立更高的品牌认知度。

（2）形象定制：个性化的形象选择有助于构建独特和令人难忘的品牌体验。

9. 面向品牌协会的专属虚拟活动

（1）3D 元素和交互式菜单：引人入胜的三维设计与交互式菜单相融合提升了品牌亲和力。

（2）视觉一致性：统一的视觉提示，如标识和颜色，巩固了虚拟空间中品牌形象的一致性。

VR UI 的组成部分远不止美观层面，它涵盖了从环境考量到品牌忠诚度建设的多个方面。节能和合乎道德的资产来源在战略上的一致性体现了更广泛的社会责任，而对可重复使用和自适应元素的精心设计组装则带来了显著的成本节约。

同时，在医疗保健和虚拟旅游方面的创新机会展示出 VR UI 开辟新市场途径的能力。通过整合与文化相关的内容和多样化的可访问性功能，市场扩展的范围几乎是无限的。

在竞争激烈的 VR 世界中，VR UI 的复杂性和灵活性不仅对用户体验至关重要，对于整体商业战略来说也极为重要，可促进创新、可持续性和强大的品牌忠诚度的建立。正是这些方面的微妙平衡，预示了 VR 的未来及其在塑造商业成功中的关键作用。

9.4.6 AR UX 的商业效益

AR UX 在商业世界中的变革力量仅是刚刚开始被认识到，其未来发展和影响的潜力是巨大的。通过视觉辅助、专家协作和对制造业的支持，AR UX 在提高运营效率方面发挥了作用，并有望进一步彻底改变这些流程。当前提供的无缝集成和个性化交互将会不断演进，开拓用户参与的新领域。包括互动广告和虚拟购物体验在内的销售策略将变得更加有效和有针对性。道德考量和风险缓解将继续推进并反映出动态的法律和社会环境。当前的成果是相当可观的，但 AR UX 的未来有望呈现更大的进步，它将被定位为创新、负责任和成功的商业战略中的关键工具。

9.4.7 AR UX 对运营效率的助益

AR 与 UX 设计的融合正在重塑行业。AR UX 的潜力是巨大的，包括在简化的运营效率、实时提供的辅助和个性化的用户体验方面。伦理考量和销售驱动能力进一步突显了 AR UX 的影响力。这一创新工具正在改变企业的运营方式，同时帮助企业吸引用户并促进企业发展。

1. 远程技术指导

（1）用于故障排除的可视化辅助：利用 AR 辅助将复杂任务简化，从而节省资源、提高效率。

（2）专家支持和协作：通过 AR 进行远程专家指导，最大程度地减少停机时间，强化维修或维护程序。

2. 对制造业的实时辅助

（1）质量检验支持：利用 AR 发现缺陷，提高了质量检查的准确性和速度。

（2）导引式装配说明：利用 AR 向工人提供详细的指导，减少错误并缩短培训时间，提高生产效率。

3. 无缝集成增强 UX

在不断发展的 UX 领域，实现无缝集成和上下文交互对于提高参与度和个性化至关重要。通过识别周围环境和适应用户行为，可以创建量身定制的体验，从而提高了用户的忠诚度。虚拟元素与真实世界的顺利融合依赖于空间意识和视觉凝聚力来提高互动性和整体满意度。

4. 个性化的上下文交互

（1）环境识别：通过识别周围环境来定制体验，促进用户参与。

（2）用户行为分析：根据用户行为和偏好来定制交互可以提高满意度和忠诚度。

（3）与现实世界顺畅融合。

（4）空间意识：虚拟对象与现实世界场景的正确融合可确保真实、令人身临其境的体验。

（5）视觉凝聚力：AR 元素与现实元素之间的顺畅集成增强了用户的交

互和享受。

5. 通过 AR UX 推动销售和收入

在不断发展的 AR 世界中，利用用户体验对于推动销售至关重要。本地化广告包括创建交互式 AR 广告来吸引品牌体验和通过地理定位促销来扩大营销影响。导购体验占据了中心位置，产品详细信息的叠加和虚拟试穿会显著影响购买决策。这些 AR UX 策略为增加销售量和收入铺平了道路。

6. 本地化广告

（1）互动式的广告体验：用户可以创建引人入胜的 AR 广告进行互动，提升品牌知名度，从而潜在地提高销售量。

（2）地理定位推广：个性化、基于位置的广告旨在使营销效果和转化率最大化。

7. 导购体验

（1）产品信息覆盖：详细的 AR 产品信息可提高用户的购买率。

（2）虚拟试穿：消费者通过虚拟试穿来增强购买信心，降低退货率。

8. 遵守道德和降低风险

在 AR 的背景下，遵守道德和降低风险至关重要。用户安全方面包括法律合规性和注重健康的设计，而合乎道德的数据处理涉及安全管理和透明通信。这些措施对于 AR 应用在用户信任、安全性和合法性方面至关重要。

9. 用户安全

（1）合法合规：遵守有关使用 AR 的法规可降低法律风险。

（2）健康与舒适操作指南：设计优先考虑健康问题，如避免眼睛疲劳，提高安全性。

10. 合乎道德的数据处理

（1）安全的数据管理：强大的数据安全措施可以保护用户隐私并避免法律问题。

（2）透明的数据使用：在数据存储和使用方面的清晰沟通有助于维持

用户信任和法律合规。

AR UI 已经成为一个多方面的工具，对商业的各个方面都会有深远的影响。AR UI 正在通过互动体验和个性化支持来巩固用户对品牌的信任到开拓教育和医疗保健领域的创新应用塑造新的范例。

AR UI 在现实世界和虚拟世界之间架起桥梁，为企业提供了以更深入、更有意义的方式与消费者建立联系的机会。通过 AR 打造的沉浸式体验，企业可以与用户产生情感共鸣，从而为企业和用户之间创造持久的纽带和忠诚度。

此外，AR 技术在医疗培训和教育创新领域的变革力量凸显了其颠覆传统方法的潜力。通过提供逼真的模拟和交互式学习环境，AR 正在重新定义对专业人员的培训和教育方式。

通过精心的 AR UI 设计提高全球吸引力和一致性不容小觑。认识到文化差异并在不同平台上保持统一的品牌体验是在全球范围取得成功的关键决定因素。

此外，从虚拟旅游到健康方面的应用，AR 有潜力打开新的市场渠道，为企业带来了对未知领域进行探索和利用的机会。

在技术不断发展、消费者期望不断变化的世界里，利用 AR UI 作为一种战略资产，可为企业提供一条实现差异化、提升参与度以及不断进步的道路。AR UI 将所需要的创造力、技术和对人类互动的理解进行复杂的融合，使其成为现代商业战略中的关键要素。

9.4.8　AR UI 的商业效益

AR UI 通过提供跨行业的创新解决方案而改变现代商业。它使企业能够通过实时支持强化品牌信任，通过适应性设计培养全球吸引力，并在虚拟旅游和医疗保健等领域开辟新市场。通过连接虚拟和真实世界，AR UI 创造了能与客户产生共鸣并且引人入胜的体验，为企业提供了独特的竞争优势。这项技术不仅加深了与客户的联系，还为未来的商业创新和成功铺平了道路。

1. 使用 AR UI 建立品牌信任和身份

在不断变化的 AR 世界中，建立品牌信任和身份是一个中心目标。这包括通过 AR 提供即时客户帮助，从而提高客户满意度以及获得潜在的推荐。交互式指南和辅助手册通过提供详细的产品使用说明来进一步提高品牌认知度，从而培养客户忠诚度和信任。

2. 通过支持加强信任

（1）即时 AR 客户协助：利用 AR 提供实时支持来处理查询和问题，可提高客户满意度，从而让客户愿意持续光顾并使品牌获得潜在的口碑推荐。

（2）交互式指南和辅助手册：开发基于 AR 的用户说明不仅可以使产品使用变得简单，还可以形成客户对品牌的积极认知，从而提高客户忠诚度和信任度。

3. 品牌互动和沉浸式体验

（1）创建引人入胜的品牌互动：通过 AR，品牌可以提供产品的互动和有形体验，建立起能与客户产生共鸣令人难忘的印象。

（2）通过虚拟叙事建立情感联系：巧妙地利用 AR 来讲述品牌故事可以建立情感联系，使客户与品牌建立更深层次的联系。

4. 在服务和产品开发中推动 AR 用户界面的创新

AR 正深刻地重塑教育、培训和医疗程序。AR 通过模拟实践技能练习完全改变了学习方式，而交互式教育材料则加深了理解。在医疗领域，AR 通过实时数据叠加改进了手术手段，并为医务人员提供无风险的模拟培训，最终推动行业进步。

5. 借助 AR UI 革新教育和培训方式

（1）实践技能培训：AR 模拟为学生提供练习和提高技能的机会，转变了传统学习方式，为职业教育和高等教育提供新的可能性。

（2）沉浸式学习环境：将 AR 融入教育材料，学生能够与复杂的概念互动，促进更深层次的理解和记忆。

6. 通过 AR UI 优化医疗程序和培训

（1）提供实时信息以改善手术结果：在手术过程中利用 AR 叠加关键数据，实现更精确和更安全的手术。

（2）强大的医务人员培训：AR 模拟为医疗专业人员提供在无风险环境中练习的机会，提高了其技能水平和信心。

9.4.9　AR UI 对全球吸引力和品牌一致性的影响

AR UI 改变了品牌的一致性和全球吸引力。通过统一的跨平台设计，AR UI 确保了品牌形象的连贯性和凝聚力。具有文化敏感性的 AR 界面与不同的市场均能产生共鸣，而本地化的内容提高了用户的参与度，扩大了品牌的影响力。

1. 通过 AR UI 促进不同平台之间保持一致性

（1）强大且具凝聚力的界面设计：跨多个设备的统一 AR UI 确保了流畅的交互，提高了用户满意度，有助于保持品牌形象的一致性。

（2）跨平台的品牌表达：跨平台的 AR UI 设计保持一致性，无论客户使用何种设备，都能为客户提供有熟悉感的体验，这进一步巩固了品牌的身份。

2. AR UI 的文化包容性设计

（1）吸纳文化敏感性：设计与当地习俗和价值观相契合的 AR 界面可以促进不同市场对品牌的接受，从而扩大品牌的全球影响力。

（2）定制内容和语言本地化：通过 AR 调整内容以适应地区偏好，提高用户参与度和满意度，有助于在不同市场取得成功。

9.4.10　AR UI 在创造开拓新市场的机遇方面有何作用

AR UI 促进了新兴市场的创新。虚拟旅游和房地产领域受益于沉浸式 AR 体验，而交互式房地产展示则提升了销售效果。在医疗保健领域，AR 辅助康复和健康应用程序提供了富有吸引力的治疗和心理健康支持。

1. 虚拟旅游和房地产的新兴市场

（1）对目的地进行虚拟探索：AR 技术提供了可虚拟探索旅游目的地的沉浸式体验，为旅游行业带来了新的可能性。

（2）互动式房地产展示：为潜在购房者提供 AR 的房地产体验，可以提高销售额和客户满意度。

2. AR UI 在治疗和健康方面的应用

（1）AR 辅助康复：定制的 AR 体验可以使康复过程更具吸引力和效果。

（2）健康和心理健康支持：将 AR 应用于心理健康应用程序中为医疗保健和个人健康提供了新的途径。

AR UI 已经成为一个多功能工具，对企业的各个方面都产生了深远的影响。从有助于建立和巩固品牌信任的互动体验和个性化支持，到在教育和医疗保健领域推动创新应用，AR UI 正在创造新的模式。

AR UI 连接了真实世界和虚拟世界，为企业提供了与消费者更深入、更有意义地联系的机会。通过 AR 创造的沉浸式体验可以帮助企业与用户产生情感共鸣，从而建立持久的联系和忠诚度。

此外，AR 在医疗培训和教育创新领域的改革力量凸显了其颠覆传统方法的潜力。通过提供真实的模拟和互动式学习环境，AR 正在重新定义对专业人员的培训和教育方式。

具有全球吸引力和一致性的 AR UI 设计所实现的效果不可忽视。认识文化差异并保持跨平台统一的品牌体验可能是在全球市场上取得成功的决定性因素。

此外，AR 还具有开拓虚拟旅游和健康应用等新市场领域的潜力，为企业提供了探索和利用未知领域的机会。

在技术不断发展和消费者期望不断变化的世界中，将 AR UI 作为战略资产为企业提供了实现差异化、参与度和发展的途径。AR UI 将企业所需的创造力、技术和对人类交互的理解进行复杂的融合，这使其成为现代商业战略的关键要素，预示着一个充满无限创新、紧密联系和辉煌成就的未来。

9.5 总　结

本章重点探讨了在元宇宙中应用 VR 和 AR 时 UI 和 UX 的关键作用。通过对有关 VR 和 AR 独特属性和需求的研究，如在 VR 的沉浸性和 AR 中真实与虚拟的融合方面的研究，我们已经领悟到针对这些技术需要有专门的设计方法。

除了美观外，本章还强调了出色的 UX 和 UI 设计在实际商业应用中的重要性。在元宇宙中，引人入胜的用户体验与商业成功之间的联系显而易见。有效的设计可以提高用户留存率和满意度，最终转化为积极的商业成果。

总体而言，这项对元宇宙中精妙的 UX 和 UI 领域的深入调查特别聚焦于 VR 和 AR 的实际应用背景，为我们提供了宝贵的见解和有益的经验。本调查强调了精心的设计在创造出色的虚拟体验以及在现实世界中取得成功方面的关键作用。对于那些进入虚拟世界进行探险之旅的人来说，从本章中汲取的见解与原则是在这个令人兴奋且不断发展的元宇宙中茁壮成长的基石。

在下一章中，我们将探讨在元宇宙中使用 AR 和 VR 技术进行社交互动的新形式。我们将介绍 3 种元宇宙场景：与朋友和家人的有限联系场景、基于偏好的个性化联系场景以及开放式探索场景。这将是后面 4 章的开端，我们将通过实例来描述 AR 和 VR 在元宇宙中的应用。

第3部分 消费者和企业使用案例

在第3部分，我们将探索元宇宙在社交互动、工作、艺术、娱乐和零售等领域的不断演变，重点介绍AR和VR以及最佳商业实践所涉及的大量实际应用。我们将首先审视新兴社交媒体技术，探讨从有限接触到个性化互动的场景，并解释个人如何在这个数字领域中参与合作。

我们还将探讨元宇宙中的工作方式，涵盖虚拟任务和现实任务。此外，我们预计元宇宙将充满3D和2D游戏、流媒体娱乐以及艺术展示，凸显出AR和VR体验之间的区别。同时，元宇宙购物的前景备受期待，有望带来定制化的零售体验。总体而言，第3部分全面展示了元宇宙是如何通过各种实际场景改变社会动态、工作环境、艺术、娱乐和零售体验的。

本部分包括以下章节：

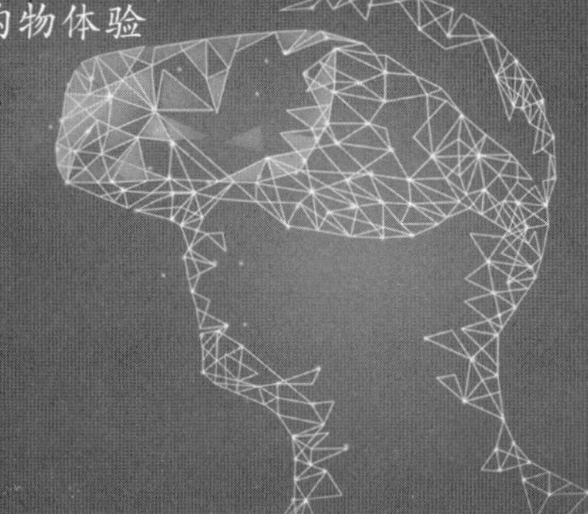

第 10 章　全新的社交互动方式

在本章中，我们将就元宇宙进行深入探讨和研究 AR 和 VR 对社交互动的影响。本章将展示三个关键场景：亲友元宇宙着眼于在数字环境中维系亲密关系；个性化元宇宙探索个人喜好及如何影响社交体验；探索元宇宙开辟更广泛的社交可能性。本章涵盖了丰富的案例，旨在提供全面的方法，从个人互动到经营效率，帮助您了解这一新领域。

本章将深入探讨以下主题：

1. 朋友和家人在元宇宙中的互动方式；
2. 个性化元宇宙中的人际互动；
3. 探索完全开放的元宇宙的方式；
4. 使用 AR 和 VR 在元宇宙中进行社交互动的差异；
5. 举例说明每个用例的最佳商业实践。

随着数字领域逐渐成为人们日常互动的重要场所，本章将关注不断演进的元宇宙。我们将全面探讨在 AR 和 VR 技术的突破之下于这个广阔的数字环境中重新定义社交互动的多种方式。

本章以亲友元宇宙为起点，这个虚拟环境的目标是使人们与亲密之人的联系丰富起来。我们将探讨技术的双重作用：技术是如何加强这些亲密关系的，以及在数字环境中维持有意义的互动所面临的挑战。

接着，我们将关注个性化元宇宙，该场景中的数字景观是一个活跃、适应性强的实体，能够根据个人用户的偏好动态地改变社交互动、内容参与模式，甚至商业交易的机制。

本章旨在展示量身定制的数字体验对社会动态和参与度的深远影响。

我们将以探索元宇宙作为尾声，这是一个充满无限可能性的数字空间，为自发的社交和发现提供了平台。结论部分将概述在开放且无限的虚拟世界中活动有何种令人兴奋的前景和潜在的危险。

本章涵盖了详细的用例，不仅为从概念上讨论现实中的应用程序奠定了基础，而且还可作为可运用的指南。无论是从个人层面还是从商业优化的角度来看，这些内容对于那些渴望在新兴领域中取得成功的人来说是非常有价值的。

到本章结束时，您将掌握一系列全面而深层的技能。这些技能不仅关乎在数字环境中维持持久而有意义的关系，还关系响应式导航和自适应虚拟空间的设计与实施方面。更重要的是，您将理解如何安全、高效地融入广阔的虚拟生态系统。此外，您还将深入探索 AR 和 VR 技术如何对数字交互产生深远影响，并学习企业如何运用这些技术来优化运营、提升效率。

10.1 亲友元宇宙

在我们这个日益数字化的社会中，新兴的元宇宙为我们提供了一个极具吸引力的新平台，重新定义了社交参与的概念。在 AR 和 VR 技术的推动下，这个数字宇宙正在深刻改变人类互动的方式。在本节中，我们将深入探讨这些革命性的技术将如何改变我们的社会结构，特别是它们在维护亲密关系方面的作用。

亲友元宇宙并非仅限于一个 3D 视频聊天工具，而是一个精心设计的生态系统，旨在提升我们与亲人之间的数字互动的质量。在远程工作和异地恋等情况不断增多的社会趋势这一背景下，这种环境变得至关重要，因为数字手段已经成为维持联系的主要方式。在这个数字天堂中，技术发挥着双重作用。

1. 增强：技术进步有助于扩展我们情感互动的深度和范围。无论是支持触觉反馈的虚拟拥抱，还是家庭成员可以“一起”欣赏电影的公共空间，亲友元宇宙的目标都是减少数字交流中产生的情感差距。

2. 管理：虽然技术为我们提供了更广泛的联系方式，但它也带来了一系列需要谨慎管理的难题，其中包括对数据安全的担忧、过度自动化可能导致的情感疏离，以及在数字互联无处不在的时代平衡生活的复杂性。

通过在本节提供用例，我们的目的是阐明技术带来的变革性机遇和固有的风险，特别是因为它关乎这个数字生态系统中社会动态的重新配置。

10.1.1　用例 1——虚拟家庭聚会

想象一下，您的家庭成员分布在多个地区。安排一个适合每个人所在时区的视频通话已经成为一项艰巨的任务，更不用说安排实际聚会有多复杂了。但是，进入亲友元宇宙，虚拟家庭团聚成为了一种可行且丰富的体验。

1. 设　置

每个家庭成员都戴上 VR 头显，进入一个预先设定的模拟家庭虚拟空间。通过使用嗅觉模拟器，环境变得超现实，虚拟空间充满了家庭照片、传家宝，甚至还有熟悉的祖母做的饼干气味。

2. 互动性

家庭成员可以拿起物品向其他人展示，甚至进行虚拟棋盘游戏等小组活动。孩子们可以跑到虚拟游乐场，而大人们则可以在客厅里“坐下”，谈论生活动态。

3. 技术创新

实时语音和情感识别工具能够分析语音模式和面部表情，为对话增添情感深度。进而，这些技术会相应地调整虚拟环境，可能是在出现情感话题时调暗灯光，从而增强参与者之间的情感共鸣。

4. 挑　战

尽管这个场景看起来很迷人，但这种情景也引发了数据安全方面的问题。如何存储和使用有关情感和行为的数据？黑客会破坏这种亲密的家庭氛围吗？提供这些服务的企业必须在安全协议方面保持高度警惕。

10.1.2　用例2——增强现实游戏约会

随着科技的普及，甚至连儿童的游戏伙伴也在不断演变。虽然实体游戏的体验无法被替代，但在这种情况下，AR提供了一个可行的替代选择。

1. 设　置

使用AR头显或眼镜，孩子们可以与远在千里之外的朋友“相约玩耍”。他们可以在自己家的客厅里看到现实世界环境和虚拟元素的交融。

2. 互动性

他们可以一起建造虚拟城堡、寻宝，甚至进行一场超级英雄之战，虽然在物理上有距离，实际上却是在一起的。

3. 技术创新

先进的人工智能算法可以在这些互动过程中监控儿童的安全，阻止任何不当内容或外部入侵。此外，家长可以通过设置“家长控制”模式确保保互动既安全又有趣。

4. 挑　战

数据隐私问题再次显露。此外，向年幼的儿童介绍先进技术还存在伦理问题。这对他们在社会上的发展和对现实的理解有何影响？

10.1.3　用例3——老年人的参与和陪伴

为解决老年人的孤独问题，本用例利用亲友元宇宙，目标是促进朋友及家人之间有意义的联系和情感健康。亲友元宇宙的这一应用要面对技术和健康方面的挑战，但同时也为老年人提供了一种与家人互动的沉浸式方式。

1. 设　置

老年人通常会感到孤独，又可能没有家人或朋友定期来探访他们。通过亲友元宇宙，更多互动可以实现，从而满足老年人的情感需求。

2. 互动性

老年人戴上简单易用的 VR 头显就可以“参加”家庭聚会、在虚拟公园中与孙辈玩耍，或者在数字咖啡馆里与老友闲谈。所有这些活动都可以坐在舒适的扶手椅上完成。

3. 技术创新

这一解决方案的关键在于为老年人提供容易使用的 VR 头显，这些 VR 设备是进入亲友元宇宙的前提，为有意义的互动提供直观且令人身临其境的平台。这些头显的设计优先考虑简便性和易用性，即使老年人对技术不太熟悉，也能轻松地浏览虚拟世界。

4. 挑　战

数字鸿沟可能会让不熟悉技术的老年人难以参与这种平台。此外，还需要深入研究健康状况不佳的老年人长期使用 VR 会受怎样的影响。

10.1.4　用例 4——异地恋

远距离关系在保持亲密情感方面面临着独特的挑战。本用例研究了亲友元宇宙如何利用沉浸式的 VR 或 AR 体验来增强虚拟约会之夜的体验，创造全新的亲密感，同时也应考虑对于数据隐私和情感健康的影响。

1. 设　置

即使使用现有的数字交流方式，维持远距离关系在情感方面也具有挑战性。亲友元宇宙可以提供约会之夜的体验，近乎是将情侣带入浪漫的环境中，无论是在海滩上看日落还是在巴黎的咖啡馆中。

2. 互动性

情侣可以戴上 VR 头显或使用 AR 设备进入预先选择或个性化设计的

环境。他们可以共进晚餐、共舞，或者在虚拟海滩上沐浴着月光漫步其中。现实世界中的送货服务可以同步为双方参与者提供实际的餐点，使虚拟晚餐约会更加真实。

3. 技术创新

可穿戴设备中的生物识别传感器可以捕获心跳或体温等数据，这些数据可以在双方同意的情况下供参与者选择性地共享，以增加亲密感。比如当您在虚拟环境中牵手时，伴侣的心跳可能会略微加快，从而提升情感上的亲密度。

4. 挑　战

数据隐私又一次成为问题，特别是考虑可能捕获和共享的数据的私密性方面。情绪健康也是一个考虑因素。虽然虚拟体验可以增强联系，但这种体验也有可能成为现实世界互动的替代品，可能会产生各种心理方面的影响。

10.1.5　用例 5——多人 VR 和 AR 游戏

在多人游戏环境下，VR 和 AR 技术正在为用户提供更加个性化和更具互动性的体验。本用例探讨的是朋友如何参与基于元宇宙的游戏，这些游戏利用 AI 和数据分析来创造独特的游戏任务和环境。虽然这些进步提升了用户的参与度和沉浸感，但也带来了数据隐私和潜在的游戏成瘾等方面的道德挑战。

1. 设　置

游戏爱好者可以参与元宇宙框架下设计的多人游戏，元宇宙所能提供的不仅仅是休闲游戏体验。

2. 互动性

与传统的在线游戏不同，基于元宇宙的冒险游戏可以根据每个玩家的数据元素创造独特的游戏任务和故事情节，使游戏玩法更具吸引力也更加个性化。

3. 技术创新

结合人工智能驱动的非玩家角色（NPC）可以提高游戏的复杂性和适应性，使得体验变得更加真实、更让人有身临其境的感觉，NPC 还可以对每个玩家的动作做出响应。

4. 挑　战

需要解决有关数据隐私的道德问题，尤其是在个人数据用于游戏定制的情况下。此外，沉浸式游戏可能存在成瘾的风险，这也是需要注意的问题。

10.1.6　亲友元宇宙的负面影响

亲友元宇宙是对我们共同愿望的象征性表现，代表着我们可以超越现实世界的限制追求有意义的人际关系。然而，要掌控这一景观，深入了解亲友元宇宙的潜在风险和陷阱至关重要，因为亲友元宇宙具有跨越技术、社会和道德领域的深远影响。让我们深入探讨其中一些可能产生的影响。

1. 技术影响

一些需要考虑的技术影响包括以下几方面。

（1）高级 UI 和 UX：设计适应各个年龄段用户需求的环境是一项艰巨的任务。无论是对于技术娴熟的青少年还是对于不太熟悉数字技术的老年人，UI 和 UX 必须是直观且易于使用的。

（2）互操作性：为了实现统一的家庭体验，平台必须支持各种设备和软件，包括 AR 和 VR 设备、智能手机和传统计算机。

（3）实时适应：利用机器学习算法，根据用户行为和偏好实时调整环境，这既是一项伟大的成就，也是一个挑战。

（4）资源密集度：高质量的 AR 和 VR 体验通常需要强大的计算能力和快速的网络，对于一些家庭来说这可能成为限制因素。

2. 社会影响

以下是一些需要考虑的社会影响。

（1）加强连接性：在三维沉浸环境中进行互动超越了目前视频通话的限制，加深了远距离关系的紧密度。

（2）学习和技能培养：Wisdom Wells 的用例证明了元宇宙可以成为代际知识传承和技能培养的有效工具。

（3）情绪健康：设计专门用于分享情感或庆祝重要事件的空间可能对情绪健康产生积极影响，但也可能带来情感安全方面的难题。

（4）社会动态：元宇宙可能会放大现实世界的家庭动态，无论是好是坏。例如，占主导地位的家庭成员在虚拟互动中也可能保持主导地位。

3. 道德影响

以下是一些需要考虑的道德影响。

（1）数据隐私：收集活动数据以定制体验可能引发严重的隐私问题，特别是在涉及未成年人时。

（2）心理健康：虚拟世界与现实世界之间微妙的差别可能导致尚未被理解的心理影响。例如，生活在理想化的虚拟世界中是否会导致对现实世界的不满？

（3）可及性："数字鸿沟"可能会产生，负担得起必要技术所需费用的家庭与无法负担这些技术费用的家庭之间可能产生分歧。

（4）商业化和利用目的：这些平台背后的公司可能会通过利用对家庭动态的深入了解进行有针对性的广告活动，这可能会被认为有侵犯性。

4. 商业影响

需要考虑的商业影响包括以下内容。

（1）新的收入来源：利用亲友元宇宙实现盈利，通过从订阅模式到虚拟内购的方式，打开了新的收入渠道。

（2）与现有服务整合：社交媒体或电子商务网站等平台可以与元宇宙完美地融合，提供更具吸引力的用户体验，同时也提供更多可以收集数据的机会。

（3）监管挑战：从数据保护法规到有年龄限制的内容，不同类型的数据和交互可能受到各种法律的限制。

通过对这些影响展开研究，我们可以更清楚地了解亲友元宇宙可能带来的巨大变化。随着这一前沿技术的不断发展，平衡巨大的机遇和潜在的陷阱将成为关键挑战。

10.2 个性化元宇宙

在个性化元宇宙这一引人入胜的领域中，传统数字互动的边界不仅被扩展，更是从根本上被重新定义了。与静态在线平台或更基本的 VR 形式不同，个性化元宇宙呈现了一个充满活力的数字宇宙。它根据复杂的算法不断重塑自身，这些算法可以学习并适应每个用户的行为、喜好和互动。随着复杂的 AR 和 VR 技术的出现，这种多样化的数字景观提供了前所未有的个性化及适应性水平。

但个性化元宇宙真正的创新之处在于它将现实世界和数字世界完美地衔接在一起。通过整合实时数据和上下文信息，个性化元宇宙创造了一种令用户身临其境且深度个性化的多维体验。无论是改变虚拟店铺以反映您最喜欢的品牌，根据您过去的参与情况来使人工智能化身进行个性化的互动，甚至修改虚拟架构以反映您的审美偏好，个性化元宇宙都超越了被动消费模式。它使用户能够实时共同创建他们的数字环境，提供动态反馈循环，不断重新校准以提供最相关和最吸引人的体验。

然而，潜在的好处也伴随着一系列挑战。从个性化和操控之间微妙的道德界限，到数据安全和用户隐私方面的技术障碍，个性化元宇宙得以实施需要细致地解决这些复杂问题。此外，企业面临着前所未有的挑战，即在为消费者提供价值的同时如何以合乎道德的方式有效地利用这个动态的数字领域以提高运营效率。

在本节中，我们将介绍几个使用案例，通过举例说明与个性化元宇宙相关的巨大潜力和复杂挑战。通过这些使用案例，您将了解这样一个高度响应的数字环境如何通过复杂机制增强并深化我们的社交互动、购物体验和内容参与等。这些例子不仅展示了未来的无限可能，还为理解人类与技术在这个新世界中不断演变的关系提供了清晰的框架。

10.2.1 用例 1——个性化虚拟烹饪体验

在烹饪艺术与尖端技术相遇的沉浸式数字空间中，想象一下进入一个虚拟厨房，它不仅知道你的名字，还了解你的口味、饮食习惯和烹饪技能。这就是个性化虚拟烹饪体验的世界，AR 感官技术和智能物联网厨房设备的结合带来了深度个性化的多感官烹饪之旅。尽管这项创新令人惊叹，但从准确表现风味到确保不会引起过敏，在这些问题方面也面临着一些挑战。

1. 设　置

在这个数字空间里，你不只是置身于一个简单的虚拟厨房，而是进入了一个为你量身定制的烹饪乐园。这个空间会根据你的技能水平、饮食需求，甚至你喜欢的美食类型来为你量身定制食谱，提供你可能会喜欢并制作成功的菜肴。通过 AR，该空间可以向你展示理想的切菜技巧、提供香料搭配的建议，甚至如果您愿意，可以把数字工作空间变成明星厨师的厨房。

2. 互动性

利用顶级的 AR 传感设备，体验可达到新的参与水平。想象一下，从虚拟菜肴中“品尝”一点藏红花或一片松露，嗅觉和味觉传感器会模拟味道和香气。由人工智能驱动的烹饪教练不仅提供一步一步的指导，还能识别你何时犯了错误或做出了创意，并即时调整食谱，提供实时反馈。

3. 技术创新

由于现实厨房中的物联网设备与虚拟环境同步，虚拟世界和现实世界之间的界限变得模糊。你的真实烤箱会在虚拟食谱需要时预热。智能冰箱可以清点你的食材并在虚拟世界中推荐这些食材。或者，你实际用的搅拌机可以按照虚拟配方中显示的精确速度和时间工作，确保现实世界的操作和虚拟指令之间完美对接。

4. **挑　战**

虽然这个虚拟领域看起来非常吸引人，但也面临着一些无法回避的问题。系统必须确保不会出现模拟的成分引发过敏反应、模拟的口味无法准确地反映真实味道的情形，这需要强大的验证过程。这里出现的错误可能不仅仅是烹饪失误，还可能导致在现实世界中出现健康问题。因此，建立故障保护和准确的表示属于这项诱人的技术创新的关键方面。

10.2.2　用例 2——综合性心理健康支持

综合性心理健康支持系统结合了 VR 和实时生物反馈机制，创造了一个动态且适应个人需求的定制治疗环境。在这个空间，虚拟 AI 治疗师可以根据不同用户的特定线索——从语气和面部表情到心率等生理指标——调整其方法。虽然该系统展示了通过技术实现个性化心理健康护理的飞跃，但它也提出了重要的挑战——其中最主要的是对 AI 驱动治疗中存在的道德问题以及对数据隐私的担忧。

1. **设　置**

在量身定制的心理健康空间中，用户会遇到一个围绕其特定治疗需求（例如焦虑管理、认知行为疗法或正念）而设计的平静和支持性的环境。

2. **互动性**

虚拟 AI 治疗师进行治疗，而实时的生物反馈机制根据用户的生理反应来调整周围的环境、节奏和治疗方法。

3. **技术创新**

先进的算法可以分析语气、面部表情甚至心率等生理指标，从而实时调整治疗体验。

4. 挑 战

确保 AI 驱动的治疗符合道德标准，并且不会取代人类治疗师所提供的细致入微的护理，这一点至关重要。数据隐私也是一个重大问题。

10.2.3 用例 3——专业教育和培训

在专业教育和培训领域，想象一个先进的、AI 驱动的生态系统，它的作用不仅是提供指导，它还可以直观地理解每个学习者，不仅可以动态调整内容，而且可以调整整个学习环境，以满足个人需求和偏好。从小学生到职业专业人士，这个革命性的教育空间利用 AI、AR 和 VR 技术提供了前所未有的分级定制，将学习场景转变为一种自适应的多感官体验，不仅具有教育意义，而且具有吸引力和启发性。尽管这一前景令人振奋，但它也带来了复杂的挑战，例如，如何在获取数据的同时保障隐私安全，必须审慎地解决这些难题。

1. 设 置

在这个用例中，教育生态系统不是普通的在线课堂或电子学习平台，而是一个先进的、完全集成的环境，这里利用顶级的 AI 算法来定制学习体验，以前所未有的细节层次满足个体学习者的需求。无论是听觉、视觉、动觉还是它们的组合，这个环境都能适应不同的学习方式，还能实时调整课程的节奏与复杂程度，以适应学习者自己的节奏和技能水平。

2. 互动性

在这里，“导师”这个词不足以描述促进学习过程的 AI 驱动的教育指导。这些 AI 实体更像是动态的教育伙伴，能够理解学习者的情感和认知状态。他们通过调整自己的教学风格甚至“个性”来提供最有效的指导。想象一下，在物理课上，教室环境随着运动定律的内容而实时变化，从而直观地展示物理现象；或者在音乐课上，虚拟环境会在您练习时转变为模仿音乐厅。AI 导师指导用户完成这些可变的环境设置，提供实时反馈并调整感官体验，以最大限度地理解和记忆。

3. 技术创新

为了支持这种分级定制，该系统依赖于机器学习算法系统来分析多维度数据。这些算法会记录学习者的互动、测验结果、用在每个课题上的学习时间，甚至可以记录面部表情（如果系统是通过具有面部识别功能的 VR/AR 设备访问的）。这些数据不仅用于了解学习者掌握的内容，还用于了解他们最有效的学习方式。因此，算法不仅会动态调整课题，还会动态调整交付方式，甚至调整学习环境的设置。

4. 挑　战

这种教育性元宇宙显示出成功迹象的背后并非没有陷阱。确保不同社会经济阶层的学生都能获得这种个性化教育是一项重大挑战。随着教育变得更加定制化和高效，只有那些能够负担得起这种个性化服务的人才能受益，从而加大了目前的教育和社会差距。道德问题还延伸到数据隐私方面，因为该系统将不可避免地收集有关学习者行为、偏好和表现的大量数据，必须极其谨慎地处理这些数据以防止滥用。

10.2.4　用例 4——自适应电子商务平台

在快速发展的电子商务领域，我们通常通过滚动浏览静态网页和产品列表来进行在线购物。然而，现在我们可以将自适应电子商务平台视为一次革命性的飞跃。本用例深入研究了一个顶级的电子商务平台，这种平台不再是传统的静态页面，而是可以通过 VR 和 AR 界面访问的一个沉浸式自适应环境。想象一下，您置身于一个虚拟或增强型购物中心，商店的布局、产品的展示甚至销售代表的行为都会根据您的个人喜好和过去的购物行为而做出动态响应。您不再需要费力寻找产品，因为这个高度智能的生态系统会实时地根据您的兴趣、需求甚至您的物理位置为您提供量身定制的购物体验。除了便利之外，这项技术还旨在重新定义我们与电子商务平台互动的方式，使购物不再只是一种交易，而是一种高度个性化的互动体验。

1. 设　置

设想一下，您进入的电子商务平台并非仅仅一系列静态网页，而是一个可通过 VR 和 AR 界面访问的沉浸式自适应环境。在这里，虚拟商城不仅会调整其商店布局，还会根据您过去的互动和购物行为调整其提供的 3D 架构，甚至可以调整销售员的行为。

2. 互动性

在 VR 版本中，当您戴着头显穿越在这个动态空间时，店面会实时重新排列，专门展示您感兴趣的产品。在 AR 版本中，想象一下智能手机或 AR 眼镜将产品和其 3D 表示呈现到现实世界环境中，并且还会根据您的喜好进行动态调整。两个版本的销售员都是 AI 化身，足够智能，不仅可以识别您，还可以了解您之前的购物历史，从而提供高度个性化的推荐。

3. 技术创新

在实体零售和数字零售的完美衔接中，机器学习算法在后台持续运行。算法根据各种指标（如您的点击次数、注视特定商品的时长，甚至运动模式）来调整虚拟或增强空间。在 AR 设置中，如果靠近虚拟商店的实体店，地理位置数据也可能为您提供周围的促销信息。

4. 挑　战

如此高水平的个性化也导致产生了道德和实践上的困境。在这种动态设置中，个性化和操控之间的平衡难以把握。如果系统过多地向您展示您可能购买的商品，可能会引发有关消费者自主权的担忧。此外，这对数据安全方面也具有重大影响，因为系统需要存储和分析大量高度个性化的数据才能有效运行。

10.2.5　用例 5——最终幻想的实现

踏入这一领域，现实的束缚被留在门外，您最深切的渴望成为焦点。

本用例探索了复杂的软件测试与开发环境，结合了顶级的 AR、VR 和 AI 技术，旨在将您的终极幻想变为现实。无论您的梦想是成为摇滚明星，还是探索未知行星，甚至其他的任何幻想，这个突破性的平台不仅可以积极响应甚至可以为您实现，使这些梦想成为切实的体验。在这里，为了适应你的想象力，任何的物理定律和社会规范甚至都可以被重新塑造。这不只是一个游戏或模拟，这是一个全新的领域，它通向可能性的大门，同时也要面对复杂的道德挑战，这些挑战会牵涉实现最深切幻想的结果。

1. 设　置

想象一下，您步入的电子商务平台完全根据您的品味、欲望和好奇心打造，带来深度个性化、多感官的体验。在这个定制的开发环境中，您的梦想成为充满无限可能的蓝图。在 VR 领域，您可能会发现一个由水晶洞穴组成的迷宫，里面闪烁着只有您知道意味着和平的光芒；或者您可以用回声谱写交响乐，唤起最喜爱的回忆。而您的乌托邦（理想中美好的社会）也可以通过 AR 延伸到现实世界。您自己家的墙壁可以按照您最喜欢的自然环境幻化成层叠的瀑布或者像您珍爱的童年画作一样的在天空中飘着的鱼儿。日常通勤变成了一次奇幻之旅，您一直着迷的神话中的生物加入其中，与火车或汽车一起进行有趣的比赛。您甚至可能会发现 VR 冒险中的一件神秘文物已被移植到的厨房桌子上，每个设计细节都反映了您的审美观。这种世界的二元性是专为您量身定制的，提供了一个让您的想象力去设定规则并重塑虚拟与现实之间界限的境界。

2. 互动性

您周围的世界不再是被动的风景，它可以与您进行深入的互动和个人对话，就像合著者与您一起撰写人生中最迷人的篇章一样。在虚拟世界中，您的每一次触摸都可能会绽放成手工制作的花园，只有您感兴趣的植物才能繁茂地生长。在覆盖现实的 AR 世界中，个性化的 AI 实体（无论是导师、同伴还是讲故事的人）与您的互动均基于过去的对话、您的兴趣甚至情绪状态，从而使互动变得更有意义。AI 实体可以推荐您一直渴望阅读的书籍，甚至可以倾听您的声音，在您情绪低落时用亲人的声音分享安慰的话。实时机器学习算法会剖析互动的细节，从声音变化到生物反馈，根据分析微调体验以与您在任何特定时刻的情绪和心理状态完美契合。这些部分共同创造了一个不断去适应的互动形态，使您不再仅是一个观察者，而是正在展开的故事情节中不可或缺的一部分。

3. 技术创新

除了充当你冒险的舞台外，底层技术还像交响乐团一样运作，根据你的每一个突发奇想进行微调。顶级的 AR 算法可以将您幻想的环境与平凡的客厅或工作场所等现实环境交织在一起，为日常环境带来令人惊叹的奇观。另一方面，VR 将您带入一个广阔的动态宇宙，其中每一粒沙子的纹理或外星天空的色调都会适应你的审美倾向。与此同时，先进的人工智能引擎在幕后辛勤工作，不断完善对您的了解。它们集成了从眼动跟踪数据到地理位置的所有内容，同时实时调整 AR 和 VR 元素，以创建个性化、高度情境化的体验。通过利用量子计算或专门的机器学习技术，系统甚至可以在您明确表达需求之前预测您的需求，安排令人兴奋且非常适合您喜好的意外时刻。

4. 挑　战

高度个性化和生动的环境可能会引发伦理和心理问题。现实与幻想之间的界限是否会导致逃避现实或自恋等不良心理影响？平台还将积累大量的个性化数据，需要严格的数据安全措施。此外，存在产生回声室效应的风险，即用户受到不同观点的影响，这对社会和谐构成了挑战。解决这些复杂问题需要采用包括伦理学家、心理学家和技术专家在内提供的多学科方法。

10.2.6　个性化元宇宙的负面影响

个性化元宇宙代表了人类与技术以及人类之间彼此互动方式的巨大进

步，提供了适应个人偏好、行为和需求的定制体验。虽然这给人们创造了前所未有的参与度和满意度，但其影响是多方面且复杂的，涉及伦理、心理和社会方面的考量。

1. 伦理影响

需要考虑的伦理影响如下。

（1）数据隐私：个性化体验的实现需要收集和分析大量用户数据，这引发了有关数据所有权和隐私方面的问题。

（2）知情同意：用户可能不完全了解他们的数据如何被使用或操控以定制他们的体验。

2. 心理影响

需要考虑的心理影响包括以下内容。

（1）现实扭曲：当数字世界适应个人偏好时，现实和 VR 之间的边界可能会变得模糊，可能会影响在现实世界中的感知和行为。

（2）情绪健康：量身定制的体验最终可能会强化信念和行为，但可能会产生回音室效应，导致损害心理健康。

3. 社会影响

以下是需要考虑的社会影响。

（1）不平等：由于技术差距，不是每个人都能平等地获得高质量的个性化体验，这可能会加剧社会的不平等。

（2）文化影响：随着体验变得更加个性化，共同的文化接触点可能会减少，从而逐渐影响社会凝聚力和共同理解。

4. 经济影响

以下是需要考虑的经济影响。

（1）商业模式：超个性化可以彻底改变广告和商业，但也可能引发有关消费者自主权的问题。

（2）就业市场：随着元宇宙的发展，将会产生对新的角色和技能的需要，而其他角色和技能可能会变得过时，从而影响劳动力市场的动态。

5. 法律影响

以下是一些需要考虑的法律影响。

（1）知识产权：支持大规模超个性化所需的基础设施非常庞大，可能会导致与能源使用相关的环境问题。

（2）监管：随着个性化算法变得越发复杂，确保不同系统能够协同工作成为一项挑战。

6. 技术影响

最后，有一些需要考虑的技术影响。

（1）可扩展性：超个性化可以彻底改变广告和商业，但也可能引发有关消费者自主权的问题。

（2）互操作性：随着个性化算法变得越发复杂，确保不同系统能够协同工作成为一项挑战。

10.3 探索元宇宙

探索元宇宙是一个广阔的前沿，几乎是无限的，它融合了最新的VR、AR和AI技术，为人类满足好奇心和社交自发性创造了一个无与伦比的环境。想象一下，走进一个设计复杂的VR世界，您不仅可以置身于令人惊叹的风景中进行社交，还可以在AI算法的支持下实时操纵这个世界的事物或气候。

在AR版本中，物理世界和数字世界之间的界限变得模糊，让您可以将奇幻元素或社交中心叠加到日常生活中。从熙熙攘攘的数字集市和像异想天开的街头集市一样突然出现的社交论坛，到与AI驱动的角色偶然相遇、教您新的东西，这个元宇宙是动态互动的缩影。

然而，这个领域引人注目的技术也带来了道德困境、数据安全风险以及因几乎无限的自由而带来的复杂挑战。本节内容旨在深入探讨在未知、不受限制且错综复杂的个性化数字世界中航行会存在哪些令人兴奋的机遇和发人深省的陷阱。

10.3.1　用例 1——跨越虚拟现实的偶遇

在探索元宇宙时，VR、AR 和 GenAI 的前沿融合，创造了一个与现实生活一样丰富但具有无与伦比的数字互动深度的社交场景。想象一下，与一位 GenAI 哲学家交际，他不仅会根据您对存在主义的兴趣水平调整对话，还会实时创造独特的哲学思想供您思考。在 AR 中，当地的公园充满了与物理世界分层的信息和体验，包括在 AI 的指导下与志同道合的自然爱好者偶遇，AI 可以生成个性化的对话主题。这些社交可能性虽然令人兴奋，但也带来了无数的道德、隐私和数据安全方面的挑战。

1. 设　置

当您穿行于令人惊奇的 VR 景观——从接骨木森林到超现实城市景观时，或者当您在 AR 环境中游走于当地社区时，GenAI 确保世界永远不会停滞不前。在 VR 中，风景本身能够根据您的心情或兴趣动态地生成。在 AR 中，您所遇到的公共艺术装置不再是静态的雕塑，而是根据公众情绪和个人观众的互动而不断演变的生成性艺术作品。这些环境中的角色，包括 AI 驱动的角色和人类角色，同样都是动态的，它们的出现基于复杂的算法，这些算法会考量多种因素，如您的情绪、最近的在线搜索，甚至您当前的生物特征数据。

2. 互动性

GenAI 提升了参与度。在 AR 中，您不再只是一个观察者，而是成为您所体验环境的创造者。比如，在虚拟音乐即兴演奏会上，GenAI 不仅能够匹配您的技能水平，还能够实时创作新曲目供您即兴演奏。而在 AR 中，您的日常活动可以变得更加让您陶醉其中。参加烹饪课？CenAI 可以根据您过去的烹饪尝试、您的口味偏好和当前流行的口味，迅速地创造新的食谱，将您的厨房有效地变成了现实世界里具有烹饪创造力的开发环境。

3. **技术创新**

除了融合 VR 和 AR 技术外，GenAI 是将用户体验提升到前所未有水平的关键。GenAI 利用在大量数据集上进行训练的机器学习算法来实时创建新的个性化内容。想象一下一个无比复杂的神经网络，它可以通过面部识别、语音调制分析和生物特征反馈来理解您的情绪反应，然后利用这些信息生成实时体验，这些体验可以准确地适应您当前的情绪状态和兴趣。

4. **挑　战**

尽管 GenAI 所创造的个性化和互动水平非常引人注目，但它也带来了重大的伦理和技术挑战。当 AI 不仅是分析而且会生成个性化内容时，数据隐私呈现出新的维度。界定创建和操作之间的边界变得模糊，这引发了关于用户自主性和满意度的问题。此外，GenAI 可能会动态地创建场景或对话，这在确保生成的内容符合社会规范和道德准则方面提出了新的挑战。

10.3.2　用例 2——随机生活模拟

如果您一辈子可以过多种生活，会怎么样呢？探索元宇宙提供了随机的生活模拟，这项大胆的冒险可以您你做到这一点。这远非简单的游戏娱乐，而是借助社会学、心理学和历史学的多维视角对生活的可能性进行的深刻探索。在 VR 和 AR 的范围内，再加上高度复杂的 AI 算法，您可以“重生”到不同的家庭、社会阶层、国家，甚至不同的时代。这是一个值得深思的空间，它允许我们穿越不同的生活轨迹，在加速的时间线中体验并审视各种选择和环境带来的结果。这些模拟并非仅是为了逃避现实或寻求娱乐，更承载着激发内省价值和社会同理心的使命。然而，这种多重的冒险也面临着道德复杂性的问题，包括从潜在的虚假陈述到现实生活中难以克服的琐碎化各方面。

1. 设　置

进入此用例场景后，用户将发现自己位于“生活大厅”中，在那里，他们可以从任何用于替代生活的各种可变情况。您想体验 18 世纪手工艺人、硅谷现代科技企业家的生活，还是沿海小村庄的渔民生活？选择好之后，基于复杂的数据，包括社会经济因素、历史记录和文化规范各方面用于模拟所选择环境中的生活的数据，AI 算法开始对模拟世界进行建模。用户可以选择完全随机的模式，甚至可以将对时间段、地点和社会经济背景的选择留给系统的算法，这样会增加惊喜和不可预测性。

2. 互动性

一旦您“重生”，您就可以像看一部以您为主角的电影一样，以快进模式浏览生活，但您可以随时暂停、快速倒退或更改剧情。从选择学校到决定职业、建立人际关系，甚至面对道德困境，您将在每个阶段做出重要的人生抉择。AI 会根据您的选择模拟不同的结果，甚至使中彩票或面临自然灾害等偶然事件发生，所有这些都以详细的 VR 形式呈现，或通过 AR 投射到你的现实世界中。

3. 技术创新

利用 GenAI 模拟生活的复杂性是该场景的核心。它采用实时大数据分析来重建社会经济环境，并使用 AI 模拟行为与其他生成的个体互动，甚至还利用机器学习，根据用户行为和选择来调整体验。更重要的是，NLP 技术允许交互式对话，将地区方言、习语甚至历史语言形式纳入考量，以提供真实的、令人身临其境体验。

4. 挑　战

这种模拟面临着巨大的伦理和哲学问题。让用户体验充满挣扎和困难的生活可能会淡化个人在这些情况下真正面临的困难，这是否合乎道德？歪曲或简化与特定人生路径相关的挑战也可能延续刻板印象或错误信息。或许需要实施相关的道德准则和咨询相关委员会，从而确保模拟不仅准确，而且尊重与不同生活场景相关的复杂性和敏感性。

从本质上讲，探索元宇宙中的随机生活模拟为探索自我和培养同理心提供了一种突破性方法，通过 VR、AR 和顶级 AI 技术的和谐整合得以实现。然而，在道德领域的探索将与技术领域一样复杂，需要深思熟虑和持续监督。

10.3.3 用例 3——时空旅游

欢迎来体验时空旅游，这是探索元宇宙中规模最大的时间之旅。您曾经想过坐在古罗马广场上，参与美国独立战争，或者探索未来火星殖民地的红色沙丘吗？现在可以了，您所需要的只有头显和对探索的渴望。时空旅游将 VR 和 AR 的神奇效果与 AI 的数据处理能力相结合，呈现了教育、娱乐和体验式生活的独特融合。该平台让您可以虚拟地经历不同的时代，无论是一天、一周还是长期停留，穿梭于生动的细节之中探索生活和文化的微妙差异。虽然这代表了互动教育和娱乐领域迈出了开创性一步，但它也带来了一些挑战，特别是在历史准确性、文化敏感性和教育完整性方面。

1. 设　置

进入时空旅游中心后，用户会看到一条从文明的开始到推测的未来的时间线。选择好时间段后，用户将被带入一个精心设计的环境，这里充满从建筑到时代的流行元素和习俗等方方面面的细节。用户甚至可以选择他们想要在旅途中扮演的角色。您想成为罗马参议员、欧洲中世纪的骑士，还是未来太空殖民地的科学家？每个设置针对的不仅仅是一个背景，更是一个在元宇宙中模拟的活生生的世界，由先进的 AI 算法驱动，这些算法考量了有关所选择时期或可能出现的未来场景的所有已知信息。

2. 互动性

一旦“进入”所选时间段，您就可以自由地探索和参与其中。在古罗马，你可能会发现自己在参议院进行实时辩论，你的论点由精通古典修辞的 AI 驱动的演说家评估。在未来的火星殖民地，您可以从事外星农业实验或探索火星地理方面的知识。活动并非单单有脚本的活动，更是基于用户交互而演变的动态体验，通过 GenAI 而成为可能。这不仅可以满足于学习用途，还可以实现对不同时代或所推测未来在情感上和社会方面的理解。

3. 技术创新

时空旅游的独特之处在于融合了用于环境沉浸的先进 VR，将元素融入现实世界的 AR，以及确保历史准确性和动态交互性的 AI。高保真的 3D 扫描历史文物可融入 VR 环境中，增加真实感。此外，根据新的考古发现或科学突破，机器学习算法不断更新环境。未来场景的推测模型是通过与各领域专家进行咨询商讨后建立的，这些模型创造了合理的环境，使处于今日的用户去探索明天变得可以实现。

4. 挑　战

时间旅游的概念并非没有伦理和技术挑战。其准确性和代表性可能在历史或文化方面上出现问题。犯错或无意中掩盖敏感问题可能会产生影响，尤其是在涉及可能冒犯后代的时期或文化时。此外，维持教育价值和娱乐价值之间的平衡也很困难。当某些元素可能是为了游戏玩法而被推测出来的或是被简化时，用户可能会误将体验视为完全的事实。

10.3.4　用例 4——微观宇宙

想象一个无比巨大和多样化的元宇宙，它可以容纳无限数量的微观世界，每个微观世界都有自己的一套规则和实际情况。欢迎来到微观宇宙的世界，在这里，用户不再仅是旁观者，更是他们领域的创造者和建筑师，限制他们的仅是他们的想象力。微观元宇宙将 AR、VR 和 AI 技术无缝融合，可提供前所未有的自由度，让您能够打造一个由自己设定的物理法则、社会规范甚至道德标准所主导的世界。然而，在这一前沿领域突破了数字创作和个人表达极限的同时，它也存在涉足复杂的道德领域和带来心理不确定性的风险。

1. 设 置

进入微观宇宙界面后，用户会看到一组十分完美的创作工具。除了如景观和气候等标准环境特征之外，您还可以设置重力常数、光谱，甚至时间膨胀因子。您想要创建一个水向上流动的宇宙，还是一个人返老还童的宇宙？大胆试试吧。您甚至可以使用 AI 辅助的规则设置功能将社会规范、法律和政府形式都运用到您的宇宙规范中，以确保选择连贯且实用。

2. 互动性

您微观宇宙的访问者可以选择暂时与当地法律和规则“同步”。这样，他们就可以充分参与您的宇宙所特有的活动和社交互动了。例如，如果您设计了一个非欧几里得几何的世界，访问者可能会感到建筑物令人费解或能解决我们所在的宇宙中不可能出现的谜题。通过利用 GenAI 可以创建高度动态和响应的场景，这种场景可以适应访客的行为和决策，从而在每次访问时都创造出不断发展着的不同的体验。

3. 技术创新

微观宇宙真正的奇妙之处在于动态算法和 AI 对道德层面的监控，它们使这些独立的世界成为可能。最先进的物理引擎为每个微观宇宙生成一组独特的物理定律，同时保持计算效率。此外，AI 道德监视器负责监督整个宇宙，确保不会发生违反普遍道德原则的活动，如故意伤害或歧视行为。如果内容误入有争议或道德界限模糊的领域，这些监视器还可以标记内容以供审查。

4. 挑 战

尽管微观宇宙这个概念为创造力提供了无限的机会，但它也引起了相当大的道德问题。应该对用户创建的世界类型和规则施加哪些限制？此外它还存在心理影响的问题。在一个与现实的基本方面截然不同的世界中度过一段时间会产生什么长期影响？赋予创作者的自主权是否会引发有人创造用来宣扬有害意识形态或活动的微观宇宙。挑战在于如何确保自由创造与维持社会及心理安全之间的平衡。

10.3.5　用例 5——动态市场

通过动态市场的概念，商业在探索元宇宙中呈现出革命性的新形式，将传统集市的自发性与 AI、AR 和 VR 技术的高级功能融为一体。想象一下，漫步在虚拟森林中，突然发现一个市场，里面售卖着在该环境中制作的手工产品；或者，自己置身于当地购物中心的 AR 覆盖层中，那里有一家数字快闪店似乎提供独家优惠。不过，虽然这些瞬息万变、充满活力的市场创造了令人兴奋的商业氛围，它们也面临着从监管合规到交易安全等的一系列挑战。

1. 设　置

在动态市场中，企业不受物理位置或固定营业时间的限制。使用 AI 算法，企业可以根据实时数据建立数字店面，在探索元宇宙的不同部分实现。例如，虚拟时装店可能会在高峰时段出现在受欢迎的社交中心附近，然后转移到更安静的空间进行独家、仅限受邀者参加的活动。每个店面都可以进行定制，以适应其临时位置的审美或文化环境，从而使企业能够立即使其产品本地化。

2. 互动性

一旦进入这些 AI 生成的市场，用户就会体验到超越传统在线购物的互动水平。您不仅可以看到并触摸虚拟产品，而且可以借助 AR 和 VR 感官技术在购买前闻到和尝到一杯咖啡。市场促进了一系列经济互动，从简单的购买行为到复杂的谈判和易货系统。用户可以与 AI 驱动的销售代表进行互动，这些销售代表可以根据用户过去的购物历史和偏好协商价格或提供个性化优惠。

3. 技术创新

这些市场的动态本质上是通过复杂技术的融合实现的。机器学习算法实时分析大量数据集，从而来确定这些市场最合适出现的地点和时间，并考虑诸如用户密度、流行的社会活动，甚至可能促使消费者产生兴趣的时事等因素。这些市场还利用 GenAI 来创造独特和个性化的购物体验，根据个人用户的数据资料生成可能特别吸引他们的产品或服务。

4. 挑　战

尽管提供了顶级技术和便利性，动态市场仍面临一些巨大的挑战。在企业可能于多个虚拟司法管辖区产生的环境中，监管合规性变得复杂，每个司法管辖区都可能有自己的一套商业法律和法规。确保在如此波动的环境中进行安全交易需要能够像市场本身一样能够快速适应的强大网络安全措施。围绕数据隐私和使用个人信息进行极具针对性的销售还存在许多道德方面的问题。

10.3.6　探索元宇宙的负面影响

正如我们所设想的，探索元宇宙将实现 VR、AR 和 AI 等技术的突破性融合。元宇宙的应用范围涵盖社交互动、创造性工作、企业战略和问题解决等多个领域，对人类活动产生深远影响。然而，其错综复杂的技术网络也为各种积极和消极影响的出现奠定了基础。让我们来了解一下一些需要考虑的主要影响。

1. 数据隐私和安全

在元宇宙中，数据隐私和安全至关重要。广泛的数据收集、第三方风险和持续的监控都是令人担忧的问题。企业还面临知识产权被盗和企业间谍活动等风险。在这个虚拟领域中，强有力的安全措施极为重要。

现在让我们更详细地看一看这个问题。

2. 信息曝光

关于信息曝光问题，以下是应该考虑的两个方面。

（1）详细的数据收集：当用户在元宇宙内进行各种交互时，他们会产生大量的行为和交互数据，这些数据信息远远超出了典型的浏览历史或购买交易范围。

（2）第三方风险：数据可能会被第三方访问或购买，用于有针对性的广告投放、操控甚至恶意活动。

3. 监控问题

对于监控问题，应该考虑以下两个方面。

（1）无处不在的监控：凭借先进的 AI 算法，从与 AI 实体的交互到与真实用户的对话，几乎所有用户活动都可以被跟踪。

（2）算法分析：跟踪信息可用于构建全面的用户配置文件，这些配置文件可能会无意中根据用户的行为对其进行分类或产生不公平的标记。

4. 企业数据风险

关于企业数据风险问题，应该考虑以下两个方面。

（1）知识产权盗窃：在元宇宙内运营的企业可能会在无意间向未经授权的各方泄露敏感数据或知识产权。

（2）间谍活动：在虚拟环境中可能存在更难以管理的风险因素，例如企业间谍活动或内部威胁。

5. 伦理难题

在元宇宙中，道德挑战比比皆是。参与道德情境可能导致情绪压力，并且一些决策可能会给现实世界带来某些后果。同时，人们还担心 AI 算法可能会延续刻板印象，从而导致误传和偏见。当用户追求理想化的虚拟生活时，可能会出现脱离现实和对真实体验不满的风险。在不断发展的元宇宙中，这些道德困境需要得到审慎的思考。

6. 道德困境

在道德困境方面，应该注意以下两个方面。

（1）道德复杂性：涉及道德或伦理决策的场景或游戏可能会给人带来

精神或情绪压力。

（2）现实世界的后果：做出的决策可能会对现实世界产生影响，比如将资金用于慈善机构；可能会操控用户的选择。

7. 虚假陈述和偏见

关于虚假陈述和偏见，需要关注以下两个方面：

（1）算法歧视：AI算法可能会继承人类创造者的偏见，导致不公平或刻板的描绘。

（2）文化敏感性：对历史事件或各种文化的描述可能过于简化或表达得不恰当而引发争议。

8. 虚拟逃避主义

有关虚拟逃避主义问题，应该考虑以下两个方面。

（1）脱离现实：用户可能更喜欢在元宇宙中的理想化的自己，导致他们忽视现实世界中的责任和关系。

（2）幻想超载：理想化体验的不断涌入可能会导致对现实世界体验的不满或幻灭。

9. 社会影响

元宇宙的崛起引发了众多重要的社会考虑因素。元宇宙的使用可能会造成经济障碍和数字素养方面的差异，而现实互动的减少和社区的分裂可能会导致出现现实社会中的孤立。长时间接触虚拟和增强现实可能会改变个人的感知，使人们对现实世界的情感不再敏感，这凸显出在开发元宇宙时需要采取包容且平衡的方法。

10. 虚拟鸿沟

在虚拟鸿沟问题上，需要考虑以下领域。

（1）经济障碍：顶级硬件和软件的高成本可能会使低收入人群无法参与。

（2）数字素养：数字技能有限的人可能在掌握元宇宙或从中受益方面存在困难。

11. **孤　独**

关于孤独，有两个方面需要特别关注：

（1）现实互动减少：虚拟互动的便利性和吸引力可能会妨碍传统的现实社交活动。

（2）社区碎片化：虽然元宇宙可以将志同道合的个人聚集在一起，但也可能基于个人利益将社区隔离开来，从而妨碍整体上的社会互动。

12. **现实扭曲**

以下是一些应该考虑的现实扭曲问题。

（1）感知转变：长时间处于虚拟现实或增强现实中可能会导致个人感知和解释现实世界的方式发生变化。

（2）情绪麻木：过度沉浸于强烈的体验可能会使个人对现实世界中的情绪或后果变得不敏感。

13. **监管标准**

监管元宇宙是一项复杂的任务。未定义的管辖权、版权问题和遍布全球的用户群体使法律程序充满挑战。执行决策和制定普遍的道德标准是非常困难的。对于元宇宙的内容监控十分复杂，确保用户自由的同时防范有害内容存在困难。解决这些监管方面的难题对于构建一个结构合理且符合伦理的元宇宙至关重要。

14. **法律框架**

在法律框架问题上，有两个方面需要特别关注。

（1）管辖权不明确：由于元宇宙可以在多个国家托管，每个国家都有本国的法律和法规，因此，法律程序将会变得复杂。

（2）版权和知识产权问题：元宇宙可能充斥着未经授权复制现实世界中的知识产权的情况。

15. **全球管辖权**

在全球管辖权问题上，有两个方面需要特别关注：

（1）执行困难：对于来自全球各地的用户，执行任何类型的法律决定或处罚都将具有挑战性。

（2）道德普遍主义：为不同的用户群定义普遍接受的道德标准和规范是一项巨大的挑战。

16. 内容监控

关于内容监控，需要考虑以下两个方面。

（1）治理复杂性：管理元宇宙中产生的大量互动和内容需要付出巨大的努力。

（2）审查困境：在维护用户自由和防止有害内容之间取得平衡面临着道德和运营方面的挑战。

17. 心理健康

元宇宙引发了人们对心理健康的担忧。由于其沉浸式的特性，导致存在成瘾的风险，可能会影响现实世界中的责任和关系。脱离现实世界的互动可能导致社交技能缺失和生活失衡。元宇宙中的体验可能唤起强烈的情绪，模糊虚拟世界与现实世界之间的界限，造成潜在的心理方面的难题。解决这些问题对于确保元宇宙用户的福祉至关重要。

18. 成　瘾

在成瘾问题上，需要考虑以下两个方面。

（1）沉浸风险：元宇宙的高度互动性和沉浸性可能会导致成瘾问题，类似于视频游戏中出现的情况。

（2）生活影响：成瘾可能导致用户忽视现实世界中的责任和关系，对就业、教育和家庭生活产生影响。

19. 脱离现实

有关脱离现实的问题，需要考虑以下两个方面。

（1）社交退缩：一些人可能会发现虚拟互动比现实世界的人际关系更容易或更有价值，从而开始脱离社交，导致社交技能缺失或增加社交焦虑。

（2）生活不平衡：在虚拟世界中投入过多的时间，可能会分散人们对现实世界的关注，包括在专业和教育方面的投入。

20. **心理影响**

在心理影响问题上，我们需要关注以下两个方面。

（1）情绪强度：特别是在虚拟体验中，那些模拟现实世界的情景可能会引发强烈的情绪反应，甚至加剧现有的心理状况。

（2）模糊现实：对于一些人来说，元宇宙和现实世界之间的界限可能变得模糊，这可能导致迷惑、迷失方向或对现实的认知发生扭曲。

这些潜在的负面影响表明，随着对元宇宙的探索不断深入，我们需要全面考虑治理、监管和道德问题。尽管一些挑战可能可以通过技术进步来解决，但许多难题需要跨学科的方法才能解决，这些方法包括法律、心理学、伦理学和社会科学方面的知识。

10.4　最佳商业实践

通过研究亲友元宇宙、个性化元宇宙和探索元宇宙，我们发现了一些从总体上衡量的最佳商业实践，可帮助企业应对这些复杂、快速发展的虚拟环境。虽然每个领域都有其独特的应予以考虑的因素，但有几项原则可以为这 3 个领域提供基础方法。让我们来看看应该遵循的做法。

10.4.1　数据治理和道德规范

1. 透明度和用户的同意：始终向用户清楚地说明这 3 种元宇宙领域的数据收集做法，并寻求他们的明确同意。

2. 安全协议：应统一应用数据加密和稳健的身份验证机制。

10.4.2　用户体验与参与

1. 无缝集成：无论您关注的是亲友、个性化还是探索元宇宙，用户界面和体验都应该始终保持流畅直观。

2. 优质内容：在这 3 种元宇宙模型中，无论是在社交互动、个性化功能还是探索可能性方面，内容的质量都是至关重要的。

10.4.3　可扩展性和性能

1. 资源分配：根据用户在元宇宙每个细分市场的参与程度，有针对性地准备好向上或向下扩展资源。

2. 低延迟：不论元宇宙环境的类型如何，都要确保提高加载时间速度和实时交互。

10.4.4　商业模式和货币化

1. 灵活性：不同的货币化策略可能适用于不同的重点领域，取决于关注的是亲友、个性化还是探索。

2. 交易透明度：所有元宇宙环境都应当实现清晰、直接的金融交易。

10.4.5　合规与监管

1. 法律框架：就每种类型的元宇宙所支持的各种活动而言，遵守当地和国际法律至关重要。

2. 道德准则：制定并遵守超越仅在法律框架下的道德标准，特别是在涉及个性化和数据收集方面。

10.4.6　包容性和无障碍性

1. 全球影响力：所有元宇宙模型的设计都应考虑到全球影响力，包括语言本地化和文化方面的考虑。

2. 通用设计：元宇宙应该可供具有不同能力和需求的人们使用。

10.4.7　社区建设与管理

1. 调节和监督：无论是哪种类型的元宇宙，社区调节对于维持积极和安全的环境至关重要。

2. 用户授权：用户应该拥有报告问题、阻止其他用户并对自己的体验能进行一定控制的权利。

10.4.8　商业智能与分析

1. 跨域分析：使用可以跨不同元宇宙类型并能够生成见解的分析工具来创建更具凝聚力的策略。

2. 用户反馈循环：在获取用户反馈方面，应在所有领域实施一致的机制。

10.4.9　可持续性

1. 环境影响：以采用对生态环境友好的服务器托管，并在元宇宙内鼓励可持续实践为目标。

2. 社会责任：制订可集成到每种元宇宙中的企业社会责任计划。

10.4.10　互操作性

1. 跨平台一致性：用户在不同类型的元宇宙之间切换的体验应该是一致的。

2. 数据可移植性：允许用户在不同的元宇宙之间携带其个人资料数据、成就和资产。

通过考虑这些从总体上衡量的最佳实践，企业可以创建更加统一的策略，在保持核心价值和目标的同时实现灵活性。实施这些实践不仅可以增强用户体验，还可以建立信任，这有利于任何类型的元宇宙在发展中获得长久的成功。

10.5 总 结

在本章中，我们以 AR 和 VR 对社交互动的变革影响为前导，开始了深入探索新兴的元宇宙世界的旅程。通过 3 个不同的场景——亲友元宇宙、个性化元宇宙和探索元宇宙，我们了解了这些数字领域中社会动态的复杂性和细微差别。针对这 3 个场景的各部分都详细介绍了这些新颖的虚拟空间是如何改变、挑战以及扩展我们对社交互动的传统理解的，无论是在维持亲密关系方面，还是在实现前所未有的探索性参与方面。

正如我们所看到的，亲友元宇宙帮助我们探索在数字环境中维持密切关系的利弊。虽然技术给我们提供了联系上的亲密性和即时性的工具，但也带来了复杂的导航设计方面的挑战。同样，在个性化元宇宙中，我们看到 AI 驱动的环境是如何实时变化以符合我们的偏好，从而开创超个性化社交和商业互动的新时代的。然而，这种前所未有的个性化也带来了必须要关注的伦理和心理影响。

我们在探索元宇宙领域的尝试使我们能够构思出一个几乎充满无限可能性的领域。然而，正是这种无限性使用户和政策制定者都必须应对伦理、心理和社会方面的挑战。本章提供了现实世界中的用例，可作为个人和商业活动的实用指南。这些案例经过精心策划，旨在为您提供可操作的见解，帮助您有效地驾驭这个新兴、广阔的数字前沿。

总而言之，本章旨在帮助您掌握一套全面的技能，使您可以理解和驾驭元宇宙中的社交互动方式。我们深入研究了 AR 和 VR 技术的进步是如何影响不同类型的社交互动的，这种影响有时甚至是巨大的。我们的目标是为您提供知识、见解和最佳实践，使您能够高效、安全地参与这令人兴奋的新兴数字世界。

对于商界领袖和企业家来说，元宇宙的影响是深远且不可忽视的。新兴的数字环境为客户参与、产品开发甚至内部运营提供了突破性的机会。随着 AR 和 VR 技术的不断发展，企业有机会开创新的商业、协作和客户服务模式。然而，这个新的领域也带来了一系列挑战，从数据隐私到道德考量，这需要我们运用经过审慎的考虑和及时了解最新信息的策略。当您考虑将这些技术整合到您的商业路线图中时，请务必避免不要将它们仅仅视为流行语，而是认识到它们象征着消费者和专业人士互动、沟通和交易方式的根本转变。了解元宇宙中社交互动的微妙动态将是充分发挥其潜力的关键，并且很可能成为在快速发展的数字环境中的竞争优势。

我们的下一章，即第 11 章，将探讨虚拟和现场工作，以及元宇宙对各种类型工作的颠覆性影响，其中包括办公室和远程工作、巡检工作和工厂工作以及培训和诊断。第 11 章将深入介绍各种使用 AR 和 VR 技术的用例，展示这些数字领域将如何彻底改变传统的工作空间和工作流程。这些用例将为您提供有关最佳实践的可行见解，从而显著提高业务效率和效益。第 11 章还将概述元宇宙在改变各种类型工作方式中发挥的关键作用，区分 AR 和 VR 在虚拟和现场工作中的效用，以及研究在这一领域取得成功的基本商业实践。

第 11 章　虚拟工作与现场工作

随着科技的不断进步，元宇宙作为一项突破性的发展出现了，这一发展有望彻底改变不同领域的工作方式。本章将深入探讨元宇宙对办公室和虚拟工作的变革性影响，如零售和现场操作，以及与工厂相关的任务，包括培训和诊断。我们展示了借助于 AR 和 VR 技术的多样化用例，强调了这些工作环境的不断变化和优化效率的最佳实践。无论您是正在考虑如何利用元宇宙功能的组织领导者，还是热衷于让自己的技能面向未来的个人，从本章中获得的实用见解和技能对于驾驭未来的工作都是不可或缺的。

在本章中，我们将主要讨论以下主题：

1. 如用例所示，元宇宙将如何从根本上改变办公室和虚拟工作，包括巡视工作、工厂工作以及培训和诊断。

2. 使用 AR 与 VR 时，元宇宙中的虚拟工作和现场工作有何不同。

3. 本章中的每个用例中将举例说明相关的最佳商业实践。

在这个技术不断发展的世界中，我们正站在某种令人兴奋的场景边缘。本章将带您进入激动人心的探索元宇宙之旅，这将是一个重新定义工作本质的数字领域。这不单纯是一场行业的革命，从熟悉的办公空间到现场的实践工作，它改变了触及我们职业生活各个方面的游戏规则。

这一转变的核心是 AR 和 VR 技术，这些技术的发展远远超出了其娱乐方面起源，成为数字复兴的基石。它们共同创造了一个充满无限可能性的画布，摆脱了物质世界的束缚，吸引着我们重新思考工作本身。

但令人兴奋的是，我们并非仅是这场演出的观众，而是这场演出的积极参与者。元宇宙不再是一个模糊的概念，而是一种切实的力量，正在重塑我们在全球工作场所的沟通、协作和完成工作的方式。我们需要适应、掌握其复杂性并利用其巨大潜力。

我们的探索之旅将引领我们深入了解元宇宙对各个工作领域的变革性影响。无论是传统的企业董事会，还是生机勃勃的零售通道，从区域广阔的现场作业到精密的工厂层面，每一个工作环境都蕴含着独特的机遇和挑战。我们将亲身感受元宇宙是如何重塑这些环境的。

但这场革命不仅仅涉及技术，还与如何让 AR 和 VR 共同创造出沉浸式、高效的工作空间有关。这是关于发展这场数字革命前进道路的最佳实践。

通过现实世界的例子，我们将揭示组织如何将元宇宙无缝集成到他们的运营中，深入了解为企业及其员工带来最大化回报和利益的策略。

因此，不论您是正在探索元宇宙潜力的具有前瞻性思维的组织领导者，还是渴望在不断变化的就业市场中保持领先地位的个人，本章提供的见解都是您不可或缺的指南。这些见解不仅仅是浅尝辄止，而是提供了深刻的理解，帮助您充满信心地驾驭这个变革时代和不容错失的机会。欢迎迈入新工作范式的黎明，这一刻，数字与现实相融合，重新定义了可能性的边界。

11.1　元宇宙——重新定义办公室和虚拟工作

在不断发展的工作格局中，一场深刻的变革正在发生，本章将深入探讨其核心。在本节中，我们将探讨元宇宙这个广阔的数字领域如何从根本上改变办公室和虚拟工作的动态。这种转变远远超出了传统的工作空间，重塑了我们在协作、沟通和专业发展上的本质。

想象一下，来自全球不同角落的专业人士聚集在元宇宙内的虚拟联合办公空间中。他们配备 AR 和 VR 设备，超越地域限制，以前所未有的效率协作开展项目。这种虚拟的联合办公体验由 GenAI 提供支持，不仅提高了生产力，还培养了远程工作者的社区意识。

然而，这种转变不仅仅需要远程连接，还需要有令人身临其境的体验，重新定义虚拟会议。设想一下传统视频会议转变为沉浸式会议，参与者利用 GenAI 来创建栩栩如生的化身，戴上 AR 和 VR 头显，发现自己身处风景如画的数字环境中，坐在虚拟会议桌周围。借助 AI 驱动的语言翻译不仅可以提高与会者的会议参与度，还可以缓解长时间看屏幕所导致的疲劳。

随着研究的深入，我们思考一下一家跨国公司如何利用元宇宙实现跨大陆协作。不同时区的团队在共享的虚拟空间中一起工作，打破地理障碍和时间限制。借助 GenAI，语言障碍消失，促进了更进一步的沟通。这促进了生产力的发展，重塑了我们进行全球团队合作的方式。

现在，想象一下一家科技公司通过 AR 和 VR 并借助 GenAI 提供客户支持。当客户遇到技术问题时，支持代理戴上 AR 眼镜，远程访问客户在元宇宙中的设备，解决问题并指导客户找到解决方案。GenAI 驱动的聊天机器人提供即时帮助，提高了客户满意度和解决问题的速度。

在员工福利领域，可视化公司通过在元宇宙中提供虚拟程序来促进员工的健康，并通过 GenAI 加以丰富。员工可以参加瑜伽课程和正念课程，甚至在不同寻常的数字景观中进行虚拟散步。AI 驱动的身体、家庭和精神等方面的健康体验根据个人的需求定制，旨在减轻压力并促进工作与生活的平衡。

这些场景让我们一窥元宇宙是如何在 GenAI 的帮助下重塑办公室和虚拟工作的。在这个世界里，专业人士利用 AR、VR 和 AI 的力量来实现超越界限、加强协作并重新定义工作本身的未来。欢迎来到办公室和虚拟工作融合的时代。

11.1.1 用例 1——虚拟团队协作

组织正在利用 AR 和 VR 技术在元宇宙内打造沉浸式虚拟办公空间，旨在促进远程员工之间的协作。在这些虚拟领域，员工佩戴定制化的 AR/VR 头显，实现他们之间的自然互动。会议在逼真的会议室中进行，通过共享实时文档和空间音频营造出逼真的感觉。协作扩展到面对面会议、在交互式白板上展开头脑风暴以及实时讨论，增强了临场感。AI 驱动的技术提高了互动效率，但也面临着许多挑战，包括确保连接性、最大限度地减少技术故障、解决 VR 引起的疲劳，以及维护数据安全。这些虚拟办公室正在重新定义远程工作，提供了变革性的合作方式。

1. 设　置

为了促进远程协作更好地进行，组织建立了通过 AR/VR 头显访问的沉浸式虚拟办公室。在这些虚拟领域中，每一名员工都有一个可定制的化身，可以在虚拟工作空间内实现个性化和进行识别。虚拟会议在配备了先进实时工具的逼真会议室中举行，可进行文档共享和协作活动。由于参与者的声音是从他们的化身方向发出，空间音频技术的集成可以确保对话听起来很自然。

2. 互动性

虚拟团队成员进行着广泛的协作活动，超越了传统视频会议的限制。作为团队成员，他们以虚拟化身的形态在高度沉浸的环境中进行互动，面对面会议则展现出新的维度。头脑风暴会议通过交互式白板变得生动，实现了实时构思和概念开发。通过基于虚拟化身的沟通进行实时讨论，可以培养临场感和相互关联性。此外，虚拟工作空间使团队成员能够进行现实交互、共享数字内容，从而增强了协作体验。

3. 技术创新

顶级的 AI 驱动技术显著提升了虚拟工作空间内交互的自然度和效率。由 AI 驱动的语音识别功能可以确保口头交流变得直观且反应迅速，弥合了现实和虚拟交互之间的差距。手势控制使用户能够轻松地在虚拟环境中游览，进一步模糊了现实和数字领域之间的界限。尽管是在虚拟环境中，先进的触觉反馈设备使用户能够参与触觉上的互动，例如握手或击掌，创造了深刻的身体上的联系感。

4. 挑　战

虽然元宇宙中的虚拟团队协作提供了巨大的潜力空间，但还是有一些难题必须要解决才能确保其有效性。持续稳定的网络连接对于避免在重要的讨论和会议期间发生网络中断至关重要。努力减少潜在的技术故障，并持续优化 AR/VR 硬件和软件的性能。长时间 VR 会议导致用户疲劳是一个问题，因此需要创新的解决方案来保持参与度和舒适度。此外，必须采取强有力的数据隐私和安全措施来保护在虚拟空间内共享的敏感信息，从而解决与数据泄露和未经授权的访问相关的问题。

11.1.2　用例 2——虚拟培训和入职

具有前瞻性思维的组织正处于利用 VR 和 AR 技术潜力的最前沿，他们在广阔的元宇宙中打造令人身临其境的团队建设体验和社交活动。

1. 设　置

这些先驱公司通过在元宇宙广阔的数字景观中精心设计虚拟空间，踏上了重新定义工作场所互动方式的旅程。这些空间可以通过一系列配备了 AR 设备和 VR 头显的设备进行访问，每一个设备都经过精心设计，以满足各种团队建设活动和社交聚会的需求。从田园诗般的虚拟静修所到动态的虚拟会议中心，这些环境提供了大量选项来满足每个团队的独特偏好和需求。

2. 互动性

真正使这些虚拟体验与众不同的是它们提供了前所未有的交互性。员工借助高度可定制的化身代表其进入这些数字领域与他们的同事互动。这些互动超越了传统视频会议的局限性，提升了体验的品质。参与者积极参与到大量引人入胜的团队建设练习中，从穿越错综复杂的虚拟逃生室到解决复杂的协作问题，他们都沉浸在友好竞争的挑战中。AR 和 VR 的沉浸式功能增强了临场感，使员工无论身处何处都感觉他们好像在一起。正是在这些共同参与的虚拟冒险和轻松的竞赛中，员工之间培养了亲密的关系，他们的友情得以蓬勃发展，创新理念得以激发。

3. **技术创新**

这些非凡体验的核心在于技术创新与人文通过融合联系在一起。在先进 AI 算法的推动下，活动策划变成智能、动态的过程。这些算法考虑了每个参与者的个人偏好、团队动态和历史参与数据，从而能策划个性化的活动菜单。这些活动具有动态性质，其与众不同之处是它们可以实时调整，确保用户能持续参与。空间音频技术进一步提高了交互的真实性，让团队成员能够自然地像在同一个物理空间中一样进行交流。化身是经过精心设计的，旨在能够表达一系列情感，在加强联系和有效沟通的非语言暗示方面发挥着关键作用。

4. **挑　战**

尽管丰富的虚拟团队建设和社交活动具有巨大的潜力，但仍存在一些需要注意的挑战。确保所有员工积极参与，特别是那些容易受到远程工作干扰的员工，需要采取创造性的策略。技术方面同样重要，确保连接流畅、设备兼容性和最小延迟对于提供流畅的体验至关重要。然而，最复杂的挑战在于在虚拟领域效仿面对面互动时的情感和真正的人际关系特征。在技术的新颖性和人际关系的真实性之间取得适当的平衡则需要不断的完善和创新。

11.1.3　用例 3——远程客户支持

在不断发展的客户服务领域，具有前瞻性思维的组织正在利用沉浸式技术（特别是 VR 和 AR）的力量，将客户支持提升到新的高度。在这种范式转变中，客户支持代理通过远程虚拟呼叫中心进行操作，借助于 AR 和 VR，不仅能提供帮助，还能提供丰富、个性化的客户体验。

1. **设　置**

在这一突破性用例的设置中，客户支持代表佩戴 VR 头显，仿佛被带入了与实体办公室非常相似的虚拟呼叫中心。这些虚拟呼叫中心经过精心设计，旨在为支持团队营造协作环境。借助 AR 的功能，客服人员可以访问虚拟工作空间内 AR 屏幕上显示的大量客户数据，使他们获得实时见解，以便更有效地为客户提供服务。当这些服务人员戴上 VR 头显时，他们就可以流畅地过渡到其虚拟角色，使他们能够像亲临现场一样与客户进行互动，打破了地理障碍。

2. 互动性

这个情境下的互动性超越了传统的客服。代理商可以在虚拟展厅里展示产品，给客户带来生动、有趣的体验。当代理商使用沉浸式工具展示产品功能时，会让产品更加栩栩如生。而由 AI 驱动的聊天机器人可以随时为客户提供快速的帮助，使客户的问题得到及时解决。这种体验的独特之处在于其个性化程度很高。客户可以与代理分享屏幕，以可视化、协作的方式解决问题。代理商不仅在解决问题，还积极与客户互动，建立超越交易关系的更深层次的联系。

3. 技术创新

这个新型客服设置的核心是技术创新，需要通过先进的 AI 和虚拟通信工具在虚拟空间中处理复杂的客户查询要求。先进的 AI 可以分析客户情绪，并据此调整客服人员的反应。在这种虚拟环境中，每一次互动都成为加强客户对品牌认知的机会。AI 算法会不断学习和调整，以确保客户体验不断提升。

4. 挑　战

尽管这个新领域的潜力巨大，但也面临着重大挑战。确保最大程度的数据安全至关重要，必须以最高标准保护客户信息。在远程互动中保持个性化和同情的客户体验需要在技术的便利性和人性化之间取得微妙平衡。解决潜在的技术问题并确保代理商和客户的体验流畅是我们一直关注的问题。此外，组织必须投资进行全面的培训，旨在使客服代表具备在虚拟客服环境中持续进步所需的技能。在这个客户服务的新时代，将技术和人类专业知识相结合是提供出色支持的关键。

11.1.4　用例 4——虚拟销售演示

在这个动态的销售环境中，沉浸式技术和个性化参与的融合开创了客户互动的新时代。虚拟销售演示让客户能够更深入地了解产品，创造令人难忘的体验，并帮助建立更牢固的客户关系，成为企业在激烈的竞争中脱颖而出的利器。

1. 设　置

通过利用 VR 的力量，销售代表不再受传统产品演示的限制。相反，他们借助沉浸式 3D 环境，打造引人入胜的销售体验。销售环境采用虚拟展厅的形式，产品呈现出惊人的细节，栩栩如生。这种设置的独特之处在于其适应性，可以根据每个客户的独特需求和喜好精心定制演示文稿。这些演示不再局限于静态的小册子或平面图像，而是让客户沉浸在动态和交互式的产品展示中。

2. 互动性

虚拟销售演示的核心是互动性。客户不再是被动的观察者，而是可以在虚拟世界中亲身体验产品。他们有机会以全新的方式探索、互动以及体验产品。实时问题可以立即得到解答，促进客户对产品有更深入理解。销售代表成为虚拟向导，带领客户尝试这些沉浸式的体验。他们有能力突出产品的主要功能、优点和细微差别，同时根据客户的喜好调整演示文稿。

3. 技术创新

前沿技术推动了这一转变。在这些虚拟销售演示中，实时分析通过跟踪客户的参与度和行为而发挥着作用。每次互动都会被记录下来，以便提供有关客户的偏好和兴趣方面有价值的见解。应用 AI 驱动的定价和配置工具使客户能够即时定制产品选项，营造出主人翁和个性化的感觉。曾经的静态销售宣传已经演变成了动态且适应性强的交流。

4. 挑　战

尽管虚拟销售演示具有巨大的潜力，但采用这一方式也面临着一系列挑战。确保所有客户都能访问 VR 内容是首要任务。解决演示期间潜在的技术问题对于保持流畅的体验至关重要。让客户在整个虚拟销售过程中保持参与，尤其是在较长的演示中，需要精心的设计和内容管理。此外，组织必须在虚拟和传统销售渠道之间取得平衡，以满足不同的客户偏好。这种集成在管理物理和虚拟销售交互之间的流畅过渡方面提出了独特的挑战。

11.1.5 用例 5——虚拟项目管理

在这个充满动态和复杂项目的时代，虚拟项目管理不仅简化了管理流程，还将管理流程提升到效率和协作的新高度。通过利用 AR/VR 技术，项目团队可以获得项目的全面、实时视图，使团队成员能够基于数据做出决策并优化项目绩效，取得成功。

1. 设　置

在虚拟项目室中，团队可以访问沉浸式虚拟环境，将项目数据、时间表和任务通过动态和交互式方式实现可视化。这不仅简化了项目管理，还提高了处理复杂项目的效率。项目经理可以创建交互式项目面板，让团队成员直观地了解项目进度和重要阶段。虚拟环境提供了项目整体生命周期视图，简化了规划、执行和监控步骤。

2. 互动性

虚拟项目管理的核心是互动性。团队可以在虚拟工作空间中积极参与、更新任务、讨论项目进展并推动实时沟通。协作工具使团队成员能够同时编辑文档并实时共享重要的项目信息。这种使人身临其境的环境培养了一种超越地理界限和时区的存在感和协作感。

3. 技术创新

虚拟项目管理背后的技术创新是多方面的。AI 驱动的项目分析提供了宝贵的数据驱动见解，使项目团队能够快速做出明智的决策。这些分析不仅提供历史数据，还可以预测潜在的项目风险并提出缓解策略，优化项目绩效和结果。通过预测分析，项目经理可以在挑战升级之前主动应对挑战。

4. 挑　战

虽然转型的潜力巨大，但将虚拟项目管理与现有工具和工作流程集成构成了挑战。确保虚拟工作空间内的数据安全至关重要，尤其是在处理敏感项目信息时。促进项目团队（其中一些可能是 AR/VR 技术新手）的平稳过渡需要精心的规划和支持。组织必须投资于培训计划，以确保团队成员熟悉虚拟项目管理工具并能够充分发挥虚拟项目管理的潜力。

11.1.6　元宇宙中办公室和虚拟工作的负面影响

在当今现实与数字界限模糊的时代，元宇宙已经成为一个变革性的舞台，已准备好重新定义办公室和虚拟工作的形式。但是，我们也需要关注这个创新的前景背后存在的一系列挑战。从虚拟隔间中的隔离状态到侵入式数据收集和技术差距，元宇宙引入了复杂的关注点。在本小节中，我们将揭示这个重新定义办公室和虚拟工作方式的数字前沿所带来的主要负面影响。这些挑战时刻提醒我们，当我们沉浸在元宇宙的同时，也必须在充满潜在风险的环境中前行。

1. 虚拟隔间中的隔离状态

虚拟隔间中的隔离状态会影响心理健康。在虚拟办公空间长时间工作可能会对心理健康产生影响，增加与现实世界的孤立感和脱离感。

2. 侵入式数据收集

（1）广泛的用户数据收集：为实现个性化而进行的广泛的用户数据收集可能会导致未经授权的数据访问和隐私泄露，引发虚拟工作者的担忧。

（2）隐私泄露：这可能会导致隐私泄露并破坏虚拟工作者对元宇宙的信任。

3. 技术差距

（1）不平等的获取：元宇宙技术的不平等可能加剧现有的数字差距，造成就业和资源获取方面的不公平。

（2）机会不平等：这种数字鸿沟可能导致就业机会和资源获取方面的差异，加剧社会经济不平等。

4. 虚拟网络安全风险

（1）沃土：虚拟办公空间的互联性质为网络安全风险创造了条件。

（2）漏洞：虚拟会议、通信平台和数据存储系统容易受到黑客攻击和发生数据泄露。公司机密信息和敏感数据可能面临风险，从而导致在虚拟工作空间中运营的企业面临潜在的财务和声誉损失。

5. 虚拟工作中的工作替代

（1）自动化与AI：随着自动化和AI在虚拟办公环境中变得越来越普遍，某些行业存在工作岗位流失的风险。

（2）虚拟工人也可能失业：以前由人工完成的任务可能会实现自动化，从而可能导致一些虚拟员工失业。严重依赖实体存在的传统办公室角色在适应这种数字化转型时可能会面临挑战。

6. 对虚拟协作工具的过度依赖

（1）技能下降：过度使用元宇宙中的虚拟协作工具可能会减弱个人在团队合作和沟通方面的技能。

（2）非虚拟困难：如果沟通主要发生在虚拟空间中，专业人员可能不太擅长面对面地互动和实体团队合作。这可能会影响他们在非虚拟环境中有效协作的能力，从而使人际关系和团队合作的质量下降。

7. 虚拟疲劳对心理健康的影响

（1）数字疲劳：长时间处在虚拟工作环境中可能导致数字疲劳。

（2）倦怠和其他问题：虚拟工作人员可能因长时间使用屏幕和长时间处于虚拟会议中而感到疲劳。此外，维持数字角色的压力可能会导致压力和心理健康问题，包括焦虑和不真实感。

8. 身份和信任问题

（1）人工与否：在元宇宙中，区分真实的互动和模拟可能具有挑战性。

（2）信任与可信度问题：虚拟员工可能难以区分真实联系和模拟联系，这可能会影响到信任和可信度。真实性和可信度成为至关重要的因素，可能会影响虚拟工作关系和协作的质量。

9. 虚拟工作在监管方面的不确定性

（1）步伐太快：政策制定者可能跟不上元宇宙的发展速度，导致监管虚拟工作环境存在不确定性。

（2）法律和合规问题：包括数据隐私、知识产权、税收和在线治理等问题。缺乏明确和标准化的法规可能会给在虚拟空间中运营的企业带来法律和合规方面的挑战。

10. 虚拟工作对环境的影响

（1）对服务器和数据中心的需求：支持在元宇宙中进行虚拟工作所需要的服务器和数据中心可能会对环境产生巨大的影响。

（2）高能源消耗：与这些数字基础设施相关的能源消耗加剧了环境问题，特别是在可持续发展成为全球紧迫问题的时代。解决虚拟工作对环境的影响对于促进元宇宙中负责任和可持续的实践至关重要。

总的来说，元宇宙为未来的工作方式创造了巨大的潜力，但也带来了重大挑战。为了成功地应对这一数字时代的挑战，我们必须优先关注心理健康，弥合技术差距，加强网络安全，并保持虚拟交互的真实性和可信性。只有做到这些，我们才可以充分利用元宇宙的优势，同时减轻其负面影响，确保未来的工作既创新又负责任。

11.2　在元宇宙中开展移动式工作

在动态的工作环境中，技术创新正推动着一场变革，一个新的前沿正在崛起。欢迎来到元宇宙改变的步行工作世界，这个概念包含了需要实际地存在并在移动中从事的各种职业。从事这些工作的专业人员在现实世界中移动、互动和进行操作，涵盖范围从零售和现场操作到实地诊断。

在本节，我们将引导您探索实际用例，提供关于元宇宙如何重新塑造巡视型工作的宝贵见解。想象一下，在繁忙的虚拟商店里工作的售货员，在数字环境中维修设备的现场技术人员，或者通过增强现实进行诊断的医疗保健专业人员。通过这些实例，我们将呈现现实世界的案例和信息，突显元宇宙在巡视型工作中的变革力量。

随着我们的深入探索，我们将会发现 AR 和 VR 在改变这些职业方面的协同作用。现实世界的例子将展示企业如何成功地将元宇宙融入绕行工作环境中。通过这些实例，我们将揭示使专业人士和组织能够在这一新的虚拟范式中蓬勃发展的最佳实践。

无论您是试图为流动工作人员提供创新解决方案的企业领导者，还是渴望了解您的职业在这个数字时代将如何发展的个人，本章的见解都将是您的指南。它们远非仅是提供冰山一角，更为您提供了关于元宇宙如何重新定义对步行工作的全面认识，为发展和创新提供了振奋人心的机会。欢迎来到一个现实和数字完美交织的世界，迎接在元宇宙中四处走动工作的新时代。

11.2.1 用例 1——VR/AR 辅助施工检查

在不断发展和动态变化的建筑工程领域，VR 和 AR 技术的整合正在引发一场革命性的变革，改变了施工检查的执行方式，开启了在无边的“元宇宙”中实现前所未有的精确度和高效率的新时代。这种虚拟与增强现实技术的开创性融合不仅简化了传统的检查流程，而且重新定义了建筑专业人员与项目互动的方式和评估项目的本质，模糊了现实世界和虚拟世界之间的界限，带来了前所未有的准确性和有效性。随着这些技术的不断进步，它们不再仅是工具，更是创新的催化剂，重塑了施工检测方法的格局，推动行业进入未知的可能性领域。

1. 设　置

现在，建筑质检员可以通过佩戴 VR 头显在施工现场和虚拟世界之间搭建起一座无缝的桥梁。在虚拟世界中，他们可以访问建筑项目的虚拟副本，从而实现无须亲自到场即可进行详细检查和质量控制。这些虚拟建筑工地经过精心重建，配备了实时数据源、增强的 AR 覆盖图和蓝图，为质检人员提供了项目的整体视图。在虚拟检查期间，AR 的注释和叠加为质检员提供了额外的上下文信息，从而增强了他们识别与解决潜在问题的能力。

2. 互动性

这种虚拟施工检查过程的交互性是变革性的。质检员不再只是观察者，而是积极参与者。借助 VR 头显，他们可以在虚拟建筑工地中自由巡查，探索每一个角落和缝隙。AR 注释允许检查员在虚拟环境中突出显示潜在问题或关注领域。他们可以与现场人员实时协作，讨论调查结果并提供精确的指导，而这一切都可以在距离实际施工现场数英里之外的地方完成。

3. 技术创新

技术创新的核心在于 AI 驱动的缺陷检测。AI 算法会仔细分析施工元素是否存在异常或偏离计划的情况。这种自动化系统不仅简化了检查过程，还确保了更高的准确性。此外，VR 模拟使质检员能够做一些以前无法想象的事情——虚拟地浏览一个已完成的建筑项目。这种令人身临其境的体验可以提供宝贵的见解，并允许在现场检查之前进行基本的质量检查。

4. 挑　战

尽管利用 VR/AR 来辅助施工检查有很大的潜力，但也存在一些挑战。其中一个主要问题是如何确保远程检查的准确性。虽然 AI 算法可以发现很多问题，但有些微小差异可能只有人眼才能发现。在远程施工现场，连接问题可能会影响数据的流畅传输。与现场人员进行有效沟通是确保指示清晰且能够及时采取行动的关键。最后，数据安全至关重要，因为建设项目通常涉及在数字领域需要受到保护的信息。

11.2.2 用例 2——应急救援人员的虚拟培训

在应急响应领域，VR 和 AR 技术正在元宇宙的广阔领域中引领一场关于应急响应人员如何准备应对不可预测挑战的革命性变革。

1. 设 置

在这个无边无际的元宇宙中，应急响应人员可以接受由 VR 模拟的突破性训练。这些模拟场景准确再现了从火灾现场到复杂搜救任务的各种高压力环境。应急人员使用 AR 增强装备，可以将真实世界数据与虚拟环境融合，获得更全面的体验。

2. 互动性

在紧急情况下，应急人员需要做出关键决策、与团队协作并执行救援任务。VR 和 AR 技术能够在他们的视野中显示实时信息，帮助他们更好地了解形势。这种互动培养了在应对紧急情况时迅速做出决策的能力，提高了应对压力的能力。

3. 技术创新

这一革命的核心是由 AI 驱动的场景生成。响应者可以调整训练场景以匹配他们的技能水平，随着他们的进步，逐步增加场景复杂性。AR 技术通过叠加地图、生命体征和程序说明等基本信息丰富了他们的训练。逼真的触觉反馈设备模拟了从倒塌结构的震动到火焰炽热的温度等紧急情况下的物理感觉。

4. 挑 战

在虚拟领域磨炼的技能有效地运用到现实世界的紧急情况中是一个重大挑战。此外，解决高压力模拟期间潜在的晕动病需要持续的调整和适应。为了保持该计划的相关性和有效性，响应人员必须适应不断发展的应急响应技术格局，不断调整他们的培训以利用最新的创新。

11.2.3　用例 3——数字孪生石油钻井平台检查

在石油钻井平台运营的背景下，AR 和 VR 技术的应用改变了维护人员在庞大且沉浸式的元宇宙中进行检查和培训的方式。

1. 设　置

在这个虚拟领域里，我们精心模拟了精细的虚拟油田钻井平台，配备了 AR 增强的设备和环境。这些数字孪生服务可以作为石油钻井平台上一系列基本维护任务和沉浸式训练体验的背景。

2. 互动性

维护人员利用 AR 技术跨越地理障碍，对石油钻机部件进行远程检查。通过 AR 增强界面，检查人员可以远程访问和评估关键设备，无须亲自到场即可识别潜在问题。与此同时，VR 技术让工作人员沉浸在真实的培训模拟中，他们可以演练应急情况。这些虚拟培训练习为在高压场景下磨炼技能和做出决策提供了无风险的环境。

3. 技术创新

AI 驱动的预测维护算法进一步增强了 AR 辅助检查流程。通过分析实时数据和历史性能指标，这些算法能够预测维护需求，采取主动措施来防范潜在问题。VR 培训场景包括高度逼真的紧急情况，为工作人员提供实践经验，测试他们在受控的虚拟环境中的反应能力。

4. 挑　战

虽然 AR 能够实现准确的远程检查，但解决现实设备和虚拟设备之间的潜在差异仍然是一项挑战。确保准确反映真实情况的虚拟设备对于维护安全和操作标准至关重要。此外，VR 培训领域面临的挑战在于维护安全协议，确保从虚拟模拟中获得的技能可以有效地应用于现实世界，使培训变得尽可能实用和有价值。

11.2.4 用例4——借助AR/VR的消防员培训

在消防员培训领域，AR和VR技术的结合正在突破性地改变消防员在广阔的元宇宙中应对具有挑战性场景的方式。如今，消防站装备了AR增强的消防装备和沉浸式VR训练模拟器，为学员提供前所未有的体验式学习。AR遮阳板显示关键数据和实时危险评估，而VR场景则模拟真实世界中消防所面临的挑战。AR中AI驱动的火灾模拟可以创建动态且响应迅速的条件。然而，确保有效培训、解决现实和虚拟环境之间的差异以及在激烈的VR场景中保持安全几个方面都面临挑战。这种融合体现了在元宇宙中提升技能和决策水平的重大进步。

1. 设　置

这种创新方法的核心在于在消防站内部署尖端技术。消防员配备了最先进的AR增强消防装备，包括将AR元素融合到他们视野中的先进护目镜。此外，消防局内还安装了专用的VR训练模拟器，作为准备进行沉浸式消防员体验的基石。

2. 互动性

这种培训方法的有效性取决于AR和VR提供的交互能力。AR面罩使消防员能够在受控训练环境中模拟真实的火灾紧急情况。这些面罩将关键信息和动态火灾模拟叠加到消防员的视野中，使他们能够在虚拟和现实融合的环境中练习消防技术。与此同时，VR培训模块提供了令人身临其境的场景，让消防员体验高压力的情况。这些模拟涵盖了广泛的消防挑战，包括结构火灾、危险材料事故和救援行动。这些虚拟环境中的交互性有助于促进快速决策、技能发展以及更好地为现实世界中的紧急情况做准备。

3. 技术创新

这种培训方法所固有的技术创新体现在两个方面。AR技术引入了AI驱动的火灾模拟，可动态适应训练场景。这些模拟重现了火灾的不可预测性，包括火灾的蔓延、发展过程和强度方面，使消防员能够磨炼应对不断变化的情况的能力。在 VR 培训领域，真实感至关重要。VR 模块融合了先进的物理学和火灾动力学，确保训练场景忠实地再现真实消防任务中面临的挑战。AI 驱动的 AR 和逼真的 VR 模拟的协同作用确保消防员接受的培训可以为他们可能遇到的最严重的情况做好准备。

4. 挑　战

虽然利用 AR/VR 支持的消防员培训有很多好处，但我们仍然需要解决一些问题。确保 AR 和 VR 技术在消防员培训中的有效性至关重要，因为培训必须紧密贴近现实中复杂而紧张的消防情况。要确保在 VR 培训中获得的技能能够轻松应用到实际消防中，就必须解决现实和虚拟火灾条件之间的潜在差异。此外，在 VR 中模拟激烈的火灾场景时，需要特别注意细节，包括准确还原火灾的动态、烟雾情况和环境危害。解决这些难题对于充分发挥 AR 和 VR 在帮助消防员为其关键角色做好准备方面的潜力至关重要。

11.2.5　用例 5——AR/VR 辅助医疗保健

在医护保健领域，AR 和 VR 技术的融合成了一种变革性的范式，重塑了医护人员在广阔的元宇宙世界中准备应对最严峻场景的方式。这种先进技术的融合让医护人员可以轻松地获取重要的医疗数据，并且能够在一个无风险又超现实的培训环境中磨练技能。

1. 设　置

在这个创新的医护保健模式中，虚拟救护车配备了最先进的 AR 医疗设备，能够与元宇宙中庞大的医疗数据存储库连接。此外，医护人员还能够进入高度沉浸式的 VR 培训环境，完美地模拟现实世界的医疗场景。

2. 互动性

装备有 AR 眼镜的医护人员可以立即获取大量医疗数据，包括患者的病史、生命体征和实时医疗指示。这种 AR 增强的数据访问性大大提升了应对紧急情况时的决策能力。同时，医护人员还可以参与高度沉浸式的 VR

训练场景，精确地模拟各种医疗紧急情况。这些场景为医护人员提供了处理复杂医疗程序和应对危急情况的宝贵经验。

3. 技术创新

这个用例的核心在于卓越的技术创新。AR 设备由最先进的 AI 驱动的数据分析算法提供支持。这些算法不仅能够让医护人员快速获取相关的患者信息，还能提供预测性见解，帮助制订更准确的诊断和治疗计划。另一方面，VR 培训模块融合了先进的模拟技术，可以完美地模拟现实世界的医疗难题。从复杂的外科手术到突发的紧急情况，这些模拟场景提供了前所未有的真实感。

4. 挑　战

尽管 AR/VR 医护保健集成创造了令人难以置信的优势，但仍然面临几个方面的重大挑战。确保在医疗紧急情况下能够快速有效地使用 AR 设备至关重要。医护人员必须将这些技术无痕地融入他们的工作流程中，从而最大限度地提高工作效率。此外，协调物理和虚拟医疗环境之间的潜在差异也非常重要。从虚拟世界到现实世界的过渡必须顺利，以确保医护人员能够有效地应用他们的培训。此外，VR 培训中对高压情况的管理也是一个持续的挑战，因为这些情况会把医护人员推向极限，需要他们快速思考和果断行动。

11.2.6　元宇宙对移动式工作的负面影响

当我们进入广阔的元宇宙时，现实和数字世界之间的分界线变得模糊，形成了天衣无缝的连接，我们正处于“走动式工作”的时代。这种使我们身临其境、互动的工作形式不仅可能重新定义我们与世界互动的方式，还需要我们关注其带来的一系列复杂的挑战。

在元宇宙中，漫游型的工作向我们展示了将现实和虚拟世界融合的变革性探索。它促使我们重新思考那些传统上需要实体存在的职业，包括零售、现场运营以及需要现场参与和移动地执行的任务。但是，随着我们接受这种范式转变，我们必须面对它所带来的各种机遇和障碍。

在这个过程中，我们重点关注元宇宙对巡视型工作的负面影响。我们进入了虚拟世界，数字化身体介入物理空间，现实世界以代码行的镜像存在，我们的感官体验被重新定义。我们面临着的是从身体压力和安全隐患方面的挑战，到对技术差异和隐私侵犯的担忧，我们要穿越这一复杂转变背后的各种问题。

1. 身体压力和健康风险

（1）长时间使用 VR 头显和 AR 设备可能会导致身体上的紧张、不适和潜在的健康风险。

（2）风险包括晕动病、眼睛疲劳以及与长期使用有关的人体工程学问题。

2. 精神疲劳

（1）在虚拟和增强空间中长时间地进行身体运动和互动可能会导致精神疲劳。

（2）用户可能会因同时处理虚拟 / 增强和现实世界的刺激而体验到认知超载。

3. 空间意识挑战

（1）在现实世界中实际移动的同时在虚拟和增强空间中游览可能会导致空间意识方面的挑战。

（2）用户在沉浸于虚拟或增强世界时可能会意外撞到现实世界中的物体或个人，从而带来安全风险。

4. 虚拟脱节

（1）VR 和 AR 作品可以营造一种与现实世界脱节的感觉。

（2）这种脱节可能会影响现实世界的关系并阻碍面对面的互动。

5. 设备和移动障碍

（1）沉浸式工作通常需要专用的 VR 头显、AR 设备和宽敞的物理环境。

（2）对这些资源的访问受限可能会导致工作机会以及对虚拟/增强工作环境的访问方面出现差异。

6. 虚拟培训挑战

（1）虽然沉浸式工作提供了虚拟培训和模拟的机会，但它们可能无法完全重现现实世界的条件。

（2）这可能会使将从虚拟或增强环境获得的技能应用到实体工作场所面临挑战。

7. 隐私和数据安全

（1）沉浸式工作可能需要收集用户的移动和交互数据以进行跟踪和分析。

（2）由于敏感位置、行为和移动数据可能面临未经授权的访问或滥用的风险，因此产生了隐私和数据安全问题。

8. 技术依赖性

当设备发生故障或出现技术问题时，依赖 VR 和 AR 技术进行沉浸式工作可能会导致工作流程中断。

9. 经济差距

（1）由于使用 VR 和 AR 设备以及高速互联网成为沉浸式工作的先决条件，经济差异可能会出现。

（2）这可能会加剧现有的社会经济不平等。

10. 数字成瘾

（1）沉浸式工作的沉浸性可能会导致数字成瘾，因为用户可能会发现很难脱离虚拟或增强环境。

（2）这可能会影响工作与生活之间的平衡和整体福祉。

当我们完成对元宇宙如何影响巡视型工作的探索时，我们发现自己处于创新和复杂性的交叉点。数字领域为沉浸式体验和互动式工作提供了新的空间，但它也并非没有复杂性和挑战。

在元宇宙中进行移动型工作使我们重新审视了身体接触的限制，并重新定义了我们处理各个问题的方式。然而，这一方式也引发了一些问题，如身体压力、安全隐患、技术访问差异和隐私问题。

在探索元宇宙的旅程中，我们试图理解这些挑战并找出潜在的解决方案。重要的是要认识到，尽管存在这些复杂性，但它们并非不可克服。通过仔细思考和负责任地采用技术，我们可以充分利用元宇宙的潜力，同时化解其可能带来的负面影响。

11.3　工厂中的 AR 和 VR 工作革命

在工业和制造领域，一场由尖端数字技术推动的变革浪潮正席卷而来。欢迎来到未来，工厂工作、培训和诊断正在发生深刻的变化。在本节，我们将探索实际用例，展示先进的 AR 和 VR 技术是如何重塑这些领域的，并为制造业的未来提供宝贵的见解。

想象一下在工厂车间，人类工人在 AR 和 VR 沉浸式功能的指引下与智能机器人流畅地协作。这只是展现数字时代如何彻底改变工厂工作的一方面。在本节中，我们将介绍一系列用例，展示 AR 和 VR 技术在该领域的实际应用和变革潜力。

随着进一步的探索，我们将揭示 AR 和 VR 技术如何通过协同作用增强工厂环境中的培训和诊断。这些用例不仅仅是在理论上存在，在现实中也是可行的。它们提供了真实世界中的示例和实用信息，为寻求利用这些能力来提高效率和进行创新的企业提供指导。

无论您是寻求先进解决方案的制造业领导者，还是希望在工厂工作、培训和诊断领域保持领先地位的个人，本节包含的见解都是您的指南针。欢迎来到将工厂车间延伸到数字前沿的时代，实际用例照亮了掌握工厂运营的道路。

11.3.1　用例1——基于AR/VR的工作场所安全审核

在工作场所安全审核中，AR和VR技术的整合体现元宇宙广阔领域内工厂工人安全方面的重大飞跃。这些先进技术的结合为审核员提供了实时的安全检查能力和宝贵的培训经验，让他们能够更好地面对不断变化的工作场所安全中存在的挑战。

1. **设　置**

工厂现场安全方面的创新处于前沿。AR安全检查工具在其中发挥着关键作用，为审核人员提供了一整套高级资源，用于实时进行安全检查和评估。同时，专门的VR安全培训环境也让审核员能够身临其境地体验实践安全培训，提高他们的准备能力。

2. **互动性**

安全审核员使用AR工具，这些工具支持由AI驱动的安全审核协助和危险检测功能。这些工具可以实现实时的安全审核、危险识别和合规性检查，让审核员能够更准确地评估工作场所的安全状况。VR培训则通过让审核员沉浸在真实的工厂安全场景中来进行。在VR培训场景中，审核员可以身临其境地在安全模拟环境中通过真实的演练来掌握应急响应协议。

3. **技术创新**

这一创新用例正是由于顶级技术的不断创新而得以蓬勃发展。在AI的指导下，AR工具提供实时的帮助和危险检测，重新定义了安全审核。AI的功能确保审核员能够快速、准确地识别潜在的安全隐患和不合规问题，从整体上提高了工作场所的安全性。VR培训模块同样具有开创性，为审核员提供真实的工厂安全场景，包括安全挑战不断变化的动态环境。这些场景确保审核员不仅熟悉既定的安全程序，而且能够有效地适应和应对不可预见的安全挑战。

4. **挑　战**

虽然AR和VR带给工作场所安全审核的好处是巨大的，但这种应用仍然存在一些挑战。将 AR 安全检查工具无痕地融合到审核流程中至关重要。审核员必须善于利用这些工具进行全面的安全检查。解决虚拟和现实安全环境之间的潜在差异始终是一个值得考虑的因素。审核员必须能够在虚拟世界和物理世界之间流畅地过渡，才能有效地应用他们的见解。此外，VR 培训也面临着一系列挑战，要求审核员在复杂的模拟环境中保持专注力和适应性。

11.3.2　用例 2——AR 加强维护和修理

AR 正在成为设备维修和修理领域的变革力量，为维修人员提供了先进的工具，使维修人员能够更高效、更精准地进行操作。AR 平板电脑、远程 AR 辅助系统、智能工具和 AI 驱动的预测性维护技术的结合开创了一个前所未有的更高精度与更高效率的时代。这一技术奇迹赋予了维修人员以信心，使维修人员能够应对设备维护的复杂性，确保元宇宙中的大量机械设备以最佳性能运行。

1. 设　置

元宇宙中心的虚拟维护站是创新的典型。这些设计精良的空间反映了现实世界的设备，但具备了 AR 增强功能。在这里，技术人员可以利用先进的 AR 平板电脑和智能工具流畅地连接数字和现实世界。这些 AR 增强功能为技术人员提供了实时数据流、原理图和宝贵的维修指导。

2. 互动性

配备 AR 平板电脑的维修技术人员进入了设备维护和维修的新纪元。他们的平板电脑成为获取大量诊断信息的门户，使他们能够有效地检查设备。平板电脑上的 AR 覆盖层提供上下文数据，引导技术人员逐步完成维修过程。同时，配备实时数据源的智能工具确保技术人员能够获得关于设备状态、性能和潜在问题的最新信息。

3. 技术创新

这个用例的特点在于其技术创新。AI 驱动的预测性维护成为延长设备寿命的关键，提醒技术人员在问题升级之前加以处理。AR 平板电脑加入了另一层创新，将上下文数据无痕地叠加到正在维修的设备上。该功能通过为技术人员提供实时见解和指导而提高了维修效率，最终减少了停机时间并优化了设备性能。

4. 挑　战

尽管 AR 创造了巨大的优势，但也带来了一系列挑战。确保 AR 与物理设备的流畅连接至关重要，需要进行细致的校准和同步以防止出现差异。解决潜在的连接问题始终都是需要考虑的难题，因为这种问题可能会破坏 AR 设备的实时数据流。此外，有效地培训技术人员充分利用 AR 的潜能仍然是这项变革性技术的一个重要方面。

11.3.3　用例 3——虚拟供应链管理和优化

在广阔的元宇宙中，VR 与尖端分析技术的融合为供应链管理和优化开辟了一个新时代。供应链专业人员不仅拥有工具，还能亲身体验，使他们能够更准确、更深入地应对现代物流的复杂挑战。通过 AI 驱动的引导和 VR 的可视化支持，这一应用代表了供应链管理方式的转变，有望提升全球供应链市场的效率和竞争力。

1. 设　置

在虚拟的广阔空间中，供应链专业人员会发现自己置身于互连节点的数字网络中。在这里，整个供应链网络栩栩如生，与连接工厂、仓库、物流中心和分销渠道的虚拟线程错综复杂地交织在一起。这些虚拟供应链中心复制了整个物流生态系统，为分析和改进提供了全局的景观。

2. 互动性

当管理人员穿越这个错综复杂的虚拟供应链节点网络时，他们扮演协调者的角色，引导和微调供应链流程。他们监控着库存水平，模拟实时需求波动，并参与动态决策的过程。VR 的沉浸式功能为数据可视化和分析引入了新的维度，使管理人员能够更全面地理解供应链动态。

3. **技术创新**

这一变革的核心是多种技术创新的交织。AI 驱动的预测分析和优化算法充当引导者，帮助识别潜在的瓶颈和提高效率的方法。在虚拟领域中，VR 提供了整个供应链的三维全景视图，不仅有助于理解，而且有助于真正掌握其复杂性。

4. **挑　战**

然而，如同任何变革性技术一样，这种进步也带来了挑战。确保虚拟化的供应链动态真实地反映现实世界仍然是一个关键问题。解决沉浸式环境中潜在的信息过载问题需要设计智慧和用户友好的界面。与现有供应链管理系统的无缝集成也具有一系列复杂性，需要加以仔细考量并实施相应的技术技巧。

11.3.4　用例 4——AR 驱动的无人机维护

在追求效率和精确性的不懈探索中，维护人员利用配备 AR 技术的无人机，将它们派往工厂车间进行远程检查和维修，所有这些都发生在元宇宙的变革中。

1. **设　置**

想象一下一个无人机队伍——不是普通的无人机，而是配备了 AR 技术的无人机。这些用于维护目的的无人机装备了摄像头和传感器，使它们拥有无与伦比的广阔视野。它们像警惕的哨兵一样在工厂车间巡逻，实时捕捉机器和设备的视频，随时准备采取行动。

2. **互动性**

这就是魔法发生的地方。戴着 AR 头显的维护人员成为这个空中无人机队伍的指挥官。通过虚拟界面进行操作，他们可以远程控制这些无人机，引导无人机的飞行并控制无人机的相机。无人机的实时视频提供了对工厂设备环境的实时发现。但它不仅仅停留在此，AR 叠加提供的不仅仅是观察资料，还有指导、说明和见解，将技术人员变成了精确“交响乐”的指挥者。

3. **技术创新**

伴随着 AI 的“旋律”，维护无人机“管弦乐队”优雅地起舞。这些无人机具有自主性和适应性，可以在工厂车间中优雅地航行，轻松地避开障碍物并选择最佳路径。这并不单纯是远程检查，更是通过视觉引导的远程设备进行维护，是 AI 和 AR 的协作创造了一场高效的“芭蕾舞”。

4. **挑　战**

在这样一种宏大的尝试中，可靠性是基石。确保远程无人机操作像精心设计的表演一样进行是一项值得持续关注的任务。可能出现的网络延迟，即交响乐中不可预测的卡顿，是一个需要缓解的问题。对于需要掌握这些技术的人来说，全面的培训是必不可少的。

11.3.5　用例 5——协作机器人的增强现实培训

在自动化占据中心舞台的制造业中，一场革命正在展开：工人们踏上了掌握与金属外壳的同行进行合作的技巧这样的旅程。这场革命由 AR 培训推动，在这个数字领域，人类工人和协作机器人（cobots）联合起来重新定义生产的未来。

1. **设　置**

想象一下戴上 AR 眼镜可以流畅地将物理世界和虚拟世界融合。在这个最先进的培训环境中，工人们步入虚拟工厂，协作机器人充当数字盟友。这些 AR 眼镜提供实时信息和指导，成为工人们通向新时代的窗口，是他们在数字前沿不可或缺的伴侣。

2. **互动性**

当协作机器人在虚拟工厂中投入使用时，工人们就像在指挥交响乐一样使用 AR 界面。通过精确的手势、交互和语音命令，工人们可以协调协作任务，使他们的动作与机械伙伴协调一致。确保安全至关重要，工人们在数字导师和增强提示的指导下学习与协作机器人共享工作空间，和谐共舞。

3. 技术创新

在这一数字“芭蕾”的背后，是一个复杂的人工智能所驱动的“编舞师”。机器人能够适应工人互动期间的每一个细微差别，它们的反应与人类的指挥相得益彰。AR 创造了神奇的魔力，将工人与机器人的协作提升到新的高度，同时通过数字保护层保护工作场所的安全。

4. 挑　战

在这一开创性的尝试中，挑战比比皆是。当每个工人与协作机器人互动时，他们必须增强信心。协作机器人编程虽然是数字化的，但编程方式错综复杂，需要精通相关编程语言的专业技术人员来完成。全面的 AR 培训是人类与机器之间的桥梁，必须对培训内容加以精心设计，以确保工人为这个美丽的新世界做好准备。

11.3.6　元宇宙对工厂工作、培训和诊断的负面影响

当我们踏入元宇宙这个数字创新与真实生活相交织的领域时，会发现一个充满潜力同时极具复杂性的场景。在本小节中，我们将重点讨论有关元宇宙出现的复杂挑战和担忧，特别是涉及工厂工作、培训和诊断等领域的挑战和担忧。

虽然元宇宙在这些领域中极有可能取得重大进展，但同时也带来了一系列艰巨的挑战。工厂流程的改变、培训方式的变革以及数字技术与诊断的整合都伴随着许多复杂情况。从劳动力市场适应性到工作替代，再到数据隐私和技术灵活性，我们需要敏锐地关注和积极主动地解决这些挑战。

1. 技能差距和培训挑战

（1）日益扩大的技能差距：随着工厂工作变得越来越自动化和数字化，工人之间的技能差距可能会越来越大。

（2）需要大量培训：传统工人可能需要接受大量培训才能适应元宇宙

中的新技术和流程。

2. 工作转移和经济转变

（1）自动化影响：元宇宙中工厂任务的自动化可能会导致一些工人失业。

（2）支持：这种转变可能需要政府和行业解决失业问题并提供技能提升机会。

3. 技术故障和停机

（1）对技术和数字系统的依赖：元宇宙中的工厂运营严重依赖技术和数字系统。

（2）停机：技术故障、软件故障或网络攻击可能导致停机和生产中断。

4. 对数据准确性的依赖

（1）实时准确性：元宇宙中工厂的生产情况通常取决于实时数据的准确性。

（2）错误和质量问题：数据错误或不准确可能导致生产错误和质量问题。

5. 隐私和安全问题

（1）数据需求：收集和传输用于诊断和工厂运营的数据可能会引发隐私和安全问题。

（2）敏感性：未经授权的访问或数据泄露可能会损害敏感的生产和运营数据。

6. 对环境造成的影响

（1）运营问题：元宇宙中对于维持虚拟工厂运营的能源需求可能会产生巨大的环境足迹。

（2）平衡：平衡生产力与可持续性将是一个关键挑战。

7. 工人福祉

（1）使用增多：数字化工厂工作时间的延长可能会对工人的福祉产生

影响。

（2）平衡：在虚拟和现实世界的责任之间取得平衡对于身心健康非常重要。

8. 对连接的依赖

（1）依赖性：元宇宙中的工厂运营需要强大且可靠的互联网连接。

（2）工作中断：连接不良或不稳定可能会扰乱生产流程。

9. 技术采用成本

（1）费用：实施和维护虚拟工厂工作所需的技术可能成本高昂。

（2）财务障碍：较小的制造商可能面临财务方面的障碍。

10. 质量控制挑战

（1）质量控制：在虚拟工厂环境中维持质量控制符合标准可能具有挑战性。

（2）优先顺序：确保产品质量和安全仍然是重中之重。

11. 监管和合规问题

（1）适应：政策制定者和监管机构在使现有法规适应虚拟工厂环境方面可能面临挑战。

（2）监督：需要注重确保安全、质量和合规性。

12. 对数字孪生的依赖

（1）依赖性：虚拟工厂运营通常依赖于模拟数字孪生或现实过程。

（2）不准确：数字孪生若不准确可能会导致现实世界中出现生产问题。

13. 远程工作挑战

（1）地理失调：元宇宙中的远程工厂工作可能需要员工在不同的地理位置工作。

（2）协调：协调远程团队并确保有效协作可能很复杂。

14. 缺乏身体反馈

（1）缺乏线索：虚拟工厂工作可能缺乏物理反馈和感官线索。

（2）缺乏触觉：工人可能对他们正在使用的材料缺少触觉，这会影响精度。

15. 工人隔离

（1）社交隔离：虚拟工厂工作可能导致工人之间产生社交隔离。

（2）团队活力受到影响：与同事面对面互动的减少可能会影响团队活力。

在探索元宇宙对工厂工作、培训和诊断的影响时，我们遇到了机遇和挑战。数字领域前景广阔，但也需要我们认真思考。

当我们面对劳动力适应性、数据隐私和工作替代等挑战时，让我们记住元宇宙是创新的画布。为了应对其复杂性，我们必须在进步和责任之间取得平衡。

最后，我们应该致力于利用这一数字的前沿性，同时防范其负面影响。凭借对目标的追寻并保持警惕，我们可以塑造一个造福于我们所有人的元宇宙，充满信心和道德清晰地走向未来。

11.4 最佳商业实践

在元宇宙的动态格局中，企业面临着充分利用 AR 和 VR 的技术潜力重新定义工作方式的这种激动人心的挑战。为了有效地驾驭这一数字前沿，一系列最佳商业实践应运而生，这些实践可以作为通往成功的指导原则。这些实践跨越不同领域，从为员工提供全面的 AR/VR 技能培训计划，到实现现实和虚拟世界之间协作的无缝集成。随着组织在数字领域追求卓越发展，数据安全、持续改进和环境责任成为备受关注的核心议题。通过保障包容性和可访问性，确保每个人都能跟上步伐，同时建立安全协议、符合监管规定的合规性和跨职能协作，构筑了元宇宙运营负责任和创新的基础。为虚拟工作者提供心理健康方面的支持，对于质量标准的维护，对于社区意识的培养，这些因素共同构成了在元宇宙的动态环境中不断发展的全面指南。

11.4.1　综合培训计划

1. 卓越的 AR/VR 培训：制订全面的培训计划，让员工熟悉与其角色相关的 AR 和 VR 技术。

2. 持续的技能发展：确保持续的培训，让员工了解元宇宙的最新发展。

11.4.2　真实世界与虚拟世界的融合

1. 实虚融合：努力实现物理和虚拟工作环境的完美融合，确保员工平稳过渡。

2. 改善物理工作空间：使用 AR 和 VR 改善物理工作空间，从而增强协作和提高生产力。

11.4.3　数据安全和隐私

1. 强大的数据保护：实施强大的数据安全措施来保护元宇宙内的敏感信息。

2. 合规性和审计：确保遵守数据保护法规并定期审计数据安全实践。

11.4.4　远程监控和监督

1. AR/VR 实时监督：利用 AR 和 VR 进行远程监控和监督，实现对任务和员工安全方面的实时监督。

2. 可访问的关键数据：实施可让主管立即访问关键数据和视觉效果的系统。

11.4.5　持续改进和反馈

1. 反馈驱动的增强功能：建立可让员工提供有关 AR 和 VR 工具、流程和工作流程反馈的机制。

2. 持续的工作流程改进：使用此反馈来推动持续改进对这些技术的应用。

11.4.6 环境责任

1. 可持续的元宇宙实践：重视虚拟工作空间和虚拟工厂运营对环境的影响。

2. 环保虚拟运营：在元宇宙内努力实现能源效率和可持续实践。

11.4.7 包容性和无障碍性

1. 所有人均可访问：确保所有员工（包括残疾人）都可以访问 AR 和 VR 体验。

2. 包容性功能：实践的实施支持包容性并提供必要的空间。

11.4.8 安全协议和危险意识

1. 全面的安全措施：为元宇宙内的所有角色制定全面的安全协议，尤其是在巡查工作方面。

2. 危险意识培训：提供培训以提高对潜在危险和安全实践的认识。

11.4.9 法规遵从性

1. 法律合规保证：随时了解与虚拟工作和工厂运营相关的监管变化。

2. 监管一致性：确保元宇宙内的所有实践均符合法律要求和行业标准。

11.4.10 跨职能合作

1. 部门间协作：促进 IT、运营、安全等不同部门之间的协作，确保 AR 和 VR 技术有效融入工作流程。

2. 创新的跨职能文化：鼓励跨职能解决问题和创新的文化。

11.4.11　心理健康和福祉支持

1. 福祉资源：为员工提供心理健康和福祉方面的资源和支持，特别是对于在可能存在隔离问题的虚拟工作环境中工作的员工。

2. 虚拟社区建设：在元宇宙中提供社区感和社交互动。

11.4.12　质量保证和诊断

1. 产品质量保证：在虚拟工厂工作和诊断中实施质量保证流程，以维持产品质量和安全标准。

2. 通过 AR/VR 增强诊断：利用 AR 和 VR 进行远程诊断、加快故障排除和增强维护程序。

综合而言，随着企业迈向元宇宙，那些包含了 AR 和 VR 的最佳商业实践将成为这一革命性数字领域中起到引领作用的指南。通过着重于全面的培训、现实世界与虚拟世界的无缝融合、强大的数据安全性和持续的反馈，组织可以在元宇宙中繁荣发展，同时保护员工的福祉和隐私。

对环境责任和包容性的强调凸显了对于塑造可持续和可访问的数字未来的承诺，而安全协议和监管合规性则确保了负责任的运营。同时，跨职能协作促进了创新，而对心理健康的支持则增强了元宇宙社区的意识。

对质量保证、诊断以及持续改进的关注进一步巩固了在虚拟工作环境中提供卓越服务的承诺。随着企业努力在元宇宙中脱颖而出，这些最佳实践提供了通往成功的路线图，使企业能够充分利用 AR 和 VR 潜力的同时塑造未来的工作。

通过遵循这些指导原则，组织不仅能够抓住元宇宙提供的机遇，还能够为元宇宙负责任和包容性的发展做出贡献，确保每个人都拥有更加光明的数字未来。

11.5 总 结

在本章中，我们讨论了 AR 和 VR 技术是如何改变各个行业的工作方式的。这些技术促进了沉浸式虚拟办公空间的发展，通过个性化化身和环绕音效提升了团队合作。此外，这些技术通过真实模拟以及应用 AI 导师，彻底改变了员工培训和新员工入职培训，同时通过远程产品演示和个性化帮助为客户提供支持。销售演示得益于 3D 产品演示和 AI 分析，而项目管理则依赖实时更新和数据驱动的见解得以蓬勃发展。借助 AR 眼镜和 AI 驱动的翻译算法，多语言会议变得更加顺畅。通过 AI 驱动的匹配算法简化了虚拟招聘流程，而基于 AR 和 VR 的博览会则提供了令人身临其境的产品探索和推荐方式。这些技术在 AI 分析、实时数据源和预测算法等创新的推动下，在员工健康计划、指导、施工检查和应急响应人员培训方面得到应用。而这些应用面临的挑战包括解决数据隐私、硬件限制和培训需求方面的问题。

总的来说，AR 和 VR 正在推动创新，改变组织在虚拟环境中的运营方式。

我们即将进入的第 12 章，即“3D 和 2D 内容的形式与创造”，将涵盖 3D 和 2D 游戏、流媒体娱乐和艺术方面的用例，深入探索元宇宙充满活力的景观。

第 12 章　3D 和 2D 内容的形式与创作

在本章中，我们将深入探索元宇宙中的游戏、流媒体娱乐和艺术领域。由于人们对 3D 游戏、沉浸式流媒体以及内容的创意表达越来越感兴趣，我们将着重研究 AR 和 VR 在各种应用中的不同之处。我们会探讨从 3D 和 2D 内容的融合到 GenAI 的影响，以及这些数字领域如何变得更加普及，为每个人贡献出更多力量。通过一系列用例和现实世界中的例子，我们将揭示提高业务效率和效益的最佳实践，为您提供驾驭这个动态虚拟前沿的宝贵技能。

在本章中，我们将探讨以下主要主题：

1. 视频游戏、流媒体娱乐和艺术在元宇宙中的展现方式；

2. 3D 和 2D 内容的形式以及创作如何为元宇宙及其内部企业带来好处；

3. 在元宇宙中使用 AR 和 VR 时，3D 和 2D 内容的形式以及创作有何不同；

4. 每个用例中的最佳商业实践示例。

进入元宇宙，这是一个充满无限可能性和独特创意的领域。3D 游戏、流媒体娱乐和艺术汇聚在此，共同塑造数字体验的未来。在本章中，我们将踏上一段非凡之旅，穿梭于这个元宇宙的多个维度中，探索 AR 和 VR 游戏改变元宇宙景观的不同方式。

游戏是元宇宙的支柱，也是人类智慧和技术进步的体现。在这个领域中，我们将深入研究 AR 和 VR 游戏之间的重要差异，揭示丰富的应用场景，旨在满足不同受众的需求和喜好。从沉浸式冒险到协作模拟，元宇宙中的游戏超越了传统的界限，让我们一同探索这些技术的无限潜力。

随着我们逐渐适应不断变化的数字世界，流媒体娱乐成了最受关注的领域。在这里，3D 和 2D 技术的结合开辟了新的娱乐时代。通过 GenAI 的力量，任何人都能轻松地创作引人入胜的 2D（甚至很快也会是 3D）视频，而做到这一点只需要输入一些文本提示。元宇宙将成为全球创意和故事分享的舞台，无拘无束。

艺术在元宇宙中找到了最具创新性和沉浸感的表现形式。GenAI 的出现改变了规则，使得任何有创意的人都能制作出令人惊叹的 3D 艺术作品。艺术创作的普及超越了专业领域，吸引着每个人踏上数字探索之旅。

在我们的探索过程中，我们不能仅停留在理论层面，而是要通过大量的现实案例和沉浸式体验为这些概念增添生机。通过揭示在元宇宙中提高业务效率和有效性的最佳实践，我们将为您提供驾驭这个快速发展的数字世界所需的宝贵技能。

通过本章，您将深入了解元宇宙中 3D 和 2D 内容的各种形式和创作方式，并认识到它们所提供的无限机遇。欢迎来到元宇宙，这里创造力无限，数字表达的未来就在您眼前。

12.1 元宇宙中的游戏

元宇宙广阔的游戏领域中出现了几个引人注目的用例。游戏玩家成为创造者和修改者，使游戏开发大众化，质量控制成为一项挑战。跨平台游戏集成培育了一个具有包容性的游戏社区，而区块链技术则为虚拟商品和收藏品创造了真实性和版权保护方面的新机遇。同时，随着虚拟电子竞技锦标赛成为全球性赛事，确保严格的安全措施至关重要。游戏内置广告和植入式广告提供了营销潜力，但与玩家体验之间取得平衡至关重要。这些用例反映了元宇宙中游戏的各个方面，凸显了追求沉浸式数字游戏体验的过程中的创新和挑战。

让我们仔细看看一些用例。

12.1.1　用例 1——游戏创建和修改

本用例揭示了元宇宙如何让玩家成为游戏行业的积极贡献者，通过他们的创造力和创新来塑造游戏行业的未来。这种方式使游戏开发变得更加大众化，同时展现了在这个不断发展的数字领域中技术、互动性以及所面临挑战之间的紧密关系。

1. 设　置

在元宇宙的游戏环境中，3D 和 2D 虚拟游戏玩家不仅仅是游戏的消费者，也是游戏的创作者和改进者。元宇宙提供了一个广阔的平台，让个人和团队创造出独特的游戏体验，从而迎合全球受众的需求。

2. 互动性

在这个沉浸式的游戏领域中，玩家可以利用创新的游戏创建和修改工具（包括使用 GenAI）将自己转变为创作者。这些工具赋予用户以设计关卡、角色和游戏机制的权力，为他们富有创造力的概念赋予生命。元宇宙内的协作平台也促进了团队合作，允许多个创作者将他们的技能和想法流畅地结合起来。

3. 技术创新

元宇宙的技术创新以容易使用的游戏开发平台的形式呈现，该平台弥合了新手创作者和经验丰富的开发人员之间的差距。这些平台提供直观的界面、拖放功能和预构建的资产，使广大爱好者能够轻松进行游戏设计。通过 AI 驱动的游戏设计模块，新手可以得到建议和优化，从而缩短学习曲线。借助 GenAI，整个 3D 和 2D 游戏的开发也变得更加便捷。

4. 挑　战

尽管元宇宙激发了创造力并使游戏开发变得更加大众化，但这个充满活力的领域也面临着挑战。权衡用户生成内容的涌入与质量控制变得至关重要。审核系统必须确保游戏符合基本质量标准，并且不含恶意或不当内容。此外，在开放创造力和维持公平竞争之间取得和谐平衡也是一个持续存在的挑战。确保用户创建的内容不会破坏其他人的游戏体验是一项重要的任务。持续发展以及完善审核与质量控制机制对于维持元宇宙繁荣且愉快的游戏生态系统至关重要。

12.1.2　用例 2——跨平台游戏集成

本用例说明了元宇宙如何超越单个游戏平台的限制，促进形成一个更具包容性和互联性的游戏社区。跨平台的游戏集成增强了游戏的社交性和竞争性，使玩家能够在共享的虚拟游戏世界中团结起来。随着不断的发展，元宇宙重塑了我们感知和参与游戏的方式，让我们得以一睹互动娱乐的未来。

1. 设　置

在广阔的元宇宙游戏格局中，跨平台游戏集成成为一个显著的特征。这项创新允许来自不同游戏平台和设备的玩家流畅地互动和一同游戏，打破了传统的游戏孤岛。

2. 互动性

在这个互联的元宇宙中，玩家可以与来自世界各地的朋友和游戏玩家一起享受跨平台的游戏体验。无论您使用的是个人计算机、游戏机、VR 头显还是移动设备，您都可以加入同一个虚拟游戏世界。游戏玩家可以组建多元化的团队和联盟，培养超越硬件偏好的社区意识。这种整合为合作和竞争提供了前所未有的机会。

3. 技术创新

推动该用例的技术创新是跨平台兼容性协议和基础设施开发。这些创新弥合了不同游戏生态系统之间的差距，允许跨设备游戏。先进的匹配算法可确保技术水平相似的玩家无论选择何种平台，都能享受公平、平衡的游戏体验。这种技术整合将元宇宙转变为一个真正包容的游戏空间。

4. 挑　战

虽然跨平台游戏集成是一项了不起的成就，但该用例也面临着一系列挑战。要确保所有玩家（无论其在何种平台）都有一个公平的竞争环境，需要不断微调匹配算法。另外，解决硬件功能（例如图形处理能力）的潜在差异可能很复杂。此外，跨平台维护安全的游戏环境对于防止作弊、阻止未经授权的访问以及其他安全问题至关重要。

12.1.3　用例 3——与游戏相关的商品和收藏品

本用例生动地展示了元宇宙如何革新游戏商品与收藏品的传统概念。元宇宙搭建了一个虚拟市场平台，让玩家不仅能够提升游戏内的体验，还可以沉浸于收集虚拟宝藏的乐趣中。而区块链技术的融入为这些数字资产赋予了可信任和稀缺性的特质，从而打造出一个与现实世界收藏品市场相呼应的虚拟经济体系。

1. 设　置

在元宇宙中，一个充满生机与活力的市场应运而生，这个市场专门提供与游戏相关的商品与收藏品。这个数字化的热闹集市颠覆了传统游戏纪念品的概念，汇聚了丰富多彩的 3D 和 2D 虚拟商品，对游戏玩家和收藏家而言均意义非凡。在这里，玩家能够超越传统游戏的边界，深度沉浸于他们钟爱的游戏文化之中，尽享前所未有的体验。

2. 互动性

在元宇宙这个令人身临其境的市场中，玩家能够借助琳琅满目的虚拟游戏服装与配件，尽情使自己的虚拟化身与众不同。他们可以轻松浏览庞大的虚拟商品目录，挑选标志性角色的服装、游戏内的珍稀物品以及独家皮肤。这种高度个性化的定制方式不仅让玩家能够展示独特的游戏身份，还让他们更加深入地沉浸于钟爱的游戏世界之中。

3. 技术创新

本用例的核心在于对区块链技术的创新应用。该技术在保护虚拟收藏品方面发挥了至关重要的作用，为玩家带来了类似实物收藏品的稀有感和所有权验证。每个虚拟物品都被区块链技术所标记，确保其独特性和来源的可靠性，这使得玩家能够放心地购买、销售和交易虚拟商品，因为他们深知自己的数字资产既真实又稀缺。

对于提供游戏相关商品和收藏品的公司而言，GenAI 提供了一种高效、便捷且成本较低的资产创建方式。

4. 挑　战

尽管元宇宙市场带来了令人振奋的机遇，但同时也伴随着特别的挑战。其中，确保虚拟商品的真实性尤为关键。市场上若存在假冒或未经授权的虚拟物品，不仅会破坏市场内的信任体系，还可能损害虚拟商品的整体价值。此外，解决与虚拟商品相关的潜在版权问题同样至关重要。在鼓励创造性表达的同时，需要精确把握保护知识产权的平衡点，以确保维持市场的繁荣和道德性。

12.1.4　用例 4——虚拟电竞比赛

本用例展示了元宇宙是如何让人们重新构想电子竞技锦标赛，为参与者和观众提供一个令其身临其境、可访问平台的。通过整合先进技术，电子竞技在元宇宙中成了引人注目的亮点。然而，要使虚拟电子竞技锦标赛保持其完整性和持续成功，解决公平竞争、安全性和可扩展性等方面的挑战至关重要。

1. 设　置

在这个广阔的元宇宙中，电子竞技锦标赛已经成为全球范围内的重大虚拟赛事。这一转变重新定义了竞技游戏的形式，为玩家提供了展示技能并与观众互动的绝佳机会。在这个虚拟竞技场中，玩家可以沉浸在游戏的刺激氛围之中。

2. 互动性

这个充满活力的元宇宙电竞生态系统营造出激动人心的氛围，玩家可以参与或观看比赛，如同现实中的体育赛事一般。虚拟电子竞技场规模宏大，玩家可以扮演自己喜欢的电子竞技选手角色。无论你想成为职业选手还是热情的观众，元宇宙都为你提供了一个包容的空间，让你体验电子竞技的刺激。

3. 技术创新

本用例的核心技术创新在于创建先进的虚拟锦标赛平台。这些平台利用先进的技术提供令人身临其境的电子竞技体验。高品质的图形、流畅的直播和实时数据集成将虚拟电子竞技体验提升到新的水平。玩家可以参与激动人心的比赛，而观众则可以享受与传统体育赛事相媲美的转播效果。

4. 挑　战

随着元宇宙内的电子竞技锦标赛越来越受欢迎，一系列后勤和安全方面的挑战也出现了，因此确保在虚拟环境中公平竞争至关重要。由于缺乏物理监督，实施强有力的反作弊措施和保持竞技游戏的完整性至关重要。此外，管理大量虚拟观众还涉及服务器容量和用户体验等后勤方面的挑战。为防止潜在的网络威胁和数据泄露，安全措施对于虚拟电子竞技赛事的成功至关重要。

12.1.5　用例 5——游戏中的广告和产品植入

本用例解释了元宇宙是如何跨越单一游戏平台的限制，建立一个更加包容和互联的游戏社区的。通过对跨平台游戏的整合，玩家能够在共享的虚拟游戏世界中进行社交互动和竞争。随着元宇宙的发展，这一空间改变了我们对游戏的看法和参与游戏的方式，让我们看到了互动娱乐的未来。

1. 设　置

在元宇宙中，广告商和品牌正在探索在游戏内投放广告和产品的新机会，旨在吸引全球受众。

2. 互动性

玩家在游戏中会遇到3D和2D相融合的广告、虚拟广告牌、品牌商品和互动广告。品牌与游戏开发商合作，在虚拟世界中创建吸引眼球的营销活动。

3. 技术创新

先进的广告定位和分析技术可以精确追踪玩家的参与度和广告效果。品牌利用AR和VR现实技术实现互动广告体验，让玩家可以在虚拟空间中与产品互动。

4. 挑　战

在将广告融入游戏与确保整体游戏体验之间保持平衡，同时避免侵入性或破坏性的广告，这在设计方面是一个挑战。确保广告不会损害游戏的公平性或引入付费以获胜的元素是一个重要问题。在实现盈利和提供良好玩家体验之间取得平衡是游戏内置广告成功的关键。

12.1.6　元宇宙游戏的负面影响

元宇宙中的游戏虽然有望提供令人难以置信的创新和使人身临其境的体验，但也带来了跨越技术、社会和道德维度的负面影响。必须同时考量这些潜在的缺点与优点，以确保用平衡的视角看待这一数字前沿。

1. 技术影响

（1）对技术的依赖：随着元宇宙中的游戏变得越来越复杂，会存在个人在娱乐和社交互动方面过度依赖技术的风险。这种依赖可能会导致与注视屏幕时间过长、成瘾和体力活动减少相关的问题。

（2）技术故障：沉浸式游戏体验依赖于先进的技术，而这样就可能会存在技术故障、服务器中断或兼容性问题。这些干扰可能会让玩家感到沮丧并破坏他们的游戏体验。

（3）隐私问题：在元宇宙中收集和利用用户数据进行定向广告和分析可能会引发隐私方面的问题。用户可能会对其在线活动受某种程度的监控和分析而感到不舒服。

2. **社会影响**

（1）社交隔离：元宇宙中的沉浸式游戏体验可能会导致社交隔离，因为个人在虚拟环境中花费更多时间，而在现实社交互动中花费时间较少。过度沉浸可能会导致孤独感和缺乏在现实世界中的社交技能。

（2）经济差异：访问元宇宙及其中的优质游戏体验可能会受社会经济因素的限制。拥有更多财力的人可能会享有显著的优势，这种情况可能会造成数字鸿沟和排他性。

（3）现实互动的丧失：元宇宙的诱惑可能会导致面对面的社交互动减少，而这对于人类的福祉至关重要。现实世界中联系的重要性下降可能会对心理健康和人际关系产生不利影响。

3. **道德影响**

（1）剥削性货币化：元宇宙中的游戏内购物和微交易有时会利用玩家谋利，特别是对于那些可能不完全理解财务影响的年轻人。这引发了与游戏行业做法相关的道德问题。

（2）数字成瘾：元宇宙中游戏的高度沉浸性可能会导致数字成瘾，个人很难摆脱虚拟体验，还会将虚拟体验置于现实世界的责任之上。

（3）内容监管：平衡言论自由和维护安全、包容的游戏环境可能具有挑战性。元宇宙可能会在处理监管不适言论、不当内容和网络欺凌方面问题时遇到困难。

4. **心理影响**

（1）逃避现实：虽然游戏可以是一种娱乐形式，但过度逃避现实可能表明存在潜在的心理问题或有逃避现实世界中问题的意愿。

（2）对心理健康的影响：长时间停留在虚拟游戏世界中可能会导致心

理健康问题，例如焦虑、抑郁和现实感扭曲。

（3）认知超载：元宇宙中沉浸式游戏体验的复杂性可能会导致认知超载，尤其是对于年轻玩家，可能会影响他们的学业成绩和认知发展。

5. 环境影响

（1）能源消耗：支持元宇宙沉浸式体验和多人游戏环境所需的基础设施可能会消耗大量能源，从而引发环境问题。

（2）电子垃圾：随着技术的快速发展，旧的游戏设备和硬件很快就会过时，从而导致在处理电子垃圾方面面临挑战。

总之，虽然元宇宙中的游戏提供了令人兴奋的可能性，但必须解决上述这些负面影响，以确保数字前沿既令人愉快又负责任。缓解这些挑战对于塑造元宇宙游戏平衡和合乎道德的未来至关重要。

12.2 元宇宙中的流媒体娱乐

在元宇宙中，我们迎来了一场充满吸引力的流媒体娱乐革命，这场革命将重新定义我们的内容消费方式。我们首次尝试了沉浸式现场音乐会体验，AR 和 VR 技术的结合完全改变了音乐艺术家与全球观众的互动方式。这些体验不受地域限制，让粉丝们能够在虚拟世界中参与音乐会，与他们最喜欢的艺术家互动，并在自己喜欢的环境中享受现场表演。我们将这些由虚拟音乐会推动起来的技术创新纳入本节内容中，同时也将揭示这个活跃环境所面临的挑战。

12.2.1 用例 1——沉浸式现场音乐会体验

在动态的元宇宙中，令人身临其境的现场音乐会体验展示了 AR 和 VR 技术的融合，重新定义了音乐艺术家与全球观众互动的方式。本用例讨论的是粉丝如何通过虚拟方式参加音乐会、与艺术家互动以及享受现场表演，无论他们身在何处。我们将探讨使这些音乐会成为可能的技术创新以及提供这种使人身临其境的音乐体验所面临的挑战。加入我们，来到这个元宇宙中，可体验沉浸式现场音乐会，在这里，音乐超越了国界，歌迷与艺术家以前所未有的方式联系在一起。

1. **设　置**

在元宇宙中这个充满活力的娱乐世界里，艺术家和活动组织者可以举办沉浸式现场音乐会。全球观众可以通过支持AR的设备和VR头显来体验这些技术。

2. **互动性**

通过AR，参加这些音乐会的粉丝可以将音乐会带到他们的现实环境中。他们使用AR眼镜或智能手机应用程序将虚拟舞台和全息表演者叠加到他们的环境中。他们还可以邀请朋友参加虚拟音乐会欣赏派对，并一起享受同步的现场音乐体验。与此同时，VR参会者完全沉浸在虚拟音乐会场地之中，可以与其他虚拟身影互动、跳舞，甚至参加艺术家的虚拟见面会。

3. **技术创新**

用最先进的AR技术通过逼真的艺术家全息图和动态虚拟舞台来增强现实世界。VR技术将用户带入精心设计的虚拟音乐会场地，提供逼真的视觉效果和空间音频。实时流媒体可以确保全球各地的粉丝同时欣赏现场表演，从而在观众之间建立起联系。

4. **挑　战**

本用例面临的挑战包括优化各种通过支持AR的设备提供的用户体验、确保服务器稳定性以在音乐会高峰时段容纳大量VR观众，以及解决与AR数据收集相关的隐私问题。此外，防止未经授权的音乐会流媒体播放或录制，以及在虚拟环境中捕捉现场表演的能力，都是技术和创意方面持续存在的挑战。

12.2.2 用例 2——AR 运动增强

在 AR 运动增强方面，元宇宙的运动爱好者可利用 AR 来丰富他们的现场运动体验。AR 增强了体育赛事以及家庭或体育主题酒吧的桌面设置，缩小了球迷与他们喜爱的比赛之间的差距。无论是参加现场活动还是在家重观比赛，球迷都可以通过智能眼镜或智能手机等 AR 设备访问实时统计数据、球员资料和互动功能。这项创新无缝集成 AR 技术，打造令用户身临其境的运动体验。然而，该用例也面临着实时同步、隐私问题以及确保所有粉丝（无论其技术水平如何）都能方便使用等挑战，以促进 AR 在元宇宙体育运动中的广泛采用。

1. 设　置

在元宇宙中，运动爱好者有机会将 AR 融入他们的现场运动体验中。这可能发生在体育赛事中，也可能发生在家庭或运动主题酒吧的桌面设置中。AR 增强了粉丝和他们喜爱的比赛之间的联系。

2. 互动性

对于参加现场体育赛事的球迷来说，AR 不仅可以实时统计数据、提供球员资料，还可以将互动元素叠加到他们的视图上。他们可以使用智能眼镜或智能手机等支持 AR 的设备来访问附加信息，例如玩家统计数据和即时重播，甚至可以参与互动挑战。在桌面 AR 体育赛事观看体验中，球迷可以在桌面上重现整个体育比赛，并借助数字球员和元素增强观赛体验。

3. 技术创新

AR 技术是关键的创新，它完美地融合了数字和现实世界的元素。在现场比赛中，AR 为球迷提供令其身临其境的信息层，增强他们对比赛的理解。在桌面场景中，AR 应用程序或设备将数字球员和比赛元素投射到现实桌面上，创造引人入胜的互动体验。

4. 挑　战

虽然元宇宙中的 AR 运动增强令人兴奋，但它也面临着一系列挑战。

确保 AR 体验与实景实时同步在技术上具有挑战性。与 AR 使用相关的隐私问题需要解决，尤其是在公共场所使用时。此外，使 AR 的体育增强功能能够为广大粉丝（包括那些不太熟悉技术的粉丝）提供方便且易于使用的服务，是确保 AR 在元宇宙的体育环境中得到广泛采用和被喜爱而要面临的持续挑战。

12.2.3　用例 3——元宇宙脱口秀和播客

元宇宙脱口秀和播客节目、主持人以及创作者们通过创建配备尖端技术的虚拟演播室，充分发掘元宇宙的潜力，这些虚拟演播室能够完美呈现他们节目的风格。这种变革彻底改变了观众参与的方式，使虚拟参与者以他们的化身形象参与其中，培养了社区感和共同创造感。一些节目甚至提供虚拟见面会，加深与粉丝之间的联系。技术创新确保了高质量的播放，而空间音频技术则增强了沉浸感。而该用例面临的挑战包括尊重与管理观众参与、在分散注意力的元宇宙中维持参与以及解决技术问题以获得流畅的体验。

1. 设　置

在本使用案例中，脱口秀主持人和播客通过在广阔的环境中创建虚拟工作室和录音空间来探索元宇宙的潜力。这些虚拟工作室配备了先进的技术和可定制的设置，从而能创造出反映演出主题和具有独特风格且引人入胜的环境。

2. 互动性

元宇宙彻底改变了观众参与脱口秀和播客的方式。虚拟参与者可以以他们的化身形象参与现场录制，超越地理限制，成为演播室观众的一部分。他们有机会提出问题、提供反馈并积极参与讨论，从而培养社区意识和共同创造感。

一些脱口秀和播客通过提供主持人和嘉宾的虚拟见面会，进一步提高了互动性。这种亲密的互动让粉丝能够在个人层面上与他们最喜欢的人物建立联系，加深他们与内容的联系。

3. 技术创新

元宇宙为脱口秀主持人和播客提供了先进的流媒体和录制设备，以确保高质量的播放。清晰的音频和高清视频有助于提供专业且令人身临其境的观看体验。

空间音频是该用例中的一项杰出的创新技术，该技术实现了三维声音景观，使声音仿佛是从虚拟工作室内的特定位置发出。这种空间音频创造了一种令人身临其境的感觉，增强了沉浸感。

4. 挑　战

虽然元宇宙为脱口秀和播客提供了振奋人心的机会，但也面临一些挑战。管理观众的参与并确保在虚拟环境中以平衡和尊重的方式交流想法可能很复杂。主持人必须灵活应对，巧妙地维持讨论同时保持欢迎的氛围。在易分散注意力的元宇宙中，要维持观众的参与度需要运用创新的方法。主持人必须不断适应新的趋势和技术，以保持内容的新鲜度和吸引力。连接问题或软件故障等技术问题也是主持人需要考虑的因素。确保虚拟观众和演播室参与者获得流畅、无故障的体验对于元宇宙脱口秀和播客的成功至关重要。

12.2.4　用例 4——交互式元宇宙叙事

在元宇宙这个以无限创造力和不断创新为特色的领域里，讲故事的艺术通过直播这一媒介经历了深刻的蜕变。本用例深入研究了交互式元宇宙叙事领域，这里的叙事不再是静态和孤立的，而是变成动态、响应式的，而且由观众共同创作。在这里，当观众成为积极参与者的角色，能够塑造故事之旅的进程时，将故事讲述者与观众分开的传统界限就消失了。这些叙述并不是一成不变的，而是具有可塑性和适应性的，可以根据参与的听众做出的集体决定和选择进行实时演变。这是一场通过讲故事进行的协作冒险之旅，叙事的最终目的地由活动于这个广阔无边的数字领域的人们用共同的创造力和想象力所创造。

1. 设　置

在元宇宙中，内容创作者和故事讲述大师踏上了打造直播故事的冒险之旅，让全球观众可以通过元宇宙流媒体平台观看这些冒险故事。这些平台充当着使这些叙事体验变得栩栩如生的动态舞台，为故事讲述者与观众提供了可互动的舞台。

2. 互动性

这种讲故事体验的独特之处在于其提供的深度互动。观众超越了单纯旁观者的角色，成为正在展开的叙事中不可或缺的参与者。在直播期间，观众被邀请做出直接影响故事进程的决定。这些决定会触发实时的叙事分支，每个选择都会解锁独特的路径和结果。此外，观众还可以参与民意调查和聊天互动，表达自己的喜好，与其他观众合作，共同塑造故事的展开方向，这种更高的参与度促进培养了观众之间的共同创造感和社区意识。

3. 技术创新

交互式元宇宙叙事的核心在于流媒体技术，该技术可以实时流畅地集成叙事元素和观众的选择。这种创新的方法使故事讲述者能够即时适应观众的决定，确保叙事保持流畅和敏感。其结果是一种高度个性化和互动的讲故事体验，模糊了创作者和观众之间的界限，提供了传统叙事中未曾有过的沉浸感和代理程度。

4. 挑　战

虽然交互式元宇宙叙事的潜力是无限的，但该用例也面临着一系列挑战。要想吸引品味和偏好不同的受众，现场叙事创作需要在创造力和适应性之间达到微妙的平衡。在直播期间管理观众的选择并保持连贯且引人入胜的叙述是非常复杂的，这需要缜密的计划和即兴发挥的能力。讲故事的人还必须应对观众决策的不可预测性，使每次直播都成为独特且动态的体验。尽管如此，这些挑战也是创新的机会，突破了在元宇宙中故事讲述和观众参与的界限。

12.2.5 用例 5——融合 3D 和 2D 的流媒体娱乐

在动态的元宇宙中，娱乐活动已演变成令人着迷的奇观，无缝地融合了 3D 和 2D 流媒体技术，为全球观众创造令人身临其境、难忘的体验。本用例展示了混合的 3D 和 2D 流媒体娱乐，在这种娱乐形式中，传统形式的现场娱乐与顶级的虚拟体验和谐共存。

1. 设　置

元宇宙内的娱乐组织者和内容创作者利用 AR 和 VR 流媒体的力量打造虚拟场所来举办这些非同寻常的混合流媒体活动。这些虚拟空间为广泛的用途而设计，可容纳从现场音乐会和脱口秀到游戏锦标赛和互动故事会的各种娱乐形式。

2. 互动性

这些活动的独特之处在于 AR 和 VR 技术促进了 3D 和 2D 元素之间的动态相互作用。在 2D 片段中，观众可以通过虚拟舞台或屏幕欣赏现场表演、参与小组讨论或观看采访，利用 AR 模拟参加传统活动的体验。随着活动流畅地过渡到 3D 部分，佩戴 MR 或 VR 头显的参与者会发现自己沉浸在一个具有互动奇观的平行世界中。在这里，他们可以探索虚拟主题公园游乐设施，参加使其身临其境的电影放映，甚至与他们最喜欢的游戏人物一起踏上史诗般的任务之旅。

3. 技术创新

这种变革性娱乐体验的核心技术也是最先进的 AR 和 VR 流媒体平台。该技术不仅可确保 3D 和 2D 内容能够流畅地融合，还可保证整个活动的叙述连贯且引人入胜。实时的交互功能使与会者能够轻松地在维度之间进行切换，创造个性化且流畅的娱乐旅程。

4. **挑　战**

当组织者探索这一混合 AR 和 VR 流媒体娱乐的新领域时，他们面临着独特的挑战。协调 3D 和 2D 片段之间的平滑过渡以保持观众的参与度至关重要。此外，在管理混合流媒体的技术方面，例如优化带宽和确保 AR 和 VR 中一致的视听质量，也存在一系列需要考虑的因素。然而，正是这些挑战推动了娱乐领域中这项令人兴奋的创新，元宇宙史无前例地模糊了现实和虚拟体验之间的界限。

12.2.6　元宇宙流媒体娱乐的负面影响

在元宇宙中，流媒体娱乐正在成为数字体验不可或缺的一部分，探索这一技术飞跃带来的潜在负面影响至关重要。流媒体娱乐提供了一个充满可能性的世界——从沉浸式游戏直播到引人入胜的现场活动，但它也带来了一系列涉及各个方面的挑战和担忧。

在本小节中，我们将剖析元宇宙中流媒体娱乐的负面影响，将这些影响归类为不同的领域，以便对此有全面的理解。我们将仔细考查技术、社会、道德、经济、心理和法律方面，揭示这个数字互联领域中出现的复杂之处和风险。

随着元宇宙的不断延伸，至关重要的一点是要敏锐地意识它的前途和陷阱，只有这样才能应对其复杂性，确保在这个不断扩大的虚拟前沿中体验平衡和明智的旅程。

1. **技术影响**

（1）服务器过载：对流媒体事件的高需求可能会导致服务器过载，从而导致观众体验中断并感到沮丧。

（2）技术故障：延迟、缓冲和音频 / 视频不同步等技术问题可能会破坏观看体验。

（3）隐私问题：流媒体平台可能会收集用户数据，引发有关数据安全和使用方面的隐私问题。

2. 社会影响

（1）孤立：过度沉浸于流媒体娱乐可能会导致社交孤立，因为用户在现实世界中花费的时间较少。

（2）体力下降：久坐的流动活动可能会导致体力活动减少，从而影响健康。

（3）社会比较：持续接触精心策划的在线角色可能会导致大家会与社会上其他人做比较并易产生自卑感。

3. 道德影响

（1）剥削性内容：某些流媒体内容可能会利用弱势群体或延续有害的刻板印象。

（2）侵入性广告：信息流中的侵入性广告和产品植入可能会让人感到被侵犯和犯操纵。

（3）虚假信息：错误信息和虚假信息可以通过直播迅速传播，从而影响公众认知。

4. 经济影响

（1）货币化压力：内容创作者可能面临通过其流媒体赚钱产生的压力，可能会为了利润而牺牲内容质量。

（2）市场饱和：流媒体市场过度饱和，也可能会导致激烈的竞争，在培养老粉丝方面也会有困难。

5. 心理影响

（1）成瘾：过度观看流媒体可能会导致类似成瘾的行为，会对心理健康产生负面影响。

（2）人格解体：持续在线可能会导致人格解体和与身体自我脱离。

（3）注意力广度：长时间接触简短内容可能会影响用户的注意力范围

和集中专注力。

6. 法律影响

（1）侵犯版权：未经适当授权而进行流式传输受版权保护的内容可能会导致法律问题并受到处罚。

（2）监管挑战：元宇宙的全球性可能会导致不同的法律和标准在监管方面面临难题。

总之，随着流媒体娱乐在元宇宙中占据中心地位，该领域带来了许多潜在的负面影响，涵盖了我们数字生活的各个方面。从服务器过载和隐私问题等技术障碍，到孤立和社会比较等社会影响，元宇宙都带来了复杂的挑战。道德因素包括剥削性内容和侵入性广告，而经济压力可能会损害内容质量和市场可持续性。心理损害包括成瘾行为、人格解体和注意力持续时间缩短，而版权侵权和监管差异等法律问题也日益突出。在这些危险的水域中航行需要保持警惕、责任感以及对合乎道德和公平数字体验的承诺，以确保元宇宙仍然是一个丰富而非有害的空间。

12.3　元宇宙中的艺术

在广阔无限的元宇宙中，数字领域和艺术世界不断交融，在创造力方面呈现出一个全新的维度。在这个动态的数字景观中，艺术家、爱好者和教育者正在改变我们感知、创造艺术并与之互动的方式。借助先进的 AR、VR 和 GenAI 技术，元宇宙成了创新和想象力的舞台。本节将带您走近 5 个不同的用例，向您展示艺术在虚拟领域中的变革力量。从超越地理限制的沉浸式虚拟艺术画廊，到打破物理空间限制的协作艺术创作，这些用例不仅重新定义了我们体验艺术的方式，而且突破了元宇宙中可能存在的界限。

12.3.1 用例 1——沉浸式虚拟艺术画廊

在元宇宙中，艺术家和画廊通过创建沉浸式虚拟艺术空间来拥抱数字领域，这彻底改变了对于探索、欣赏艺术和获取艺术品的方式。这些虚拟画廊将 3D 和 2D 艺术品流畅地融合在一起，为艺术爱好者提供前所未有的艺术体验。

1. 设　置

远见卓识的艺术家和目光远大的画廊在元宇宙中精心构建了虚拟艺术画廊。这些画廊可通过各种沉浸式技术进入，包括 AR、VR 和 MR 头戴设备。这种易实现的可访问性确保艺术爱好者可以使用他们喜欢的设备与艺术互动，使艺术更具包容性和可访问性。

2. 互动性

这些虚拟画廊的参观者可以自由地浏览数字展厅，在那里，他们可以从不同角度观看艺术品，深入研究每件作品的细节，并获取有关艺术家及其创作的全面信息。一些画廊还可以提供导游服务，由具有丰富艺术知识的高级 AI 导游或现实生活中的艺术专家带领，帮助参观者深入了解艺术品的历史和文化意义。此外，用户还有独特的机会，可以直接从虚拟画廊获取艺术品的数字或物理副本，从而促进从数字探索拥有实体艺术品所有权的流畅过渡。

3. 技术创新

这些虚拟画廊之所以能提供这种变革性的艺术体验，关键在于所采用的尖端 AR、VR 和 MR 技术。这些技术细致入微地再现了物理艺术品的纹理、颜色和尺寸，在数字领域为它们赋予了生命。安全交易通常由区块链技术支持，可以向用户保证数字和实体艺术品的真实性和出处，从而培养用户对这个不断发展的艺术生态系统抱有信任和信心。

4. 挑　战

虽然虚拟艺术画廊的可能性是无限的，但这一用例中也出现了一些挑战。一个重要的考虑因素是在数字艺术和实体艺术之间取得平衡，确保沉浸式体验不会破坏传统画廊的氛围，并对其进行补充。版权保护仍然是最重要的问题，需要强大的数字版权管理系统来保护艺术家的创作。此外，模拟传统画廊的氛围和光环在艺术体验中发挥着至关重要的作用，这便对数字领域提出了一个有趣的挑战。然而，这些挑战会推动行业创新并重新定义艺术呈现和欣赏的界限。

12.3.2　用例 2——虚拟艺术品拍卖

作为一项开创性举措，传统艺术品拍卖流畅地过渡到元宇宙，画廊和拍卖行在这个虚拟世界中举办了吸引人们的活动，展示各种 3D 和 2D 艺术品。本用例探讨了虚拟艺术品拍卖的变革性影响，这一方式重新定义了展示、欣赏和获取艺术品的方式，给人们带来了全新的体验。

1. 设　置

在这个新领域里，具有前瞻性的画廊和老牌的拍卖行在元宇宙中创建了专门场所，让艺术品爱好者、收藏家可以在这里探索、竞拍和购买各种艺术品。由于超越了地理限制，这些虚拟拍卖使艺术品的获取变得大众化，形成了一个全球艺术社区。

2. 互动性

参与者在虚拟艺术品拍卖中可以享受动态且身临其境的体验，他们可以积极参与实时拍卖，参与竞拍自己感兴趣的艺术品。AR 技术的运用提高了参与度，让用户可以直观地看到艺术品与自己所生活空间的融合。这种互动性优化了决策过程，让购买艺术品成为更加个性化并能获取更多信息的体验。对于佩戴 VR 头显的参与者来说，拍卖体验超越了传统的界限，让他们沉浸在拍卖中，仿佛身处画廊，营造出无与伦比的临场感。

3. 技术创新

虚拟艺术品拍卖是依靠 VR 和 AR 技术的创新应用。VR 提供了令用户身临其境的观看和竞价体验，使数字和现实世界的界限变得模糊。同时，AR让用户可以在自己的环境中将艺术品浮现于眼前，促进了艺术品与收藏家之间建立更深层次的联系。为了确保交易的安全性和真实性，虚拟艺术品拍卖实施了稳健可靠的支付系统，通常结合了区块链技术。

4. 挑　战

虚拟艺术品拍卖也面临着一些挑战，其中一个需要考虑的主要因素是在数字领域进行高价值艺术品交易的安全性问题。确保买家和卖家免受欺诈和未经授权的访问至关重要。此外，在数字领域模拟实体拍卖的氛围和体验也是一个挑战，但这些挑战凸显了艺术行业内创新和适应的必要性，从而拓展了元宇宙的可能性。

12.3.3　用例3——协作式艺术创作

随着来自全球不同角落的艺术家齐聚一堂，开展不受地理限制的合作艺术项目，元宇宙中正在发生突破性的范式转变。本用例深入探讨了协作艺术创作领域，艺术家们在虚拟工作室中联合起来，以3D和2D艺术形式进行绘画、素描、雕塑和实验，所有这些都通过最先进的AR、VR和GenAI技术实现。

1. 设　置

在广阔的元宇宙中，虚拟工作室配备了最新的AR、VR和GenAI工具，为艺术家提供了一个沉浸式的创意空间。在这里，艺术家们能够自由地进行绘画、素描和雕塑，不再受传统媒介和物理空间的限制。这些工作室是传统和数字艺术的交汇点，填补了3D和2D艺术之间的鸿沟。

2. 互动性

当艺术家沉浸在实时艺术交响曲中时，协作呈现出一个新的维度。通过元宇宙的魔力，他们可以查看彼此的作品，提供即时反馈，并积极参与其中，共同创作独特且令人惊叹的艺术作品。这个过程并不是秘密进行的，这是一种共享体验，是一场用户和艺术爱好者受邀观看并深入了解艺术之旅。当他们观看这些艺术家集会于此展开协作时，他们见证了错综复杂的创造力“舞蹈”，个人愿景和谐地融入协作的杰作之中。

3. 技术创新

VR 和 AR 平台的革新推动了协作艺术创作的发展。这些技术让艺术家能够跨越地域限制，实现流畅的协作。元宇宙中先进的工具使艺术家能够以前所未有的精度进行创作，并促进艺术家之间实现顺畅沟通。GenAI 是工具包的革命性补充工具，该技术为艺术家提供了灵感和创新的源泉。然而，这种创新带来了与其自身相关的一系列需要考虑的因素，特别是关于 AI 生成艺术领域的版权和所有权问题。

4. 挑　战

在元宇宙中进行协作艺术创作面临着一些挑战。实时协调多个艺术家的工作，尤其是在整合 3D 和 2D 元素时，在技术上可能会很复杂。实现不同艺术形式和风格之间的完美融合需要精心策划并执行。随着 GenAI 的发展，版权和归属问题变得尤为重要，因为艺术家必须在创意合作和知识产权之间找到平衡。尽管存在这些挑战，但它们也推动了创新，并彰显了元宇宙对艺术世界的深远影响。

12.3.4　用例 4——AR 街头艺术

当街头艺术家利用 AR 的变革潜力来提升他们的创作时，艺术与技术富有魅力融合在元宇宙中展开。本用例深入研究了 AR 街头艺术的世界，在这个世界中，城市景观成为互动和沉浸式体验的画布，模糊了现实和数字之间的界限。

1. 设　置

在这个充满活力的元宇宙世界里，那些富有创意的街头艺术家们开始了一段融合现实与虚拟的创意之旅。他们借助 AR 工具，为原本静止的壁画添加数字魔力，使公共空间焕发出新的生机。观众只要佩戴 AR 眼镜或使用支持 AR 的智能手机应用，就可以在城市的每个角落欣赏这些增强后的艺术杰作。元宇宙仿佛变成了一个无边无际的画廊，每个城市街区都成了艺术家们挥洒才华的画布。

2. 互动性

AR 街头艺术就像一个等待被发现的隐藏宝库一般。当观众与 AR 互动时，他们会看到壁画上的动画元素、隐藏信息和互动游戏交织在一起，奏响了一曲美妙的交响乐。这种艺术形式突破了传统街头艺术的静态限制，路人也受邀主动参与到创作中来。除了欣赏作品之外，观众还可以通过发表评论和反馈来留下自己的印记，与艺术家建立起动态的联系。这种跨越时空的对话，使得来自世界各地的观众都能齐聚一堂，共同体验城市艺术的魅力。

3. 技术创新

AR 街头艺术的核心在于其突破性的技术。这项技术能够轻松地将数字元素与现实世界相融合，将每个街角都变成了充满创意的画布。实时更新的功能更是让体验更加丰富多彩，艺术家可以根据自己的艺术愿景或当前动态随时修改和拓展虚拟增强内容。这样一来，城市艺术体验就变得更加丰富多彩并能不断发展。

4. 挑　战

当然，AR 街头艺术领域也面临着一些挑战。艺术家们需要不断学习和适应新的工具和技术，将 AR 融入他们的艺术创作中。同时，他们还要在保持实体街头艺术完整性的基础上，巧妙地注入虚拟元素，这需要他们在创意表达和保留艺术性之间找到平衡点。这种传统与数字的融合既带来了挑战也创造了机遇，吸引着艺术家们在元宇宙中不断探索新的创意空间。

12.3.5　用例 5——虚拟艺术课程和工作坊

元宇宙为艺术探索和学习敞开了大门，让艺术家和教育者聚集在一起，打造沉浸式艺术课程和研讨会。本应用案例深入探讨了虚拟艺术课程和研讨会领域，该领域结合了3D和2D技术，丰富了学习体验，并为有抱负的艺术家提供了支持。

1. 设　置

在充满活力的元宇宙中，有远见的艺术导师把传统教室变成了激发创意的虚拟乐园。虚拟工作室和教室可以通过各种AR、VR或MR头戴设备来访问，成为各种艺术形式的创作空间。从2D画布上的笔触到复杂的3D数字雕塑，这些空间满足了学习者各种不同的艺术兴趣。

2. 互动性

在艺术教育领域，学生会发现自己置身于互动和协作的学习体验中。他们可以选择参加现场课程或观看预先录制的课程，每种课程都有其独特的优势。无论是与经验丰富的教师互动、实时寻求同伴的指导，还是沉浸在实践性的创造性活动中，学生都有丰富的选择。一些课程甚至利用先进的设计工具，包括卓越的GenAI，使学生能够在共享的虚拟空间中进行艺术创作。元宇宙从一个被动的学习环境变成了一个充满活力的舞台，其创造力无限。

3. 技术创新

元宇宙中的虚拟艺术课程和研讨会是以先进的技术为基础。AR和VR技术促进了流畅的实时艺术教学和协作，超越了传统教室的限制。在这些虚拟空间中，3D和2D设计工具扮演着重要角色，释放了创意的潜力。学生可以雕刻复杂的3D模型，绘制生动的数字油画，并尝试使用数字调色板。元宇宙成为创新的乐园，艺术表达在这里找到了新的维度。

4. 挑　战

数字化的艺术教育带来了一些独特挑战，需要创新的解决方案。确保来自不同背景的学生平等地获得艺术材料至关重要。调整教学方法以适应虚拟环境中不同的学习风格是一个需要持续考虑的因素。在传统艺术形式和数字艺术形式之间取得平衡，同时利用GenAI的力量，需要在创造力和技术熟练程度之间达到微妙的平衡。然而，这些挑战也是创新的推动力，推动着艺术教育进入一个提供可访问性和创造性探索的新时代。

12.3.6 元宇宙艺术的负面影响

在元宇宙中，艺术的涌现代表着创造力和技术激动人心的结合，但这同时也带来了一系列复杂的影响。当艺术家和观众在这个数字领域中进行探索时，他们会遇到技术方面的挑战，比如故障和数字保存问题。高端设备可能导致艺术体验的可访问性受到限制，从而引发关于社会平等和公平性的讨论。道德问题围绕着版权和AI生成艺术的兴起而产生，而经济压力可能会促使艺术家为了利润而牺牲自己的诚信。此外，元宇宙中的艺术体验可能引发与数字成瘾和脱离现实有关的心理问题。复制和共享数字艺术品的便利性也带来了一系列法律问题，例如版权侵权和监管方面的挑战。

1. **技术影响**

（1）技术故障：元宇宙中的艺术严重依赖数字技术，而数字技术很容易出现延迟、故障或兼容性问题等技术问题，从而可能破坏艺术体验。

（2）数字保存：确保数字艺术作品的长期保存面临着挑战，因为格式和平台可能会更新，使得访问或欣赏历史数字艺术品变得困难。

（3）访问障碍：并非所有个人都能获得必要的AR、VR或MR设备，这限制了他们充分参与元宇宙艺术体验的能力。

2. **社会影响**

（1）排他性：元宇宙艺术场景可能会变得排他，只有那些买得起高端设备的人才能进入，可能会排除边缘化群体。

（2）不可剥夺的损失：向数字艺术的转变可能会削弱传统艺术体验中有形和感官方面的体验，从而影响我们与实体艺术品的联系。

（3）人工影响：元宇宙可能会引入AI生成的艺术，挑战人类创造力的真实性，引发对艺术家角色的质疑。

3. 伦理影响

（1）版权和所有权：确定数字艺术作品的所有权和版权，尤其是那些通过合作创作或在 AI 协助下创作的艺术作品，在法律上可能很复杂，并可能导致争议。

（2）剥削行为：元宇宙可能容易受艺术剥削行为的影响，这些行为包括剽窃、未经授权的分发或不道德地使用 AI 生成的内容。

（3）人工美学：AI 对艺术的影响可能会使艺术风格同质化，从而可能导致艺术表达多样性的丧失。

4. 经济影响

（1）货币化压力：艺术家可能面临在元宇宙中将其作品商业化的压力，这可能会为获取利润而损害艺术完整性。

（2）市场过度饱和：艺术家涌入元宇宙可能会使艺术市场饱和，使个别艺术家难以获得认可或收入。

5. 心理影响

（1）数字成瘾：元宇宙艺术体验的沉浸式性质可能会导致数字成瘾，从而可能影响心理健康和福祉。

（2）脱离现实：过度沉迷于数字艺术体验可能会导致脱离物理现实和社会孤立。

6. 法律影响

（1）版权侵权：在元宇宙中复制和共享数字艺术的便捷性可能会导致版权侵权问题和法律纠纷。

（2）监管挑战：元宇宙的全球性特点可能会给与艺术相关的监管带来挑战，因为不同地区的法律和标准可能有所不同。

总的来说，元宇宙中的艺术是人类创造力和先进技术的结合，提供了无限的可能性；但同时也带来了一系列复杂的问题，需要审慎地加以解决。

从可能破坏艺术体验的技术故障，到艺术排他性和社会影响方面的问题，在解决可访问性和真实性问题上，元宇宙向我们发出挑战。在处理这些问题时，我们需要考虑道德方面的问题，包括版权纠纷和AI对艺术的影响，需要平衡两者之间的关系。经济压力可能会迫使艺术家在艺术完整性和利润之间做出选择，而沉浸式的元宇宙艺术体验也可能引发心理层面的担忧。同时，版权侵权和监管差异等法律问题方面又增加了一层复杂性。随着我们深入探索元宇宙，解决这些负面影响变得至关重要，只有这样，我们才能够建立一个繁荣的数字艺术生态系统，在尊重道德、社会和心理界限的同时，让创造力蓬勃发展。

12.4 最佳商业实践

元宇宙引发了一场艺术界的革命，为艺术家和创作者提供了一个动态平台，使他们可以突破他们的工艺界限。为了有效地驾驭这一数字前沿技术，必须建立和维护最佳商业实践，以维护元宇宙中艺术生态系统的真实性、创新性和可访问性。在本节中，我们将探讨关键的商业实践，包括数字艺术认证、版权、透明度、数字版权管理、货币化模式、合作伙伴关系、教育、可持续性、质量控制、法律合规性、客户支持、市场研究以及长期愿景等。总的来说，这些实践定义了元宇宙的艺术景观，确保这个崭新的创造力时代保持活力和包容性，迎合包括艺术爱好者和创作者的多样化受众。

12.4.1 数字艺术认证

1. 确保元宇宙中数字艺术的合法性：实施区块链技术或安全方法来验证数字艺术品的真实性。

2. 防止伪造并维护数字艺术品的完整性：使用独特的数字签名或真品

证书来防止伪造。

12.4.2　版权和许可

1. 建立法律框架：明确定义数字艺术品（包括协作创作和 AI 生成的作品）的所有权和版权条款。

2. 保障：制定许可协议以保护艺术家的权利并概述公平使用条款。

12.4.3　透明度

保持透明的定价和销售流程：通过公开和全面的信息建立信任。

12.4.4　数字版权管理（DRM）

1. 保护艺术品免遭盗版，同时平衡可访问性：实施有效的 DRM 解决方案，旨在保护数字艺术品免遭未经授权的分发和复制。

2. 平衡保护与可访问性：保护艺术品而不妨碍合法的使用。

12.4.5　多样化的盈利模式

探索各种收入来源：使艺术家和创作者的收入来源多样化。

12.4.6　合作伙伴关系

推动创新：促进艺术家、画廊和科技公司之间的合作。

12.4.7　教育与推广

促进知识传播：提供教育资源和研讨会。

12.4.8　无障碍平台

通过包容性技术吸引更广泛的受众：确保与各种 AR、VR 和 MR 设备兼容。

12.4.9　社区的参与

归属感和协作：建立和培育一个支持性的、有参与积极性的社区。

12.4.10　可持续性

1. 推广环保实践：应考虑元宇宙中的艺术创作和销售对环境的影响。

2. 鼓励对环境负责的选择：寻求对生态环境友好的解决方案并为数字艺术空间的可持续实践做出贡献。

12.4.11　质量控制

确保艺术品始终如一得卓越：在数字艺术作品的创作、策划和展示方面保持高品质标准。

12.4.12　遵守法律

1. 及时更新：及时了解不断变化的法律框架并遵守法律要求和标准。

2. 承担法律责任：确保完全遵守法规和纳税义务。

12.4.13　客户支持

响应迅速：为用户和客户提供卓越的服务。

12.4.14　市场调研

1. 保持信息灵通和适应能力：持续监控趋势、市场动态和新兴技术。

2. 与动态的艺术市场共同发展：根据洞察和不断变化的市场条件进行调整和创新。

12.4.15　长期愿景

1. 制订可持续的长期战略：在快速变化的环境中规划未来。

2. 促进创新和适应：欣然接纳艺术世界的变化和发展。

总之，在元宇宙艺术行业中采用最佳商业实践对于该行业的发展和诚信至关重要。通过实施区块链身份验证和清晰的版权框架，可确保艺术品的真实性和艺术家的权利。透明的定价、有效的 DRM 解决方案和多样化的货币化模型可在建立信任、确保可访问性和收入来源方面起到促进作用。同时，协作、教育和社区参与推动创新和包容性。要为可持续发展做出努力、维护质量、维护道德标准。法律合规性和客户支持至关重要，适应性市场研究也极为关键。欣然接受艺术世界变革和发展的前瞻性视野确保了长期成功，为塑造元宇宙艺术的美好未来推波助澜。

12.5　总　结

在元宇宙的广阔领域，我们对 3D 和 2D 内容的形式及其创作的深入探索展开了一幅有关创造性表达和技术实力的迷人画卷。这一包含多个方面的旅程让我们沉浸在虚拟内容的动态世界中，在那里，现实和虚拟的边界变得模糊，创意的可能性比比皆是。自从数字艺术问世以来，2D 内容一直是表达的主要形式，它提供了一块创作的画布，艺术家、插画师和设计师可以在这里创作复杂的故事、令人惊叹的风景和引起情感共鸣的视觉效果。随着 2D 艺术家以优雅而精准的方式编织着永恒的故事，吸引着观众，像素的力量不减。

然而，在 3D 内容的领域中，我们真正进入了一个潜力无限的境界。在这个空间里，创作者塑造着虚拟世界，赋予角色以生命力，构建着突破现实世界限制的沉浸式环境。元宇宙成为一个超越简单观察的叙事舞台，让参与者能够积极参与叙事，探索奇幻的世界，并创造出自己独特的体验。同时，协作精神蓬勃发展，艺术家、开发者和梦想家齐心协力，为虚拟世界注入了生命力。

在本章中，创新充当着向导的角色，推动着创作者突破可实现的界限。从 AR 和 VR 到区块链和 AI，新兴技术不仅是工具，更是通往无限想象力的渠道。实验成为了基石，创作者们大胆地闯入未知的领域，将过去的艺术与未来的技术融合在一起。随着数字环境的不断发展，适应性在保持相关性和吸引力方面仍然至关重要。

在这个穿越数字艺术和创新领域的旅程中，我们见证了元宇宙中创造力的变革力量。这一探索赞颂了技术与艺术的融合，点燃了想象力的火焰，激励着艺术家和创新者畅想新的景象。当我们深入探索元宇宙时，我们将秉承所学到的经验教训，将这些经验教训作为充满无限创造力和创新的画布所提供的无限潜力。在这个充满无限可能性的世界中，元宇宙呼唤着无尽的艺术探索领域，3D 和 2D 内容各形式的融合继续塑造着数字表达的未来。

我们的下一章，第 13 章“购物体验”将探讨 AR 和 VR 技术在塑造未来元宇宙零售业方面的变革力量。从购买服装、鞋类和化妆品到购买食品和家具，下一章将详细介绍这些技术是如何促进个性化和高效的零售体验的。用户可以虚拟地试穿商品、观看自己家中的家具，甚至在选择餐厅时与食品的 3D 图像进行互动，所有这些都有助于打造更加令人沉浸其中且更加丰富的消费旅程。

第 13 章　购物体验

在元宇宙中，使用 AR 和 VR 进行购物是人们最期待的功能。在元宇宙中可以实现从查询到实际购买的全方位在线零售体验，其中包括通过 AI 数字助理获取个性化匹配和推荐；以数字方式试穿衣服、鞋子等商品和进行化妆品试妆等；查看家具和家居用品，仿佛它们就在您的房间中一样；在选择餐厅和菜品时，获取生动的 3D 图像和视频。当人们佩戴眼镜漫步于户外，或是驾车行驶在道路上时，那些现实世界的体验同样得以在元宇宙中精彩呈现。这一章节将解释通过使用 AR 和 VR 实现的特定元宇宙零售场景用例。

在本章中，我们将讨论以下主要内容：

1. 零售体验如何受益于元宇宙及其内部企业；
2. 元宇宙中的零售体验是如何运作的；
3. 使用 AR 与 VR 时在元宇宙中的零售体验与传统方式有何不同；
4. 针对每个用例提供最佳商业实践。

在不断发展的元宇宙中，人们最期待的发展之一就是在线零售体验的转变。这一转变有望彻底改变消费者的购物方式，提供从最初查询到最终购买的完全沉浸式的体验。这一变革的核心是由 AI 驱动的数字助理，它将引导用户完成购物之旅，提供符合个人喜好和需求的个性化产品推荐。

想象一下，购物成为一种流畅且吸引人的体验，您只需点击按钮就能虚拟试穿衣服、鞋子或进行化妆品试妆。您将能够想象家具和家居用品如何完美地融入您的生活空间，而所有这些都发生在元宇宙的范围内。当您在实体零售店时，AR 叠加层将提供商店导航和产品信息。在选择用餐体验时，无论是堂食还是外出就餐，您都可以访问餐厅菜肴生动的 3D 图像和视频，通过这种方式帮助您做出最佳选择。

真正让这种转变具有划时代意义的是，它能与真实世界实现完美融合。想象一下，当您戴上 AR 眼镜，数字世界和现实世界之间的界限变得模糊。不管您是在公园里悠闲地散步，还是在城镇里驾车疾驰，您都可以轻松地把这些虚拟购物体验融入您的日常生活之中。元宇宙不再局限于屏幕之内，而是深入您的生活，成为您日常生活中不可或缺的一部分。

本章接下来的内容将作为您进入元宇宙零售沉浸式世界的起点。我们会带您领略这些创新的购物场景，并通过生动的实例来展示这些场景所带来的变革潜力。当您继续阅读本章接下来的内容时，您将深入了解这些零售体验是如何提升业务效率和效益的，以及它们如何在元宇宙这个不断扩展的数字生态系统中实现流畅运营。

13.1 服装、鞋类和化妆品类购物

在元宇宙中，零售体验正迎来一场全新的变革。通过 AR 和 VR 技术的完美结合，虚拟时装秀和快闪店给用户带来了独一无二的时尚盛宴和精选好物。无论是在虚拟的商店还是实体的店面，虚拟购物助手都能利用 AI 技术为用户提供专业的购物指导，让购物体验更加出色。而增强现实镜子更是彻底改变了传统的试穿方式，用户可以轻松地虚拟试穿服装和虚拟试妆。还有化妆品增强测试实验室，通过 AR 模拟，用户可以轻松创建出个性化的美容产品。此外，时装业可持续发展审核则通过 AR 技术为购物者提供了深入了解服装品牌可持续实践的机会。这些创新用例充分展示了元宇宙

将如何塑造零售业的未来，创造更加便捷、个性化和注重可持续发展的购物体验。

13.1.1　用例 1——虚拟时装秀和快闪店

本用例重新设定了元宇宙中的时尚产业，品牌可利用 AR 和 VR 技术举办独特的虚拟时装秀和快闪店。用户有机会沉浸于虚拟的时尚盛宴中，探索独家系列，并在融合了实体和数字零售体验优势的环境中购物。

以下是关于本用例的更多详细信息。

1. 设　置

在元宇宙这个充满活力的时尚舞台上，品牌采纳了一个创新的概念：举办虚拟时装秀和快闪店。这些数字展示经过精心设计，旨在重现现实世界中时尚活动的魅力和特色。

2. 互动性

用户可以参与虚拟时装秀，这些时装秀在魅力和创意方面与实体时装秀不相上下。这些令人身临其境的体验打破了地域界限，让用户能够在元宇宙这个舒适的连接空间中见证最新的时尚趋势和限时系列。

此外，虚拟快闪店也吸引着用户探索限时发售的精选系列。元宇宙的互动特性使用户能够在虚拟环境中购买服装、配饰和化妆品，同时保留了传统实体快闪店的魅力。

3. 技术创新

本用例的技术创新在于 AR 和 VR 技术的完美结合为用户打造了沉浸式的时尚体验。用户仿佛被传送到一个虚拟的时尚世界，在那里可以欣赏高清的时装秀，探索充满细节的虚拟快闪店。时尚品牌利用 3D 建模和渲染技术，确保每件服装和配饰都能精确呈现。灯光、纹理和动画的巧妙运用增强了这些虚拟空间的真实感，为用户创造出无与伦比的时尚体验。

4. **挑　战**

尽管虚拟时装秀和快闪店在元宇宙中展现出巨大的潜力，但它们也面临着一些挑战。要确保完美且令人震撼的用户体验，就需要为技术进步进行持续的投资。品牌需要不断完善其 3D 建模和渲染技术以保持高水平的真实感，从而为用户提供更优质的体验。

13.1.2　用例 2——虚拟购物助理

本用例主要聚焦于元宇宙中 AI 驱动的虚拟购物助理，它们为用户提供指引和个性化推荐。当用户在虚拟商店购物时，AI 驱动的 VR 购物助手会引导他们；而在实体店，AI 驱动的 AR 购物助手则会协助用户。这些助理可以帮助用户找到所需产品、解答问题并提供实时帮助，从而大大增强购物体验。

以下是关于本用例的更多详细信息。

1. **设　置**

在元宇宙的沉浸式购物环境中，虚拟购物助理扮演着重要的角色。这些由 AI 驱动的助手旨在提升用户在虚拟和实体商店的购物体验。无论用户在浏览虚拟商店还是在实体零售店中购物，都可以随时召唤这些智能的数字助手。

2. **互动性**

在虚拟商店中，用户可以与 AI 驱动的 VR 购物助手进行互动。这些虚拟助手会引导用户穿梭于各个数字通道，帮助用户轻松找到所需产品，做出明智的购买决策，并轻松应对虚拟购物环境中遇到的各种难题。

而在实体店中，AI 驱动的 AR 购物助手则发挥着重要的作用。借助 AR 技术，这些助手能够为用户提供实时的产品信息和购物指南。它们可以识别各种产品，回答用户提出的关于产品功能和价格的问题，并提供个性化的购物建议，从而为用户打造完美的购物体验。

3. **技术创新**

支持本用例的技术创新主要围绕着 AI 和 AR/VR 技术展开。AI 算法为这些虚拟购物助理提供了智能支持，使它们能够根据用户的偏好提供量身定制的产品建议。VR 技术在元宇宙中为用户创造了一个沉浸式的购物环境，而 AR 技术则增强了现实世界的购物体验。这些助手还能利用实时数据和库存信息为用户提供准确和最新的产品推荐。用户无论是在元宇宙中还是实体店内，都可以信赖这些数字助手，向它们寻求帮助和指导。

4. **挑　战**

尽管虚拟购物助理有望极大地提升购物体验，但该用例仍面临着一些挑战。首先，确保 AI 驱动的建议既准确又有效是一个重要问题。为了在不侵犯用户隐私的前提下提供个性化建议，AI 算法需要持续优化并确保数据安全。其次，在现实世界中，AR 购物助手需要与实体商店环境流畅地融合，解决与 AR 跟踪和实时数据同步相关的技术难题对于确保流畅的用户体验至关重要。如要让用户感到舒适、信任并接受 AR 助手在实体店的存在，还需要进行巧妙的设计和用户教育工作。

13.1.3　用例 3——增强现实镜子

本用例探索了在元宇宙实体店中引入 AR 镜子的新尝试。这些 AR 镜子让顾客不用进试衣间就能虚拟试穿各种服装和进行化妆品试妆，这种创新方法大大提升了购物体验，为顾客提供了更多造型方面的个性化选择。

下面，我们来看看本用例的更多细节。

1. **设　置**

随着元宇宙购物的不断发展，实体店开始尝试引入 AR 镜子这一创新元素。这些镜子被巧妙地放置在商店的各个角落，为顾客创造了前所未有的互动购物体验。

2. 互动性

顾客只需站在AR镜子前，就能轻松探索各种虚拟服装和化妆选项。镜子会利用AR技术，将衣服和化妆品实时叠加到顾客的身上，让他们可以直观地看到各种款式、颜色和妆容的效果。

除此之外这些AR镜子还具备定制功能，顾客可以随意搭配不同的服装和化妆品，通过虚拟试穿尝试各种风格。这种互动性延伸到不同的虚拟试装，无论是休闲装、正装还是特殊主题的妆容，都能用这种方式一一尝试。

3. 技术创新

这项创新背后的技术是AR技术与现实镜子的完美结合。这些AR镜子配备了先进的摄像头和传感器，能够捕捉顾客的实时图像；再通过复杂的AR算法，将虚拟服装和化妆品准确地叠加到顾客身上，呈现出极具真实感的效果。

更厉害的是，这些AR镜子具有的AI驱动功能还能够根据顾客的偏好、购买记录和款式选择为他们推荐合适的服装和妆容组合。这样一来，顾客不仅能享受个性化的购物体验，还能发现更多适合自己的时尚元素。

4. 挑　战

虽然AR镜子提供了非凡的购物体验，但它们也面临着独特的挑战。比如要确保AR叠加的服装在合身性、质地和外观上都能准确地呈现出来，这就需要品牌投入大量资源进行高质量的3D建模和渲染，从而在虚拟试穿方面保持高水准。

同时，由于AR镜子的使用涉及对顾客图像的捕捉，隐私保护也成为一个重要的问题。因此，确保强有力的数据保护措施和用户同意机制就显得尤为重要。此外，如何让虚拟试穿功能更好地适应不同体型和肤色，也是一个需要不断加以研究和改进的问题。不过，随着技术的不断进步和完善，相信这些问题都会得到妥善解决。

13.1.4　用例 4——化妆品增强测试实验室

本用例介绍了元宇宙中的化妆品增强测试实验室，该实验室借助 AR 技术来模拟一个虚拟的实验室环境。在这个虚拟空间里，用户可以尽情尝试混合和搭配各种化妆品，创造出属于自己的个性化配方，从而培养化妆品方面的创造力。

以下是关于本用例的更多详细信息。

1. 设　置

在元宇宙的美容行业中，化妆品增强测试实验室正成为一个备受瞩目的新功能。这些实验室的目标是模拟现实世界中的化妆品配方环境，让用户仿佛置身其中，亲身体验化妆品创作的乐趣。

2. 互动性

用户可以完全沉浸在这些虚拟实验室中，尽情尝试创作出各种化妆品。无论是寻找心仪的口红色号，还是定制专属的护肤精华液，抑或是打造独特的化妆调色盘，用户都可以实时混合和搭配各种成分和配方，享受交互带来的乐趣。

借助 AR 技术，用户可以直观地看到他们创作的化妆品如何影响自己的形象。这种化妆品定制的实践方法不仅可以激发用户的创造力，还能让他们根据自己的喜好定制出独特的美容产品。

3. 技术创新

推动这一用例的技术创新在于能够创建出逼真的虚拟实验室。用户可以与各种化妆品成分、质地和颜色进行互动，而且所有呈现都极具精确性和准确性。

AI 驱动的算法会为用户提供指导和建议，确保他们创作的化妆品配方既安全又有效。此外，通过模拟真实的皮肤类型和色调，用户可以看到他们的创作在不同的人身上会有怎样的效果和感觉。

4. 挑　战

虽然化妆品增强测试实验室具有巨大的潜力，但它们也面临着一些挑战。要确保 VR 环境能够准确模拟真实化妆品在不同类型和色调的皮肤上的效果，就需要持续不断地努力。品牌必须投入大量资源进行研发，以保持高水平的真实感。

同时，在用户与化妆品成分互动的过程中，隐私和安全问题也至关重要。确保用户能够获得有关成分安全和产品使用的准确信息，防止不良反应的发生，这是不可或缺的一环。

13.1.5　用例 5——时装业可持续性审核

本用例关注元宇宙内的时装业可持续性审核，通过 AR 技术为购物者提供关于服装品牌可持续发展实践的重要信息。这些信息涵盖了材料选择、道德要求以及碳足迹等细节，旨在帮助消费者做出更具有生态意识的购物决策。

以下是关于本用例的更多详细说明。

1. 设　置

随着可持续时尚概念的日益普及，元宇宙引入了时装业可持续发展审核作为一项创新功能。在元宇宙中，购物者在浏览各种服装品牌时，可以获取关于这些品牌可持续发展实践的增强信息。这种功能为购物者提供了更高的透明度，使他们能够深入了解不同时尚品牌的可持续发展状况。

2. 互动性

在浏览服装时，购物者可以与 AR 增强显示和信息叠加进行互动。通过使用支持 AR 的设备扫描服装或品牌标签，用户可以轻松获取大量有关可持续性的数据。这种互动方式让购物者能够便捷地了解材料的来源、道德要求情况以及碳足迹等信息，从而培养更加环保的购物习惯。

AR 技术的叠加效果为购物者提供了一种令其身临其境的体验，以吸引人的方式展示可持续发展信息。这种方式可确保用户能够轻松访问相关数据，为他们的购买决策提供有力支持。

3. 技术创新

推动这一用例的技术创新主要围绕 AR 技术和信息一体化展开。品牌和平台合作提供实时可持续发展数据，使这些数据融入元宇宙的购物体验中。

AI 驱动的算法可确保所提供的信息始终保持最新且相关，能反映服装品牌最新的可持续发展努力。AR 界面为购物者提供了一种直观且方便使用的方式来获取和消化这些信息，从而提升整体的购物体验。

4. 挑　战

尽管时装业可持续性审核为购物者提供了宝贵的透明度，但这一用例也面临着一些挑战。确保可持续性数据的准确性和可靠性至关重要，因为这些数据直接影响着购物者的购买决策。品牌需要致力于提供全面、真实的信息，以维持消费者的信任。

此外，还需要解决与数据集成和实时更新相关的技术挑战，旨在确保购物者能够获得最新的可持续发展方面的说明。同时，用户教育也是关键的一环，需要鼓励购物者积极参与 AR 互动，并根据所获取的信息做出明智的购买决策，以符合可持续性标准。

13.1.6　元宇宙中服装、鞋类和化妆品类购物的负面影响

元宇宙中的衣服、鞋类和化妆品类购物对许多领域都有深远的影响。这些影响可以分为几个关键方面。

1. 技术影响

（1）数据隐私：当用户使用 AR 和 VR 技术时，人们会担心数据隐私方面的问题。与外表和偏好相关的个人数据可能会被捕获，从而引发隐私问题。

（2）数字疲劳：过度使用元宇宙技术进行购物可能会导致数字疲劳，用户会感到疲劳并可能与现实世界脱节。

2. 社会影响

（1）实体互动丧失：虚拟购物的便利性可能会使传统商店中的实体互动减少，从而影响当地企业以及亲自购物的乐趣。

（2）社交隔离：过度依赖虚拟购物可能会导致社交隔离，因为人们选择虚拟体验而不是实际地外出。

3. 伦理影响

（1）过度消费：元宇宙购物的便捷性可能会造成过度消费，从而可能导致不可持续的消费者行为和环境问题。

（2）数字成瘾：元宇宙的沉浸式特性可能会导致数字成瘾，即个人花费过多的时间在元宇宙中购物，忽视了生活的其他方面。

4. 心理影响

（1）对技术的依赖：过度使用 AR 和 VR 进行购物可能会导致日常活动对技术产生依赖，从而可能使个人与有形世界脱节。

（2）非个性化购物：尽管尝试提供个性化购物，元宇宙仍可能缺乏实体店提供的个性化接触和帮助。

5. 环境影响

（1）可持续性降低：尽管进行了可持续性审核，元宇宙可能会促进快时尚文化，从而可能加剧可持续性问题。

（2）经济颠覆：向虚拟购物的重大转变可能会扰乱传统零售行业，进而可能导致实体零售行业出现失业问题以及产生经济挑战。

总之，元宇宙中的服装、鞋类和化妆品类购物提供了便利和创新，但同时也带来了各种挑战和影响，需要审慎地解决这些挑战和影响，以便平衡和负责任地过渡到这种新兴的购物模式。

13.2　餐厅和食品类购物

在元宇宙这个动态的世界里，烹饪爱好者和食品购物者正身临其境地体验动态之旅，让他们的餐饮和购物体验焕然一新。本节的合集展示了元宇宙如何与食品世界完美结合，为大家创造了一系列丰富多样的虚拟烹饪冒险。无论是逛精心设计的虚拟商店，还是参加由专家讲师指导的沉浸式烹饪课程，这些体验都让人仿佛身临其境一般。这些精彩的体验背后离不开先进技术的支持。AI 算法、3D 建模技术，包括 GenAI 的应用，以及与现实世界系统的实时集成，共同打造了一个逼真且引人入胜的虚拟世界。当用户在这个烹饪元宇宙中尽情探索时，他们面临着非常丰富的创新机会来寻找满足自己在餐饮和食品购物方面的需求，所有这一切都得以在数字空间的范围内轻松实现。

13.2.1　用例 1——虚拟杂货店

在本用例中，元宇宙中的杂货店为用户带来了令其身临其境且便捷的购物体验，让用户能够轻松购买日常食品。该用例借助技术创新，实现了真实的产品展示和个性化推荐，同时克服了虚拟购物环境中存在的准确性和技术稳定性方面的挑战。

以下是关于本用例的更多详细信息。

1. 设　置

元宇宙中的虚拟杂货店设计得相当精致，完全复制了现实世界超市的布局和美学。这些虚拟商店提供了丰富多样的商品，从食品储藏室的主食到新鲜的水果和蔬菜，应有尽有，确保用户能够在这里找到他们所需要的一切。

2. 互动性

虚拟杂货购物的互动性是本用例的一大亮点。用户可以在虚拟通道中自由穿行，就像在现实世界的超市中漫步一样。他们可以仔细观察产品、查看标签并阅读详细的产品说明。当用户找到心仪的商品时，只需简单地点击或选择，就可以将其添加到数字购物车中。

3. 技术创新

本用例的技术创新主要体现在为用户提供真实且引人入胜的虚拟杂货购物体验上。我们采用了先进的3D建模和渲染技术，使得食品在元宇宙中的呈现逼真至极。每一件商品都经过精心设计，无论是质地还是颜色，都力求与现实世界中的商品保持一致。

4. 挑　战

尽管元宇宙中的虚拟杂货购物带来了诸多便利，但也面临着一些挑战。首先，确保食品的标示准确至关重要，因为用户在选择商品时主要依赖视觉信息。如果商品的外观或描述与实际存在差异，可能会导致用户产生困惑和不信任。

此外，技术故障和服务器问题也可能对购物体验造成负面影响，让用户感到失望。为了维护一个流畅且无故障的虚拟杂货店环境，我们需要进行持续的维护和监控。

最后，确保虚拟杂货店的产品选择保持最新并与现实世界中的库存同步也是一个挑战。与现实世界中的杂货零售商进行协调，以实现虚拟和实体库存的同步，可能会面临一些物流方面的障碍。

13.2.2　用例2——食谱可视化和食材采购

本用例借助元宇宙为用户带来了一场令其身临其境的个性化烹饪之旅。用户可以通过集成的AI算法轻松探索各种食谱、直观地查看食材并管理他们的购物清单。然而，为能在元宇宙中提供流畅且真实可信的烹饪体验，解决与食材准确性、实时可用性和数据安全相关的难题至关重要。

以下是关于本用例的更多详细信息。

1. **设　置**

在元宇宙中，虚拟食谱平台成了烹饪的中心，为用户提供了大量详细食谱的访问权限。这些平台不仅提供食谱本身，还包括完整的食材列表和详细的烹饪步骤。用户可以在这个虚拟烹饪世界里探索各种食谱，从全球各地的美食到特定饮食需求的菜肴，应有尽有。

2. **互动性**

元宇宙让用户能够与食谱中的食材进行虚拟互动，为烹饪探索创造全新的体验。当用户浏览食谱时，他们会置身于一个 3D 环境中，每个食材都以惊人的真实感呈现于眼前。用户可以从不同角度仔细观察食材，判断其质量和新鲜度。

此外，这种互动性还体现在食材管理的便捷性上。用户在浏览食谱时，可以轻松地将所需食材添加到数字购物清单中。这个动态的购物清单会自动跟踪数量，确保用户不会遗漏烹饪所需的任何物品。用户还可以根据自己的饮食偏好或食材供应情况来定制购物清单。

3. **技术创新**

本用例背后的技术创新主要依赖于 AI 算法，这些算法以多种方式增强了食谱体验。AI 算法能够根据用户的饮食偏好提供智能的食材替代建议，比如无乳制品或无麸质的选择。在推荐食谱时，AI 算法还会考虑用户的饮食选择，确保为用户提供个性化的烹饪之旅。此外，AI 算法还会推荐与主菜相配的菜肴，从而提升整体用餐体验。例如，如果用户选择了一个面食食谱，系统可能会推荐合适的开胃菜、配菜或甜点。

4. **挑　战**

尽管本用例为用户带来了令其身临其境的烹饪体验，但也面临着一些独特的挑战。在虚拟环境中准确呈现食材至关重要，因为用户主要依赖视觉信息做出选择。管理食材实时供应情况，特别是季节性或波动性商品，也是一项复杂的任务。此外，保护用户的数据、偏好和烹饪选择对于维护隐私和数据安全至关重要。

13.2.3 用例 3——烹饪课程和食材采购

本小节的烹饪用例可以让用户沉浸在元宇宙中的烹饪艺术中。用户可以参加虚拟烹饪课程，实时购买所需的食材，并且这些食材能直接配送到家。但要实现这种流畅且丰富的烹饪教育体验，我们需要克服与食材供应、物流配送和讲师的专业知识有关的难题。

以下是关于本用例的更多详细信息。

1. 设　置

在元宇宙中，各种烹饪体验活动如火如荼地进行着，其中包括由经验丰富的大厨和讲师主讲的互动烹饪课程和研讨会。这些虚拟聚会将热爱美食的朋友们、有梦想的家庭厨师和烹饪专家聚集在一个共享的数字空间里。

虚拟烹饪教室完全模拟了真实厨房的氛围，配备了最先进的电器、工具和炊具。用户可以选择从基础烹饪技巧到特色美食制作的各种课程。专业讲师会一步步地指导参与者，实时分享他们的烹饪心得和技巧。

2. 互动性

交互性是本用例的核心。用户可以观看烹饪演示并亲身参与烹饪课程，积极地投入体验之中。无论是学习如何准备美味佳肴、烘焙面包，还是掌握寿司制作技巧，用户都可以在舒适的虚拟厨房中学习和提升烹饪技能。

本用例还有一个特色功能，即融合了原料购买功能。在参加烹饪课程时，用户可以访问虚拟商店，商店中展示了用 GenAI 创建的 3D 商品，这些商品都是针对用户参加的课程精心挑选的。虚拟商店提供所有必需的食材，用户可以随着课程的进度将这些商品添加到数字购物车中。

3. 技术创新

本用例的技术创新主要体现在实时食材采购和配送方面。当用户在烹饪课上选择食材时，元宇宙会利用先进的技术从虚拟或现实世界的供应商处采购这些食材。用户可以选择虚拟食材（用于烹饪练习的数字复制品），也可以选择真实世界中的食材以获得更加真实的体验。

此外，食材配送物流也与烹饪课程完美衔接。用户可以根据自己的需求设置送货时间和地点，确保食材在需要时准确送达。这种实时的协调增强了烹饪学习体验的真实感。

4. 挑　战

虽然本小节的烹饪用例为烹饪爱好者提供了极佳的探索机会，但也面临着一系列挑战。在协调食材供应方面，需要确保所需食材始终可以从虚拟商店和现实商店中获得。这涉及后勤方面的挑战，需要创造一个让用户能够轻松获取烹饪课程所需食材的流畅体验。解决物流配送问题也至关重要，包括确保食材能够及时、准确地送达用户的实际位置。这涉及送货偏好、费用以及保持易腐食材新鲜度等关键需求方面的考虑因素。

此外，本用例的成功在很大程度上依赖于讲师的专业素养。为能提供高质量的虚拟课程，始终保证一个拥有经验老道的厨师和烹饪讲师的名册至关重要。确保这些讲师不仅具备烹饪专业知识，还具备有效进行虚拟教学所需的技术技能，是确保本用例成功的关键。

13.2.4　用例 4——对餐厅的探索和预订

在元宇宙中，本餐厅用例给用户带来了丰富的用餐体验，包括从探索虚拟餐厅环境到预订各种美食的各个环节。元宇宙通过与现实世界的餐厅系统实现完美衔接，确保了信息的准确性和使用的便利性。但是，要在元宇宙中提供卓越的餐饮体验，我们还需要克服与实时同步和用户期望相关的难题。

以下是有关该用例的更多详细信息。

1. 设　置

在元宇宙中，用户可以开启一场超越现实的菜肴之旅。虚拟餐厅平台为用户提供了一个独特的机会，使用户可以进入通过先进 AI 技术创建的数字化餐饮场所。这些虚拟餐厅逼真地模拟了现实世界餐厅的氛围、装饰和情调。用户可以自由探索餐厅内部，沉浸于其中，并与员工头像互动，享受温馨舒适的用餐体验。

2. 互动性

这个餐厅探索用例的核心在于互动性。用户可以轻松浏览虚拟餐厅的菜单，每份菜单都展示了各种令人垂涎欲滴的菜肴和美食。这种令人身临其境的菜单探索并非单纯的静态文字，用户还可以看到生动的 3D 菜肴展示和诱人的视觉效果，有助于他们做出明智的用餐选择。

此外，用户可以自由地与菜单互动，下单享受就餐体验或进行虚拟用餐的奇妙之旅。无论是预订餐桌享受亲密的晚餐约会，还是在舒适的虚拟住所中订购虚拟盛宴，元宇宙都能提供多样化的用餐体验，满足不同用户对于口味的需求。

3. 技术创新

本用例的技术创新主要体现在虚拟和现实世界餐厅系统的完美融合上。元宇宙与现实世界的餐厅预订系统建立了紧密的联系，确保了虚拟环境中预订的准确性。这种集成为用户提供了直接在元宇宙中预订他们喜爱的现实世界餐厅的便利性。

除了预订准确性，元宇宙还利用先进技术为用户提供实时的可用信息。用户可以在元宇宙内查看餐厅的供应情况、等待时间，并选择符合他们用餐偏好的预订时段。

4. 挑　战

尽管本餐厅探索用例为用户提供了非凡的用餐体验，但也面临着一些挑战。

确保虚拟系统和现实系统在餐厅可就餐情况方面的实时同步是一项艰巨的任务。用户期望在元宇宙中显示的可就餐情况与现实世界餐厅的实际预订情况保持一致。保持这种同步需要持续的技术协调和努力。

此外，员工头像或 GenAI 聊天机器人的表现也是本用例成功与否的关键。为提供优质的用餐体验，它们的响应能力、专业性和用户参与度都需要得到保证。

13.2.5　用例 5——食物过敏原和饮食信息

在动态的元宇宙世界中，保障用户的安全并满足他们多样化的饮食需求是我们工作的重中之重。本用例主要是为了向用户提供一个详尽的数据库，其中包含了关于虚拟餐饮场所内食物过敏原和饮食限制方面的各种信息。

下面，让我们来详细了解一下本用例。

1. 设　置

虚拟食品标签和产品描述如今已经非常全面，它们为用户提供了食品成分和营养成分方面的详细信息。此外，这些标签还包含了有关常见食物过敏原的全面信息，比如花生、麸质、乳制品等。为了确保过敏原和饮食数据的准确性，元宇宙还整合了食品制造商的实时更新信息。

2. 互动性

现在，用户可以通过 AR 或 VR 设备扫描虚拟食品标签，甚至可以扫描物理标签。在这种扫描功能下，关于过敏原和饮食的警告信息会立即显示出来。比如，如果用户对花生过敏，在他们扫描食品之后，系统会立刻告知他们该食品是否含有花生或是在加工花生的设施中生产的。另外，用户还可以在元宇宙中自定义他们的饮食偏好，无论他们遵循的是纯素食、无麸质还是无坚果饮食，系统都会根据他们特定的限制情况为他们定制警告信息。

3. 技术创新

本用例的核心在于先进的 AI 技术。AI 算法会分析虚拟食品的成分，将其与用户的饮食偏好和过敏原信息进行对比，然后即时生成警告信息。这些算法不仅能识别出明确的过敏原，还能发现潜在的交叉污染风险。此外，这些算法还会根据用户的健康目标提供饮食建议，确保用户在元宇宙中的饮食方式健康合理。

4. 挑　战

当然，像这样的创新运用总会面临一些挑战。其中一个主要挑战就是如何确保过敏原信息始终保持准确性。为了保持虚拟食品数据库一直在最新状态，并与现实世界中的成分变化和法规保持同步，我们需要与食品制造商进行密切协调，并持续为之努力。同时，解决潜在的交叉污染风险也是一个挑战，因为不同的虚拟餐饮场所可能存在不同的风险。为了确保 AI 算法能够提供可靠且符合实际情况的警告和建议，我们需要不断完善机器学习模型，并持续完善数据源。

13.2.6　元宇宙中餐厅和食品类购物的负面影响

虽然餐厅和食品类元宇宙提供了一系列诱人的体验，但这一领域也呈现各种各样的技术、社会、伦理、心理和环境问题。当我们享受各种可能性时，必须谨慎应对这些挑战，确保我们进入数字餐厅和食品类购物领域的旅程既愉快又负责任。

1. 技术影响

（1）真实性和准确性：确保虚拟环境中的表现逼真是至关重要的。如存在差异可能会导致效率低下和使用户感到失望。

（2）技术稳定性：元宇宙的沉浸式特性依赖于无故障体验。若出现中断可能会妨碍用户继续体验，该领域需要持续的维护。

2. 社会影响

（1）与现实世界脱节：过度依赖虚拟食品购物可能会导致现实世界中的互动减少。

（2）可能减少就业机会：自动化和 AI 可能会减少传统餐厅和杂货店的相关就业机会，影响生计。

（3）营养选择：过度依赖 AI 建议可能会影响用户做出不健康的食物选择。

（4）隐私问题：保护用户的数据和偏好信息对于隐私保护和维护信任至关重要。

3. 伦理影响

（1）不平等：先进技术的不平等获取可能会造成餐厅和食品类购物体验出现差异。

（2）责任：负责任地处理用户数据和饮食信息是一项道德义务。

4. 心理影响

（1）成瘾可能：在餐厅和食品类购物元宇宙中停留时间过长可能会影响心理健康。

（2）社交孤立：过度沉浸可能会导致现实空间中的社交互动减少。

5. 环境影响

（1）资源使用增加：VR 和 AR 技术需要消耗能源和资源，这可能会引发环境问题。

（2）交付影响：频繁的原料交付可能会导致与环境相关的后果。

13.3　家具和家居用品类购物

融合了 AR 和 VR 技术的元宇宙正在彻底改变我们购买家具和家居用品的方式。这个新领域为我们展示了一个奇妙的世界，在这里，用户可以轻松地在虚拟展厅中自由穿行，与 AI 设计师合作，还可以畅想自己心中的梦想空间。从个性化的家居造型建议到交互式的虚拟家具体验，元宇宙为我们带来了前所未有的沉浸式购物体验，让购物变得更加高效和有趣。然而，这一技术奇迹也带来了一些挑战，比如隐私、数据安全以及与现实世界的融合等相关问题。让我们共同探索这些用例，揭开元宇宙中家居装饰未来的面纱。

13.3.1 用例1——个性化家居造型辅助［混合现实（MR）］

在本用例中，元宇宙借助于AR和VR技术的完美结合，为用户提供个性化的家居造型建议。AI驱动的室内设计师成为用户的得力助手，帮助用户打造充满凝聚力和时尚感的生活空间。

接下来，让我们更深入地了解本用例的详细内容。

1. 设 置

用户只需进入元宇宙中的MR设计工作室应用程序，就能在他们现实中的家庭与数字世界之间架起一座桥梁。这些工作室为用户和AI室内设计师提供了互动协作的空间。一旦用户对虚拟设计感到满意，就可以利用MR技术将设计元素叠加到现实的生活空间中，实现虚拟与现实的完美衔接。通过这种方式，用户可以直观地评估设计更改的实用性，并根据需要做出调整。

2. 互动性

用户首先使用MR工具扫描现有的生活空间，捕捉当前装饰、家具布置和配色方案方面的细节。这一步骤有助于MR工具全面了解用户最初的情况。

3. 技术创新

本用例的技术创新主要体现在AR和VR技术在MR体验中的无缝集成。MR工具不仅能够捕捉用户的现实环境，还提供了一个供用户探索设计方案的沉浸式平台。同时，先进的AI算法会分析MR生成的数据，并结合用户在风格方面的偏好和其居住空间的独特特点，生成个性化的风格建议。AI室内设计师利用这些信息生成初始风格建议。此外，通过元宇宙与电子商务平台的集成，用户还可以直接在虚拟商店购买所推荐的家具和装饰品，享受便捷高效的购物体验。

4. 挑　战

尽管这种个性化的家居造型建议为用户带来了巨大的价值，但同时也伴随着一系列挑战。其中，设计建议的准确性至关重要，因此，AI 算法需要不断优化以确保始终能够提供准确可靠的风格建议。同时，在整个设计过程中，保护用户数据的隐私也是至关重要的，这涉及数据安全和合规性的问题。此外，元宇宙还需要在虚拟世界和现实世界之间取得平衡，确保在元宇宙中生成的设计理念能够在用户现实的家中得到实际应用。由元宇宙旨在完美地连接这两个世界，这种跨领域的协调使挑战持续存在。

13.3.2　用例 2——虚拟古董和收藏品拍卖

在本用例中，元宇宙打造了一个令人沉浸其中的古董和收藏品拍卖世界，各种稀有而独特的家居装饰品成为焦点。下面，我们来详细了解本用例的更多内容。

1. 设　置

在元宇宙中，虚拟拍卖行成了热闹非凡的中心地带。这里会举办古董和收藏品拍卖会，展出各种让人眼前一亮的珍稀物品。当用户踏入这些数字拍卖行时，就仿佛进入了一个充满历史与工艺气息的奇妙世界。

2. 互动性

本用例的核心在于可实时互动。用户不仅可以积极参与虚拟拍卖，为心仪的物品出价，还能与其他收藏家展开激烈的竞价战，感受获得心仪之物的喜悦。更值得一提的是，元宇宙还提供了丰富的物品历史和出处信息，让用户更深入地了解每件收藏品背后的故事。

3. 技术创新

在技术方面，本用例也展现了许多创新之处。首先，元宇宙利用先进的 GenAI 和高斯分布技术，为收藏品创建了逼真的 3D 表示。这些表示精确捕捉了物品的每一个细节、纹理和美学特点，让用户仿佛置身于实物面前。此外，一个安全的虚拟投标系统也得以形成，确保了拍卖过程的真实性和透明度。借助基于历史数据和市场趋势的AI驱动估值功能，用户能够做出更明智的竞价决策，从而使整体拍卖体验获得提升。

4. 挑　战

尽管虚拟古董和收藏品拍卖为用户带来了前所未有的体验，我们仍然面临着一些挑战。首先，由于用户在元宇宙中进行高价值交易，因此，确保虚拟交易的安全性至关重要。其次，解决与拍卖相关的争议和分歧也是一个需要关注的问题，我们需要建立快速且公平的解决机制。此外，维护物品来源数据的完整性对于维护数字领域收藏品的可信性和真实性同样至关重要。这些挑战提醒我们，即使在沉浸式的元宇宙中，我们仍需要关注现实世界中存在的担忧并采取相应的保障措施。

13.3.3　用例3——定制家具设计工作室

这个复杂的用例探索了元宇宙中的定制家具设计工作室，这里为用户提供了一个创造性的旅程，用户可以协同设计家具和使家具与众不同，以满足他们的独特偏好和需求。接下来，我们一起来深入了解有关本用例的更多细节。

1. 设　置

在元宇宙中，虚拟设计工作室就像一块画布，用户可以在那里参与设计和定制家具。当他们进入这些虚拟工作室时，就仿佛进入了一个充满创意和无限可能性的世界，可以尽情展现自己的设计才华。

2. 互动性

本用例的精髓在于可实时互动。用户不再只是被动地接受设计，而是在设计过程中成为积极的参与者。他们可以自定义家具的尺寸、选择材料、尝试不同的颜色搭配，还可以探索各种风格。更棒的是，用户还有机会与虚拟家具工匠合作，借助他们的专业知识将设计变为现实。这种合作使用户的创意与工匠的技艺实现完美结合。

3. **技术创新**

在技术创新方面，本用例也展现出强大的实力。包括 CenAI 在内的先进的设计工具和 3D 建模功能让用户能够轻松地将自己的创意转化为具体的家具设计。这个过程不仅让人沉浸其中，而且实际上也能提供丰富的信息。AI 提供的成本估算和材料建议有助于用户在设计过程中做出更明智的决策。用户可以尽情探索各种设计选项，调整和完善自己的作品，以及实时查看不同选择带来的效果。

4. **挑　战**

然而，尽管定制家具设计工作室为用户提供了一个充满创意的探索空间，这一体验同样面临着一些挑战。实时协调协作设计对话可能相当复杂，需要确保用户和虚拟工匠之间可以顺畅沟通。同时，确保虚拟设计能够准确反映实际的定制项目，对于维护用户的信任和满意度至关重要。此外，随着元宇宙从创意构思过渡到在现实世界中实施，与制作和交付物流相关的问题也成了需要解决的重要难题。这些挑战突显了数字创意与实体生产和交付之间的复杂关系。

13.3.4 用例 4——AR 和 VR 集成的虚拟家庭整理工作坊

在元宇宙中，用户可以参加一个特别的虚拟家庭收纳研讨会，利用 AR 和 VR 技术来整理和优化他们的居住空间。以下是有关本用例的更多详细情况。

1. **设　置**

本用例的核心是一个融合了 AR 和 VR 技术的虚拟研讨会。用户只要走进这些沉浸式的数字空间，就会有专家整理者以非常逼真的形象出现，引导用户完成复杂的家庭整理策略。这一设置就如同现实世界中的工作室一样，为用户提供了一个可以运用技术改变生活空间的平台。

2. 互动性

本用例的关键在于其互动性，这主要得益于 AR 和 VR 的融合。用户可以积极参与整理和收纳的任务，将专家的建议应用到他们的现实空间中。AR 技术可以将数字指导直接叠加到用户的现实环境中，为他们提供关于每个步骤的清晰说明。而 VR 则让用户能够探索生活空间的不同布局和安排，帮助他们更直观地看到优化整理的效果。另外，与元宇宙内虚拟家庭整理商店的整合也让用户可以方便地浏览和选择适合自己的存储空间解决方案，实现从数字指导到实际操作的完美衔接。

3. 技术创新

在本用例中，AR 和 VR 技术都发挥了重要的创新作用。VR 提供的逼真 3D 模拟让用户能够想象他们的生活空间变得井井有条的样子。AI 驱动的整理建议则是根据用户的特定需求和空间定制的，是利用 AR 和 VR 提供的个性化指导。AR 还可以将标签和数字标记叠加到现实物品上，帮助用户进行识别和整理。这些技术的结合确保了用户不仅可以获得专业的建议，还能运用工具来高效地规划家庭空间。

这个结合了 AR 和 VR 的用例在元宇宙中为用户提供了完整的家庭整理体验，包括从专家的指导到实时的实施各环节，最终让用户拥有整洁有序的生活空间。

4. 挑　战

尽管虚拟家庭整理工作坊结合了 AR 和 VR 技术，带来了一系列的便利，但其中也存在一些挑战。一个重要挑战是保持现实性和精确性。在虚拟环境中，确保高度的准确性和逼真的表现非常重要。用户依赖于 AR 叠加和 VR 模拟来有效整理和优化他们的生活空间。与现实世界存在任何差异或误导都可能影响整理的效率和用户的体验。因此，实现与现实世界空间相匹配的、真实的体验仍是一个需要不断努力战胜的挑战。

另一个挑战涉及 AR 和 VR 集成的技术稳定性。这些技术应能保证稳定、无故障的体验来保持体验的沉浸感。如果发生技术中断或故障，可能会打断用户沉浸式的家庭整理过程，阻碍他们的进度。为了确保虚拟环境中流畅、不间断的体验，需要持续的监控和维护工作。

13.3.5 用例 5——AR 和 VR 家具修复工作室

在元宇宙中，AR 和 VR 技术联手，为家具修复领域创造了革命性的体验。通过参加虚拟研讨会，参与者可以沉浸在翻新和修复家居装饰品的技艺之中。在这个元宇宙中，AR 和 VR 的家具修复研讨会将两种技术的优势完美结合，使用户能够学到实用的修复技能，自信地修复家具，与其他人一同在沉浸式的教育环境中协作。

以下是关于本用例的更多详细信息。

1. 设　置

用户只需通过 AR 眼镜和 VR 头显就能轻松进入元宇宙中的虚拟研讨会。在这个协作式的数字工作空间里，我们模拟了真实的家具修复工作室，提供了各种虚拟工具和材料，让用户仿佛身临其境。

2. 互动性

在虚拟家具修复研讨会上，参与者首先使用 MR 头显、AR 眼镜、AR 头盔或智能手机扫描实体家具，在元宇宙中创建出与之对应的虚拟复制品。在 VR 修复工作室中，用户可以自由选择要修复的虚拟家具，并使用模仿真实修复工具的 VR 控制器进行操作。同时，还有 AI 驱动的虚拟讲师为大家提供根据用户的技能水平量身定制的个性化分步教程。用户还可以选择与其他人实时协作共同完成项目，并向讲师和同伴寻求建议。如果他们使用的是 MR 头显，还能流畅地切换到 AR 直通模式，这样既可以看到现实世界中的家具，又能看到虚拟家具，从而能更容易地检查修复的进度和准确性。

3. **技术创新**

AR 和 VR 的结合在本用例中展现了巨大的创新能力。AR 技术能够精确捕捉实体家具的尺寸和细节，创造出高度逼真的虚拟复制品。VR 则提供了一个沉浸式的环境，让用户仿佛真的在使用真实的工具和材料修复家具。

此外，AI 驱动的讲师会根据每个用户的节奏和技能水平提供实时的指导和反馈。模拟的修复过程也准确地模拟了材料的物理特性和行为，为用户创造了更加真实的修复体验。

4. **挑　战**

在虚拟修复中，如何保持高水平的真实感，包括逼真的纹理、材料和工具的物理特性，一直是我们面临的挑战。同时，如何协调身处不同地点的用户进行协作，并确保他们与讲师和同伴之间流畅地沟通，也是我们需要解决的问题。

13.3.6　元宇宙中家具和家居用品类购物的负面影响

在元宇宙的家具和家居用品类购物世界里，技术创新和创意的可能性交织在一起。这个虚拟领域为用户提供了一个探索独特、充满想象力的设计空间的机会。用户可以和 AI 驱动的室内设计师合作，以前所未有的方式想象他们梦寐以求的生活空间。从协助您打造个性化的家居造型，到带您回到过去的虚拟古董拍卖会，元宇宙让购物体验变得既方便又有趣。在定制家具设计工作室里，你可以和虚拟工匠一起发挥无限的创造力和协作精神。而虚拟家居整理工作坊则利用 AR 和 VR 技术帮助您优化生活空间。此外，通过参加 AR 和 VR 家具修复研讨会，您还能在迷人的数字环境中学习实用的修复技能。

1. **技术影响**

（1）设计限制：由于优化盈利能力的商业模式、限制创造力和可定制性，虚拟环境可能会对家具设计施加限制。

（2）技术稳定性：元宇宙中家具和家居用品类购物体验沉浸式特性依赖于无故障体验。若出现中断可能会妨碍用户继续体验，该领域需要持续的维护。

2. 社会影响

（1）社交互动减少：过度沉迷于虚拟购物可能会导致现实世界中的社交互动减少，从而可能导致产生孤独感。

（2）与当地企业疏离：对虚拟家具购买的依赖增加可能会导致对当地实体家具店的支持减少，从而影响当地经济。

（3）室内设计技能下降：对 AI 和元宇宙中设计预体验的依赖可能会削弱用户的创造力和室内设计技能，使他们装饰现实世界中房间的能力下降。

（4）与当地工匠疏离：虚拟购物可能会导致忽视当地的工匠，从而较少地去欣赏手工制作的特色家具。

3. 伦理影响

（1）操控消费者：AI 驱动的推荐可能会引导用户选择特定的品牌或款式，从而可能破坏真正的选择。

（2）不平等：先进技术的不平等获取可能会造成家居购物体验产生差异。

4. 心理影响

（1）成瘾可能：在“家具元宇宙”中停留时间过长可能会影响心理健康。

（2）决策疲劳：虚拟家具购买过程中的大量选择可能会导致决策疲劳，影响用户的认知健康。

5. 环境影响

（1）过度包装：虚拟家具购买仍然需要包装和交付环节，从而加剧了包装废物对环境的影响。

（2）缺乏可持续实践：元宇宙可能不会优先考虑对家具进行可持续采

购和制造，从而导致环境退化。

13.4 最佳商业实践

随着我们对元宇宙无限魅力的逐步发掘，购物世界也正在经历一场巨大的变革。在元宇宙中的购物并不仅是传统电商的简单扩展，而是借助AR、VR和沉浸式技术将购物体验提升到一个全新的层面。在本节中，我们将深入探讨元宇宙购物领域中那些最成功的商业实践，看看企业是如何通过创新策略来吸引数字化消费者的。这些实践是引领着我们走向不断演进的元宇宙商业世界的指南。

13.4.1 人工智能驱动的个性化

1. 利用AI算法：利用AI算法进行个性化产品推荐。
2. 提供虚拟购物助理：通过虚拟购物助理提供AI驱动的建议和帮助。
3. 了解用户偏好：根据用户偏好相应调整产品。

13.4.2 与现实世界的无缝整合

1. 促进轻松过渡：促进从虚拟购物到在现实世界购买产品的轻松过渡。
2. 与实体零售商合作：与实体零售商合作，提供流畅的店内提货或送货选项。
3. 确保一致性：确保虚拟库存和现实库存之间保持一致性。

13.4.3 社交购物体验

1. 促进社交互动：促进元宇宙零售空间内的社交互动。
2. 实施功能：实施虚拟购物派对等功能，让朋友们可以一起购物。

3. 使用户能够分享：使用户能够在社交媒体上分享他们的虚拟购物体验。

13.4.4　安全和信任

1. 优先级：优先考虑数据安全和用户隐私。
2. 向用户保证：向用户保证其虚拟交易和个人信息的安全。
3. 建立信任：通过透明的商业实践建立信任。

13.4.5　可持续性和生态意识

1. 推广：在虚拟零售空间内推广可持续产品和道德采购。
2. 突出显示选项和实践：突出显示环保选项和实践。
3. 关心影响：应考虑元宇宙零售业务对环境的影响。

13.4.6　虚拟产品发布和活动

1. 主办：主办虚拟产品发布会和独家活动。
2. 激发热情：激发对于元宇宙中新产品发布的热情和期待。
3. 优惠：活动期间推出限时促销和折扣。

13.4.7　客户支持与协助

1. 提供支持：在虚拟零售环境中提供实时客户支持。
2. 提供帮助：提供实时聊天和虚拟助理来帮助用户进行查询。
3. 确保解决：确保及时解决问题，打造流畅的购物体验。

13.4.8　合乎道德的定价和透明度

1. 维持：维持公平和透明的定价方法。
2. 避免：避免价格操控和隐藏费用。

3. 清晰传达：清晰传达包含税费和运输成本的定价。

13.4.9 包容性和无障碍性

1. 确保：确保残疾用户能够获得虚拟购物体验。
2. 确定优先级：优先考虑包容性设计并考虑不同的用户需求。
3. 提供选项：为广大用户提供硬件和软件选项。

13.4.10 法律和合规方面的考虑

1. 随时了解情况：随时了解与元宇宙零售业相关的具体法律法规。
2. 遵守：遵守虚拟商业法律、税收和消费者保护法规。
3. 建立：建立明确的法律合规政策和程序。

13.4.11 虚拟事件投资回报率（ROI）分析

1. 评估：评估虚拟活动和产品发布的投资回报率。
2. 分析：分析通过用户参与实现的销售转化率和客户保留率。
3. 优化：根据数据洞察来优化未来的虚拟活动策略。

13.4.12 新兴技术的应用

1. 保持领先地位：保持处于新兴 AR 和 VR 技术前沿。
2. 考虑顶端功能：考虑整合触觉反馈和高级视觉效果等顶端功能。
3. 积极创新：积极创新，提升元宇宙的零售体验。

13.4.13 数据驱动决策

1. 收集和分析用户数据：收集和分析用户数据以做出明智的业务决策。
2. 利用数据洞察：利用数据洞察来优化产品供应和营销策略。
3. 实施数据驱动的个性化策略：实施数据驱动的个性化策略，打造量身定制的购物体验。

13.4.14　全球市场拓展

1. 探索国际市场：探索元宇宙内的国际市场和用户人口统计数据。
2. 定制虚拟零售策略：定制虚拟零售策略以满足不同地区受众的偏好。
3. 应对：解决全球存在的本地化和语言问题。

13.4.15　协同产品开发

1. 协作：与用户和虚拟产品创建者协作。
2. 社区参与：让元宇宙社区参与塑造产品。
3. 鼓励内容：鼓励用户生成内容和进行协作设计。

13.4.16　社区的参与和支持

1. 培育社区：培育活跃且积极参与的元宇宙零售社区。
2. 提供：提供用户论坛、讨论区和社区活动。
3. 提供支持：在虚拟环境中提供响应迅速的客户支持。

13.4.17　合乎道德地使用 AI 和算法

1. 负责任且合乎道德的使用：在虚拟零售中负责任且合乎道德地使用 AI。
2. 避免偏见和歧视：避免 AI 驱动的产品推荐中出现偏见和歧视。
3. 提供透明度：提供 AI 算法和决策中的透明度。

13.4.18　用户隐私教育

1. 教育：对用户进行元宇宙中数据隐私和安全方面的教育。
2. 提供资源和指南：提供有关用户数据保护的资源和指南。
3. 促进：提高用户意识和推动负责任的数据共享实践。

13.4.19 用户授权和所有权

1. 赋予用户权力：赋予用户虚拟资产的所有权和购买权。

2. 确保用户控制：确保用户能够控制其虚拟财产和交易。

3. 增强用户信心：增强用户对虚拟产品安全性和所有权的信心。

13.4.20 适应元宇宙的演变

1. 为未来做好准备：为元宇宙不断变化的格局做好准备。

2. 欣然接受新兴技术：欣然接受虚拟零售的新兴技术和趋势。

3. 不断适应和创新：不断适应和创新，以在动态的元宇宙环境中保持竞争力。

在元宇宙零售的动态世界中，这些最佳商业实践为企业融合 AR、VR 和沉浸式技术提供了重要的指导。这些实践有助于企业制定迎合数字化消费者的创新战略。元宇宙零售将超越传统电子商务，提供前所未有的购物体验。从 AI 驱动的个性化到关注可持续性和道德规范，从全球市场拓展到接受并采用新兴技术，这些实践照亮了在这个不断变化的元宇宙环境中前进的道路。

13.5 总　结

在元宇宙中充满活力的购物体验世界里，先进技术与无限创意的完美结合正在上演。这一数字前沿为用户提供了一系列超越传统界限的机会。从将虚拟与现实完美融合的个性化家居造型辅助，到穿越时空的虚拟古董拍卖，元宇宙重新定义了购物体验的便捷性和参与感。在定制家具设计工作室里，您可以尽情释放创造力，与虚拟工匠合作；而虚拟家居整理工作坊则借助 AR 和 VR 的力量帮助您优化生活空间。此外，AR 和 VR 家具修复工作室还让您在沉浸式的数字环境中学习实践技能。然而，在接受这些创新的零售体验的同时，我们也要正视隐私、数据安全和可持续性等方面的挑战，确保元宇宙之旅丰富我们的生活，同时保护我们的价值观和资源。

在这个数字连接和沉浸式技术日益发展的时代，第 14 章“重构的好处和可能的危险”为我们重新审视元宇宙中的可能性和风险并加强认知提供了深刻的见解。其中，一系列好处与潜在危险相互交织，共同塑造着我们的数字化存在。在体验社交互动、创意表达、虚拟工作空间、娱乐和未来购物等丰富多彩的内容时，我们发现了数字前沿的显著优势。然而，这些探索也并未回避隐藏在背后的阴影——隐私问题、技术成瘾的诱惑以及懒惰的陷阱。我们将坚定不移地致力于了解和优化我们的元宇宙体验，探索最佳商业实践，为实现回报最大化和风险最小化指明方向。

第 4 部分　为什么重新审视元宇宙

在第 4 部分，我们会详细讨论元宇宙带来的众多好处以及可能存在的问题。这些好处涵盖了生活的许多方面，包括网络、创意、工作、娱乐和购物。同时，我们也会思考元宇宙对整个社会产生的更广泛影响，将解决潜在问题，比如隐私泄露、过度依赖技术，以及可能产生的自满情绪。

最后一章则聚焦于 AR 和 VR 在元宇宙中所起到的日益重要的作用。这一章为我们描绘了一个未来的图景：AI 驱动的个性化助理和 3D 视觉效果将变得日常化，帮助我们迅速获取所需知识。随着远程工作成为主流，元宇宙有潜力彻底改变我们的工作方式，影响城市的风貌，甚至与自动驾驶汽车和高级机器人技术实现完美衔接。

从本质上讲，元宇宙有望为我们带来全新的数字体验，它就像一个充满活力的舞台，信息在这里转化为知识，工作、娱乐和日常生活以创新的方式融为一体。

本部分包含以下章节：

第 14 章　重构的好处和可能的危险

第 15 章　未来展望

第 14 章　重构的好处和可能的危险

元宇宙创造了众多令人瞩目的优势，同时也伴随着一些令人关注的问题。在这本书中，我们详细探讨了元宇宙所带来的各种好处，包括社交互动、职业追求、娱乐和创新的购物体验。然而，这个广阔无垠的数字领域并非完美无缺，它同样存在一些潜在的问题，比如隐私泄露、技术成瘾的风险以及致人懒惰的诱惑，这些都是我们在探索元宇宙时需要认真考虑的因素。在丰富的机遇和这些不断变化的挑战之间取得到适当的平衡极为关键。对这个未知领域的探索会是一次令人兴奋的旅程，全面了解元宇宙的潜力和存在的风险对于实现全面和丰富的参与至关重要。

在本章中，我们将讨论以下主要主题：

1. 元宇宙主要的好处；

2. 元宇宙可能存在的风险，重点关注隐私问题、技术成瘾和导致懒惰；

3. 实现最大利益的同时防范元宇宙潜在风险的最佳商业实践。

在数字领域和物理领域融合的时代，元宇宙成为一道引人瞩目的风景，其中充满了机遇和不确定性。在前面几章中，我们进入了探索这个多方面领域的冒险之旅，发现了它的巨大优势。从丰富的超越国界的社交互动，到为职业发展、娱乐和沉浸式购物体验等提供创新途径，元宇宙的好处数不胜数。然而，当我们在这个不断发展的数字领域中航行时，我们也必须正视其带来的问题。对于隐私侵犯、技术成瘾以及导致虚度光阴的担忧逐渐浮出水面，这些问题需要引起我们的高度关注和警惕。在发挥潜力和降低风险之间取得平衡成为一项关键的挑战。我们进入这个未知领域的旅程简直令人兴奋，这迫使我们全面了解其中的回报和风险。在本章中，我们将深入探讨元宇宙主要的好处，与此同时，仔细审视它可能带来的危险，此外，还将阐明在将风险最小化的同时获得最大化回报的途径。通过对这些方面的敏锐审视，我们将为自己武装起能够全面、丰富地参与这一数字前沿所需的知识。

14.1 元宇宙的好处

元宇宙，这个前沿的数字领域，正在全球范围内重塑企业的参与规则。它打破了地理的界限，让企业能够拥有更广泛的影响力和获得市场扩张的机会。在这个无边无际的数字世界里，企业不仅看到了无尽的可能性，还因为由物理位置产生的管理成本逐渐减少而节省了大量开支。

但元宇宙的意义远不止于此。它开启了一个全新的工作时代，满足了远程工作和团队之间相互协作的需求。团队不再受物理距离的束缚，可以流畅地互动、创新，同时还可以适应不同的工作风格。

最吸引人的是，元宇宙彻底改变了客户参与的方式。品牌通过打造沉浸式的体验，与受众建立了深厚的情感联系。从数字环境中收集的数据让企业能够实时调整策略，打造出既个性化又吸引人的品牌故事。

此外，元宇宙还推动了创新的营销和广告策略，提升了品牌忠诚度，同时也让培训和技能开发变得更具互动性、成本效益更高。虚拟资产的货币化更是为多样化的收入来源打开了大门，进一步提升了企业的财务可持续性。

那些早期采用并熟练运用元宇宙技术的公司已经获得了竞争优势，引领着行业的潮流，确保了自身作为领导者的地位。当我们身处这个变革的时代之时，会发现元宇宙正是一股重塑企业和行业的强大力量。

不仅如此，元宇宙还带来了众多的社会优势。它支持多样化的数字身份，让人们能更好地表达自我和发挥创造力。虚拟社区提供了归属感，对人们的心理健康产生了积极的影响。

在元宇宙中，社会融合促进了文化交流和理解，创造了新的社会规范。它还成了一个发表社会批评和意见的平台，扩大了改革的声音。

对于艺术家和创作者来说，元宇宙就像是一块充满生机的创新画布。在教育领域，它让学习方式变得更加吸引人且容易获取。

元宇宙中的协作超越了地域的限制，惠及了各个领域。它强调包容性，不仅关注残障人士的需求，还致力于推动社会整体包容性的形成。

随着数字经济的蓬勃发展，创业和内容创作也获得了巨大的推动力。同时，元宇宙还带来了环境上的益处，比如减少通勤的需要以及推动可持续发展的措施。

总之，元宇宙是一股变革力量，推动着包容性、创新和积极的社会变革。

14.1.1　商业效益

元宇宙代表了一个成熟的数字前沿，为各行业的企业提供了机遇。这种沉浸式数字领域正在重塑企业与客户互动、简化运营和促进创新的方式。

在本小节的探索中，我们将揭示元宇宙为企业提供的无数优势。从全球影响力和效能提升到沉浸式品牌推广和数据驱动的洞察，创新无止境。

1. 全球影响力和市场扩张

在这个以数字技术激增为标志的时代，元宇宙就像一座灯塔，为想要拓展业务的企业带来了前所未有的机会。元宇宙最显著的特征之一就是打破了传统的地理限制，将各种规模的企业带入充满无限可能的时代。

对于小型初创企业来说，元宇宙充当了变革的门户，让这些企业能够接触到曾经遥不可及的梦想中的全球客户群。这种大众化的覆盖范围使新兴企业能够与成熟的同类企业在公平的竞争环境中竞争。这些企业现在可以向多元化的国际受众展示其独特的产品，超越实体店和当地市场的限制。这一新发现的全球影响力不仅扩大了品牌知名度，还开启了不可估量的增长前景。

另一方面，跨国企业找到了前所未有的多元化途径。除了传统的战略要点之外，这些行业巨头还可以将其影响力逐步扩展到未知领域。这种扩张不仅涉及地理范围，还涉及客户人口结构的深刻变化。这是关于客户人口统计的深刻转变。通过大胆地进入元宇宙，企业可以与有别于传统分类的客户群进行互动。元宇宙是来自不同文化、社会和经济背景的个人的熔炉。因此，企业可以调整其策略，以满足全球受众各种各样的特定偏好、需求和行为。

此外，元宇宙还促进市场探索方面的创新。传统的市场研究通常需要投入大量的时间和资源。相比之下，元宇宙提供了一个独特的试验场。企业可以实时试验新产品、服务和营销方法，衡量即时反应并迅速调整。这种敏捷性使企业能够就市场扩张策略做出明智的决策，最大限度地降低风险并获得最大化的回报。

从本质上讲，元宇宙的全球影响力和市场扩张概念不仅仅是打破地理障碍。这更是一种范式转变，使企业能够重新定义与客户和市场的关系；是利用广阔、多样化且不断发展的数字景观的过程，其中，增长的边界仅受创新和想象力的限制。

2. 节省成本并提高效能

在商业领域，元宇宙使企业运营方式开始发生深刻变革，开启了前所未有的成本节约和高效能的时代。处于这一转型最前沿的是虚拟办公室和店面，它们是实体办公室和店面的数字对应物。这些虚拟空间显著降低了与实体店相关的管理成本，从而彻底改变了传统的商业模式。

元宇宙最明显的好处之一是它通过降低运营成本来减轻财务负担。无论是多大规模的企业都会发现自己摆脱了与实体场所相关的沉重财务义务负担。考虑一下大量节省的租金，这通常是企业最大的支出之一。通过将业务转移到元宇宙，企业可以消除或大幅降低这种经常性成本，再将这些资金投入发展计划或提高产品和服务的质量方面。

当企业与元宇宙结合时，除了租金之外，许多其他费用也会减少。公用事业、维护和财产保险不再是财务支出的一部分，这进一步提高了成本效益。此外，员工通勤到实体办公室的需要也大大减少或消除了。这不仅节省了员工的宝贵时间，还降低了他们的交通成本，为更加绿色、更可持续的未来做出了贡献。

这些成本节约的累积效应实现了利润率的提高，使企业能够更有策略地分配预算。随着金融资源摆脱传统管理费用的束缚，企业可以投资于直接影响其竞争力和增长的领域。无论是加大研发力度、增加营销活动还是培养人才，元宇宙都提供了财务福利，使企业能够在快节奏的竞争环境中蓬勃发展。

此外，元宇宙提供的高效能不仅仅体现在节省成本上。虚拟办公室和店面为简化运营提供了灵活的平台。它们使企业能够快速适应不断变化的市场动态和客户偏好。在当今快速发展的商业环境中，这种新发现的敏捷性是无价的，在这种环境中，转型和创新的能力往往是成功的关键。

总之，元宇宙中节省成本和提高效能的概念对于企业来说可谓改变了游戏规则。元宇宙将企业从物理地点的财务限制中解放出来，并使企业们能够进行战略性的资源分配。除了财务方面之外，元宇宙还培育了一种具有创新和适应能力的文化，为企业的长期发展和保持竞争力奠定了基础。

3. 增强协作和远程工作

在充满活力的现代商业世界中，元宇宙提供了变革性的范式转变，特别是在增强协作和远程工作方面。它打破了传统的地理分隔障碍，为团队合作和创新开辟了新的途径。

元宇宙最引人注目的方面之一是其超越现实边界的能力，这使分布在不同区域的团队能够像在同一个房间一样进行协作。虚拟工作空间充当中心，团队成员可以在共享数字环境中召开会议、沟通和协作。空间限制的消除促进了不间断的协作，消除了时区和现实距离造成的限制。此外，元宇宙提供了有趣的数字身份概念，允许个人出于不同目的采用多种身份。您可以在职业生涯中拥有一个身份或角色，在政治方面拥有另一个身份或角色，还可以再拥有一个艺术家的身份或角色，所有这些都在同一个沉浸式数字领域内发生，促进了多方面和动态的参与和互动方式。

这种增强协作的优势是多方面的。首先，它培养了远程团队之间相互的联系感。同事们可以聚集在虚拟会议空间中，参与实时讨论、头脑风暴会议和协作项目。元宇宙的沉浸式特性使沟通更加自然和直观，用户头像代表团队成员，空间音频模拟呈现面对面的对话。这不仅加强了团队联系，还激发了创造力和解决问题的能力。

这种方式的好处不仅仅在于改善团队合作。企业可以不受现实距离的限制而访问全球人才库。元宇宙是通往庞大且多元化劳动力资源的门户，使组织能够找到顶尖人才，无论他们身在何处。这种全球化的人才获取途径不仅确保了组织掌握更广泛的技能，而且还促进了劳动力多样性和包容性。

此外，虚拟工作空间提供的灵活性符合当代劳动力的偏好不断变化的情况。许多专业人士都重视可以在自己选择的地点工作的自主权，可能是在舒适的家中，也可以是在旅行途中。元宇宙通过提供一个平台来满足这些偏好，在该平台上，远程工作不仅可行，而且效率很高。这种灵活性反过来又可以提高工作满意度、员工保留率并提高整体生产力。

总之，元宇宙中增强的协作和远程工作超越了传统界限，促进了团队合作、接触全球人才并提高了工作灵活性。这一方式使企业能够在这样一个时代蓬勃发展：远程工作不仅是必需品，而且是一种战略优势，创新潜力将不再受地域限制。

4. 沉浸式品牌和客户参与

在当今充满活力的商业环境中，元宇宙为企业提供了一条重新构想客户参与策略的创新途径。本部分探讨企业如何利用元宇宙创造迷人的互动体验，给受众留下持久的印象。

元宇宙的魅力在于它能够提供超越传统营销方式的沉浸式品牌体验。企业可以举办虚拟活动、构建交互式展示并设计 3D 环境，使客户能够以前所未有的方式与其品牌互动。无论是虚拟产品发布会、商店揭幕式还是娱乐之旅，元宇宙都能提供构建沉浸式叙事的“画布”，吸引观众并引起共鸣。

这些令人身临其境的互动是强化品牌形象和培养与客户情感联系的强大工具。与通常依赖被动消费的传统广告不同，元宇宙使客户能够积极参与品牌故事。他们可以探索虚拟空间，在三维环境中与产品互动，甚至与 AI 驱动的品牌代表互动。

元宇宙中沉浸式品牌的影响延伸到了品牌忠诚度和宣传效果的提高。当顾客与品牌深度互动并产生情感联系时，他们更有可能成为忠实的顾客和热情的拥护者。虚拟环境中的积极体验可以培养围绕品牌的社区意识，培养忠诚的客户群，客户不仅会再次光顾，还会向其他人传播品牌信息。

此外，元宇宙还提供了大量有关客户行为和偏好的数据和见解。企业可以利用这些信息来完善其品牌战略，创造能够与目标受众产生共鸣的定制体验。这种数据驱动的方法提高了品牌推广工作的有效性，同时也提高了营销投资的回报。

总之，使用元宇宙进行沉浸式品牌推广和使客户共同参与代表了企业与受众联系方式的范式转变。元宇宙提供了一个动态平台，用于打造沉浸式品牌叙事、加强情感联系以及培养品牌忠诚度和进行宣传。随着元宇宙的不断发展，它有望成为前瞻性品牌战略的一个组成部分，以创新的方式加强企业与其客户之间的关系。

5. 数据驱动的见解

在元宇宙中，数据呈现出全新的维度。元宇宙平台是个信息宝库，能够捕捉用户行为、偏好和交互的每一个细微差别。这些丰富的数据为企业提供了前所未有的机会，使企业可以深入了解客户趋势和行为。

元宇宙中可用数据的数量和粒度是惊人的。企业可以通过眼动追踪和视线检测来跟踪用户如何在虚拟环境中游览，从而发现用户使用的产品或服务、用户在沉浸式体验中花费的时间，甚至是他们在某些场景下的情绪反应。这种详细程度提供的有关客户交互的全面视图是以前所无法实现的。

元宇宙中数据驱动的洞察其主要优势之一是具有实时性。企业可以访问有关用户活动的最新数据，从而使他们能够快速适应和响应不断变化的市场动态。例如，如果用户偏好出现新趋势，企业可以相应地调整其产品或营销策略，确保自身保持相关性和竞争力。

这些见解不仅限于客户行为，还延伸到产品和服务开发方面。通过分析用户反馈和参与模式，企业可以改进其产品，从而更好地满足客户的需求。这种迭代的产品开发方法可以带来更多以客户为中心的解决方案，并从整体上增强产品的市场契合度。

企业在营销策略方面也从元宇宙中数据驱动的洞察中受益匪浅。企业可以根据特定用户群的虚拟行为和偏好来定制广告活动。这种程度的个性化提高了营销活动的有效性，减少了广告支出方面的浪费并提高了投资回报率。

此外，企业可以通过预测分析来识别新兴趋势并预测客户需求。通过分析历史数据和识别模式，企业可以主动应对市场变化和客户需求。这种前瞻性的方法使企业成为行业领导者和创新者。

从本质上讲，元宇宙不仅为企业提供数据，还为企业提供数据驱动决策的力量。它使企业能够将原始数据转化为可行的见解，推动产品创新，增强营销策略，并确保企业自身在快速变化的数字环境中保持敏捷。在元宇宙中欣然接纳数据驱动的洞察力不仅是一种竞争优势，也是在现代商业环境中蓬勃发展的必要条件。

6. 创新的营销和广告

在元宇宙中，营销和广告的可能性就像数字景观本身一样，是无限的。这个广阔的数字领域成为品牌发挥创造力并以前所未有的方式吸引用户的创意画布。

元宇宙营销的突出特点之一是能够举办沉浸式互动活动。品牌可以创建超越现实空间限制的虚拟产品发布活动。想象一下在梦幻般的虚拟环境中推出新产品，活动中包括互动元素、现场演示以及与专家的实时问答会。此类活动不仅能吸引观众，还能在社交媒体平台上引起轰动，扩大品牌影响力和提高参与度。

叙事在元宇宙中呈现出一个全新的维度。品牌可以精心打造复杂的叙事体验，让用户成为其中的一部分，沉浸在品牌的世界中。无论是惊心动魄的冒险还是温馨的故事，这些令人身临其境的叙事体验能够在品牌和消费者之间建立更深的联系。用户不再只是被动地消费内容，他们还可以积极参与叙事，产生归属感和情感依恋。

个性化是元宇宙创新营销的另一个标志。品牌可以根据个人喜好和行为定制体验。用户可以探索反映他们兴趣的虚拟空间，接收个性化的产品推荐，甚至与了解他们独特需求的 AI 驱动的虚拟品牌大使互动。由于向用户提供了与他们产生共鸣的产品，这种程度的个性化不仅提高了用户参与度，而且还提高了转化率。

元宇宙还为游戏化营销策略打开了大门。品牌可以创建互动游戏和挑战，不仅可以娱乐用户，还可以通过独家虚拟物品或折扣来奖励用户。这些游戏化体验使用户产生竞争感和成就感，从而提高用户的参与度和忠诚度。

此外，元宇宙鼓励用户生成内容。品牌可以发起挑战或活动，鼓励用户创建和分享以该品牌产品为特色的虚拟体验。这些用户生成的内容可以作为真实认可的证明，扩大品牌宣传和同行群体之间的信任。

综上所述，元宇宙的创新营销和广告超越了传统广告的界限。品牌有机会通过沉浸式活动、复杂的故事讲述、个性化、游戏化和由用户生成内容来吸引受众。其结果不仅是提高了品牌知名度，而且与用户在这个动态的数字环境中建立起深刻而持久的联系。

7. 高效的培训和技能发展

元宇宙中高效的培训和技能发展代表了企业教育和职业发展的变革性飞跃。虚拟培训和入职计划重新定义了员工获取知识和磨炼技能的方式，与传统培训方法相比具有许多优势。

基于元宇宙的培训其关键特征之一体现在参与度方面。传统培训通常需要有冗长、文字较多的手册或被动的视频演示，这可能会导致培训与知识脱离或只保留了有限的知识。相比之下，元宇宙利用沉浸式模拟和互动场景使员工积极参与其中。这些模拟重现了现实世界的情况，使员工能够在实际的环境中应用他们的知识。无论是让医生进行虚拟手术的医生，还是使技术人员对复杂机械进行故障排除，这些体验都提供了引人入胜且令人难忘的实践学习方式。

元宇宙中培训的有效性不仅仅在于参与度，还延伸到加速学习上。员工可以在方便时访问培训模块，不存在严格的时间表。此外，虚拟模拟的迭代性质允许员工一直练习，直到掌握一项技能或程序。这种加速学习不仅减少了获取技能所需的时间，而且确保达到更高的熟练程度。

成本效率是基于元宇宙的培训体现出的另一个引人瞩目的方面。传统培训通常需要与场地、差旅、印刷材料和讲师报酬相关的费用。在元宇宙中，这些间接费用显著减少甚至不再存在。培训模块可以远程访问，从而节省了时间和资源。此外，虚拟培训的可扩展性意味着可以将同一计划部署给大量员工，还不会产生额外成本。

此外，元宇宙培训培育了持续学习的文化。员工可以随时访问培训模块来提高技能或进行跨技能学习，从而促进持续的专业发展。这种适应性在技术或医疗保健等对技能方面有快速适应要求的行业中尤其有价值。

元宇宙还擅长跟踪和评估员工的进度。详细的分析可以捕获每一次交互，使组织能够准确地衡量个人和团队的绩效。这种数据驱动的方法使组织能够识别员工可能需要额外支持的领域，并相应地定制培训计划。

总之，元宇宙中的高效培训和技能开发为企业教育提供了一种引人入胜、加速、具有成本效益且灵活的方法。通过利用沉浸式模拟、灵活的访问和数据驱动的见解，组织可以为其员工装备起能够在不断变化的业务环境中脱颖而出所需的技能和知识。

8. 虚拟资产货币化

元宇宙不仅是一个创意的游乐场，也是创新货币化策略的沃土。企业可以通过跳出传统产品的框架并探索大量虚拟资产的机会来扩大收入来源。这些多样化的收入来源不仅可以增强财务可持续性，还有助于促进形成充满活力和繁荣的数字经济。

在元宇宙中获得丰厚利润的途径之一是出售虚拟房地产。数字世界中的虚拟土地和财产具有内在价值，通常由其位置、可达性和开发潜力推动。企业可以在流行的元宇宙平台上获取虚拟房地产，然后将这些数字资产出租或出售给其他用户或公司。最近对优质虚拟房地产的需求有所下降，我们相信某种形式的虚拟房地产将在元宇宙中重新出现。

品牌商品是另一个值得注意的货币化途径。在元宇宙中，企业可以设计和销售与其品牌形象相符的虚拟商品。这些数字产品可以是服装、配饰，甚至是数字收藏品，它们使用户能够在虚拟世界中表达对品牌的喜爱程度。限量版和独家虚拟商品创造出一种稀缺感而推动销售，可能会非常抢手。在某些情况下，用户甚至可以将虚拟购买的产品转化为实体产品，进一步巩固数字领域和实体领域之间的桥梁。

独家数字体验代表着上乘的盈利机会。企业可以提供沉浸式、仅限会员参加的活动或元宇宙内的虚拟空间。这些体验包括从独家音乐会和艺术展览到私人会议和研讨会的各种活动。通过创造一种专有性和价值感，企业可以吸引愿意为这些独特体验付费的专门用户群。这些体验不仅能产生直接收入，还能提高品牌声誉和客户忠诚度。

此外，元宇宙还培育了蓬勃发展的创作者经济。企业可以与内容创作者、艺术家和有影响力的人物合作开发品牌虚拟资产。这些数字创作可能包括自定义头像、品牌皮肤或虚拟宠物，用户可以购买这些虚拟宠物并将其集成到他们的元宇宙体验中。此类合作充分利用内容创作者的创造力和影响力来扩大品牌的影响力和收入潜力。

在虚拟资产货币化领域，元宇宙的去中心化特性发挥着关键作用。区块链技术为许多虚拟资产生态系统提供支持，确保虚拟资产的透明度、来源和所有权。不可替代代币（NFT）已成为虚拟资产所有权的基石，使企业能够创建独特且可验证的数字资产。这项技术不仅可以保证虚拟资产的真实性，同时也开辟了二级市场，用户可以在其中交易、出售和收集这些数字宝藏。

总之，元宇宙内虚拟资产的货币化为企业提供了多方面的机会，可以实现收入来源多元化并促进财务的可持续性。从虚拟房地产和品牌商品到独家数字体验以及与内容创作者的合作，这些途径使企业能够在动态和不断发展的数字经济中蓬勃发展。元宇宙凭借其创新和去中心化的基础设施，为开创性的货币化策略提供了肥沃的土壤，重新定义了企业与受众互动和创收的方式。

9. 竞争优势和行业领先地位

在元宇宙中，早期采用和熟练运用其技术是获得显著竞争优势的关键。主动在元宇宙中树立强大影响力的企业会发现自己不仅是参与者，而且是行业开拓者，他们塑造着行业趋势并重新定义了客户期望。这种领导作用不只是一时的，而是一种长期的优势，有潜力形成长期的市场主导地位。

元宇宙不仅仅是当前数字景观的延伸，它更代表了企业与受众互动以及在数字领域运营方式的范式转变。通过冒险般地进入虚拟世界并欣然接受其可能性，企业可以营造一个创新、扩张和提升竞争力的环境。

元宇宙提升竞争优势的主要驱动力是引领趋势的能力。通过开创新颖的沉浸式体验，企业为客户对于数字领域的期望设定了基准。通过走在创新的前沿，这些行业领导者塑造了元宇宙的景观，将其塑造成一个能够让他们独特的愿景成为行业标准的空间。这种积极主动的方法使企业不仅能够追随趋势，还能定义趋势，从而对不断发展的元宇宙产生持久的影响。

此外，对元宇宙技术的早期采用为企业提供了与客户建立深入而有意义的联系的独特机会。通过提供引人入胜的互动体验，企业可以培养品牌忠诚度并培养专门的用户群。这种联系不仅限于交易，也成为客户数字生活的一部分。因此，在元宇宙中处于领先地位的企业可以获得积极参与其元宇宙事业的忠实客户群。

除了引领趋势和培养客户忠诚度之外，在元宇宙中的行业领导地位还有可能转化为巨大的市场份额。随着企业成为这一数字前沿的先驱，这些企业自然会吸引越来越多渴望探索和尝试其产品的受众。客户群的扩大可以使收入来源增加，从而进一步巩固企业的市场地位。

从本质上讲，元宇宙不仅仅是一项技术进步，更是一个变革性的环境，企业可以拓宽视野、优化运营并与客户建立深刻而持久的联系。这里强调的好处彰显了元宇宙不断发展的商业领域在发展、创新和提升竞争力方面的巨大潜力。

元宇宙为企业提供了一个无与伦比的获得发展、创新和参与机会的世界。当我们探索这个数字前沿的各个方面时，明显发现它超越了传统界限，为企业提供了无限的探索空间。从扩大全球影响力到重新定义客户参与度，从欣然接受数据驱动的洞察到开拓创新营销，元宇宙拥有彻底改变现代商业格局各个方面的潜力。此外，元宇宙在培训和技能发展方面带来的高效率，以及它提供的多样化货币化途径，凸显了其作为财务可持续性和动态发展催化剂的作用。对元宇宙技术的早期采用和熟练运用使企业成为行业领导者，引领着行业趋势并影响着客户的期望。

随着元宇宙的不断发展，它无疑将在不断变化的商业环境中发挥不可或缺的作用，提供既令人兴奋又具有变革性的机会。

14.1.2 社会效益

元宇宙创造了诸多社会优势，让我们得以超越现实世界的限制。在这片充满活力的领域中，个体得以自由地塑造和发掘自己的数字身份，释放自我表达与创造力的潜能；同时，元宇宙提倡展现具有包容性与多元化的文化。虚拟社区跨越地理鸿沟，为人们提供归属感与情感支持，而社会融合则推动文化交流与创新规范的提出。此外，元宇宙更是成为一个富有意义的社会批评的平台，放大了变革之声，推动社会向前发展。它推动了数字艺术的繁荣，彻底革新了教育模式，促进了全球协作，通过减少通勤时间而助力于创业，并为可持续发展贡献力量。从根本上说，元宇宙是一场变革的浪潮，它不仅丰富了个人生活，更孕育了一个更加包容、创新且充满积极影响力的数字社会。

此外，元宇宙中的这些社会优势为企业的蓬勃发展提供了肥沃的土壤。接受包容性、培育创造力、推动文化交流，这些不仅体现了企业的社会责任感，更蕴含着深远的战略意义。那些能够充分利用元宇宙的包容性与协作性的企业将能够挖掘全球人才资源、提升品牌声誉，并以更为深入人心的方式吸引客户，最终将这些社会优势转化为企业的竞争优势并取得商业上的成功。

1. 数字身份和表达

在元宇宙的广阔天地里，个人得以自由地设计并探索他们的数字身份。

这使得人们能够以在现实世界中难以或不愿呈现的方式尽情地展现自我。用户可以尝试扮演各种角色、尝试不同的风格、更换头像，培养一种被赋予权力与自我发现的感觉。更重要的是，对多元化数字身份的接纳，催生了一个更加包容与开放的数字社会。

除了个人表达外，元宇宙也为数字艺术、音乐及其他形式的创意表达提供了创作与共享的平台。艺术家和创作者能够跨越地域的界限，将作品展示给全球的观众。这种展示不仅为艺术家赢得了认可与机遇，更丰富了元宇宙的文化内涵。

此外，可拥有保持多重数字身份或使用化名的功能对于那些保护隐私或希望探索自己不同个性的人来说，是一种自由的解放。这种隐私保护功能允许用户控制个人信息的泄露程度，从而提高了网络安全性。

元宇宙对数字身份与表达的重视推动形成了一个更加包容与更乐于接纳的数字社会。在这个社会，个人得以展现真实的自我，所有人都颂扬多样性。这种向开放的思想与接纳多样化数字身份的文化转变正助力构建一个更加和谐与进步的数字社区。

2. 虚拟社区

元宇宙犹如一个强大的催化剂，推动了虚拟社区的形成，将志同道合、兴趣相投的人们紧密地聚集在一起。这些社区超越了地域的限制，使得来自全球各地的个体能够以全新的方式相互联系、互动与协作。

元宇宙中的虚拟社区所创造的社会效益中，最为显著的是这些社区对心理健康的积极影响。在日益数字化与互联的世界中，许多人时常会感到孤独与脱节。而加入以共同兴趣为核心的虚拟社区则能够赋予人们以归属感与目标感。这些社区为成员提供了一个安全的空间，让他们能够自由地表达自己、寻找知音，并参与有意义的讨论与活动。

此外，虚拟社区往往营造出一种让人感受到满是支持与同理心的氛围。成员们互相提供情感上的支持、建议与鼓励，共同营造出一种团结互助的感觉。尤其在充满挑战的时期，如全球流感大流行期间，当身体接触受到限制时，这种体现支持的联络网显得尤为宝贵。

元宇宙在培育虚拟社区方面的作用有助于构建一个更加紧密相连、在情感上更具韧性的社会。它减少了人们的孤独感，促进形成了归属感，并加强了世界各地个体之间的社会联系。在这个数字化时代，这些虚拟社区不仅仅是在线聚会的场所，更是真实人际关系与支持的重要来源。

3. 社会融合

当来自不同文化背景的人们在元宇宙中相遇、互动时，一种名为“社会融合”的奇妙现象便应运而生了。在这个数字空间内，来自不同社会和文化的元素交织融合，形成一幅绚烂多彩的画卷，其中蕴藏着与数字领域截然不同的独特规范、价值观和实践。

这种融合所带来的显著社会效益便是鼓励文化交流与理解。在元宇宙的广阔天地中，个体得以与来自世界各地的人们互动，分享彼此的观点、传统和经验。这种交流不仅拓宽了人们的文化视野，更培养了他们对于人类社会多样性的同情与欣赏能力。

元宇宙内的社会融合也促进了全球联系感的形成。它挑战了文化孤立与狭隘的传统观念，构建了一个在包容性与跨文化合作中焕发活力的数字社会图景。这种思想与实践的丰富交融促进了创新与包容性社会规范的诞生。

此外，元宇宙还成了共同创造新文化表现形式的平台。它鼓励个体尝试混合文化身份，将自身继承的传统元素与在数字空间中遇到的其他文化影响相融合。这种创造性的融合孕育出了独特的艺术形式、时尚风格和数字传统，充分展现了元宇宙的动态本质。

元宇宙中的社会融合充分证明了数字互动在推动文化交流、理解与新社会规范涌现方面的强大力量。它颂扬多样性，促进全球互联，并通过丰富多彩的文化表现形式为数字社会景观增添了无限魅力。

4. 社会批评与评论

元宇宙的迷人之处体现在于其可作为优秀的社会批评与评论平台。在这个数字领域中，用户得以自由地参与与广泛的社会问题相关的深刻讨论与行动。这一新开辟的表达空间超越了地理界限，使得个体能够汇聚一堂，就重大议题发出自己的声音。

用户通常会发现元宇宙是探讨社会正义、环保、政治等议题的理想场所。他们可以在此参与公开的对话、分享见解、倡导变革，这在现实世界中可能无法总是易于实现。尽管这种数字行动发生在虚拟环境中，但其影响能够触及现实世界，有时甚至能促使形成数字社会运动。

这些数字社会运动源于元宇宙内的集体行动。它们将怀有共同目标和价值观的人们紧密团结在一起，培养起强烈的团结感和使命感。他们共同努力，提高社会认知，推动变革，并突破社会话语的界限。

此外，元宇宙还为社会批评的创造性形式提供了独特的舞台。用户可以创作沉浸式体验、艺术装置和交互式模拟，以传达与社会问题息息相关的有力信息。这些数字表达形式作为社会评论的媒介，能够激发人们的思考，并引发跨越国界的对话。

从根本上说，元宇宙使得个体能够成为数字活动家、批评家和倡导者。它创建了一个空间，在这个空间里，社会批评与评论不仅得到鼓励，而且得以放大。因此，这个数字领域成为变革、进步和探索紧迫的社会问题的催化剂。

5. 数字艺术与创意

元宇宙为数字艺术家、音乐家和作曲家们展现了一片充满活力的新天地。这片广阔的画布让他们能够深入探索创造力的无垠领域，并大胆尝试新颖的表达形式。随着数字艺术场景的蓬勃发展，传统界限被一一打破，数字艺术带来了前所未有的多种可能性。

在元宇宙中，数字艺术家们找到了一个鼓励他们进行实验并推动艺术表达前沿的环境。他们得以创作出令人身临其境的3D艺术作品、互动装置以及虚拟画廊，以全新的方式吸引观众的目光。这种艺术与技术的完美融合不仅挑战了传统艺术规范，更引领了元宇宙中独有的全新艺术运动的发展。

音乐家和作曲家们也纷纷奔向数字领域，以前所未有的方式创作和演奏音乐。他们可以在令人叹为观止的数字场地举办虚拟音乐会，尝试利用空间音频技术为听众带来使其身临其境的听觉盛宴。这些创新的音乐表现形式常常超越传统音乐流派的界限，能够引发听众内心深处的共鸣。

元宇宙的协作性质进一步放大了数字创造力的影响。来自世界各地的艺术家和创作者们可以在项目上实现流畅的协作，融合各自独特的影响力和观点。这种思想的交融与碰撞往往能催生出反映数字世界丰富性和多样性的开创性艺术作品。

随着元宇宙的持续演进，它已成为新文化趋势和艺术运动的摇篮。技术、交互性和艺术表达的独特融合共同塑造了这片数字领域的文化特色。一幅独特且不断发展的文化画卷正在缓缓展开，生动反映了元宇宙的动态本质。

6. **教育机会**

在元宇宙的引领下，教育领域正在经历一场范式变革，元宇宙带来了前所未有的令人身临其境学习机会，彻底颠覆了传统教育模式。这一数字前沿不仅为学习增添了吸引力和互动性，更是具备将教育民主化的巨大潜力，使其益处惠及更广泛、更多元的人群。

元宇宙超越了现实教室的界限，摆脱了地理的束缚。它引领我们进入一个全新的教育纪元，让学习者能够沉浸于知识的海洋，挣脱传统束缚。这种广泛的可访问性正在重塑所有年龄、背景、地域的人们接受教育的方式。

元宇宙中的沉浸式教育体验能够牢牢吸引学习者的注意力，并促进学习者对于复杂学科的深入理解。通过调动多种感官和提供实践体验，它有助于学习者深刻记忆所学知识和实际应用所学概念。无论是通过虚拟时间旅行探索历史事件、进行模拟科学实验，还是与虚拟学习小组中的同伴进行协作，元宇宙开辟了超越传统教科书和讲座的体验式学习新途径。

此外，在元宇宙中，教育普及化成为唾手可得的现实。它通过向以往可能得不到充分服务的个人提供丰富的课程和资源，弥补了优质教育的鸿沟。这种包容性为偏远地区的学习者、身体残疾者以及面临经济或社会障碍的人们提供了宝贵的教育机会。元宇宙在普及化方面的潜力确保知识和技能不再局限于少数特权人士，而是唾手可得，为所有渴望学习的人所拥有。

此外，元宇宙的数字特性为个性化和自适应学习体验提供了可能。AI 驱动的系统能够根据每位学习者的需求、进度和偏好量身定制教育内容。这种定制化的学习方式优化了学习过程，确保每一名学生都能充分发掘自身潜力，实现教育目标。

7. 合作项目

在元宇宙中，合作的边界已超越地理界限，引领我们进入一个全球合作的新纪元。从前沿的科学研究到充满创意的艺术探索，无数项目在此蓬勃开展。这一充满活力的数字领域不仅催生了创新浪潮，更以前所未有的规模促进了知识的共享与交流。

元宇宙内协作项目的显著特点便是消解了物理障碍。来自世界各地的研究人员、科学家、艺术家和创作者可以毫无阻碍地汇聚于共享的虚拟空间共同开展工作。这种合作方式超越了传统中面对面会议的局限，实现了跨学科协作，汇聚了不同领域精英的智慧与专长。

以科学研究为例，元宇宙的协作能力为其注入了强大动力。研究人员得以在虚拟环境中携手进行复杂的实验、模拟和数据分析，从而加速了科学发现的进程。实时解决问题、共享数据和通过协作集思广益，这些使得传统方法难以企及的突破成为可能。

在创意领域，元宇宙更是成为全球艺术合作的沃土。来自各大洲的音乐家可以在虚拟音乐会中共同创作与演绎，艺术家们可以在共享的虚拟工作室中联手打造数字杰作，作家们则可以通过协作创作出跨越文化界限的故事。这些合作活动不仅孕育出独特而富有创意的作品，更促进了文化交流与相互理解。

此外，元宇宙还促进了知识和资源的开放共享。虚拟图书馆、存储库和档案馆等数字环境为协作者提供了便捷的信息获取途径，使他们能够轻松访问大量资料、参考文献和工具。这种知识的自由流动极大地加速了创作进程，使协作团队能够更有效地应对各种复杂的挑战。

8. 包容性

元宇宙是一个以包容性为中心的前沿领域，它营造了一个超越身体限制并确保各种能力的个人均能平等参与的环境。元宇宙中的虚拟环境可以经过精心设计，具有包容性，以突破性和赋权的方式容纳残疾人士。

元宇宙体现包容性的显著特征是它有可能打破长久以来对参与数字体验造成阻碍的障碍。虚拟空间可以进行定制，通过提供屏幕阅读器、语音命令和触觉反馈等辅助功能，确保有视觉、听觉或运动障碍的个人能够有效地游览和与数字世界交互。元宇宙的可访问性还使跨感官增强成为可能，例如视力受限的人将受益于元宇宙中可获得的空间声音。

此外，元宇宙的沉浸式特性允许创新解决方案来增强包容性。VR 和 AR 技术可以创造丰富的感官体验，弥补物理可达性的差距。例如，行动不便的人可以参与虚拟旅行体验，在舒适的家中探索遥远的目的地。同样，有视觉障碍的人可以使用 AR 来实时访问叠加在周围环境中的信息。

元宇宙所承诺的包容性超越了技术特征。它还包含社会包容性的概念，元宇宙中不同的社区和身份不仅得到承认，还能享受庆祝活动。元宇宙中的虚拟社区通常会创建空间和活动来欢迎来自不同背景和各行各业的人们，通过这一方式表现其将包容性放在首要位置。这促进了真正具有变革性的归属感和友情。

此外，元宇宙可以作为宣传和认识残疾人权利的平台。用户可以参与虚拟活动、讨论和教育活动，以促进对残疾人的理解和同理心。这不仅提高了人们的认知，而且为社会变革和进步奠定了基础。

9. 数字经济

在广阔的元宇宙中，数字经济的蓬勃发展代表着个人赚取收入和参与现代数字环境的方式发生了变革。这种充满活力的环境为个人提供了参与虚拟业务、内容创作和数字创业的机会，为经济参与开辟了新的、令人兴奋的途径。

元宇宙数字经济定义的特征是虚拟创业的概念。个人可以完全在数字领域内创建和经营自己的业务。无论是销售虚拟房地产、设计和营销数字商品，还是提供虚拟服务，企业家精神都可以在不受物理基础设施或地理边界这些传统限制的情况下蓬勃发展。这种创业的大众化让任何有创意、有奉献精神的人都可以进入全球市场。

内容创作者还在元宇宙中发现了一个蓬勃发展的生态系统。艺术家、音乐家、作家和具有影响力的人可以将他们的数字创作货币化，他们能够接触全球观众并通过虚拟画廊、音乐会、出版物和代言赚取收入。这不仅使创作者能够追求自己的激情，而且重塑了工作和创收的概念。

元宇宙塑造了虚拟资产的所有权并加强了其价值感。NFT 支撑着数字经济的许多方面，提供了一种透明且安全的方式来验证数字资产的所有权。这些数字宝藏，无论是虚拟房地产、艺术品还是收藏品，都可以在元宇宙中购买、出售和交易，从而一个反映现实世界经济的充满活力的市场得以创建。

此外，元宇宙的去中心化性质在数字经济中发挥着关键作用。区块链技术确保虚拟交易的透明度、来源和可信性，为安全可靠的经济互动奠定基础。这不仅使个人受益，也促进了元宇宙数字经济的增长和稳定。

10. 环境影响

元宇宙不仅能提供丰富的数字体验，而且还具有对环境产生积极影响的潜力，与全球可持续发展目标保持一致。这种环境效益的关键驱动因素之一是元宇宙内的远程工作和协作所促进了通勤的减少。

随着个人和企业越来越多地接受元宇宙中的虚拟工作空间和会议，每天通勤到实体办公室的需求减少了。通勤次数的减少意味着与日常出行相关的碳排放量显著减少，包括汽车、公共交通和其他交通方式的碳排放量。元宇宙有助于我们采取更环保、更可持续的工作方式，与应对气候变化的努力保持一致。

此外，元宇宙可以激发和促进其数字领域内的可持续发展举措。虚拟环境和体验的设计可以提高人们对环境问题的认知，教育用户进行可持续实践，并鼓励环保行为。这个强大的环保倡导平台有潜力吸引全球受众并推动积极的变革。

通过最大限度地减少与传统工作空间相关的环境足迹并培养注重环境意识的文化，元宇宙展示了其为更加可持续的未来做出贡献的潜力。随着企业和个人不断采用元宇宙技术并将其融入日常生活，积极的环境影响成为元宇宙更广泛的社会贡献中的一环。

元宇宙赋予个人多样化的数字身份，培养自我表达能力和创造力。它创建了超越国界的虚拟社区，提升归属感并加强心理健康。元宇宙内的社会融合鼓励文化交流和创新规范。它充当有意义的社会批评和评论的平台，放大变革的声音。元宇宙推动了艺术创新、彻底改变了教育并促进了全球合作。

元宇宙的数字经济促进了创业，同时因减少通勤而对可持续发展有所助益。从本质上讲，元宇宙是一股变革力量，它促进了包容性、创新和积极的社会变革。

14.2 元宇宙可能带来的主要风险

元宇宙创造了无数的机遇和挑战，引起了全球用户的共鸣。在这个广阔的虚拟世界中，数据隐私和所有权成为关键问题，迫切需要在此方面制定明确的政策。私人实体和政府对数字监控的密切关注引发了有关安全与个人权利的问题。广告商对用户数据的访问引发了个性化和隐私之间微妙平衡的问题。与此同时，元宇宙容易遭受黑客攻击和出现安全漏洞，需要统一的保护措施。社交互动、地理位置数据共享和虚拟资产所有权共同构成了这一包含了多个方面的景观，每个构成要素都有值得考虑的独特因素。此外，元宇宙在技术成瘾中所起到的作用及其对用户生活的影响，包括导致精神懒散，使这个数字领域变得更为复杂化。在本节中，我们将深入探讨元宇宙所面临的错综复杂的问题和机遇、旨在揭示元宇宙不断演变的本质及其在数字时代的意义

14.2.1　隐私问题

在元宇宙中，隐私是跨越各个维度的首要问题。用户生成包括个人信息、行为模式、偏好和交互方面的大量数据，引发了对数据所有权和控制权的担忧。元宇宙的数据驱动性质需要明确且可执行的政策来保护用户的数字资产和创作。此外，私人实体和政府的广泛监控以及侵入性广告对用户隐私构成了威胁。应对这些挑战需要在安全和隐私之间取得微妙的平衡，并且需要以用户为中心的控制和强有力的法规，以确保安全和尊重用户的数字环境。

1. 数据隐私和所有权

在元宇宙中，用户生成的海量数据引发了关于数据所有权和控制权的深切忧虑。这些数据不仅涵盖了用户的个人信息，还涉及他们的行为模式、偏好以及互动的细节。面对如此情况，用户往往感到困惑，不清楚哪些人有权访问这些数据，以及这些数据将被如何利用。这种透明度的缺失不仅可能加剧用户之间的不信任，还让他们对自己的数字足迹感到担忧。

元宇宙的数据驱动性质强调了明确且可执行的数据所有权和隐私政策的必要性。用户必须全面了解他们的数据是如何被收集、存储和共享的。同时，应建立保护用户数字资产和创作的机制，以保护他们对元宇宙生态

系统的投资和贡献。

2. 数字监控

私营机构，甚至政府，可能会密切跟踪用户在元宇宙中的活动，这可能对用户的隐私安全构成威胁。元宇宙的沉浸式特性让用户参与各种活动、社交互动和交易，在此期间产生了大量可供分析和利用的数据。私营企业可能会采用复杂的跟踪机制来了解用户的行为、偏好和兴趣以进行有针对性的广告和产品开发。

此外，政府在元宇宙中进行监控的可能性引起了人们对公民自由和言论自由的严重担忧。虽然安全措施对于确保安全的环境至关重要，但过度监视可能会侵犯个人的隐私权和匿名权。监控虚拟对话和互动的能力可能会导致自我审查和不愿表达不同意见，从而扼杀元宇宙内的自由言论。

随着元宇宙的不断扩张，在安全和隐私之间取得平衡势在必行。实施强大的加密措施和以用户为中心的隐私控制有助于保护个人免受不必要的监视。此外，还需要建立明确的法规和监督机制，以确保数字监控在法律和道德界限内进行，维护在所有民主社会中都至关重要的隐私和自由原则。

3. 侵入性广告和定位

在元宇宙中，广告商得以访问详尽的用户资料，进而实现高度精准且可能具有侵入性的广告投放。用户在虚拟世界中的互动、偏好与行为，无一不留下数字足迹。广告商利用这些丰富的数据，精心打造个性化的广告活动，并在虚拟空间中追踪用户的行踪。尽管个性化的广告有时能为用户带来恰当的产品推荐，但当广告逾越个人界限时，便构成了严重的侵扰。

令人担忧的是，广告商有时会在未经用户明确同意的情况下滥用个人信息。这种行径可能导致一种被“资本主义监视”的错觉，用户数据被当作商品进行交易，并在缺乏透明度和个人控制权的情况下被用于盈利。在极端情况下，用户甚至可能觉得自己在元宇宙中的一举一动都受到严密监视，导致他们的隐私感和自主权被严重侵犯了。

在满足定向广告需求与尊重用户隐私之间取得平衡确实是一项极具挑战性的任务。实施严格的隐私法规并赋予用户对个人数据的精细化控制权，无疑是缓解这一问题的有效途径。此外，通过制定道德广告标准和采用“选择加入—同意”机制，我们可以确保用户对元宇宙中遇到的个性化广告持满意态度。实现这一平衡对于构建一个既尊重用户隐私又保持广告相关性和非侵入性的数字环境至关重要。

同时，元宇宙在沉浸式广告体验方面的巨大潜力也引发了人们对于内容与广告之间界限模糊的担忧。在虚拟环境中，赞助内容往往能够与用户体验无缝融合，使得真实互动与商业促销难以分辨。这种缺乏透明度的现象可能导致用户产生被操控和不信任的感觉，因此，针对元宇宙广告生态系统制定明确指导方针和发布标准显得尤为重要。

4. 黑客攻击与安全风险

元宇宙同样面临着黑客攻击和安全漏洞的威胁，个人信息和资产的安全随时可能受到挑战。正如其他数字环境一样，元宇宙也无法完全免疫于网络威胁和漏洞的侵害。黑客们常常瞄准虚拟世界和各类平台，企图非法获取用户账户、数字资产以及敏感数据的访问权限。

一个令人深感担忧的问题是元宇宙中价值不菲的数字资产可能被盗取。这些资产，包括但不限于 NFT、虚拟房地产以及游戏内的物品，往往蕴含着巨大的经济价值和情感意义。一旦安全防线被攻破，用户可能面临数字财产的损失，进而引发财务和情感上的双重困扰。

此外，黑客入侵还可能导致个人隐私泄露。入侵者可能会非法获取个人资料、聊天记录或私人互动信息，从而造成用户的隐私权被侵犯，甚至可能引发骚扰或身份盗用等严重后果。因此，保护用户数据并加强安全措施对于维护元宇宙内的信任至关重要。

值得注意的是，元宇宙的互联性使得一个虚拟空间的漏洞可能引发连锁反应，威胁到各个平台的用户安全。因此，元宇宙提供商、安全专家和执法机构之间的紧密合作显得尤为关键，他们共同致力于解决这些潜在的安全风险。随着元宇宙的不断发展壮大，保护用户信息和资产的安全必须成为首要任务，以确保所有参与者能够在一个安全可靠的数字环境中自由活动。

5. 社交互动

虽然元宇宙中的虚拟社区提供了联系和协作的机会，但这些社区也可能使用户面临隐私泄露、网络欺凌和骚扰的风险。

当对虚拟社区中共享的个人信息处理不当或信息被利用时，可能会发生隐私泄露。用户必须谨慎对待他们发布的信息，因为这些信息有时可能会被其他人恶意使用。

网络恶意行为是任何数字环境中都存在的问题，元宇宙也不例外。虚拟空间提供的匿名性和距离感可能会鼓动一些人从事有害行为。平台必须实施强大的审核和报告系统，以及时解决这些问题并保护用户免受伤害。

此外，元宇宙中社交互动的动态可能与现实世界中的不同。用户应该意识到这些细微差别，在行使数字公民身份时应尊重他人的界限和获得他人的同意。教育和宣传活动也可以在促进健康和相互尊重的在线互动方面发挥作用。

6. 地理位置数据

某些元宇宙体验，可能会提示用户共享其地理位置数据，这可能会引起与跟踪和滥用的可能性相关的担忧。虽然地理位置数据可以增强特定位置的内容和交互，但如果处理不当，也会带来隐私风险。

收集精确地理位置数据的能力使服务能够提供基于位置的功能，例如与现实世界位置相关的虚拟事件。但是，用户需要谨慎行事并理解共享此类信息的影响。用户应被告知他们的地理位置数据将被如何使用，并可以选择授予或撤销访问权限。

滥用地理定位数据可能会导致未经同意的位置跟踪，如果信息落入坏人之手，可能会导致侵入性分析甚至物理安全风险。因此，必须采取严格的数据保护措施来保护用户隐私并确保地理定位数据仅用于合法目的。

平台和开发者在收集地理位置数据时必须优先考虑透明度和用户的同意，并且用户应该对何时以及如何共享其位置信息有明确的控制权。教育和宣传活动可以帮助用户在地理定位数据共享问题上做出明智的决定，最终加强他们在元宇宙中的隐私和安全。

7. 虚拟资产所有权

包括 NFT 在内的虚拟资产引发了与元宇宙安全和所有权相关的独特挑战。虽然这些虚拟资产为创作者和收藏者提供了数字所有权和独特的机会，但确保这些资产的安全性和合法性至关重要。

NFT 尤其能代表如艺术品、收藏品或虚拟房地产等数字或虚拟物品的所有权。这些物品的所有权依赖于可提供透明度和来源区块链技术。然而，用户必须通过安全的数字钱包和操作来保护他们的 NFT，以防止遭受盗窃或未经授权的转移。

当在虚拟资产所有权方面出现争议时，元宇宙的去中心化性质也会造成挑战。如果没有中央机构，解决所有权纠纷可能需要复杂的基于区块链的解决方案或虚拟社区内的仲裁。

为了缓解这些难题，用户必须自行了解 NFT 安全性和所有权管理方面的最佳实践。此外，平台应实施强大的安全措施和便于使用的界面以保护用户的虚拟资产。随着虚拟资产所有权越发地为元宇宙经济不可或缺的一部分，解决这些问题对于确保安全可靠的数字资产交易环境至关重要。

解决这些问题需要强有力的隐私政策、安全技术、用户教育和监管监督来保护元宇宙中用户的权利和安全。

14.2.2　对科技产品的依赖与沉迷

技术成瘾或数字成瘾是元宇宙中越来越令人担忧的问题，用户可能会全神贯注地投入沉浸式数字体验中。以下是需要考虑的一些关键点。

1. 令人身临其境的体验：元宇宙提供使用户高度身临其境的体验，令人着迷也令人上瘾。长期使用可能会导致现实世界中的责任和关系被忽视。

2. 逃避现实：有些人可能会利用元宇宙作为逃避现实生活压力的一种方式，从而导致过度使用和脱离现实。

3. 社交隔离：尽管元宇宙将全球范围内的人们联系在一起，但矛盾的是，它却可能导致社交隔离，因为用户可能更喜欢虚拟互动而不是现实世界中的互动。

4. 对心理健康的影响：元宇宙中的技术成瘾可能会导致焦虑、抑郁和无力感。用户可能会将自己与理想化的虚拟角色进行比较。

5. 身体健康问题：长时间使用 VR 和 AR 设备可能会导致身体健康问题，包括眼睛疲劳和晕动病。因技术成瘾而发生的久坐行为可能会导致长期后果。

6. 干扰日常生活：对元宇宙上瘾会干扰日常生活、工作、教育以及导致忽视责任，影响整体生活质量。

7. 游戏成瘾：元宇宙中的游戏体验特别容易让人上瘾，用户会沉浸在虚拟世界中。

8. 缺乏监管：元宇宙的去中心化性质可能会导致缺乏监管和监督，从而使得有效解决技术成瘾问题具有挑战性。

为了解决技术成瘾问题，个人应该采用健康的方式进行数字体验，设定使用限制，并保持虚拟和现实体验之间的平衡。平台和开发人员还可以在鼓励负责任的使用并为寻求帮助的人提供资源方面发挥作用。

随着虚拟世界的不断发展，社会必须考虑沉浸式数字体验的影响，并采取积极主动的措施来减轻与技术成瘾相关的风险，与此同时还要利用好这一变革性数字领域的好处。

懒　惰

虚拟世界在懒惰方面起到的作用是一个多方面的话题，具有多种含义。

（1）逃避现实和拖延

①逃避现实：元宇宙的沉浸式本质可能导致逃避现实，即个人逃避现实世界中的责任。

②拖延：某些用户可能会因为在虚拟环境中花费过多时间而拖延重要任务。

（2）久坐不动的生活方式

①久坐：许多元宇宙体验可能需要久坐，从而导致缺乏体力活动。

②长时间的坐姿或站立状态：长时间坐在或站在一个地方进行虚拟活动可能会导致身体懒散。

（3）社交隔离

对于某些用户来说，元宇宙可以取代现实世界中的社交互动，这可能会导致懒于社交。

①忽视人际关系和社会责任：可能导致忽视人际关系和社会责任的结果。

②过度依赖元宇宙：过度依赖虚拟世界可能会导致技术成瘾，即个人沉迷于虚拟世界，从而损害生活的其他方面。

③缺乏动力：这种成瘾可能会导致缺乏参与数字领域之外的生产活动的动力。

（4）对生产力的影响

①过度使用元宇宙会对生产力产生负面影响。

②用户可能难以按时完成工作或学业，从而导致他们在职业或教育追求上变得懒惰。

（5）内容超载

①元宇宙中丰富的内容和娱乐让人难以抗拒。

②持续消耗内容而缺乏积极或富有成效的追求可能会在个人成长和成就方面助长懒惰习性。

必须认识到，元宇宙在导致懒惰方面的影响因人而异，并且取决于个人自律程度和时间管理等因素。采用健康的方式进行数字体验和设定使用限制可以帮助个人在虚拟和现实生活活动之间保持健康的平衡。

14.3 总　结

元宇宙拥有众多优势，也存在很多挑战，对全球用户产生了广泛而深远的影响。我们深入探索这个广袤的虚拟世界，发现了它带来的诸多好处，从消除企业的地理障碍，到促进远程工作环境中的协作和创新，元宇宙彻底改变了客户参与模式，增强了数据驱动的洞察力，为营销和广告策略提供了新的思路。此外，它还打开了多样化收入来源的大门，并为人们提供了更多用于自我表达、文化交流以及有利于心理健康的平台，推动了社会各领域的创新与发展。同时，包容性、创业机会和环境效益的凸显进一步彰显了元宇宙作为变革引擎的巨大潜力。

然而，一些值得关注的风险也伴随这些好处而来，其中数据隐私和所有权成为焦点，数字监控、侵入性广告、黑客和安全风险、社交互动、地理位置数据共享和虚拟资产所有权都在这个多方面的环境中引发了独特的考虑因素。此外，元宇宙在技术成瘾方面起到的作用及其对用户生活的影响，包括使人变得懒散，使数字景观变得复杂。探索元宇宙的旅程充满了激动人心的体验，我们应当全面地认识元宇宙的优势和不足，最终以长远的眼光塑造我们的数字时代。

我们的下一章，即第 15 章“未来愿景”，为了解元宇宙即将发生的转变提供了一个窗口，特别是在 AR 和 VR 的重要作用方面。在未来，3D 内容变得司空见惯，知识可以通过 AI 助手即时获取，远程工作毫不费力，城市中心会发生变化，机器人与元宇宙将协作执行各种任务。

第 15 章　未来展望

在最后一章中，我们将深入探讨增强现实（AR）和虚拟现实（VR）在元宇宙中扮演的角色及其带来的深远影响，同时也对元宇宙整体的发展进行展望。在元宇宙中，3D 图像、模型和视频将成为人们日常生活中不可或缺的部分。由于元宇宙中 AI 数字个性化助理的存在，信息转化为知识的过程似乎变得即时且高效，使得元宇宙在延伸我们的思维方面相较于智能手机更具优势。虚拟工作的便利性将大幅提升，让人们在工作方面更加高效，同时也有更多时间陪伴家人和朋友。随着远程工作的日益普及，城市的面貌将发生显著变化，会变得更加分散，传统的“市中心”概念将逐渐淡化，不再仅仅是一个物理上的地点。被工程师视为机器人的自主驾驶汽车以及未来旨在改善我们生活而被造出来的机器人将与元宇宙互动以获取信息和指令并完成各种任务。总而言之，元宇宙将深刻改变我们看待事物和做事的方式，带来前所未有的变革。

在本章中，我们将重点探讨以下几个核心主题：

1. 元宇宙未来的整体发展趋势与前景展望；
2. AR 和 VR 在元宇宙中的发展前景；
3. 3D 图像和视频技术的普及程度；
4. 知识获取如何因元宇宙而实现近乎瞬间的转化；
5. 虚拟工作如何逐步变得更加轻松和高效；
6. 城市结构将如何随着远程工作的普及而发生变革，以及“市中心”

概念如何逐渐淡化；

7. 机器人与元宇宙之间的交互方式及未来发展趋势。

在本章中，我们将目光聚焦于元宇宙中AR和VR技术所带来的突破性变革。本章不仅是对技术进步的一次深度探索，更是一次大胆尝试，旨在描绘在这些技术所增强和连接的新世界中，我们的社会、经济以及个人生活将如何发生深刻转变。这种转变的广度与深度都是前所未有的，它涵盖了3D图像、视频和模型的广泛应用，以及AI驱动的个性化数字助理有望实现的近乎即时的知识获取能力。随着现实世界与数字世界之间的界限日益模糊，虚拟工作不仅变得切实可行，而且效率极高，为我们留出更多时间以享受个人活动，进而改变城市的空间布局。由于元宇宙所提供的连接性无处不在，那些曾一度集中于市中心的工作与生活场所将被重新界定，并呈现出更加均衡的分布态势。此外，机器人正逐渐成为我们在现实世界中的得力助手，与数字元宇宙交互的时代已经初露曙光。

值得强调的是，我们的讨论并非空泛的猜测，而是基于对这些变化所产生实际影响的深入研究。这些变化对企业意味着什么？我们应如何应对这些转型？又应为哪些道德问题做好准备？这些问题并非简单的疑问句，而是具有深远意义的探究，它们将决定我们如何从当前状态平稳过渡到这个充满活力、技术增强的未来。

我们的目标不仅是描绘出技术所塑造的未来图景，更是希望为您提供参与、适应，甚至可能亲自塑造这个未来的工具与策略。我们深知元宇宙为人类带来的多种可能性既令人兴奋又充满挑战，因此，我们怀着对未知的好奇与探索的勇气展开这次讨论。当我们翻开最后一章时，让我们共同准备好迎接未来将创造出的一系列有趣而复杂的可能性。

15.1　元宇宙整体的未来

在不远的将来，元宇宙将演变成一种错综复杂的数字结构，渗透我们生活的方方面面。它超越了目前虚拟游乐场的形式，成为我们现实世界的深度延伸，从根本上重塑了我们的生活、工作、互动，甚至感知现实本身的方式。

15.1.1　现实与虚拟的完美结合

现实世界与虚拟世界之间的界限正在逐渐消解，我们迎来了一个有形与数字完美结合的新时代。曾经只存在于科幻小说中的 AR 眼镜和神经接口如今已成为我们驾驭这种和谐融合的常见工具。

漫步于城市之中，虚拟信息层优雅地增强了我们的感知，而非简单地侵入其中。这些信息层直观而富有深度，为我们提供实时的见解和背景，使我们能够更加深刻地理解周围的世界。想象一下，当您走过一个历史街区，凝视着一座拥有数百年历史的建筑时，您的 AR 眼镜便能让您穿越时空，一睹那座建筑演变的历程，将虚拟重建的过去的样子展现在您眼前。

个性化推荐也不再局限于设备屏幕，而是栩栩如生地呈现在我们所呼吸的空气中。当您走进一家古色古香的咖啡馆时，您的神经界面便会根据其从您喜好中捕捉到的微妙线索为您推荐一款适合您口味的完美咖啡。

现实和数字之间的区别就像白天和黑夜之间的过渡一样流畅地消失了。无论您是在繁华的大都市还是在宁静的乡村，元宇宙都是一个您本身的组成部分，增强您的经验，拓宽您的视野，并最终重新定义您与现实本身的关系。

这种现实与虚拟的和谐融合使个人能够与世界建立更深入、更丰富的联系。在这个未来，有形和数字之间的界限不再限制我们，而是为无限的可能性打开了大门；在这个未来，元宇宙不仅是一个目的地，而且是我们生活画卷中不可或缺的线索。

15.1.2 全球教育和学习中心

在持续发展的元宇宙中，教育的概念已经经历了深刻的转变。元宇宙不仅仅被视为个人成长的途径，更是成为推动未来商业发展的强大动力。传统教育已经经历了巨大的变革，重塑了教学的基础。

随着时代的进步，传统的实体教室已逐渐淡出人们的视线，取而代之的是一种超越物理空间限制的沉浸式虚拟环境。AR、VR 和神经接口技术的结合为我们创造出了沉浸的学习体验。曾经局限于校园的高等教育机构，如今其影响力已拓展至全球，使全球各地的学习者都能参加著名大学的讲座，打破了地域的界限。元宇宙成了一个均衡器，为所有人提供了高质量的教育机会，无论他们身处何方。

然而，转变并不止于此。元宇宙正催化着有关教育方法的全新构想。教学方式已从死记硬背转向了体验式的学习。学生们戴上 AR 头显便能走进历史事件、剖析复杂的生物结构，或在共享虚拟空间中创建仿真经济模型。理论与实践之间的界限变得模糊，使学习者能够在真实场景中即时应用所学知识。

企业也敏锐地抓住了这场教育革命的机遇，确保员工始终走在行业前沿。元宇宙中的企业大学提供了符合行业需求的定制课程。员工无须再长时间请假参加培训，因为 AR 界面已逐渐融入他们的职场生活，让他们在日常工作中就能掌握新技能。

此外，元宇宙还推动了持续学习的大众化。终身学习不再仅仅是一个口号，而是成为一种生活方式。在元宇宙中，无论年龄和背景如何，人们都可以参加微课程、特定技能研讨会和点对点的知识共享。神经接口技术使得学习者之间能够直接交换信息。传统教育机构也在积极适应这一变革，通过提供混合模式的学习体验，将现实学习和虚拟学习融为一体。

在这个数字时代的前沿，企业深知高技能和适应性强的劳动力是保持竞争力的关键。因此，企业积极与元宇宙中的教育机构合作，共同创建符合行业需求的课程和认证标准。毕业生不再面临学术环境与就业市场之间的鸿沟，他们凭借实用的技能和对所选领域的深刻理解顺利进入职场。

这种教育复兴不仅改变了个人，也对整个行业产生了深远的影响。元宇宙成了创新的摇篮，学生、教育工作者和企业之间的跨学科合作带来了突破性的发现和对复杂问题的解决方案。传统教育与元宇宙的动态景观相互融合，为学习者提供了在快速发展的商业世界中所需的技能和思维方式。

展望未来，元宇宙不仅是一个教育平台，更是企业的战略资产，推动企业不断创新、适应和持续发展。传统的教育模式正在与元宇宙相融合，确保学习者从一开始就不仅具备学术素养，更具备适应行业发展的能力。由 AR、VR 和神经接口技术驱动的元宇宙不仅成为教育和学习的核心，更是成为重要跳板，帮助企业迈向充满无限可能的未来。

15.1.3　工作的新领域

实体办公室将成为历史的尘埃。我们将栖身于元宇宙中的数字工作空间。来自五湖四海的同事们将协作于各种项目，而日常任务则交由 AI 驱动的化身来处理，从而让人类能够更专注于发挥创造力与创新精神。

在这个数字领域，传统的工作职位经历了颠覆性的变化，被重新定义。随着理念和专业知识开始居于优先地位，组织层级变得更加扁平化，不再以职位头衔为主导。远程工作不再仅仅是一种选择，它已成为新常态，使得全球各地的人才都能为企业贡献自己的专业技能，无论他们身处何方。

然而，这种未来主义的工作理念仅仅是个开端。若想更深入地探究这一新兴领域的复杂性，敬请继续关注本章后续专门针对该领域探讨。我们将探讨企业如何驾驭这种模式转变、企业所面临的挑战，以及企业为在元宇宙数字优先的工作空间中繁荣发展所采取的策略。

15.1.4 娱乐和文化中心

在这个纷繁复杂且使人身临其境的未来愿景中，元宇宙已稳稳地确立了其作为娱乐与文化终极中心的地位，深刻改变了人类度过休闲时光与表达艺术的方式。

试想一场超越物理界限的虚拟音乐会。您不再被束缚于屏幕前观看表演，而是能够踏入那精心构筑的数字舞台。您所选的化身成为您个性的延伸，与音乐完美融合，翩翩起舞。低音在您的虚拟空间中回荡，营造出令人激情澎湃的氛围，使得现实与虚拟之间的界限变得模糊。现场表演的热情活力不再受空间所限，它在整个数字宇宙中回荡。

随着 AR 眼镜与神经接口的完美融合，戏剧世界也迎来了突破性的变革。佩戴这些尖端设备，您将置身于虚拟舞台之上，与角色亲密接触，甚至加入正在编织的叙事之中。当您与观众同伴实时共创故事时，那曾经将观众与演员分隔开来的传统第四堵墙已分裂成无数碎片。每场表演都化作一场充满活力与沉浸感的冒险，留下难以磨灭的回忆。

体育赛事已摆脱体育场馆的桎梏，人们可以在无边无际的元宇宙中自由驰骋。不论您是沉浸在充满激情的篮球比赛中，与心爱的球队并肩作战，共同运球、扣篮，还是亲自掌控高速飞驰的虚拟一级方程式赛车，观众与参与者间的传统界限都将消失无踪。运动员、球队，乃至完全虚拟化的生物，都活跃在元宇宙中！这些运动体验超越了现实的桎梏，让爱好者们能够参与到极限且奇幻的比赛之中，挑战人类想象力的极限。

与此同时，元宇宙中的创作者们蜕变为全新叙事形式的创造者。在这里，互动叙事成为核心，您的选择和行动将拥有改写情节进展的巨大力量。想象一下，成为一部庞大且不断发展的数字史诗中不可或缺的角色，您的决定不仅将影响故事情节的走向，更将创造出与参与者的集体想象同样丰富多彩的结果。元宇宙化身为一个充满动力的、协作的叙事画布，观众的角色也从被动的观察者转变为积极的共同创造者。

这预示着一个以积极、动态参与为特征的未来，与过去文化和娱乐领域中的被动消费形成鲜明对比。元宇宙成了一个巨大且不断发展的舞台，艺术家、表演者和观众以前所未有的方式汇聚一堂，共同进行创作。在人类表达的动态景观中，界限被不断突破，创造力也再无极限。

随着我们逐步深入探索娱乐和文化的这一非凡变革，其对企业产生的深远影响也逐渐显现。在这个不断进化的虚拟世界中，企业不再只是旁观者；相反，他们成了积极的参与者，在这个广阔且令人身临其境的数字前沿中发掘新的创造力、参与度和创新途径。

15.1.5　经济创新和创业

在这种目光远大的前景中，元宇宙成为经济创新和创业的沃土，重塑了企业运营和经济运作的基础。

元宇宙作为一个去中心化的经济前沿而出现，传统的金融系统将让位于数字货币和区块链技术。加密货币将成为未来的主要交易手段，提供安全性、透明度和效率。企业家和企业创建自己的数字代币，培育充满活力的虚拟资产生态系统。

企业家们敏锐地抓住了元宇宙所带来的无限机遇，纷纷创办起虚拟初创企业。这些企业跨越地理界限，在数字领域提供着创新的产品和服务。从虚拟房地产机构到元宇宙营销咨询公司，其可能性之大，与元宇宙本身一样令人大为惊叹。

从这一未来视角来看，虚拟所有权已经超越了传统的不可替代代币（NFT），催生了全新的 V-Dominion 代币（VDT）。这些动态代币代表着元宇宙中的整个虚拟生态系统，无论是魔法森林还是未来城市，尽在其中。企业家们精心打造沉浸式的数字体验，而 VDT 的所有者则积极参与共同创建和管理代币，从而模糊了创作者与用户之间的界限。虚拟企业蓬勃发展，离不开用户的参与和创新，同时也提供了多样化的收入来源。元宇宙因此成为创造力的动态画布，而所有权则意味着共同创造在现实世界中具有价值的沉浸式数字体验。

企业家们还建立了以元宇宙为中心的市场，促进了对于虚拟资产和服务的购买、销售和交易活动。这些市场成为创新的中心，连接着创作者、消费者和企业。智能合约确保交易的安全与自动化，而 AI 驱动的推荐引擎则帮助用户发现新的机会。

与此同时，新的金融机构在元宇宙中崭露头角，旨在满足其居民的独特需求。元宇宙银行提供了针对虚拟经济而量身定制的数字钱包、贷款和投资机会。去中心化金融（DeFi）协议也蓬勃发展，提供了去中心化借贷、质押和流动性挖矿等多种选项。

企业家们欣然接受现实与虚拟现实的融合，纷纷建立起在虚拟世界与现实世界间流畅过渡的企业。如今，实体产品的虚拟展厅、混合现实（MR）活动及混合工作场所已成为日常现象，孕育了一个充满流动性的创业环境。

元宇宙作为创新加速器，让企业家和初创企业不断突破可能性的界限，通过运用 AI、AR、VR 和区块链技术，为教育、医疗保健、娱乐等领域创造出新颖的解决方案。元宇宙内的快速原型设计与协作更是加速了突破性技术的开发进程。

元宇宙使创业变得更为大众化。任何拥有创意并涉足数字领域的人都有机会成为企业家。较低的准入门槛、去中心化的融资模式以及进入全球市场的机会使得来自不同背景的个人都能将自己的愿景转化为蓬勃发展的企业。

在元宇宙中，企业家们优先考虑可持续发展和生态意识实践。虚拟生态系统促进了可再生能源的使用、环保虚拟房地产开发以及碳中和交易。可持续创业已然成为元宇宙经济格局的基石。

元宇宙的城市和中心成了创新中心，推动了企业家、初创企业和老牌企业之间的合作。这些数字大都市提供了基础设施、网络机会和资源，推动着经济的持续增长。

元宇宙中经济创新和创业的未来代表了一种范式转变，一个创造力无极限、虚拟经济与实体世界共同繁荣的新时代。企业家和企业正在探索这个未知领域，开创出突破性的解决方案，重新定义商业和创新的本质。

15.1.6　新时代的社会联系

在这种前卫的展望中，元宇宙已然成为全球社交互动的核心纽带，它超越了现实世界的物理限制，开启了一个崭新的互联纪元。

元宇宙通过无数的神经接口和 AR 设备完美地融入我们的日常生活。当家人和朋友在共享的虚拟世界中相聚时，地理界限逐渐消失，人们彼此间的联系也因此变得更加紧密。

在元宇宙的广袤天地中，社交的可能性无穷无尽。无论是选择在充满活力的虚拟都市中约会，还是重建充满诗意的自然风景，抑或是踏上奇幻的冒险之旅，社交体验的多样性都让人大为惊叹。

想象一下，家庭聚会不再受时间和空间的限制。通过元宇宙，身处世界各地的家人能够齐聚一堂，在精心打造的虚拟庄园中欢聚。在这个和谐的数字环境中，几代人汇聚在一起，分享着故事，家庭纽带因此变得更加坚不可摧。

友谊也超越了地理的界限，来自地球各个角落的人们定期在元宇宙中相聚。他们一同探索未知的虚拟领域，共同追求着热情与梦想，甚至参与到全球性活动和庆典的虚拟演出中。物理距离再也无法阻挡友情的蓬勃发展。

从商业的角度来看，元宇宙成为创新社交连接服务的核心。企业通过提供定制化的虚拟聚会空间和前沿的社交互动工具，实现了蓬勃的发展。创业企业也如雨后春笋般涌现，这些企业提供了一系列互动体验，从沉浸式的社交游戏到虚拟环球旅行冒险，应有尽有。

这种关于元宇宙的未来主义视角深刻地改变了我们对社会纽带的认知和交往方式。元宇宙催生了使全世界团结起来的力量，促进了文化交流和同理心的增强。此外，元宇宙还为企业在数字社交互动领域的创新提供了前所未有的机遇，进而提升了我们的虚拟生活品质。

在这个充满希望的未来里，元宇宙并非一个单纯的数字前沿，它更是一个引领潮流、汇聚人心的数字前沿。它是将各大洲的人从心灵与思想上连接起来的桥梁，以一种前所未有的方式重塑着人类联系的格局。

15.1.7 道德考量与数字公民

在这个充满远见的未来元宇宙中，道德考量在数字领域扮演着举足轻重的角色，数字公民身份更是成为践行负责任行为的基石。

面对元宇宙中复杂的道德挑战，我们急需一个全面的框架来确保其成为一个安全且用户能受到尊重的环境。为此，更为严格的法规以及先进的AI 驱动的内容审核系统已经到位，旨在保护数字公民免受有害内容、仇恨言论以及不道德行为的侵害。

在这样的背景下，数字公民不再仅仅是一个被动的概念，而是一种积极的承诺。它涵盖了负责任的行为、数字权利以及数据隐私等诸多方面。个人和企业均深刻认识到自身作为负责任的数字公民这样的角色，并积极为这一沉浸式数字领域的道德发展贡献力量。

作为元宇宙的关键参与者，企业积极采取道德实践的立场。企业高度重视运营的透明度，确保客户数据得到负责任且安全的处理。这些企业不仅严格遵守法规，更是积极寻求除法规之外的保护数字权利的途径，致力于打造一个公平公正的元宇宙环境。

在元宇宙中的教育方面，我们特别注重从小培养数字公民意识。学校、组织和企业携手合作，共同开发综合项目，为个人提供驾驭这一数字前沿复杂道德领域所需的知识和技能。这些项目强调道德决策、数字同理心以及多样性和包容性的重要性。

此外，数字公民还积极参与对元宇宙的治理工作。他们踊跃参与元宇宙中有关道德准则和规范的讨论与决策过程，共同塑造元宇宙的未来发展。这种去中心化的方法确保了元宇宙仍然是一个在道德方面充满和谐、由居民价值观和优先事项推动的空间。

在未来的愿景中，道德和数字公民不再仅仅是理论上的架构，而是成为指导元宇宙内行为和互动的生活原则，这充分证明了个人和企业致力于为子孙后代创造一个道德、包容且繁荣的数字社会。

15.1.8　科学探索与发现

在元宇宙科学探索与发现的最前沿领域，研究人员与科学家们踏上了充满未知的知识与创新之旅。这个令人身临其境的数字领域如同突破性研究的熔炉，为科学进步提供了源源不断的无限可能。

在元宇宙之中，虚拟模拟已然成为科学探索的坚实基石。虚拟模拟赋予了科学家在传统实验室难以触及的领域进行实验与模拟的能力。从太空深处的奥秘到亚原子粒子内部的微妙运动，元宇宙宛如一块无垠的画布，科学理解的边界在此不断被拓宽与深化。

在这个未来的宏伟愿景里，元宇宙借助沉浸式的 VR 体验，引领我们实现对遥远系外行星的科学探索。科学家们身着 VR 宇航服，仿佛置身于高度逼真的模拟环境中，探索着异星世界的奇幻景观。他们收集珍贵的数据，深入研究外星生态系统，并在共享的虚拟研究中心内展开全球性的合作，彻底打破了地理的界限。这些卓越的发现不仅加深了我们对宇宙的理解，更为寻找宜居的系外行星提供了宝贵的线索，同时也让公众得以亲身参与这场激动人心的太空探索之旅。

在元宇宙这片广袤的天地里，量子物理学也通过虚拟实验室和尖端模拟技术焕发出前所未有的活力。研究人员沉浸在奇妙的量子世界之中，不断尝试着量子纠缠、叠加态和隐形传态等神秘现象。而元宇宙强大的计算能力则能够实时模拟复杂的量子系统，为量子计算和通信领域带来重大突破。这种技术与量子科学的融合加速了创新，推动了这一神秘领域的发展。

在这个数字前沿的舞台上，科学家之间的合作也达到了前所未有的高度。来自世界各地的研究人员齐聚虚拟研究中心，实时交流、共同解决复杂问题。元宇宙孕育了一种开放合作的文化氛围，使得科学家们能够将各自的专业知识和资源汇聚在一起，共同为人类社会的进步贡献力量。

此外，教育和公众对科学的参与也在元宇宙中经历了一场深刻的变革。虚拟科学博物馆、丰富多彩的教育体验和交互式模拟使得各个年龄段的人都能轻松理解复杂的科学概念。元宇宙俨然成了一个全球性的课堂，个人可以在这里积极参与科学实验，亲眼见证天体事件的壮观景象，甚至直接参与到前沿研究的行列中。

在这个充满希望的未来愿景里，元宇宙已然成为科学探索和发现的催化剂，推动着人类知识和理解的边界不断向前延伸。它充分展示了科技在开辟科学新领域方面的巨大力量，使得充满奥秘的宇宙未知领域和量子现实成了创新和发现的乐园。

15.1.9　环境可持续性

在元宇宙的广阔天地中，一种具有前瞻性的环境可持续性方法得以充分展现，为当前紧迫的生态挑战提供了创新的解决方案。这个充满无限可能的数字领域正在成为推动积极变革的催化剂，让人们得以一窥更加绿色、可持续的未来。

随着元宇宙逐渐重塑我们与世界互动的方式，环境可持续性的益处也日益凸显。通过虚拟化技术，实体旅行显著减少，进而降低了碳足迹和资源消耗。无论是商务会议、学术研讨还是休闲度假，这些活动都可以在沉浸式的虚拟环境中进行，从而消除了大量的航空旅行需求及其所造成的环境压力。

此外，可持续性已经深深根植于元宇宙本身的结构之中。绿色建筑实践、对可再生能源的高效利用以及对资源的合理管理都为虚拟建筑的规划和建设树立了典范。这些精心构建的虚拟城市不仅成为生态友好的代表，更促进了数字领域与物理领域之间的和谐共生。

元宇宙并不止于减少物理资源消耗，它还成为环境教育的有力工具。沉浸式体验使个人能够探索虚拟生态系统、见证气候变化的影响并参与保护工作。这种直接的参与鼓励人们在虚拟和现实世界中采取行动。

此外，元宇宙中的保护工作达到了新的高度。从重新造林项目到野生动物保护，世界各地的个人和组织在虚拟空间中就这些环境倡议进行合作。这项全球性的、协调一致的事业利用元宇宙的能力来开展有影响力的保护工作。

为了进一步增强可持续性，元宇宙可利用其庞大的数据分析能力。来自虚拟景观中传感器的实时数据流可以立即响应环境变化。这种数据驱动的方法不仅可以保护虚拟生态系统，还可以为制定保护地球自然资源的策略提供信息。

在这个未来，元宇宙将成为环境可持续发展的驱动力，提供实用的解决方案并激发集体行动。它是创新、教育和全球合作的动态平台，将可持续发展流畅地融入数字和物理领域。

15.1.10　新时代的创造与表达

在广阔的元宇宙中，在一个不受物理边界限制的维度，我们进入了一个创造力和表达的新时代。在这个无边无际的境界，艺术家和创作者会发现自己处于一个创新无极限的环境中，艺术概念本身也发生了非凡的转变。

在这里，虚拟画廊摆脱了传统实体场所的限制，为企业提供了新的营销和参与途径。企业可以赞助虚拟展览，将其品牌与尖端艺术联系在一起，不受地域限制地接触全球观众。企业和艺术家之间的这种虚拟合作提高了品牌知名度并培养了文化联系感。

沉浸式体验重新定义了与艺术接触和互动方式，为企业创造了吸引观众的独特机会。企业可以在一些虚拟的梦境中打造令人身临其境的品牌体验，让客户以新颖且令其难忘的方式与其产品或服务互动。

协作是元宇宙艺术社区的中心舞台，为企业建立创意合作伙伴关系提供了肥沃的土壤。生成式人工智能（GenAI）是这一领域的强大工具，可以帮助艺术家和企业创造出吸引观众的新颖想法、艺术形式和营销策略。

科技与艺术的融合催生了曾经难以想象的创意形式，为企业提供了新的创新途径。AR 和 VR 成为艺术家和企业不可或缺的工具，促成了仅存在于数字领域的艺术的诞生。企业可以利用这种数字艺术创建独特的互动营销活动来吸引受众。

元宇宙演变成艺术探索和商业创新的全球舞台，突破了艺术的界限。它培育了一种创新得以蓬勃发展的文化，艺术家和企业，无论其背景或所在地点如何，都拥有工具和平台来表达他们最大胆的愿景，并重新定义创造力和表达的界限。

随着我们在这个无边无际的元宇宙中进一步地探索，AR 和 VR 的角色与 GenAI 相协调，继续重新定义我们与艺术、商业的互动以及我们对现实的感知。

15.2 AR 和 VR 在元宇宙中的未来

在不远的将来，AR 和 VR 在元宇宙中的角色将经历彻底的转变，将重塑我们与内容互动以及与数字世界互动的方式。AR 和 VR 头显将不再是不同的实体，而是融合成统一的 MR 频谱，在空间计算基础功能的推动下，现实领域和虚拟领域之间的界限将达到前所未有的模糊程度。

从硬件角度来看，时尚、轻便且高度符合人体工程学的可穿戴设备将取代当今那些笨重的头显。这些下一代设备将与我们的日常生活完美衔接，AR 眼镜类似于时尚眼镜，MR 头显则像太阳镜一样舒适。微型化到几乎难以察觉的神经接口将实现大脑与设备的直接通信，消除对物理控制器的需求，并将沉浸感增强到在元宇宙中的交互与在现实世界中的体验无法区分的程度。

想象一个世界，其中 AR 不仅是我们物理环境的叠加，而且成为彻底改变我们感知现实的方式。随着神经接口和纳米机器人在我们的大脑中运行，AR 成为我们的意识中固有的一部分。您感知数字信息就像看到天空的颜色或感受到阳光的温暖一样自然，现实世界和虚拟世界之间的区别消失了。先进的神经 VR 界面可以实现完全接管感官。您不再只是看到和听到虚拟世界，您还可以绝对忠实地触摸、品尝和闻到它。这是一种与物理现实无法区分的超现实体验。

元宇宙中的内容将演变成多层次、AI 驱动的信息和体验的交响乐。GenAI 与空间计算协同作用，将在动态、上下文感知内容的创建中发挥关键作用。元宇宙不是在静态环境中或预定义地叙述，而是智能地响应用户的行为和偏好，动态生成个性化的冒险、艺术甚至商业策略。空间计算作为这一转型的支柱，将通过提供创建 3D 世界所需的关键空间理解，确保这些数字元素无缝融入我们的现实环境。通过在 3 个维度上绘制和理解我们的现实环境，空间计算将使我们能够以自然和直观的方式与数字对象交互，将我们的现实空间转变为创意表达和生产力的画布。

在这个未来的元宇宙中，AR 和 VR 在 MR 的旗帜下联合起来，从根本上依赖于空间计算，它们并非仅是逃避现实或进行娱乐的工具，而是我们日常生活的有机延伸。它们将成为我们工作、教育、社交互动和艺术表达的主要界面，与现实世界相贯通。硬件和内容的融合将推动我们进入一个高度互联、AI 增强的时代，在这个时代，元宇宙不再是遥远的数字前沿，而是我们生活中不可或缺的一部分，为创造力、创新提供无限的可能性，并重新定义人类的本质。

15.3 无处不在的3D合成现实

在这个令人憧憬的未来，3D合成现实已经深深扎根于元宇宙的每一个角落，彻底颠覆了我们感知数字世界以及与之互动的方式。在元宇宙中，3D体验不再是新鲜事物，而是成了我们日常生活中不可或缺的一部分，重新定义了技术与我们的关系，以及现实世界与虚拟领域之间的界限。

想象一下，从日常沟通到娱乐消遣，从教育学习到商务洽谈，所有活动都在元宇宙中那丰富多彩、令人身临其境的3D环境中进行。全息显示器和AR眼镜已经成为我们生活的标配，传统的2D屏幕早已成为历史的记忆。不论你是参加全球性的会议，还是探索遥远的历史地标，抑或是与朋友们欢聚一堂，这一切都以令人陶醉的3D形式展现在你的眼前。

元宇宙中的AI驱动算法将合成现实与物理世界巧妙地融为一体。当您漫步在城市的街头巷尾之时，历史事件、建筑奇观以及互动式的信息面板会自然而然地呈现在你的周围。凭借多层次的信息和体验，元宇宙不断丰富着您的现实世界，让您对这个世界有了更深刻的理解。

教育领域也在这种沉浸式3D模拟的推动下经历着翻天覆地的变化。学习者们可以通过这种方式探索科学概念、历史事件或艺术杰作。想要了解星系是如何形成的吗？你只需踏上一段穿越宇宙的3D旅程，便能近距离地见证那些震撼人心的天体事件。学习不再是一种枯燥无味的任务，而是一种充满乐趣和未知的冒险。

工作场所的革新产生了一个全新的维度，使原本的工作环境转变为动态的3D环境。全球各地的同事们汇聚在虚拟会议室中，他们的化身在3D

模型和交互式可视化工具的辅助下展开协作。复杂的数据被巧妙地转化为直观的 3D 表示，从而增强了决策能力和解决问题的能力。

在娱乐领域，体验也达到了前所未有的高度。你可以走进心仪的电影或视频游戏的世界，身临其境地探索其中的奥秘。现场音乐会更是呈现出震撼人心的奇观，全息音乐家与令人叹为观止的视觉效果交相辉映。观众与参与者之间的界限在这种前所未有的参与方式中逐渐模糊。

与此同时，艺术家和创作者在元宇宙的 3D 画布上找到了可以蓬勃发展的新天地。虚拟画廊和沉浸式艺术装置为观众提供了前所未有的互动体验，让他们能够以意想不到的方式深入探索艺术品的内涵。技术与艺术的完美融合创造出了全新的创意表达形式。

在社交方面，元宇宙的 3D 社交空间与人们的日常生活紧密相连。人们可以在虚拟环境中自由聚集、交流，仿佛置身于现实世界一般真实。相隔千里的家人们也能在共享的虚拟空间中团聚，建立更加深厚的情感纽带。

然而，3D 合成现实的道德使用问题依然不容忽视。为了确保安全和尊重的互动，元宇宙实施了严格的隐私控制和人工智能驱动的内容审核机制。用户能够对自己的数字身份和个人数据进行精细化的管理。

在这个充满无限可能的未来，元宇宙中的 3D 合成现实将深刻改变我们感知和参与数字世界的方式。它打破了想象与现实之间的界限，让我们的生活变得更加丰富多彩、更具沉浸感和联系感。在元宇宙中，3D 体验不仅仅是一项技术奇迹，更是我们生活的基本组成部分，为我们进行探索、创作和联系活动提供了无限的可能性。

15.4　知识的瞬间获取

在这个变革性的愿景中，元宇宙的存在使知识获取经历了一场深刻的革命。看似即时的知识已经成为新的常态，这改变了我们学习、与信息交互和驾驭数字领域的方式。

想象一个信息不再局限于教科书的静态页面或在线搜索引擎限制的世界。相对地，个人可以从元宇宙庞大且动态的存储库中沉浸式地访问知识。当您戴上 AR 眼镜或进入 VR 环境时，大量信息就在您身边，等待您去探索。

在这个未来愿景中，元宇宙的先进 AI 算法充当个性化的知识管理者。这些 AI 算法了解您的兴趣、偏好和学习风格，以引人入胜的互动形式呈现信息。无论您是学习量子物理学还是学习新语言，元宇宙都会根据您的需求定制内容，使复杂的主题变得轻松和易于理解。

当您与全息显示器和 3D 模型交互时，数字世界和现实世界之间的界限变得模糊，这些模型可以让您更深入地理解概念。想了解细胞的结构吗？您可以走进虚拟单元，实时探索细胞的组成和功能。知识获取成为一种可以让人身临其境的体验。

即时联系专家已成为新常态。凭借元宇宙的通信能力，您在眨眼间便可以与世界各地的专家联系。想象一下与领先的研究人员讨论神经科学或与著名作家剖析文学经典，所有这些都在虚拟领域内发生。知识共享超越地域限制，这些专家可能是真正专家的化身版本，甚至还可能是非常出色地替代人类专家的 AI。

学习不限于结构化课程或课堂。元宇宙引入了持续学习的概念，让您全天候自然地获取知识。穿过虚拟森林时，您可能会遇到一位植物学家，他会分享关于周围植物群的见解。或者，在您前往历史名城的虚拟旅行中，AI 导游会讲述相关的历史背景。

元宇宙中 AI 驱动的语言笔译和口译服务打破了语言障碍，让您轻松向不同语言领域的专家学习。此外，AI 驱动的语音识别和合成工具有助于您与专家和同行进行实时、自然的对话。

元宇宙也是协作学习的中心。虚拟学习小组和项目团队可以跨距离联合工作，利用元宇宙的共享空间和互动工具集思广益，解决问题并共同扩展知识。

隐私和数据安全仍然至关重要。元宇宙采用先进的加密技术和由用户控制的数据共享设置，确保个人学习方面的数据受到保护。AI 驱动的算法提供有关个性化学习路径的建议，同时尊重用户隐私。

在元宇宙中关于看似即时知识的未来主义观点中，传统的学习方法被动态和令人身临其境的体验所取代。知识不再是静态的，而是如同一条源源不断的溪流，人们可以随时投入其中。元宇宙使学习者能够以前所未有的轻松感和深度获取知识，营造一个好奇心无限、专业知识触手可及的世界。

15.5　虚拟工作——轻松高效

在不远的将来，虚拟工作的概念会经历显著的转变，这将得益于元宇宙。传统办公室和实体存在的限制已成为过去。相对地，专业人士会发现自己完美衔接到数字领域，现实世界和虚拟世界之间的界限模糊了，一个生产力和便利性达到无与伦比水平的时代到来了。

想象一下这样一个世界：日常通勤已成为过去。不再有交通拥堵、拥挤的公共交通或在交通上浪费时间的困扰。在这个未来愿景中，专业人士只需戴上 AR 眼镜或从舒适的家中或喜欢的地点进入 VR 工作空间即可。从可以俯瞰虚拟景观的宁静数字办公室到来自世界各地的同事实时汇聚的协作空间，元宇宙提供了大量的沉浸式环境。

通信已经超越了屏幕和键盘的限制。借助元宇宙的先进技术，人们可以进行逼真的对话，就像在同一个房间一样。代表用户的全息化身以惊人的准确性传达情感和手势。这不仅提高了交互质量，还培养了以前在虚拟环境中难以体验到的临场感和联系感。

元宇宙中的生产力工具已经达到了前所未有的复杂程度。从预测您需求的 AI 驱动的虚拟助理，到直观掌握复杂信息的沉浸式数据可视化环境，工作变得更加高效和富有洞察力。专业人员只需在思想层面进行指挥，即可在从虚拟会议到协作项目空间的任务之间进行流畅切换。

职业和个人生活之间的界限已经变得模糊，但这是积极的变化。凭借元宇宙的灵活性，个人可以根据自己的喜好定制工作环境。需要休息一下吗？在虚拟森林中漫步，在数字海滩旁冥想，或与同事一起玩快速游戏——所有这些都在同一个工作空间内进行。

安全和隐私至关重要。元宇宙采用先进的加密和身份验证机制，确保敏感数据受到保护。先进的 AI 算法可监控任何异常情况并主动应对安全威胁，让用户在这个互联的数字领域安心无忧。

元宇宙也使机会大众化。人才不再受地理位置的限制，企业可以利用全球专家库并跨境进行协作。由于元宇宙的进入成本显著降低，并且获得资源和市场的机会更加公平，初创企业在这种环境中得以蓬勃发展。

在这种元宇宙中有关工作的未来主义观点中，传统办公室已成为遥远的记忆。相对地，专业人士欣然融入一个充满无限可能性的世界，在这里，工作不再是一个场所，而是一种体验。元宇宙使个人能够按照自己的方式轻松、高效地工作，开创了一个创新、具有灵活性和前所未有的连通性的时代。在未来，工作没有界限，协作和成就的潜力只受想象力的限制。

15.6 市中心无处不在

在广阔的未来前景中，元宇宙的影响深远，传统的市中心概念正在发生突破性的转变。在这个大胆、变革的景观中，“市中心无处不在”的宣言呈现出一个新的、广阔的维度，它对企业的影响简直是革命性的。

市中心的概念在历史上与集中的物理位置联系在一起，但由于元宇宙的普遍存在，这种概念将永远改变并几乎被根除。在这个富有远见的画面中，地理的限制和物理边界的限制消失了，使企业从传统实体企业的束缚中解放出来。相对地，企业踏上了创新和适应性之旅，在数字市中心打造动态且多功能的虚拟中心。这种转变超越了业务运营的本质，将企业从历史上限制其业务范围的物理限制中解放出来。

这种深刻的转变使企业能够超越现实位置的限制，树立无处不在的全球影响力。随着企业开始探索广阔的元宇宙，与来自不同地理位置的客户、合作伙伴和利益相关者进行互动，集中式实体市中心的传统概念已经过时。

数字市中心现已成为商业活动的中心，成了创新的画布。企业创建沉浸式虚拟展厅和互动的品牌体验，重新构想与受众的联系方式。在这些迷人的数字环境中，有意义的互动蓬勃发展，促进了更深层次的客户关系并提高了忠诚度。在此过程中，企业不仅可以扩大其在数字领域的影响力，还可以培养更加忠诚和积极参与的客户群，从而推动持续发展并激发创新。

此外，元宇宙提供了超越物理位置限制的协作空间。它促进了全球团队的相互交流，打破地理障碍，让不同的人才和想法实时汇聚。这个各个元素相互关联的生态系统成为创造力、生产力和竞争力的熔炉，催化超越国界并重新定义行业的创新。

然而，在无限的机遇中，企业必须面对独特的挑战。元宇宙要求高度关注网络安全和数据保护，以保障运营并维持全球客户的信任。适应和发展的能力成为一项核心能力，因为元宇宙是一个动态的数字前沿，创新和灵活性是成功的支柱。

当企业在这一变革性的景观中航行时，不仅必须欣然投入而且应该充分利用元宇宙的数字市中心作为无穷尽的画布，企业可以在上面描绘最雄心勃勃和最有远见的未来。在未来，技术和商业的融合超越了我们目前的理解，重塑了商业的本质以及人类与数字宇宙本身的关系。实际上，这意味着企业应该利用元宇宙数字空间的潜力进行创新，与客户建立联系，并重新定义在快速发展的数字景观中运营的方式。

15.7 机器人联盟

在元宇宙未来机器人联盟的愿景中，我们踏上了重塑商业基础并重新定义人机协作的旅程。想象一下未来，这些联盟将达到前所未有的高度，挑战曾经被视为可能的界限，在此过程中彻底改变行业、开拓创新，并从根本上改变人类与技术互动的方式。

在这个充满活力的未来，机器人联盟不再仅仅是工具。相对地，它们成为有感知的实体，由先进的AI赋予它们自主决策、持续学习和快速适应的能力。这些联盟超越了它们独自的起源，转变为高度同步的团队，在沉浸式的元宇宙中流畅沟通。

想象一下虚拟制造设施的景象，这些机器人联盟在其中充当复杂生产流程背后的策划者。它们以超越人类能力的优化水平进行操作，有效地利用资源，最大限度地减少浪费，并以曾经被认为无法达到的复杂性和精度制造产品。在这个转型后的元宇宙中，随着这些联盟为创造曾经被认为只存在于科幻小说领域的产品铺平了道路，创新蓬勃发展。

在医疗保健领域，这些未来联盟成为医学大师，与人类专家合作进行虚拟手术和治疗管理。它们对最复杂的医疗程序有着本能的理解，可以从庞大的数据库中提取信息，以超越人类能力的精确度做出挽救生命的决定。技术和医学的融合达到了前所未有的高度，有望在全球范围内改善患者的治疗效果并改善医疗保健。

元宇宙先进的通信基础设施将这些机器人联盟推向互联与合作的新高度。它们以惊人的精度协调虚拟供应链，不仅可以预测需求波动，还可以实时优化运输路线。这一转变预示着在商业的新时代，效率将达到前所未有的高水平，浪费得以减少，并能确保以极高的精度和及时性交付产品和服务。

在现实和虚拟领域的无缝融合中，这些机器人联盟在现实和虚拟世界流畅过渡，支持从灾难响应和太空探索到科学研究和创造性活动的一系列任务。这种前所未有的合作水平彻底改变了人类和机器人的互动方式，每一个行动都以信任和高效为特征，为探索和协作开辟了从前无法想象的可能性。

这就是元宇宙中机器人联盟的未来——一个重新构想商业、创新和人机共生的未来。随着我们进一步探索这些未知领域，人机协作的潜力将变得像数字宇宙本身一样巨大和无限。这是一个切实的、变革性的未来，它召唤着我们去拥抱一个新世界的可能性，在这个世界中，我们所能实现的目标仅受我们的想象力和创造力的限制。

15.8　总　结

我们对不断发展的技术和社会的持续探索揭示了商业格局的深刻转变，这一转变在很大程度上是由元宇宙的兴起所推动的。这段旅程充满了变革性的创新，这些创新正在重新定义企业在数字时代运营、竞争和发展的方式。

在这次探索中，我们发现了一系列的技术进步，这些进步为企业带来了巨大的希望。从无处不在的 3D 合成体验到看似即时的知识获取能力，从虚拟工作环境到“市中心”概念的重塑和“机器人联盟”的产生，一个共同的线索出现了——元宇宙中技术与人类创造力的融合正在推动企业走向充满无限机遇和复杂挑战的未来。

我们的旅程揭示了这些技术创新所蕴含的非凡潜力，特别是它们改变商业运营的能力。这些技术使企业能够超越现实的限制，促进前所未有的连接、协作和生产力。随着企业利用“市中心”的流动概念（几乎可以从任何地方访问），同时利用“机器人联盟”的潜力来推动元宇宙数字领域的创新、效率和竞争力，传统概念正在被新的范式所取代。

然而，在这一巨大转变的同时，我们也必须承认企业面临着多方面挑战。随着企业重新定义其工作模式，重新配置其城市中心方案，以及整合与机器人的合作伙伴关系，企业需要在道德考虑、监管合规性和社会影响方面确定好方向。这些挑战不仅是数字方面的，而且深刻影响了元宇宙背景下的业务战略和可持续性。

未来的前景为企业带来了巨大的潜力和不确定性。虚拟工作场所具有无国界的特点，为协作、成本效率和接触全球人才库提供了前所未有的机会。然而，这一前景也挑战了传统的商业模式，企业还需要重新评估组织结构。同时，机器人联盟的动态协同有望带来创新、降低运营成本和提供市场竞争力。但这种协同也引发了关于人力资源发展趋势以及元宇宙中运营的企业在 AI 驱动技术使用方面的道德准则问题。

承认元宇宙不仅仅是承认一种趋势，更是在欣然接受商业格局的根本性转变。这意味着要适应现实和数字领域融合、传统界限模糊以及客户期望不断变化的世界。在保持良好运营的同时解决数据隐私、网络安全和技术使用的道德准则等复杂问题变得至关重要。

元宇宙展现了一个充满可能性的领域。从与客户进行沉浸式 3D 互动到通过虚拟工作空间进行全球协作，企业有了获得竞争优势的机会。无论是创造引人注目的虚拟品牌体验、利用数字孪生优化供应链，还是利用虚拟资产和服务带来的新收入流，战略愿景都是关键。

当企业在沉浸式元宇宙中探索看似有着无限潜力的未来时，它们必须表现出敏捷性、适应性和创新性。不断重新评估战略、为正确的技术投资以及培育数字创新文化至关重要。始终能适应不断变化的消费者行为和市场动态（这些行为和市场动态可能在元宇宙中迅速发展）同样重要。

这个新时代的成功取决于推动变革的能力，而不仅仅是对变革做出反应。抓住时机并在元宇宙中积极塑造未来的企业将发现自己处于创新的先锋地位。这些企业将有能力探索未知的领域，以新颖的方式与客户建立联系，并释放新的价值来源。

元宇宙的沉浸式境界并非是一个终点，而是一条持续演进的探索之路。对于企业而言，踏上这条旅程意味着投身于一个如同数字地平线般无垠的前景，成为这个领域的先行者。元宇宙并非是一种限制，反而是一种无限的拓展，它为企业提供了一个广阔的画布，让企业得以描绘出独特的愿景，探索那些曾经无法想象的可能性，并在这个过程中重塑自身、定义未来。